射频通信全链路系统设计

主　编　马文建
副主编　陈　凯　白利兵　盛瀚民
参　编　邱　根　耿　航　邹　培
　　　　周文建　张治国

机 械 工 业 出 版 社

本书以学科理论为基础，以工程实践为导向，以系统设计为核心，全面论述了射频通信链路各模块的基础原理、指标需求和应用设计方法。本书主要分为射频通信系统设计基础、收发机架构、接收机设计、发射机设计和时钟系统设计 5 大部分，涵盖了射频通信系统设计的全面信息，阐述了相关指标的系统分析处理方法，在高校和企业之间架起一座桥梁，为社会培养具备系统工程能力的复合型人才。

本书适用于电子信息类相关专业的高年级本科生和研究生，以及射频通信领域的工程师。

图书在版编目（CIP）数据

射频通信全链路系统设计 / 马文建主编. — 北京：
机械工业出版社，2024．7. — ISBN 978-7-111-76155-6

Ⅰ．TN710．02

中国国家版本馆 CIP 数据核字第2024RG2401号

机械工业出版社（北京市百万庄大街 22 号　邮政编码 100037）
策划编辑：吉　玲　　　　　　　　责任编辑：吉　玲　赵晓峰
责任校对：孙明慧　张雨霏　景　飞　　封面设计：张　静
责任印制：邓　博
北京盛通数码印刷有限公司印刷
2024 年 9 月第 1 版第 1 次印刷
184mm×260mm · 18 印张 · 445 千字
标准书号：ISBN 978-7-111-76155-6
定价：59.80 元

电话服务　　　　　　　　　　　网络服务
客服电话：010-88361066　　　　机 工 官 网：www.cmpbook.com
　　　　　010-88379833　　　　机 工 官 博：weibo.com/cmp1952
　　　　　010-68326294　　　　金 书 网：www.golden-book.com
封底无防伪标均为盗版　　　　机工教育服务网：www.cmpedu.com

前言

第五代移动通信(5G)支持更多的频段，可进行更复杂的信号处理。5G的大规模商用，促使射频前端在通信系统中的地位进一步提升。

本书以无线移动通信中的射频系统为应用背景，介绍各单元电路和架构链路的工作原理和性能要求，同时重点从系统设计的角度出发论述各项性能指标与电路、链路参数之间的关系，并通过应用设计实例加以说明。在内容编排上，首先对整个射频通信系统进行概要介绍，让读者有宏观认识；然后讲述整个射频通信的基础理论，包括基本通信链路、射频设计基础、射频单元电路和射频基本算法；而后对射频收发机架构进行介绍，包括超外差、零中频和射频直采架构；最后重点分析接收机、发射机和时钟系统的指标需求和设计方法，结合应用实例，对系统全链路综合设计进行说明。

本书重点探讨移动通信系统，同时也针对其他领域的无线通信系统的应用，比如无线局域网、蓝牙、全球定位系统和超宽带通信。本书的读者对象主要是电子信息工程方向的高年级本科生和研究生，同时也可为相关企业和研究机构的射频通信工程师提供理论和应用参考。

本书有以下几个特点：

1) **理论实践，融会贯通**。在讲述电路和链路时，强调概念应用和功能实现，避免传统专业书籍"重理论轻工程"的通病，通过理论与实践的有机结合，达到学深悟透的效果。

2) **内容设计，系统全面**。内容包含射频单元电路、射频基本算法和系统链路架构，涵盖射频通信点与面、基础与深入、局部与系统的全栈体系结构。

3) **专业知识，行业前沿**。提炼无线移动产品射频系统研发工作所需的核心基础知识和技能，所讲内容专业、精练，且均为行业最新技术，并分析在当前新技术和新需求下的发展趋势。

本书共6章。第1章为绪论，第2章为射频通信系统设计基础，第3章为射频收发机架构，第4章为射频通信接收机设计，第5章为射频通信发射机设计，第6章为射频通信时钟系统设计。

感谢电子科技大学教务处和自动化工程学院的大力支持，感谢电子科技大学射频通信课程组对本书提出的宝贵建议。

鉴于编者水平有限，书中难免存在不足甚至错误之处，欢迎广大读者提出宝贵的建议和意见，以便再版时改进，联系邮箱地址为 mawenjian@uestc.edu.cn。

编　者
于成都　电子科技大学

目 录

第1章

绪　　论

学习目标

1. 理解无线通信系统构成，掌握发射机、发射天线、传输信道、接收天线、接收机各部件在无线通信系统中的作用。

2. 了解无线通信系统典型网络，包括移动通信系统、全球导航卫星系统(GNSS)、无线局域网、蓝牙、超宽带通信、ZigBee。

3. 了解无线通信系统关键技术，包括多载波聚合、高频传输、高阶调制、大规模多输入多输出(Massive MIMO)、全双工通信、通信感知一体化。

4. 了解射频通信系统发展趋势，理解射频通信系统对宽带化、数字化和集成化的应用需求。

知识框架

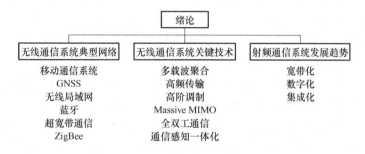

1.1　无线通信系统

随着计算机技术的不断更新与发展，各行各业的业务开展变得越来越便利，尤其是无线通信技术的研发和应用，为信息和数据的传输起到了重要的作用。

广义来讲，光通信和红外通信也属于无线通信系统，但由于篇幅有限，本书讨论的无线通信系统仅仅是基于射频(Radio Frequency, RF)电磁波作为传输载体的系统。相比其他无线通信系统，基于射频电磁波的无线通信系统应用更为广泛。

1.1.1　基本构成

无线射频通信系统基本上由 5 个主要部分构成，如图 1-1 所示。其为双向通信系统，发射机和接收机合称为"收发机"，收发天线可以同时发射和接收信号。

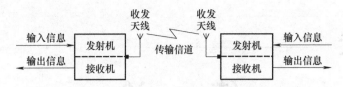

图 1-1　无线射频通信系统基本组成框图

(1) 发射机　接收输入的数字信息，调制到特定射频频段上，再将射频信号放大到合适的功率后送至天线端口。

(2) 发射天线　发射机与传输信道之间的媒介，确保射频信号功率以特定的方向通过发射天线端口发射出去，进入传输信道。

(3) 传输信道　收发机之间的传输媒介，通常由空气或真空、固态或液态组成。射频信号通过传输信道传输时，信号强度会逐渐衰减，从而限制了收发机之间的传输距离。

(4) 接收天线　传输信道与接收机之间的媒介，其功能是尽可能多地捕获通过传输信道入射的射频信号功率，并将这些信号传送到接收机的输入端。

(5) 接收机　接收来自接收天线的射频信号，解调到特定的中频频段，提取其中携带的信息，还原发射端输入的数字信息。

1.1.2　典型网络

根据使用场景的差异，可将无线射频通信典型网络分为无线广域网、无线局域网和无线个域网 3 个部分，如图 1-2 所示。

(1) 无线广域网(Wireless Wide Area Network, WWAN) 指能够覆盖全国或全球范围内的无线网络，提供更大范围的无线接入，与无线局域网、无线个域网相比，最突出的特征就是覆盖面积大、移动性能好。典型的无线广域网包括移动通信系统和全球卫星导航系统(Global Navigation Satellite System, GNSS)。

图 1-2　无线射频通信典型网络分类

(2) 无线局域网(Wireless Local Area Network, WLAN) 指能够覆盖最大 5km 范围内的无线网络。无线局域网主要用来弥补有线局域网络的不足，以达到网络延伸的目的，使得无线局域网络能利用简单地存取架构让用户透过它，实现无网线、无距离限制的通畅网络。

(3) 无线个域网(Wireless Personal Area Network, WPAN) 指为实现活动半径小、业务类型丰富、面向特定群体、无线无缝的连接而提出的新兴无线通信网络技术。无线个域网所覆盖的范围一般在 10 m 半径以内，具有低成本、低功耗、小体积等优点。

1.1.2.1　移动通信系统

纵观移动通信的发展历程，每隔十多年就会出现一套新的通信标准，到目前为止，已经发展到了第 5 代移动通信。掌握通信标准才能真正理解不同应用场景对射频通信全链路系统的设计需求，下面依次来简单回顾这 5 代移动通信的发展历程，并展望后面的第 6 代移动通信。

1. 第 1 代(1G)

20 世纪 80 年代初，美国贝尔实验室首次研制出了第 1 代移动通信系统，它是基于模拟调制方式，专为语音通话设计的系统，采用频率调制(Frequency Modulation, FM)、频分双工(Frequency Division Duplex, FDD)和频分多址(Frequency Division Multiple Access, FDMA)技术，模拟语音信号通过分配给每个用户的频道进行信号传输。信道带宽为 25kHz 或 30kHz，载波中心频率大约为 900 MHz，最大数据速率仅有 14.4kbit/s 左右。

1G 网络的典型标准包括美国的 AMPS (Advanced Mobile Phone Service)、英国的 TACS (Total Access Communicaion System)、日本的 NTT (Nippon Telephone and Telegraph)以及欧洲的 NMT (Nordic Mobile Telephone)。由于是模拟系统，不能进行数据加密处理，因而具有保密性差、通话质量差、不能提供数据业务和自动漫游等缺点。

2. 第 2 代(2G)

20 世纪 90 年代初，第 2 代移动通信系统完成了商业化推广。2G 网络实现了数字化调制的突破，相对 1G 网络，数字加密具有更好的数据安全性、更高的频率效率和系统容量，以及更好的通话质量。

2G 网络的典型标准包括欧洲的 GSM (Global System for Mobile Communication)、美国的 TDMA (Time Division Multiple Access)和 CDMA (Code Division Multiple Access)，其中，前两种是窄带 TDMA 标准，且 GSM 是应用最为广泛的 2G 技术；第三种 CDMA 标准采用扩频技术，可以提供更好的音质、更低的断线概率和更好的安全性。

除了语音传输外，2G 网络还具有一定的数据传输能力，比如短消息服务(Short Message Service, SMS)，但数据速率很低(最高只有 9.6kbit/s)，完全不适合网页浏览和多媒体等应用。

3. 第 3 代(3G)

20 世纪 90 年代后期，第 3 代移动通信系统将传输速率提高了一个数量级，实现了质的飞跃。3G 网络通过提高频谱效率来增加网络容量，实现了高质量的图像和视频通信。

UMTS (Universal Mobile Telecommunications System)作为完整的 3G 移动通信技术标准，包括欧洲和日本共用研发的 WCDMA (Wideband CDMA)、美国的 CDMA 2000 和中国的 TD-SCDMA (Time Division-Synchronous CDMA)，分别可提供最大 7.2Mbit/s、3.1Mbit/s 和 2.8Mbit/s 的数据速率。

4. 第 4 代(4G)

21 世纪早期，随着应用场景的发展，3G 已无法满足人们对通信速率的需求，第 4 代移动通信标准专注于提供更大系统的吞吐量、更强的移动性以及较低的延迟。为了实现高速移动下 100Mbit/s 的峰值速率目标，4G 引入了 OFDM (Orthogonal Frequency Division Multiplexing)多载波和 MIMO (Multiple Input Multiple Output)天线两大革命性的先进技术。

在 4G 标准下，美国的 WiMAX (World Interoperability for Microwave Access)和欧洲与中国的 LTE (Long Term Evolution)两种模式相互竞争、同时发展。WiMAX 是基于 IEEE 标准，通过宽带实现移动化，前身为 WLAN。而 LTE 是基于 3GPP 标准，通过移动通信实现宽带化，前身为 GSM/WCDMA 等。综合来看，WiMAX 优点在速率，缺点在移动性；LTE 优点在移动性，缺点在速率。但在实际应用中，两种标准的速率差异用户体验并不明显，而伴随着移动通信稳定性需求的提升，3GPP 的 LTE 基本打败了 IEEE 的 WiMAX，成了 4G 的最终标准，也成了全球运营商的主流选择。

5. 第 5 代(5G)

2018 年 2 月 27 日，华为在 MWC 2018 大展上发布了首款 3GPP 标准 5G 商用芯片巴龙

5G01 和 5G 商用用户设备(User Equipment, UE, 也称为终端)，支持全球主流 5G 频段，包括 Sub 6G(低频)、mmWave(高频)，标志着移动通信正式进入 5G 时代。

5G 在移动通信领域的变化绝对是革命性的，如果说以前的移动通信只是改变了人们的通信方式和社交方式，5G 则是改变了网络社会。相比 4G，5G 具有超高速率、超低时延、超大连接等特点，基于这些特点，映射出 5G 的三大应用场景，如图 1-3 所示。

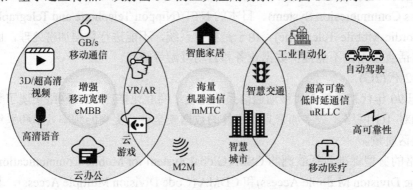

图 1-3　5G 网络三大应用场景

(1) 增强移动宽带(Enhanced Mobile Broadband, eMBB)　以人为中心的应用场景，集中表现为超高的传输数据速率和广覆盖下的移动性保证，用于应对当前以及未来更多的应用对移动网速的需求。从 eMBB 层面来看，5G 是原有移动网络的升级，让人们体验到极致的网速。

(2) 海量机器通信(Massive Machine Type Communication, mMTC)　5G 强大的连接能力可以快速促进各垂直行业(智慧城市、智能家居、智慧交通等)的深度融合。在万物互联下，人们的生活方式也将发生颠覆性的变化。

(3) 超高可靠低时延通信(Ultra Reliable & Low Latency Communication, uRLLC)　5G 连接时延达到 1ms 级别，而且支持高速移动(500km/h)下的高可靠性(99.999%)连接。这一场景更多面向车联网、工业控制、远程医疗等特殊应用，是未来社会走向智能化必须依靠的场景，未来潜在的价值极高。

6. 第 6 代(6G)

当移动通信的无尽前沿拓展到 5G，人们又开始思考 6G 的样子。6G 是更先进的下一代移动通信系统，其内涵将远超传统通信范畴。6G 如同一张巨大的分布式神经网络，集通信、感知、计算等能力于一体，深度融合物理世界、生物世界和数字世界，在 5G 基础上，6G 将跨越人联、物联，从"万物互联"迈向"万物智联"，把智能带给每个人、每个家庭、每个企业，引领新一波创新浪潮。

6G 移动通信系统将广泛运用各种新技术，利用超高速、超可靠连接、原生 AI、先进感知技术来极大改善人类生活。根据所需的关键技术，6G 主要包括 5 大应用场景，如图 1-4 所示。其中，eMBB+、uRLLC+、mMTC+是对 5G 中定义的应用场景的增强及组合，而感知与人工智能(Artificial Intelligence, AI)是两个新场景，将在 6G 中迎来蓬勃发展。

(1) eMBB+　增强型移动宽带的持续演进，针对以人为中心的通信用例。eMBB+将在扩展现实(Extended Reality, XR)应用和智真通信中实现极致的沉浸式体验和多感官互动，XR 应用包括增强现实(Augmented Reality, AR)、虚拟现实(Virtual Reality, VR)和混合现实(Mixed

Reality, MR)。eMBB+对峰值数据速率和用户体验速率、端到端时延、系统容量(即吞吐率、连接数量)提出了更高的要求。在娱乐、教育、制造和导航等领域也会开启一批新用例,给人们的生活、学习、工作和旅行等带来全新体验。无论是室内还是室外,目标活动区域的无缝用户体验都会得到保障,即便目标是在极端的高速移动状态。此外,还要保障偏远地区、飞机和船舶上的用户体验速率,支持高质量的泛在连接。

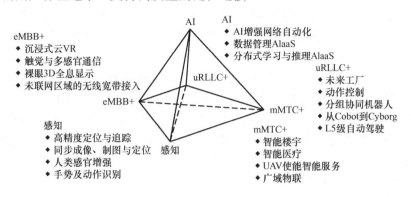

图 1-4 6G 网络典型应用展望

(2) uRLLC+ 6G 将加速垂直行业的全面数字化转型。uRLLC+是超高可靠性超低时延通信的持续演进,针对工业 4.0 及后工业 4.0 的机器类通信(Machine-Type Communication, MTC),适用于制造业、公共服务、自动驾驶和家庭管理中无处不在的机器人、UAV 和新人机接口(Human-Machine Interface)所催生的新应用。为适配各种垂直应用,低时延和高可靠性不仅要在一阶统计量上满足要求(如周期内的平均误差),还要符合高阶统计量的分布(如周期内误差的分布)。

(3) mMTC+ 6G 将继续 5G"万物互联"的使命,但会囊括更多终端和新的人机接口、更密集的连接以及原生可信。mMTC+是海量机器通信的持续演进,其特点是在智慧城市、智慧医疗、智慧楼宇、智慧交通、智慧制造和智慧农业中应用,海量终端之间可以通过轻度连接来承载零散业务,所需的数据速率在极低到中等水平,报文到达时间间隔可能是一天,也可能只有几毫秒。

(4) 感知 网络感知创造了一种通信之外的新型应用场景,涵盖一系列的用例,例如基于设备甚至无设备的目标定位、成像、环境重构和监控、手势、活动识别等。感知为全球移动通信(International Mobile Telecommunications, IMT)系统的研究和讨论创造了新的性能维度,如检测准确率、感知分辨率和感知精度(包括距离、速度、角度等),这些维度的性能因具体应用而有所不同。未来,定位和重构应用需要高感知精度、高分辨率;成像应用需要超高分辨率;手势和活动识别应用需要极高的检测准确率。

(5) AI AI 旨在将分布式智能体智能地连接起来,以便在各行各业大规模部署 AI。实时 AI 将为分布式学习提供高效率、大容量、低时延的传输,包括大量智能体之间的数据和模型参数交换。在原生安全和本地数据隐私的支持下,原生可信是该场景的关键推动因素。

1.1.2.2 GNSS

全球导航卫星系统泛指所有的卫星导航系统,是一个能在地球表面或近地空间的任何地点为适当装备的用户提供全天候、三维坐标和速度以及时间信息的空基无线电定位系统,主要包括美国的 GPS (Global Positioning System)、俄罗斯的 Glonass、欧洲的 Galileo 和中国的北斗(BeiDou Navigation Satellite System, BDS)。

GPS 是世界上第一个建立并用于导航定位的全球系统，Glonass 经历快速复苏后已成为全球第二大卫星导航系统，二者目前正处现代化的更新进程中。Galileo 是第一个完全民用的卫星导航系统，正在试验阶段。BDS 于 2020 年 6 月 23 日完成第 59 颗"北斗"导航卫星升空，标志着"北斗"三号全球卫星导航系统的完成。预计在 2035 年建成的"北斗"四号将建设一个更智能、更泛在、更融合的全球卫星导航系统，能够提供目前缺失的室内、深海到深空的立体服务，成为真正的全球卫星导航系统。

卫星发射的信号决定了导航定位的方式和精度。目前 BDS、GPS 和 Galileo 均采用码分多址的方式。BDS 卫星全部具有 3 频信号；GPS 目前只有 12 颗 GPS-IIF 卫星具有 3 频信号，其余 25 颗卫星仅发射双频信号；Glonass 采用频分多址的方式，而未来的 Glonass-K2 及以后的卫星都将具有 3 个固定频率并采用码分多址的方式。采用固定的频率可以通过差分技术削弱大气延迟的影响，简化观测方程的未知参数，降低定位算法的复杂度和提高定位精度，有利于不同系统间的互操作和组合定位。

1.1.2.3　无线局域网

在无线局域网发明之前，必须使用物理线缆组建一个电子运行的通路进行联络与通信，为提高效率和速度，后来又发明了光纤。当网络发展到一定规模后，人们发现这种有线网络无论组建、拆装还是在原有基础上进行重新布局和改建，都非常困难，且成本和代价也非常高，于是无线局域网的组网方式应运而生。

Wi-Fi 是当前使用最为典型的无线局域网。它是基于 IEEE 802.11 标准并经由 IEEE Wi-Fi 联盟批准的无线局域网设备。截至目前，Wi-Fi 技术已经发展到了第七代，表 1-1 对历代 Wi-Fi 技术进行了对比分析。

表 1-1　历代 Wi-Fi 技术对比

世代	协议	年份	频段	信道带宽	编码类型	天线数	理论带宽
第一代	802.11b	1999 年	2.4G	22MHz	DSSS	1×1	11Mbit/s
第二代	802.11a	1999 年	5G	20MHz	OFDM	1×1	54Mbit/s
第三代	802.11g	2003 年	2.4G & 5G	20MHz	OFDM, DSSS	1×1	54Mbit/s
第四代	802.11n	2009 年	2.4G & 5G	20MHz/40MHz	MIMO-OFDM	4×4	600Mbit/s
第五代	802.11ac	2013 年	5G	20MHz/40MHz/80MHz/160MHz /(80+80)MHz	MIMO-OFDM	8×8	6.9Gbit/s
第六代	802.11ax	2019 年	2.4G & 5G	20MHz/40MHz/80MHz/160MHz /(80+80)MHz	MIMO-OFDM, OFDMA	8×8	9.6Gbit/s
第七代	802.11be	2024 年	2.4G & 5G & 6G	最大可到 320MHz	C-OFDMA, OFDMA	16×16	30Gbit/s

20 世纪 90 年代初，电气和电子工程师协会(Institute of Electrical and Electronics Engineers, IEEE)成立了专门的 802.11 工作组，专门研究和制定无线局域网标准协议，并在 1997 年 6 月确定了无线局域网的初始标准 IEEE 802.11。这一标准详述了免费授权的 2.4GHz(ISM 频段)应用频段，使用直接序列或跳频扩频(Frequency-Hopping Spectrum Spread, FHSS)技术。在

FHSS 技术中，载波频率根据某个伪随机序列从一个频率跳到另一个频率，产生具有小功率谱密度的扩频信号，最大数据速率为 2Mbit/s。

1999 年，品牌咨询公司 Interbrand 创造并商业化使用了 Wi-Fi 一词，Wi-Fi 联盟成立，正式推出了第一代 Wi-Fi 标准 802.11b。802.11b 使用直接序列扩频(Direct Sequence Spread Spectrum, DSSS)技术和补码键控(Complimentary Code Keying, CCK)调制技术，在 2.4GHz 频段实现最高 11Mbit/s 的传输速率。其室内覆盖范围为 38m，室外覆盖范围为 125m。

几乎同一时间，为提高无线传输速率，IEEE 推出了频率更高的 802.11a，该系统应用率处于通用频段(UNII 频段)：5.15～5.35GHz 以及 5.725～5.875GHz 频段。802.11a 基于 OFDM 技术将信号分到 52 个独立子载波上，实现了复杂度低、应用广泛的多载波传输方案，将传输速率提升到了 54Mbit/s。其室内覆盖范围为 35m，室外覆盖范围为 115m。

2003 年 7 月，IEEE 制定了第三代 Wi-Fi 标准 802.11g，属于 802.11a 的后续版本。802.11g 继承了 802.11b 的 2.4 GHz 频段和 802.11a 的 5GHz 频段，支持 802.11b 和 802.11a 的所有功能。

2009 年，IEEE 推出了第四代 Wi-Fi 标准 802.11n。802.11n 引入了 MIMO 技术，支持 20MHz 和 40MHz 带宽，支持 BPSK、QPSK、16QAM 和 64QAM 调制方式，4T4R 可实现最高 600Mbit/s 数据速率。其室内覆盖范围为 7m，室外覆盖范围为 250m。

2013 年，第五代 Wi-Fi 802.11ac 标准发布。802.11ac 工作于 5GHz，支持多载波(OFDM)和单载波(DSSS 和 CCK)调制方案，支持 BPSK、QPSK、16QAM、64QAM、256QAM 调制类型，支持 20MHz、40MHz、80MHz、160MHz 多种信道带宽，可通过 160MHz、8 个空间留、256QAM，最高理论速率可达 6.93Gbit/s。

2019 年，第六代 Wi-Fi 802.11ax 标准发布。802.11ax 支持 2.4GHz 和 5GHz 双频段，其主要特性包括 MU-MIMO、波束成形、1024QAM。8T8R 下的最高理论速率可达 9.6Gbit/s。另外，通过引入目标唤醒时间(Target Wake Time, TWT)节能机制，路由器可以统一调度无线终端休眠和数据传输的时间，不仅可以唤醒协调无线终端发送、接收数据的时机，减少多设备无序竞争信道的情况，还可以将无线终端分组到不同的 TWT 周期，增加睡眠时间，降低系统功耗。

随着 WLAN 技术的发展，家庭、企业等越来越依赖 Wi-Fi，并将其作为接入网络的主要手段。近年来出现新型应用对吞吐率和时延要求也更高，比如 4K 和 8K 视频(传输速率可能会达到 20Gbit/s)、VR/AR、游戏(时延要求低于 5ms)、远程办公、在线视频会议和云计算等。虽然第六代 Wi-Fi 已重点关注了高密场景下的用户体验，然而面对上述更高要求的吞吐率和时延依旧无法完全满足需求。为此，IEEE 802.11 标准组织即将发布一个新修订标准 IEEE 802.11be EHT，即第七代 Wi-Fi。IEEE 802.11be EHT 工作组已于 2019 年 5 月成立，整个协议标准将按照两个 Release 发布，Release1 在 2021 年将发布第一版草案 Draft1.0，2022 年底发布标准；Release2 在 2022 年初启动，预计在 2024 年底完成标准发布。第七代 Wi-Fi 协议的目标是将 WLAN 网络的吞吐率提升到 30Gbit/s，并且提供低时延的接入保障。为了满足此目标，整个协议在 PHY 层和 MAC 层都做了相应的改变。相对于第六代 Wi-Fi，第七代 Wi-Fi 带来的主要技术变革点如下：

(1) 支持最大 320MHz 带宽 现有的 2.4GHz 和 5GHz 频段免授权频谱有限且拥挤，为了实现最大吞吐量不低于 30Gbit/s 的目标，第七代 Wi-Fi 将继续引入 6GHz 频段，并增加新的带宽模式，包括连续 240MHz，非连续(160+80)MHz，连续 320MHz 和非连续(160+160)MHz。

(2) 引入更高阶的 4096QAM 调制技术　为了进一步提升速率，第七代 Wi-Fi 将引入 4096QAM，调制符号承载 12bit。在相同的编码下，第七代 Wi-Fi 的 4096QAM 比第六代 Wi-Fi 的 1024QAM 速率提升 20%。

(3) 引入 Multi-Link 多链路机制　为实现所有可用频谱资源的高效利用，采用多链路聚合相关技术，在 2.4GHz、5GHz 和 6GHz 上建立新的频谱管理、协调和传输机制。

(4) 支持更多数据流，MIMO 功能增强　第七代 Wi-Fi 的空间流数从第六代 Wi-Fi 的 8 个增加到 16 个，理论上可以将物理传输速率提升 2 倍以上。更多的数据流将会带来更强大的特性，即分布式 MIMO，16 条数据流可以不由一个接入点提供，而是由多个接入点同时提供，这意味着多个 AP 之间需要相互协同进行工作。

1.1.2.4　蓝牙

蓝牙(Bluetooth)是由爱立信(Ericsson)、诺基亚(Nokia)、东芝(TOShiba)、国际商用机器公司(IBM)和英特尔(Intel)共 5 家公司于 1998 年 5 月联合宣布的一种无线个域网技术，能在短距离固定或移动场景中提供无线网络连接，采用 IEEE 802.15.1 协议。

蓝牙与 IEEE 802.11 无线局域网一样，也使用 FHSS 调制方式防止其他设备干扰，允许附近几个蓝牙设备在相同覆盖空间中重叠，实现彼此并行通信。数据通常以信息报的形式传输，吞吐量达到 1Mbit/s。

蓝牙覆盖了 2400～2483.5MHz，共 83.5MHz 频率、79 个射频通道，每个射频信道带宽为 1MHz，跳频速率为 1600 跳/s，跳跃停留时间为 0.625ms。

标准蓝牙采用高斯频移键控(Gauss Frequency Shift Keying, GFSK)调制方案，FSK 信号的高斯模型产生具有比较窄的功率谱信号，很大程度上降低了功率损耗。蓝牙设备分为 3 个功率等级，分别是 100mW (20dBm)、2.5mW (4dBm)和 1mW (0dBm)，对应的有效覆盖范围为 100m、10m 和 1m。

蓝牙主要应用于大量的小区域、低速率、低功耗的办公室或家庭内部无线设备的便携连接，包括配有蓝牙的计算机、电话、耳机、智能家居管理系统等设备。

1.1.2.5　超宽带通信

超宽带(Ultra Wide Band, UWB)技术是一种无线载波通信技术，其不采用正弦载波，而是利用纳秒级的非正弦波窄脉冲传输数据，占用很宽的频谱范围。

UWB 技术始于 20 世纪 60 年代兴起的脉冲通信技术，其利用频谱极宽的超宽基带脉冲进行通信，故又称为基带通信技术、无线载波通信技术，主要用于军用雷达、定位和低截获率/低侦测率的通信系统中。2002 年 2 月，美国联邦通信委员会(Federal Communications Commission, FCC)发布的民用 UWB 设备使用的频谱和功率初步规定，将相对带宽大于 0.2 或在传输的任何时刻带宽大于 500MHz 的通信系统称为 UWB 系统，同时批准了 UWB 技术可用于民用设备中。随后，日本于 2006 年 8 月开放了超宽带频段。由于 UWB 技术具有数据传输速率高(达 1Gbit/s)、抗多径干扰能力强、功耗低、成本低、穿透能力强、截获率低、与现有其他无线通信系统共享频谱等特点，使其成为无线个域网 WPAN 的首选技术。

UWB 是以占空比很低的冲击脉冲作为信息载体的无载波扩谱技术，通过对具有很陡上升和下降时间的冲击脉冲进行直接调制。冲击脉冲通常采用单周期高斯脉冲，一个信息比特可映射为数百个这样的脉冲。图 1-5 为 UWB 脉冲无线收发机的基本结构，发送端的时钟振荡器产生一定重复周期的脉冲序列，需要传输的信息和表示用户地址的伪随机码对上述周期脉冲序列进行一定方式的调制，调制后的脉冲序列驱动脉冲发生电路，形成一定脉冲形状和规律的脉冲序列，然后放大，经过天线发射出去。在接收端，天线接收的信号经低噪声放大器放大后，送到相关器和本地产生的与发端同步的伪随机码调制的脉冲序列进行相关运算，然后恢复传输的 bit 信息。

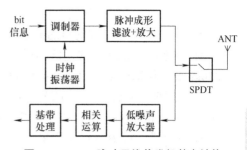

图 1-5　UWB 脉冲无线收发机基本结构

在实际应用中，UWB 技术具有发射信号功率谱密度低、低功耗、多径分辨能力强、能提供数厘米的定位精度等优点：

(1) 低功耗　UWB 系统使用一般持续 0.20～1.5ns 的间歇脉冲来发送数据，限制传输功率为-41.3dBm/MHz，具有很低的占空比，系统耗电很低，在高速通信时系统的耗电量仅为几百微瓦至几十毫瓦。民用 UWB 设备的功率一般是传统移动电话所需功率的 1/100 左右，是蓝牙设备所需功率的 1/20 左右。军用的 UWB 电台耗电也很低。因此，UWB 设备在续航能力和电磁辐射上，与传统无线通信设备相比，有着很大的优势。

(2) 多径分辨能力强　常规无线通信射频信号大多为连续信号或其持续时间远大于多径传播时间。多径传播效应限制了通信质量和数据传输速率，由于 UWB 发射的是持续时间极短且占空比极小的单周期脉冲，多径信号在时间上是可分离的。假如多径脉冲要在时间上发生交叠，其多径传输路径长度应小于脉冲宽度与传播速度的乘积。由于脉冲多径信号在时间上不重叠，很容易分离出多径分量以充分利用发射信号的能量。

(3) 室内定位精度高　采用冲激脉冲的 UWB 技术具有极强的穿透能力，可在室内和地下进行精确定位，这是当前 UWB 技术最为广泛的一个应用场景。与 GPS 提供绝对地理位置不同，UWB 定位技术可根据适配的专用定位基站(Base Station, BS)给出相对位置，其定位精度可达厘米级。

1.1.2.6　ZigBee

蓝牙和超宽带提供短程设备连接和电缆替代方案，前者具有较低数据速度，后者提供高数据速率。随着无线个域网 WPAN 的广泛应用，基于 IEEE 802.15.4 标准的 ZigBee，由于其超低功耗和低成本等优势逐渐得到普及，其特点是近距离、低复杂度、自组织、低功耗、低数据速率，主要适用于自动控制和远程控制领域，可以嵌入各类设备。

ZigBee 标准的物理层规定了 3 个免执照频段：全球的 2.4GHz 频段、北美的 915MHz 频段和欧洲的 868MHz 频段。2.4GHz 频段使用具有 16 个信道且最大理论数据速率为 250kbit/s 的 2.4～24835GHz 频段，可在全球范围内使用。915MHz 只指北美 902～928MHz 频段，包括 10 个信道，数据速率为 40kbit/s。868MHz 频段是指欧洲 868～870MHz 频段，只有 1 个信道，数据速率为 250kbit/s。2.4GHz 频段使用 QPSK 调制，915MHz 和 868MHz 频段使用 BPSK 调制。

相比其他无线个域网 WPAN，ZigBee 有如下几项突出的特点：

(1) 低功耗　ZigBee 传输速率低，发射功率仅为 1mW，且采用了休眠模式，功耗低，因此 ZigBee 设备非常省电。在低耗电待机模式下，ZigBee 设备仅靠 2 节 5 号电池即可支持 1 个网络节点工作 6～24 个月，甚至更长，这是 ZigBee 最为突出的优势。相比之下，蓝牙可工作数周，Wi-Fi 仅可工作数小时。

(2) 低成本　通过简化通信协议，极大降低了 ZigBee 的成本(不足蓝牙的 1/10)。另外，ZigBee 也降低了对通信控制器的要求，通过极少的代码量即可完成全功能主节点的配置。

(3) 低速率　ZigBee 的超低功耗主要是以低的传输速率为代价实现的，最大理论速率仅为 250kbit/s，仅适用于低速率数据传输的应用需求。

(4) 短延时　ZigBee 的响应速度较快，从睡眠转入工作状态一般只需 15ms，节点连接进入网络只需 30ms，进一步节省了电能。相比之下，蓝牙需要 3～10s，Wi-Fi 需要 3s。

(5) 高容量　ZigBee 可采用星状、片状和网状网络结构，由一个主节点管理若干子节点，最多一个主节点可管理 254 个子节点。同时主节点还可由上一层网络节点管理，最多可组成 65000 个节点的大网。

1.1.3　关键技术

根据前面对无线通信典型网络的介绍，并结合各行业对无线通信的需求，当前无线通信主要有以下几点关键技术需要进一步深入研究和突破。

1.1.3.1　多载波聚合

为满足单用户峰值速率和系统容量提升的要求，增加系统传输带宽是最为直接的方法。LTE-A 系统通过引入多载波聚合技术来增加传输带宽。多载波聚合技术能通过多个连续或者非连续的分量载波聚合获取更大的传输带宽，比如说同时使用 700MHz、3.4GHz 两个频段上的频谱资源，从而获取更高的峰值速率和吞吐量，后面 2.4.1 节会进行相关介绍，概念示意如图 1-6 所示。

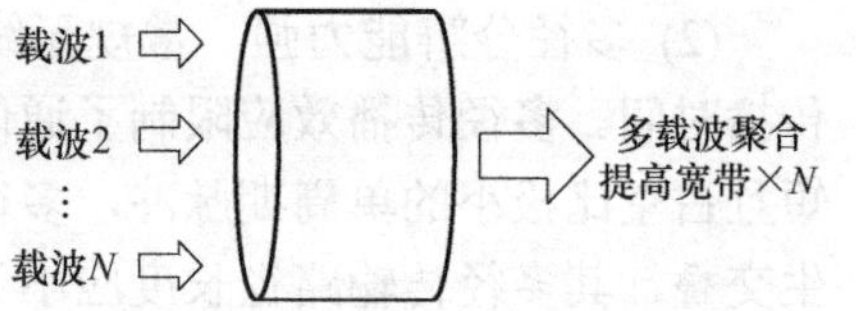

多载波聚合意味着射频前端需要配合更多的放大器和多工器，且发射通道上的功率放大器需要重新设计来满足线性化的要求，随着制式的复杂程度越来越高，射频前端宽带化和集成化的解决方案愈加受人青睐。

图 1-6　多载波聚合技术概念示意图

1.1.3.2　高频传输

为了冲刺高速，5G 使用"全新"的毫米波。无线通信传统工作频段主要集中在 3GHz 以下，这使得频谱资源十分拥挤，而在高频段(如毫米波、厘米波频段)可用频谱资源丰富，能够有效缓解频谱资源紧张的现状，且高频段意味着大带宽，如图 1-7 所示，可以实现极高速短距离通信，支持 5G 和 6G 移动通信在容量和传输速率等方面的需求。

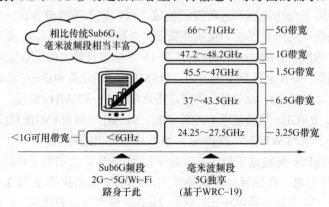

图 1-7　毫米波传输获取高带宽应用对比

足够量的可用带宽、小型化的天线和设备、较高的天线增益是高频段毫米波通信的主要优点，也是未来无线通信的主要发展趋势，但高频通信也存在传输距离短、穿透和绕射能力差、器件成本高、容易受气候环境影响等缺点，需要在射频器件和系统设计等方面进行深入研究。

1.1.3.3　高阶调制

提高传输速率的另一思路是使用更高阶的正交幅度调制(Quadrature Amplitude Modulation, QAM)方式，调制方式的阶数越高，一个符号对应的 bit 位数就越多，如图 1-8 所示。例如 5G NR 主要采用的 256QAM PDSCH，微波主要采用的 1024QAM 和 4096QAM。

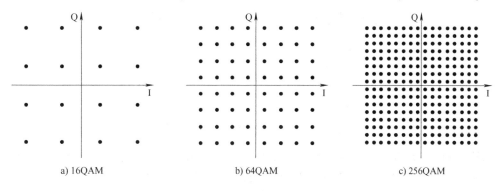

a) 16QAM　　　　　　b) 64QAM　　　　　　c) 256QAM

图 1-8　不同调制阶数星座图

更高阶的调制方式对射频系统也提出了更高的要求，主要表现为以下两点：

(1) 调制方式的阶数越高，意味着需要更高的接收信噪比(Signal to Noise Ratio, SNR)，从而限制了高阶调制的通信距离，并对发射功率、波束指向、接收灵敏度提出了更高的要求。

(2) 调制方式的阶数越高，意味着需要更高的发射调制精度，也就是更低的误差矢量精度(Error Vector Magnitude, EVM)，比如，64QAM 需要将 EVM 限制在 8%以内，而 256QAM 需要将 EVM 限制在 3.5%以内，这就对射频系统的相位噪声、载波泄露、I/Q 幅相不平衡度、通道幅度波动、通道群时延波动、数字削波、邻信道抑制比等指标提出了更高的需求，5.6 节会进行相关介绍。

1.1.3.4　Massive MIMO(大规模多输入多输出)

Massive MIMO 是第五代移动通信中提高系统容量和频谱利用率的关键技术。随着用户数量及天线数量的增加，移动用户之间的通信会出现相交现象。通过 Massive MIMO 技术可规避通信中断及信号衰落现象，从而减小用户之间的通信干扰，提升整体的移动网络容量，相关应用示意如图 1-9 所示。对于 Massive MIMO 的应用优势，主要表现为以下几点：

(1) 高复用增益和分集增益　Massive MIMO 能深度挖掘空间维度资源，使得基站覆盖范围内的多个用户在同一时频资源上利用大规模 MIMO 提供的空间自由度与基站同时进行通信，提升频谱资源在多个用户之间的复用能力，从而在不需要增加基站密度和带宽的条件下大幅度提高频谱效率。

(2) 高能量效率　Massive MIMO 可以形成更窄的波束，集中辐射于更小的空间区域内，从而使基站与终端之间的射频传输链路上的能量效率更高，减少基站发射功率损耗，是构建未来高能效绿色宽带无线通信系统的重要技术。

(3) 高空间分辨率　Massive MIMO 具有更好的鲁棒性能。由于天线数目远大于终端数目，系统具有很高的空间自由度和很强的抗干扰能力。Massive MIMO 最早由美国贝尔实验室研究人员提出，研究发现，当小区的基站天线数目趋于无穷大时，加性高斯白噪声和瑞利衰落等负面影响全都可以忽略不计，数据传输速率能得到极大提高。

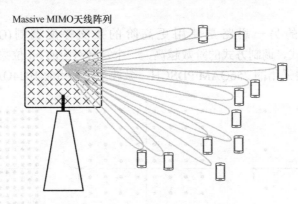

图 1-9　Massive MIMO 应用示意图

虽然 Massive MIMO 作为第五代移动通信的核心技术之一，但这并不意味着该项技术已经成熟完整，还有很多问题需要进一步研究、改进和解决：

(1) 射频通道集成度　Massive MIMO 的射频通道数达到 64 个、128 个和 256 个，甚至更多。要在有限空间内完成超多射频通道数的设计，必须进一步提高射频通道的集成度，并降低每个射频通道的功耗。

(2) 阵列天线的 3D 建模与设计　为了进一步发挥阵列天线的性能，可能会出现各种异型阵列，包括不规则平板阵列、共形阵列、多频异构阵列等，需要将这些阵列波束的水平指向和垂直指向有效组合，满足 3D 空间的任何方向，这具有很好的应用性，但更多的是复杂性的指数提升。

(3) 阵列天线的快速校准　阵列天线测试的复杂性和难度会随着信号路径的增加呈指数级增长，即使设计正确完成，也必须确保所有信号路径和天线都经过适当校准，以便天线系统按预期工作。高效校准数量巨大的天线路径绝对是一项具有挑战性的任务。

1.1.3.5　全双工通信

无线通信业务量爆炸增长与频谱资源短缺之间的外在矛盾，驱动着无线通信理论与技术的内在变革。提升频分双工(FDD)与时分双工(Time Division Duplex, TDD)的频谱效率，并消除其对频谱资源使用和管理方式的差异性，成为未来移动通信技术革新的目标之一。基于自干扰抑制理论和技术的同时同频全双工(Co-frequency Co-time Full Duplex, CCFD)技术成为实现这一目标的潜在解决方案。CCFD 技术的出现，与传统的 FDD/TDD 双工方式相比，可以在通信收发链路之间实现频谱资源的灵活使用，对吞吐量和传输时延性能的提高都有显著的成效：

(1) 高频谱利用效率　与传统的正交双工方式相比，同时同频的信号收发方式，理论上可以将现有的频谱效率提升一倍。

(2) 低反馈时延　全双工方式使得双向通信能够在接收信号的同时，反馈交换信令控制信息，降低反馈信息历经的空口延迟。

（3）高通信安全性　非合作方侦听到两个全双工设备发射的叠加在一起的信号，侦听难度增大，而全双工节点可以利用对自干扰信号的已知性，主动抑制自干扰信号，维持正常通信。

由于发射和接收处在同一时间和同一频率上，造成接收天线的输入为来自期望信源信号和本地发射信号的叠加，而后者对于前者属于极强的干扰，如图 1-10 所示。因此，要实现全双工通信的首要任务就是解决自干扰抑制，包括天线抑制、射频域抑制和数字域抑制，主要需要考虑以下几个方面：

（1）从技术产业成熟度来看，小功率、小规模天线单站全双工已经具备实用化的基础，中继和回传场景的全双工设备已有部分应用，但大规模天线基站全双工组网中的站间干扰抑制、大规模天线自干扰抑制技术还有待突破。

（2）在器件方面，小型化高隔离度收发天线的突破将会显著提升自干扰抑制能力，射频域自干扰抑制需要的大范围可调时延芯片的实现会促进大功率自干扰抑制的研究。

（3）在信号处理方面，大规模天线功放非线性分量的抑制是目前数字域干扰消除技术的难点，信道环境快速变化情况下射频域自干扰抵消的收敛时间和鲁棒性也会影响整个链路的性能。

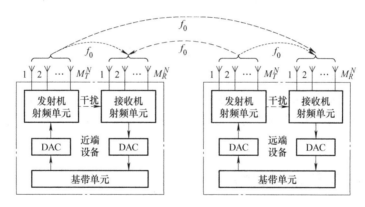

图 1-10　同时同频全双工通信架构

1.1.3.6　通信感知一体化

随着无线通信系统的发展，更高的频段(毫米波乃至太赫兹)、更宽的带宽、更大规模的天线阵列使得高精度、高分辨感知成为可能，从而可以在一个系统中实现通信感知一体化(Integrated Sensing and Communication, ISAC)，使通信与感知功能相辅相成。一方面，整个通信网络可以作为一个巨大的传感器，各个网元利用无线电波发送和接收信号，可以更好地感知和理解物理世界。通过从无线信号中获取距离、速度、角度等信息，提供高精度定位、动作识别、无源对象检测和追踪、成像及环境重构等广泛的新服务，实现"网络即传感器"。另一方面，感知所提供的高精度定位、成像和环境重构等能力又有助于提升通信性能，例如波束成形更准确、波束失败恢复更迅速、终端信道状态信息(Channel State Information, CSI)追踪成本更低，实现"感知辅助通信"。感知同时对物理世界和生物世界进行观察、采样，使其连接数字世界"新通道"，实现一个平行的"数字孪生"世界。

在实现通信感知一体化演进过程中，也面临来自多方面、多层次的技术挑战：

（1）信号处理　从功能角度看，一体化信号处理主要涉及自干扰消除、多参数估计等诸多难题。从优先级角度看，一体化信号处理分为以通信为主的一体化设计、以感知为主的一体化和联合加权设计 3 类，如何根据应用环境实现优先级自适应则需要进一步探索和研究。

(2) 系统架构　通信与感知共享硬件和频谱是一体化的基础。如图 1-11 所示，硬件共享可以有效降低成本、简化部署并减少维护问题，使得感知从移动通信网络的规模效应中收益，而频谱共享相比于各自使用独立频谱，频谱利用更加高效。但是，通信与感知系统因系统功能及规格等需求不同，在带宽、功率输出能力、接收灵敏度、系统动态范围、双工能力，以及射频通道频偏、相噪、非线性等需求指标方面均有较大差异。因此，需要平衡好通信与感知的需求，新增共享频谱资源、高动态范围、全双工及自干扰消除、高通道性能等特性要求，并兼顾实现低功耗、低复杂度、高集成度的目标。

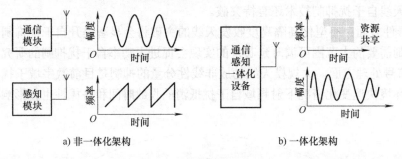

图 1-11　通信感知架构

(3) 多元协同　通过多条感知链共同协作完成通信与感知任务，包括多模式协同感知、多节点协同感知、多频段协同感知和多制式协同感知多个方面，从而增强感知场景的自适应性，克服单节点感知覆盖范围和精度的局限性，提升覆盖范围和感知精度，实现对物理环境的无缝精细感知。

1.2　射频通信系统发展趋势

移动通信的更新换代给射频前端链路带来了极大的挑战与机遇，特别是当前数据爆炸式增长的 5G 时代，主要表现为宽带化、数字化和集成化 3 个方面。

1.2.1　宽带化

1. 发展需求

参考香农定律，在高斯白噪声背景下的连续信道容量可表示为

$$C = B \times \log_2\left(1 + \frac{S}{N}\right) \tag{1-1}$$

式中，C 为信道容量，单位为 bit/s；B 为信道带宽，单位为 Hz；S 和 N 分别为信号和噪声平均功率，单位为 W，两者之比为信噪比。

由香农定律可以看出，信道容量，即信道传输速率与信道带宽直接相关。随着各种智能终端的普及，移动数据流量呈现爆炸式增长状态，迫使移动通信朝着宽带化方向发展。

第五代移动通信激活了很多垂直行业的发展，这些行业也进一步加速了宽带化进程，比

如高精度定位,带宽决定了信号在多径条件下的距离分辨能力(成正比关系),带宽越宽,多径分辨能力越强,剔除多径干扰信号越容易,从而得到更高精度的定位结果。

另外,毫米波通信作为第五代移动通信的一项重要技术基础,也使得超宽带通信成为可能,并推进了宽带化的发展。

2. 应用挑战

(1) 高速接口电路 随着信道带宽的提高,基带和中频接口速率也不断升级。比如,具有更高传输速率和通信距离的 SFP (Small Form-factor Pluggable)光口基本取代了 GE (Gigabit Ethernet)电口,具有 32Gbit/s 通道速率的 JESD 204C 也逐步取代了 12.5Gbit/s 的 JESD 204B。接口速率的升级对印制电路板的性能提出了更高的要求。

(2) 超高速率转换器 射频通道的宽带化意味着数/模转换器(Digital-to-Analog Converter, DAC)和模/数转换器(Analog-to-Digital Converter, ADC)的宽带化,特别具有反馈校正需求的电路,反馈通道的带宽需要达到发射通道最大瞬时带宽的 3 倍,甚至更高。因此,需要更高采样率的转换器,这对转换器的功耗、成本、杂散、相噪等性能都提出了更高的要求。

(3) 超宽带高效功放 功放工作带宽受 Bode-Fano 准则限制,超过 5%的相对带宽后性能下降明显。对于 Sub 6G 频段,比如 Band n78 频段(3300~3800MHz),要实现 200MHz 瞬时工作带宽,传统功放将无法实现。在后续研究中,应突破 Bode-Fano 准则,在 700MHz~40GHz 中的任意子频段,功放瞬时工作带宽提升 5 倍,将 5%相对带宽推进到 25%相对带宽,且性能不下降。

1.2.2 数字化

1. 发展需求

随着数字信号处理技术的发展,射频收发机的相关处理逐渐朝着数字化方向发展,例如:

1) 宽带化需求促进了载波聚合(Carrier Aggregation, CA)技术的发展。

2) 数字预失真(Digital Pre-Distortion, DPD)技术、削波(Crest Factor Reduction, CFR)技术与宽带高效功放相辅相成,通过 DPD 和 CFR 技术进一步提升功放的线性输出能力。

3) 通信感知一体化应用场景对接收动态范围提出了更高的要求,进一步促使自动增益控制(Automatic Gain Control, AGC)技术的发展,特别是数字自动增益控制技术。

4) 超大规模 MIMO 技术将继续在未来的 6G 移动通信中作为物理层候选关键技术之一,规模的扩展促使数字波束成形(Digital Beam Forming, DBF)技术的发展。

2. 应用挑战

(1) 处理速度 大带宽意味着高速率,也就是数据处理规模的指数型增长,再加上 5G 和 6G 网络的低时延特性需求,对数字处理的速率提出了更多挑战。需要在数据爆炸式增长的情况下,突破更低的处理时延。

(2) 控制精度 像自动增益控制和波束成形这类特性的数字化处理,针对部分应用场景,突破数字域固有限制,提供与模拟域类似的更小颗粒度的控制步进,保证控制精度。

(3) 绿色低碳 数字处理规模的提升,导致数字芯片功耗的恶化,从而增加设备的散热成本。在设计中,应在保证数字处理性能的前提下,进一步简化和优化处理算法,降低算法复杂度,减轻对芯片工艺的设计需求。

1.2.3　集成化

1. 发展需求

Massive MIMO 的商用部署和超大规模 MIMO 的研究推广，进一步推动射频收发机向着集成化、小型化方向发展，例如：

1) 原本 2T2R 和 4T4R 的射频集成电路(Radio Frequency Integrated Circuit, RFIC)逐渐被 8T8R，甚至 16T16R RFIC 取代。

2) 原本分离的数字前端(Digital Front End, DFE)和 RFIC 逐渐集成到了一起，构成片上射频系统(Radio Frequency System on Chip, RFSoC)。

3) 原本采用混合波束成形(Hybrid Beam Forming, HBF)架构的 Massive MIMO，在某些场景下，去掉射频前端庞大的模拟移相阵列，全部通过 DBF 来实现。

2. 应用挑战

(1) 极简天线　HBF 架构场景中，滤波器和天线之间存在移相器。如何在滤波和天线之间插入移相功能，目前尚无理论设计支撑。需要突破常规设计思维，基于给定的滤波器规格，设计传输相位可实现 0°～360°切换的滤波函数，并提出带移相器的滤波器天线综合方法，实现阵列整体损耗降低 1dB 以上。

(2) 阵列互耦　瞄准小间距窄波束天线应用需求，面对 0.5 波长阵列间距下，天线阵列间的同频互耦增加，导致波束宽度变大，继而导致增益下降等问题。突破现有技术，在 0.5 波长阵列间距下，控制天线近场分布，减少列间干扰，实现相对独立的环境。

(3) 隔离干扰　将大规模数字电路和多通道模拟电路集成到一个芯片中，会恶化数模干扰和通道间隔离度。加上全双工通信和通信感知一体化等新应用的发展，对射频收发机隔离干扰提出了更高的指标和挑战。

(4) 散热设计　设备小型化和通道规模化是射频通信系统的发展趋势，但这两项又属于一个矛盾体，通道规模的增加，必然会导致设备功耗的增大，进而需要更大的体积来保证进行自然散热。散热设计是一项系统工程，主要包括优化设计数字芯片的功耗、降低数字处理算法复杂度、降低射频后端损耗、提高功放效率和提升整机电源效率等，并在此基础上，优化结构设计和散热方式，将 15W/L 的自然散热基线提升至 20W/L。

参考文献

[1] COUCH L W. Digital and analog communication systems[M]. 8th ed. Boston: Pearson, 2013.

[2] 李晓辉, 刘晋东, 吕思婷. 移动通信系统[M]. 北京: 清华大学出版社, 2022.

[3] 彭木根, 刘喜庆, 闫实, 等. 6G 移动通信系统: 理论与技术[M]. 北京: 人民邮电出版社, 2022.

[4] 王映民, 孙韶辉. 5G 移动通信系统设计与标准详解[M]. 北京: 人民邮电出版社, 2020.

[5] 林志坤. 无线通信技术的分类及发展[J]. 通讯世界, 2017(3): 59-60.

[6] TONG W, ZHU P. 6G the next horizon: from connected people and things to connected intelligence[M]. New York: Cambridge University Press, 2021.

[7] 秦红磊, 金天, 丛丽. 全球卫星导航系统原理、进展及应用[M]. 北京: 高等教育出版社, 2019.

[8] 张运嵩, 蒋建峰. 无线局域网技术与应用项目教程[M]. 北京: 人民邮电出版社, 2022.

[9]　陈灿峰. 低功耗蓝牙技术原理与应用[M]. 北京: 北京航空航天大学出版社, 2013.

[10]　EMAMI S. UWB communication systems: conventional and 60GHz　principles, design and standards[M]. New York: Springer, 2013.

[11]　FARAHANI S. ZigBee wireless networks and transceivers[M]. Boston: Newnes/Elsevier, 2008.

[12]　华为. 6G: 无线通信新征程[R/OL]. (2022-01)[2023-01-28]. http://www.huawei.com/cn/huaweitech/future-technologies/6g-white-paper.

[13]　IMT-2030 (6G)推进组. 6G 前沿关键技术研究报告[R/OL]. (2022-11)[2023-01-28]. http://www.imt2030.org.cn/html/default/zhongwen/chengguofabu/yanjiubaogao/index.html?index=2.

[14]　HAMPTON J R. Introduction to MIMO communications[M]. Cambridge: Cambridge University Press, 2014.

[15]　IMT-2030 (6G)推进组. 超大规模 MIMO 技术研究报告[R/OL]. 2 版. (2022-09)[2023-01-28]. http://www.imt2030.org.cn/html//default/zhongwen/chengguofabu/yanjiubaogao/list-3.html?index=2.

[16]　IMT-2030 (6G)推进组. 新型双工技术研究报告[R/OL]. (2022-11)[2023-01-28]. http://www.imt2030.org.cn/html//default/zhongwen/chengguofabu/yanjiubaogao/index.html?index=2.

[17]　IMT-2030 (6G)推进组. 通信感知一体化技术研究报告[R/OL]. 2 版. (2022-11)[2023-01-28]. http://www.imt2030.org.cn/html//default/zhongwen/chengguofabu/yanjiubaogao/list-2.html?index=2.

[18]　NIE D, HOCHWALD B. Improved Bode-Fano broadband matching bound[C]. 2016 IEEE International Symposium on Antennas and Propagation (APSURSI), 2016.

[19]　YANG M S, LIN Y T, KAO K Y, et al. A Compact E- Mode GaAs pHEMT Phase Shifter MMIC for 5G Phased-Array Systems[C]. 2019 IEEE Asia-Pacific Microwave Conference (APMC), 2019.

[20]　陈锡聪, 林福民, 周冬跃, 等. 4.9GHz 小型化集成相控阵天线设计[J]. 电讯技术, 2023, 63(2): 267-274.

[21]　黄振伟. 一种仿生散热技术在无线通信模块上的应用[J]. 机电信息, 2020(24): 80-82.

第2章

射频通信系统设计基础

学习目标

1. 了解通信链路基本框架。从微观角度，掌握当前移动通信信号元素的构成；从宏观角度，理解整个信号发射、传输和接收的实现过程。

2. 掌握射频设计的相关入门知识，包括噪声、峰均比、非线性、阻抗匹配和采样转换等基本概念。

3. 理解各射频单元电路的工作原理、关键指标，通过实例掌握相关应用设计方法，主要包括功率放大器、低噪声放大器、混频器、射频开关、衰减器、射频滤波器、功率检波器、时钟锁相环、直接数字频率合成器、功率分配器、耦合器、移相器、天线等单元电路。

4. 了解相关射频处理算法的基本概念和设计方法，从射频通信系统角度，梳理电路和算法的相辅相成关系。

知识框架

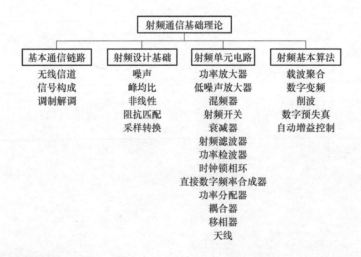

2.1 基本通信链路

典型通信系统基本链路模型如图 2-1 所示。系统将需要传输的信息经过编码、交织、脉冲成形后，从时域和频域两个层面转换为中频信号。为了减小天线尺寸，方便无线频谱资源管理，需要将信号调制到较高频段进行发射传输，然后经过无线信道，到达接收机后，对接收到的信号进行解调，恢复为中频信号，最后经过采样判决、去交织、译码等操作，获取传输的原始信息。下面主要从射频通信角度出发，对无线信道、信号构成和信号调制与解调进行相关介绍。

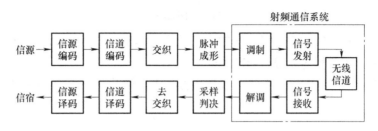

图 2-1　典型通信系统基本链路模型

2.1.1　无线信道

移动通信的便利性建立在无线信道的有效传输基础上，理解无线信道是掌握无线通信先进技术的前提条件。

2.1.1.1　噪声和干扰

信道中除了传输有用信号外，还存在各种噪声和干扰，这些噪声和干扰可能会使信号失真并导致误码。

无线通信中的噪声主要包括接收机中产生的噪声和进入天线的自然噪声。在进行收发机设计时，需要根据指标需求，合理优化链路结构，降低由于链路设计引入的噪声，后面 2.2.1 节和 4.2 节会进行详细介绍。

整个空间环境中，存在多个且多类型的通信设备，各设备间在时域和频域上会存在一定的相互干扰。在进行收发机设计时，需要根据指标需求，保证发射信号满足发射频谱模板的要求，并抑制电磁环境中的其他干扰噪声，提高接收电路的抗干扰、抗阻塞特性，4.3～4.5 节、5.4 节、5.5 节会详细介绍。

2.1.1.2　信道容量

信道容量是指在信道上进行无差错传输所能达到的最大传输速率，根据式(1-1)香农公式可以看出，信道容量与信道带宽、信号信噪比密切相关，通过增大信道带宽、提高信号信噪比即可提升信道容量。但在实际应用中，由于频谱资源、电子元件、电磁频谱管理法规等限制，使得信道带宽不可能任意扩大。结合 2.1.1.1 节的分析，无线信道中存在各种噪声和干扰，会限制传输信号的信噪比。因此，在信道带宽一定的条件下，需要优化收发链路，尽可能提高传输信号的信噪比，保证信道容量。

2.1.1.3　信道衰落

电磁波作为无线通信的媒介，在传播过程中，会发生衰减，并在遇到障碍物时，引起能量的吸收和电波的反射、散射和绕射等现象。电磁波传播的物理机制决定了无线信道的衰减特点，衰减一般分为慢衰落和快衰落。

1. 慢衰落

无线通信中，慢衰落一般包括两种形式：

1) 由于距离引起的路径损耗。

2) 由于地形遮挡引起的阴影衰落。

根据功率传输方程，电磁波的强度会随着传播距离的增加而降低，接收功率 P_r 可表示为

$$P_r = P_t \frac{G_t G_r \lambda^2}{(4\pi d)^2} \tag{2-1}$$

式中，P_t 为发射功率；G_t 和 G_r 分别为发射和接收天线增益；λ 为电磁波工作波长；d 为收发天线之间的距离。各参数均为国际标准单位。

将式(2-1)的单位变换为 dB，并去掉发射和接收天线增益，得到自由空间路径损耗 L_P (dB) 的计算公式为

$$
\begin{aligned}
L_P &= -10\lg\left[\frac{\lambda^2}{(4\pi d)^2}\right] = -10\lg\left[\frac{c^2}{(4\pi df)^2}\right] \\
&= -147.56\text{dB} + 20\lg(f[\text{Hz}]) + 20\lg(d[\text{m}]) \\
&= 32.44\text{dB} + 20\lg(f[\text{MHz}]) + 20\lg(d[\text{km}])
\end{aligned} \tag{2-2}
$$

式中，f 为电磁波频率，单位为 MHz；d 为收发天线之间的距离，单位为 km。

图 2-2 为不同工作频率下的自由空间路径损耗的关系曲线，可以看出，电磁波工作频率越高，收发天线之间间距越大，两者造成的自由空间路径损耗越大。将此结论映射到运营商部署移动通信网络时的考虑：在满足网络覆盖以及发射功率受限的前提下，运营商初期总是希望使用较低频段，以降低自由空间路径损耗，从而减少单位区域面积内的基站设备数量，节约建站成本。但工作频段越低的话，意味着可使用的工作带宽越小，从而降低了信道容量，而对于当前有"大带宽"应用需求的 5G NR 时代来说，不得不提高工作频段，并接受由于

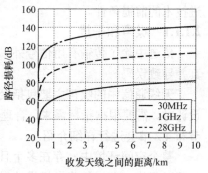

图 2-2 不同工作频率下的自由空间
路径损耗关系曲线

工作频段升高而造成的基站数量增加这一成本问题。特别是 28G 和 39G 等毫米波通信频段，当前其室外视距(LOS)传播距离基本只能到 1.5km，而非视距传播距离整体只能覆盖 150m 左右。对于未来，通信覆盖和信道容量这对矛盾体还需要一系列突破性的技术进行攻关解决。

在移动通信传播环境中，电波在传播路径上会遇到起伏的山丘、建筑物、树林等障碍物的阻挡，形成电波阴影区，造成信号场强中值的缓慢变化，并引起衰落，通常把这种现象称为阴影效应，由此引起的衰落又称为阴影慢衰落。此外，由于气象条件的变化，电波折射系数会随时间平缓地变化，并造成同一地点接收到的信号场强中值也随时间缓慢地变化。在实际工程应用中，通常需要建立数学模型来描述由于阴影衰落造成的通信质量下降，利用相关通信算法来解决这一问题。

2. 多径效应与快衰落

如图 2-3 所示，由于信号传播路径中可能存起建筑物、山体、树木等物体，电磁波从发射天线发射出来，会经过多个路径(包括 LOS 和 NLOS)达到接收机，这一现象称为多径效应。

不同路径的传播距离不同，从而信号到达接收机的时间就有先后。因此，如果在基站发射一个尖脉冲，终端就会接收到一连串的展宽脉冲。图 2-3 中画了 4 条路径，在信道的冲击响应 $h(t)$ 上对应 4 个展宽脉冲。

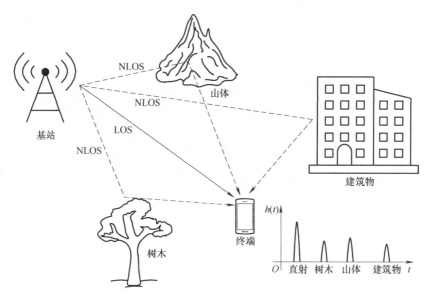

图 2-3　无线传播的多径效应

　　为简化推理，此处以只有一个障碍物的二径信道模型进行分析，如图 2-4 所示，一条路径从基站直接到达终端，另一条路径经过终端背后的反射体反射后到达终端。假设终端与反射体距离很近，两条路径的信号强度基本相等，相位则取决于终端的位置。如果终端在某一

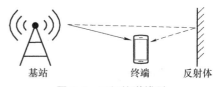

图 2-4　二径信道模型

点上两条路径的信号相位是同相的，则两条路径的信号会相互叠加，形成幅度加倍；如果终端从这一点向左或向右移动 1/4 波长的距离，两条路径的相位差达到 $\pi/2$，则两条路径信号会相互抵消，导致幅度为零，终端将无法收到信号。

　　举个例子：对于当前 5G NR 中的 3.5G 频段，其波长为 85.7mm，对应的 1/4 波长为 21.4mm，如果终端以 10m/s (即 36km/h)的速度在图 2-4 中的二径信道模型移动，则会产生 234Hz 的信道强度变化频率，此变化速率相对于路径损耗和阴影衰落是很快的，将此过程称为快衰落。总的来说，快衰落是移动设备附近的散射体(地形、地物和移动体等)引起的多径传播信号在接收点相叠加，造成接收信号快速起伏的现象。在实际工程应用中，通常采用分集技术、RAKE 接收技术、循环前缀方法等手段来解决快衰落带来的问题。

2.1.2　信号构成

　　无线信号包括时域和频域两个维度的资源，分别对应 OFDM 符号和 OFDM 符号内的子载波。图 2-5 为 5G NR 物理时频资源结构，最小的时频资源为 OFDM 符号内的 1 个子载波，即 1 个资源单元(Resource Element，RE)。

　　对于时域资源，无线信号通过无线帧(Radio Frame)、子帧(Subframe)和时隙(Slot)进行传输。如图 2-6 所示，每个无线帧长度为 10ms，包含 10 个子帧，每个子帧长度为 1ms。与 4G LTE 不同的是，5G NR 的子帧仅作为计时单位，不再作为基本调度单位，目的是为了支持更灵活的上下行资源调度方式，降低上下行切换时延。每个子帧进一步分割为若干个相邻时隙(Slot)，具体个数取决于子载波间隔，子载波间隔越大，每个子帧包含的时隙就越多，也就使

一个时隙占用的实际时间长度越短。每个子帧下的时隙数不固定，但每个时隙包含了固定的14 个相邻 OFDM 符号，每个符号的时间长度用 T_u 表示，为时域上的最小单元。

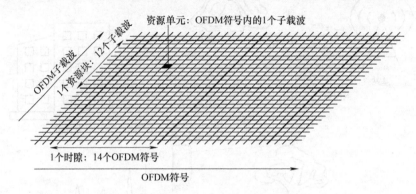

图 2-5　5G NR 物理时频资源结构

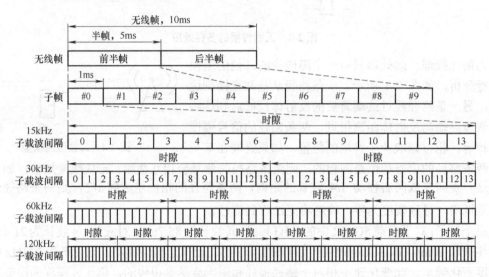

图 2-6　5G NR 帧结构

　　5G NR 和 4G LTE 最大的区别之一就是引入了参数集 μ(Numerology)，不同的参数集对应不同的时域资源，如图 2-7 所示，参数集 μ 的取值包括 0、1、2、3、4，对应的子载波间隔分别为 15kHz、30kHz、60kHz、120kHz、240kHz，子载波间隔越大，1 个时隙对应的时间就越短，相应的每个无线帧或子帧包含的时隙数就越多。4G LTE 只有一种参数集(μ=0)，而5G NR 可以针对不同应用场景选择不同的参数集，大大提高了通信场景适配的灵活性。但随着参数集的增大，即子载波间隔的增加，每个符号的时间将减少，导致 TDD 双工系统对上下行切换的时间也随之缩短，进一步提高了系统对射频链路中 TDD 切换开关时间的需求。

　　对于频域资源，OFDM 符号在频域上的最小单元是具有 sinc() 函数的子载波，通过子载波间的正交性(即每个子载波的峰值对应其他子载波的过零点)来对抗干扰，如图 2-8 所示。子载波间隔为

$$\Delta f = \frac{1}{T_u} \tag{2-3}$$

式中，T_u 为 OFDM 符号长度。接收机采样点个数与子载波个数相关，对于 15kHz 的子载波间隔，基波信号的频率为 15kHz，则基波信号的传输时间为 1/(15kHz)=66.7μs，即传输一个完整的 OFDM 符号的最短时间为 66.7μs。

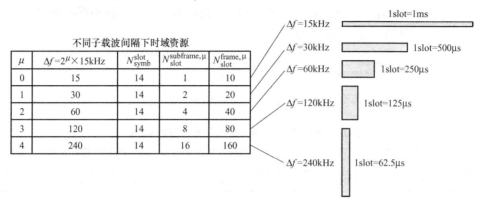

图 2-7　5G NR 不同参数集下的时域资源

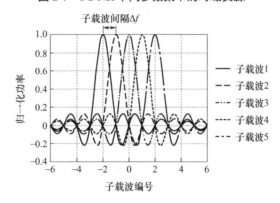

图 2-8　OFDM 子载波正交性示意

在频域内，将连续的 12 个子载波定义为 1 个资源块(Resource Block, RB)。图 2-9 为 5G NR 信道带宽和配置带宽配置示意。5G NR 中常说的"大带宽"属于通道带宽，比如 FR1 频段的 100MHz 带宽，FR2 频段中的 200MHz、400MHz 带宽。为减少信道之间的干扰，在通道带宽边缘设置有保护带，除去通道上下边缘保护带后，才是通道可配置的最大传输带宽。根据实际的应用调度场景，设备可配置更小的通道带宽，比如 20MHz、10MHz，甚至 5MHz 等。

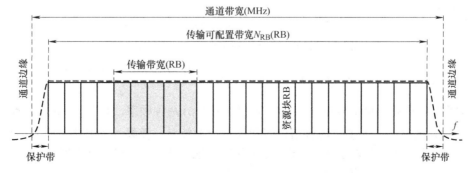

图 2-9　5G NR 信道带宽和配置带宽配置示意

表 2-1 和表 2-2 分别为 3GPP 中规定的 FR1 频段不同子载波间隔下部分通道带宽对应的 RB 数和最小保护带宽，有如下两点结论：

1) 相同带宽下，子载波间隔越大，则 RB 数越小，需要的最小保护带越大。
2) 相同子载波间隔下，通道带宽越宽，则 RB 数越多，需要的最小保护带越宽。

最小保护带宽 $BW_{Guardband}^{min}$ 的计算公式为

$$BW_{Guardband}^{min} = \frac{BW_{ChannelBand} \times 1000 - N_{RB} \times SCS \times 12}{2} - \frac{SCS}{2} \tag{2-4}$$

式中，$BW_{ChannelBand}$ 为通道带宽；N_{RB} 为 RB 数；SCS 为子载波间隔。

表 2-1　FR1 频段下部分通道带宽对应的 RB 数

SCS/kHz	不同通道带宽下的 RB 数(N_{RB})						
	5MHz	10MHz	20MHz	40MHz	60MHz	80MHz	100MHz
15	25	52	106	216	—	—	—
30	11	24	51	106	162	217	273
60	—	11	24	51	79	107	135

表 2-2　FR1 频段下部分通道带宽对应的最小保护带宽

SCS/kHz	不同通道带宽下的最小保护带宽/kHz						
	5MHz	10MHz	20MHz	40MHz	60MHz	80MHz	100MHz
15	242.5	312.5	452.5	552.5	N/A	N/A	—
30	505	665	805	905	825	925	845
60	N/A	1010	1330	1610	1530	1450	1370

2.1.3　信号调制与解调

信号调制的基本思路就是发送端产生高频载波信号，让高频载波的幅度、频率或相位随着调制信号变化，携带需要传输的信号送到接收端，接收端收到后，将携带的传输信号从调制信号中恢复(解调)出来。下面主要从三角函数的角度，对普通调制与解调、复中频调制与解调、零中频调制与解调和实中频调制与解调进行介绍。

2.1.3.1　普通调制与解调

1．调制过程

假设要发送的中频调制信号 $s_t(t)$ 是一个余弦信号 $\cos(\omega t)$，调制就是乘上一个角频率为 ω_c 的余弦载波信号，得到需要发射的射频已调信号 $s_{RF}(t)$ 可表示为

$$s_{RF}(t) = s_t(t)\cos(\omega_c t) = \cos(\omega t)\cos(\omega_c t) = \frac{\cos[(\omega_c - \omega)t] + \cos[(\omega_c + \omega)t]}{2} \tag{2-5}$$

可以看出，射频已调信号包含了 $(\omega_c - \omega)$ 和 $(\omega_c + \omega)$ 两种频率，即上、下两个边带，完成了频谱的重复搬移。但为了节约频谱资源和提高发射效率，需要滤除其中一个边带(镜像信号)，图 2-10 以滤除下边带为例，给出了普通调制原理框图，发射机最终发射的信号 $s_{TX}(t)$ 为 $\cos[(\omega_c + \omega)t]/2$，频率仅包含 $\omega_c + \omega$。

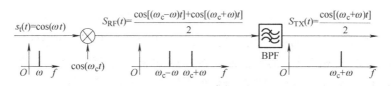

图 2-10　普通调制原理框图

2. 解调过程

射频已调信号经过发射天线发射出去，经过无线信道后，由接收天线接收下来。假定无线信道不改变信号，即接收到的信号与发射信号保持一致。在接收解调过程中，再次使用载波信号与接收信号相乘，得到中频解调信号 $s_{\text{RX}}(t)$ 为

$$s_{\text{RX}}(t) = s_{\text{TX}}(t)\cos(\omega_c t) = \frac{\cos\left[(\omega_c+\omega)t\right]\cos(\omega_c t)}{2} = \frac{\cos\left[(2\omega_c+\omega)t\right]+\cos(\omega t)}{4} \tag{2-6}$$

可以看出，中频解调信号 $s_{\text{RX}}(t)$ 包括了 $(2\omega_c + \omega)$ 和 ω_c 两种频率，将信号经过低通滤波器，即可恢复得到发送的中频调制信号 $\cos(\omega t)$。

2.1.3.2　复中频调制与解调

普通调制只利用了一路中频来传输信号，如果采用两路中频，一路中频为 $\cos(\omega_c t)$，另一路中频为 $\sin(\omega_c t)$，则可同时传输两路信号，这就是 I/Q 调制，又称为 QAM 调制，复中频调制正是利用了这一原理。

1. 调制过程

复中频调制包括中频调制和射频调制两个步骤，整个调制过程如图 2-11 所示。

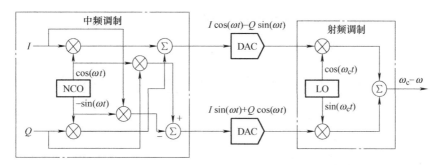

图 2-11　复中频调制原理框图

(1) 中频调制　I 路和 Q 路信号在数字域与两路正交的数控振荡器(Numerically Controlled Oscillator，NCO)分别进行混合调制，得到数字中频信号的实部和虚部分别送入 DAC，即

$$(I + jQ)\left[\cos(\omega t) + j\sin(\omega t)\right] = \left[I\cos(\omega t) - Q\sin(\omega t)\right] + j\left[I\sin(\omega t) + Q\cos(\omega t)\right] \tag{2-7}$$

(2) 射频调制　DAC 输出的两路正交信号与两路正交的本振信号分别进行调制，然后将调制结果进行叠加，即

$$
\begin{aligned}
&\left[I\cos(\omega t) - Q\sin(\omega t)\right]\cos(\omega_c t) + \left[I\sin(\omega t) + Q\cos(\omega t)\right]\sin(\omega_c t) \\
&= I\left[\cos(\omega t)\cos(\omega_c t) + \sin(\omega t)\sin(\omega_c t)\right] + \\
&\quad Q\left[\cos(\omega t)\sin(\omega_c t) - \sin(\omega t)\cos(\omega_c t)\right] \\
&= I\cos\left[(\omega_c - \omega)t\right] + Q\sin\left[(\omega_c - \omega)t\right]
\end{aligned} \tag{2-8}
$$

25

可以看出，射频调制后的结果只与 $(\omega_c - \omega)$ 相关，不存在 $(\omega_c + \omega)$ 镜像频率(即不需要额外的射频镜像滤波器)，且 I 路和 Q 路正交。实际应用中，由于线路和器件等差异，存在 I/Q 不平衡的情况，产生相对较为严重的本振泄露和镜像干扰，一般需要正交误差校正 (Quadrature Error Correction，QEC)算法进行校正处理，详见 3.2.3 节。

2. 解调过程

与调制过程类似，复中频解调也包括射频解调和中频解调两个步骤，整个解调过程如图 2-12 所示。

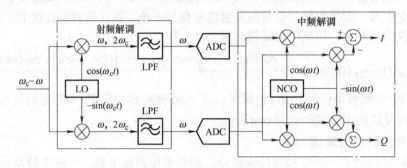

图 2-12　复中频解调原理框图

(1) 射频解调　将接收到的信号分别与两路正交的本振信号进行解调，解调后的信号经过低通滤波，滤除高频部分，得到中频信号。

接收信号乘以 $\cos(\omega_c t)$ 恢复中频 I 路信号，即

$$
\begin{aligned}
&\left\{I\cos\left[(\omega_c - \omega)t\right] + Q\sin\left[(\omega_c - \omega)t\right]\right\}\cos(\omega_c t) \\
&= \frac{I\cos(\omega t) - Q\sin(\omega t)}{2} + \\
&\quad \frac{\left[I\cos(\omega t) - Q\sin(\omega t)\right]\cos(2\omega_c t) + \left[I\sin(\omega t) + Q\cos(\omega t)\right]\sin(2\omega_c t)}{2} \\
&= \frac{I\cos(\omega t) - Q\sin(\omega t)}{2} \quad \text{(经过低通滤波)}
\end{aligned}
\tag{2-9}
$$

接收信号乘以 $\sin(\omega_c t)$ 恢复中频 Q 路信号，即

$$
\begin{aligned}
&\left\{I\cos\left[(\omega_c - \omega)t\right] + Q\sin\left[(\omega_c - \omega)t\right]\right\}\sin(\omega_c t) \\
&= \frac{I\sin(\omega t) + Q\cos(\omega t)}{2} + \\
&\quad \frac{\left[I\cos(\omega t) - Q\sin(\omega t)\right]\sin(2\omega_c t) - \left[I\sin(\omega t) + Q\cos(\omega t)\right]\cos(2\omega_c t)}{2} \\
&= \frac{I\sin(\omega t) + Q\cos(\omega t)}{2} \quad \text{(经过低通滤波)}
\end{aligned}
\tag{2-10}
$$

(2) 中频解调　忽略射频解调带来的幅度衰减，将射频解调得到的中频信号输入 ADC，得到的数字中频信号与两路正交的 NCO 进行混合解调，恢复出 I 路和 Q 路信号，即

$$
\left\{\left[I\cos(\omega t) - Q\sin(\omega t)\right] + j\left[I\sin(\omega t) + Q\cos(\omega t)\right]\right\}\left[\cos(\omega t) - j\sin(\omega t)\right] = I + jQ
\tag{2-11}
$$

2.1.3.3　零中频调制与解调

零中频属于复中频中的一种特例，即将调制的数字中频 NCO 频率 ω 取 0，得到的射频信号为 $I\cos(\omega_c t)+Q\sin(\omega_c t)$。同理，可分析零中频的解调过程。

2.1.3.4　实中频调制与解调

1. 调制过程

与复中频一样，实中频调制也包括中频调制和射频调制两个步骤，整个调制过程如图2-13所示。

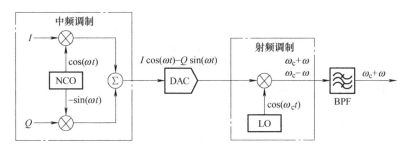

图 2-13　实中频调制原理框图

参考式(2-7)，复中频的中频调制得到 $\left[I\cos(\omega t)-Q\sin(\omega t)\right]+j\left[I\sin(\omega t)+Q\cos(\omega t)\right]$，即实部和虚部均包含 I 路和 Q 路信息，且实部和虚部正交。因此，可以只发送一路信号，即可携带全部 I 路和 Q 路信息。

假设中频调制后只发送 $I\cos(\omega t)-Q\sin(\omega t)$，经过射频调制后，得到

$$\left[I\cos(\omega t)-Q\sin(\omega t)\right]\cos(\omega_c t)=I\cos(\omega t)\cos(\omega_c t)-Q\sin(\omega t)\cos(\omega_c t)$$

$$=\frac{I\cos\left[(\omega_c+\omega)t\right]-Q\sin\left[(\omega_c+\omega)t\right]}{2}+\frac{I\cos\left[(\omega_c-\omega)t\right]-Q\sin\left[(\omega_c-\omega)t\right]}{2}$$

$$=\frac{I\cos\left[(\omega_c+\omega)t\right]-Q\sin\left[(\omega_c+\omega)t\right]}{2} \quad (抑制下边带) \tag{2-12}$$

可以看出，实中频调制和普通调制一样，射频调制后包含 $(\omega_c-\omega)$ 和 $(\omega_c+\omega)$ 两种频率，需要使用滤波器抑制另一半频谱分量。同样以滤除下边带为例，并忽略射频解调带来的幅度衰减，发射机最终的信号为 $I\cos\left[(\omega_c+\omega)t\right]-Q\sin\left[(\omega_c+\omega)t\right]$。

2. 解调过程

与复中频解调过程类似，包括射频解调和中频解调两个步骤，整个解调过程如图2-14所示。

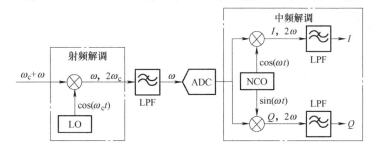

图 2-14　实中频解调原理框图

(1) 射频解调　将接收到的信号与本振信号相乘进行解调，解调后包含 ω 和 $2\omega_c$ 两种频率，需要使用滤波器抑制高频，得到中频信号，即

$$\{I\cos[(\omega_c+\omega)t]-Q\sin[(\omega_c+\omega)t]\}\cos\omega_c$$

$$=\frac{I\cos(\omega t)-Q\sin(\omega t)}{2}+\frac{I\cos[(2\omega_c+\omega)t]-Q\sin[(2\omega_c+\omega)t]}{2}$$

$$=\frac{I\cos(\omega t)-Q\sin(\omega t)}{2} \quad \text{(经过低通滤波)} \tag{2-13}$$

(2) 中频解调　同样忽略射频解调带来的幅度衰减，将射频解调得到的中频信号与两路正交的 NCO 分别进行解调，恢复出 I 路和 Q 路信号。

恢复 I 路信号：

$$[I\cos(\omega t)-Q\sin(\omega t)]\cos(\omega t)$$

$$=\frac{1}{2}[I+I\cos(2\omega t)-Q\sin(2\omega t)]=\frac{1}{2}I \quad \text{中频数字滤波器滤除}(2\omega t) \tag{2-14}$$

恢复 Q 路信号：

$$[I\cos(\omega t)-Q\sin(\omega t)]\sin(\omega t)$$

$$=\frac{1}{2}[Q+I\sin(2\omega t)-Q\cos(2\omega t)]=\frac{1}{2}Q \quad \text{中频数字滤波器滤除}(2\omega t) \tag{2-15}$$

2.1.3.5　对比总结

普通调制(包括解调)属于实中频调制中的射频部分，零中频调制又是复中频调制中的特例。因此，信号调制主要分为复中频和实中频两大类。结合前面分析，给出了相关优缺点对比总结见表 2-3。总体来说，随着数字信号处理能力的提升，以及硬件电路小型化的应用需求，复中频在设计通信链路中的比重越来越高。

表 2-3　复中频和实中频对比总结

架构	优点	缺点
复中频	射频部分架构简单，无须专门的镜像抑制滤波器	需要两路 ADC 和 DAC，增加了中频电路的复杂度 需要采用 QMC 算法抑制本振泄露和镜像干扰，增加了环路校正法的复杂度
实中频	只需要一路 ADC 和 DAC，节约成本 数字中频无须复杂的混合调制，消耗更少的逻辑资源	射频调制和解调电路上都需要加入滤波器，抑制另一个边带，增加电路成本和体积

2.2　射频设计基础

射频通信知识体系环环相扣，能否深刻理解射频通信相关基础知识对于系统全链路设计至关重要。

2.2.1　噪声

物理系统总是伴有噪声。相对于有用信号，噪声属于干扰源，可位于系统的内部或外

部。常见的噪声形式有热噪声、闪烁噪声、散粒噪声、等离子体噪声和量子噪声，其定义如下：

(1) 热噪声(Thermal Noise)　由电路元件内部电荷载流子(电子)进行布朗运动产生的随机电流而产生。在热力学温度零度(0 K)以上，就会存在自由电子的热运动。因此，几乎所有的器件和设备都会产生热噪声。热噪声的功率谱密度不随频率变化而变化，因此也称为白噪声，又因其服从高斯概率密度分布，所以又称为高斯白噪声。

(2) 闪烁噪声(Flicker Noise)　产生于真空管(阴极氧化涂层)或半导体(半导体晶体表面缺陷)固态设备。噪声功率主要集中在低频段，其谱密度正比于 $1/f$，因此也称为 $1/f$ 噪声。高于一定频率下的闪烁噪声功率谱非常微弱，呈现平坦现象。

(3) 散粒噪声(Shot Noise)　由电子管或半导体固态设备中载流子的随机波动而产生，比如 PN 结二极管，当极间存在电压差时，就会发生电子和空穴的移动，从而产生散粒噪声。散粒噪声的功率谱密度不随频率变化，也属于白噪声。散粒噪声是半导体器件所特有的，无源器件不会产生散粒噪声。

(4) 等离子体噪声(Plasma Noise)　由电离化气体中电荷的随机运动而产生，如电离层中或电火花接触时，就会产生等离子体噪声。

(5) 量子噪声(Quantum Noise)　因载流子或光子的量子化特性所产生。

对于电子元件而言，相比上述前 3 种噪声，最后两种噪声的影响基本可忽略，而热噪声又是当中最基础、最重要的噪声，因此理解热噪声规律对射频通信系统的设计分析极为重要。本节以热噪声为例，介绍其表现形式，并引入噪声系数(Noise Figure, NF)的概念，分析器件和链路噪声系数的影响因素、计算与测试方法。

2.2.1.1　热噪声

热噪声是通信系统中最重要的噪声，以电阻 R 为例，其在电路中的噪声功率可分别用串联电压源或并联电流源来描述，相关表达式为

$$\overline{V_n^2} = 4kTBR \quad 或 \quad \overline{i_n^2} = 4kTB/R \tag{2-16}$$

式中，k 为玻耳兹曼常数，$k = 1.38 \times 10^{-23}$(J/K)；T 为温度(K)；B 为信号观测带宽(Hz)。可以看出，电阻 R 的可用噪声功率由 $P = kTB$ 决定，与电阻值无关。因此，室温下($T_0 = 290$K)的电阻可用噪声功率表示为

$$\begin{aligned} P_a &= 10\lg(kT_0) + 10\lg(B|_{Hz}) = 10\lg(1.38 \times 10^{-23} \times 1000 \times 290) + 10\lg(B|_{Hz}) \\ &= -174|_{dBm/Hz} + 10\lg(B|_{Hz}) \end{aligned} \tag{2-17}$$

式(2-17)为电路中噪声功率计算的基础。

2.2.1.2　噪声系数

无线通信接收机检测和处理微弱信号的能力主要由其 SNR 决定，而 SNR 常常被来自不同源的叠加噪声所削弱。二端口网络的输出 SNR 取决于输入 SNR 和两端口的内部噪声，降低接收链路噪声是提高接收机性能的重要措施。

1. 噪声因子

在介绍噪声系数 NF 之前，先引入噪声因子 F 这个概念。噪声因子 F 定义为总的输出噪声功率除以由输入噪声功率产生的输出噪声功率，即

$$F = \frac{\text{总的输出噪声功率}}{\text{输入噪声功率产生的输出噪声功率}} = \frac{N_{\text{out,total}}}{N_{\text{out,source}}} = \frac{N_{\text{out,source}} + N_{\text{a}}}{N_{\text{out,source}}} = \frac{N_{\text{in}}G + N_{\text{a}}}{N_{\text{in}}G} \quad (2\text{-}18)$$

式中，N_{a} 为二端口网络器件本身产生的输出噪声功率；G 为二端口网络的功率增益；N_{in} 为 290K 温度下对应的输入噪声功率。

若输入信号功率和输出信号功率分别表示为 S_{in} 和 S_{out}，则噪声因子 F 还可表示为

$$F = \frac{N_{\text{out,total}}}{N_{\text{out,source}}} = \frac{N_{\text{out,total}}}{N_{\text{in}}G} \frac{S_{\text{in}}}{S_{\text{in}}} = \frac{S_{\text{in}}/N_{\text{in}}}{GS_{\text{in}}/N_{\text{out,total}}} = \frac{S_{\text{in}}/N_{\text{in}}}{S_{\text{out}}/N_{\text{out,total}}} = \frac{\text{SNR}_{\text{in}}}{\text{SNR}_{\text{out}}} \quad (2\text{-}19)$$

可以看出，噪声因子 F 等于系统输入 SNR 与输出 SNR 的比值。注意：上述成立的条件是系统的信号功率和噪声功率增益相等，即系统是线性的。

2. 噪声系数与噪声因子关系

把噪声因子 F 用单位 dB 表示，可得到噪声系数 NF 的表达式，即

$$\text{NF} = 10\lg(F) \quad (2\text{-}20)$$

3. 无源器件噪声系数

对于无源器件，噪声系数 NF 等于插入损耗 IL 的绝对值，比如 3dB 无源衰减器，其噪声系数就是 3dB。而此共识需在满足 290 K 温度前提条件下才成立，下面进行简单推导：

在 $T_0 = 290$K 温度下，器件输入噪声功率为 kT_0，假设该器件增益为 G，等效噪声温度为 T_{e}，则噪声因子 F 可表示为

$$F = \frac{N_{\text{in}}G + N_{\text{a}}}{N_{\text{in}}G} = \frac{kT_0 G + kT_{\text{e}}G}{kT_0 G} = 1 + \frac{T_{\text{e}}}{T_0} \quad (2\text{-}21)$$

图 2-15 为无源器件等效噪声电路模型。

假设输入端和输出端均完全匹配，环境温度为 T，无源器件的增益和等效噪声温度分别为 G 和 T_{e}，由于整个系统处于热平衡状态，所以其输出噪声功率为 kT，且满足如下关系式

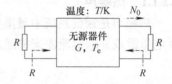

图 2-15　无源器件等效噪声电路模型

$$N_{\text{o}} = kTG + kT_{\text{e}}G = kT \implies T_{\text{e}} = \left(\frac{1}{G} - 1\right)T \quad (2\text{-}22)$$

将式(2-22)代入式(2-21)，可得

$$F = 1 + \frac{T_{\text{e}}}{T_0} = 1 + \left(\frac{1}{G} - 1\right)\frac{T}{T_0} \quad (2\text{-}23)$$

当 $T = T_0$ 时，上式可化简为

$$F = \frac{1}{G} \implies \text{NF} = 10\lg F = -10\lg G \quad (2\text{-}24)$$

因此，只有在 $T_0 = 290$K 温度下，无源器件的噪声系数 NF 与插入损耗 IL 的绝对值才相等。图 2-16 为无源器件噪声系数 NF 随温度的增量曲线，可以看出：

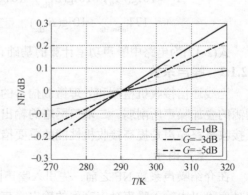

图 2-16　无源器件噪声系数 NF 随温度变化增量曲线

1) 当温度 $T>290\mathrm{K}$ 时，噪声系数 NF 大于插入损耗 IL 的绝对值；
2) 当温度 $T<290\mathrm{K}$ 时，噪声系数 NF 小于插入损耗 IL 的绝对值；
3) 插入损耗 IL 越大，噪声系数 NF 随温度变化的增量越明显。

4. 噪声系数的级联

图 2-17 为两级器件级联总的噪声系数分析示例。

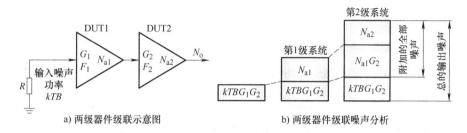

a) 两级器件级联示意图　　　　　b) 两级器件级联噪声分析

图 2-17　两级器件级联总的噪声系数分析示例

级联后总的输出噪声功率 N_{o} 可表示为

$$N_{\mathrm{o}} = kTBG_1G_2 + N_{\mathrm{a}1}G_2 + N_{\mathrm{a}2} = kTBG_1G_2 + kBT_{\mathrm{e}1}G_1G_2 + kBT_{\mathrm{e}2}G_2 \tag{2-25}$$

式中，$N_{\mathrm{a}1}$ 和 $N_{\mathrm{a}2}$ 分别为两级器件本身引入的输出噪声功率；$T_{\mathrm{e}1}$ 和 $T_{\mathrm{e}2}$ 分别为两级器件的等效噪声温度。由于处于同一链路，可认为两级器件的带宽 B 相等。

如果将两级器件总的等效噪声温度设为 T_{e}，则总的输出噪声功率 N_{o} 又可表示为

$$N_{\mathrm{o}} = kTBG_1G_2 + kBT_{\mathrm{e}}G_1G_2 \tag{2-26}$$

结合式(2-25)和式(2-26)，可得

$$T_{\mathrm{e}} = T_{\mathrm{e}1} + \frac{T_{\mathrm{e}2}}{G_1} \tag{2-27}$$

将式(2-27)代入式(2-22)和式(2-23)，可得总的噪声因子 F 为

$$F = F_1 + \frac{F_2 - 1}{G_1} \tag{2-28}$$

以此类推，可扩展到适用于 N 级级联的噪声因子通用公式

$$F = F_1 + \frac{F_2 - 1}{G_1} + \frac{F_3 - 1}{G_1G_2} + \cdots + \frac{F_N - 1}{G_1G_2\cdots G_{N-1}} \tag{2-29}$$

可以看出，级联系统中第一级分量对总的噪声系数具有最显著的影响。因此，在无线接收机设计中，为了实现链路较低的噪声系数，需要保证前端无源插入损耗尽可能小，并采用高增益低噪声放大器。

5. 噪声系数的影响

射频通信接收机的输入本底噪声可由接收电路总的输入参考噪声和噪声系数表示，即

$$P_{\mathrm{NF,IN}} = 10\lg(kTBF) = -174\mathrm{dBm/Hz} + 10\lg(B) + \mathrm{NF} \tag{2-30}$$

式中，$T=290\mathrm{K}$。

本底噪声制约着接收机可以检测到的最弱信号。从应用角度讲，接收机噪声系数越小，

实现的通信距离越远，接收信噪比 SNR 越好，误码越小，信道容量越高。

6. 噪声系数的测量

在噪声系数的测量方法中，主要有噪声系数测量仪和增益间接测量法两种。使用噪声系数测量仪是测量噪声系数最直接的方法，适合测量极低的噪声系数，但对于噪声系数较高，且频率较高的场景，噪声系数测量仪的测量精度和选择范围将大打折扣。而增益间接测量法则是一个很好的低成本解决方案。

在增益间接测量过程中，通常将被测件的输入端口接上负载，测量输出端口总的噪声功率 $P_{\text{n,out}}$，然后根据式(2-30)反算出被测件的噪声系数，换算表达式为

$$\text{NF} = P_{\text{n,out}} - \left[-174\text{dBm/Hz} + 10\lg(B) + \text{Gain} \right] = P_{\text{n,out}} + 174\text{dBm/Hz} - 10\lg(B) - \text{Gain}$$

$$= P_{\text{nd,out}} + 174\text{dBm/Hz} - \text{Gain} \tag{2-31}$$

式中，B 为感兴趣的频率带宽，单位为 Hz；Gain 为被测件的增益，单位为 dB；$P_{\text{nd,out}}$ 为被测件输出口的噪声功率谱密度，单位为 dBm/Hz。

表 2-4 为上述两种噪声系数测量方法的应用比较，在实际测量过程中，可根据具体应用和实际情况进行选择。

表 2-4 噪声系数测量方法的应用比较

测量方法	使用条件	优点	缺点
噪声系数测量仪	被测件具有较小的噪声系数	1) 测量方便 2) 被测件噪声系数在 0～2dB 范围内时精度高	1) 设备昂贵 2) 频率范围受限
增益间接测量法	被测件具有较高的增益和较大的噪声系数	1) 易于安装和测量，使用频谱仪即可测量 2) 适用于任何频率范围	受频谱仪本振噪声限制，不能测量低增益和小噪声系数的系统

2.2.2 峰均比

2.2.2.1 基本概念

调制后的射频载波信号带有数字信息，其瞬时电平呈现一定的随机性。在不同的调制方案和信号统计下，某个时刻射频载波信号的电平可能会非常大，也可能会很小，其典型时域波形如图 2-18 所示。可以看出，虽然在某些特定时刻的信号电平很大，但信号整体的平均电平远小于瞬时幅度的峰值电平。

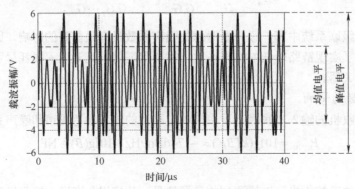

图 2-18 数字调制射频信号典型样本

当图 2-18 中的信号被放大并通过射频电路系统时，平均发射功率 P_{Avg} 小于峰值发射功率 P_{Peak}。峰值功率与平均功率之比就称为峰均比(Peak to Average Power Ratio, PAPR)，通常以 dB 表示为

$$PAPR = 10\lg\left(\frac{P_{\mathrm{Peak}}}{P_{\mathrm{Avg}}}\right) \tag{2-32}$$

上述信号在一个周期内的信号峰值功率与其他周期内的峰值功率可能不一样，同理，每个周期的均值功率也可能不一样，所以，峰均比需要考察在一个较长时间的峰值功率和均值功率。峰值功率也并不是某一最大值，而是一定概率下较大值的集合，通常取 0.01%。在概率为 0.01%处的峰均比，一般称为峰值因子(Crest Factor, CF)。

对于射频通信系统，信号峰均比越大，对功率放大器的功率等级要求越高。比如一个峰均比为 10dB 的信号，发射机的均值发射功率为 1W (30dBm)，则需要功率放大器能承受 10W (40dBm)的峰值功率，这对功率放大器的尺寸、复杂度和成本都带来很大的负担。因此，需要了解信号的峰均比，并采用适当算法缩小其峰均比，以降低对功率放大器的性能需求。

2.2.2.2　推导举例

图 2-19 为 16QAM 的星座图，每个星座点承载了幅度和相位两个层面的信息。假设格点归一化处理后相邻两个星座点之间的间距为 2，则各个星座点幅度的可能值为 $\sqrt{2}$、$\sqrt{10}$ 和 $\sqrt{18}$。根据传输数据的不同，在每个连续时间段 T 内，信号的功率值可能为 1、5 和 9 ($P = V^2/2$)。

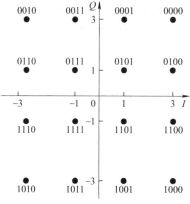

图 2-19　16QAM 星座图

假设每个星座点出现的可能性一样，可以得到功率值为 1 的星座点出现的概率为 4/16。同理，可得功率值为 5 的星座点出现的概率为 8/16，功率值为 9 的星座点出现的概率为 4/16。因此，在一段较长时间内发送的信号平均功率为

$$P_{\mathrm{Avg}} = 1\times\frac{4}{16} + 5\times\frac{8}{16} + 9\times\frac{4}{16} = 5 \tag{2-33}$$

信号峰值功率 $P_{\mathrm{Peak}} = 9$，根据式(2-32)得到的基带信号峰均比 PAPR = 2.55dB。由于基带信号最终被调制到以正弦波为基础的射频信号上，而正弦波的峰均比为 3dB (对应的电压峰均比为 $\sqrt{2}$)，则最终发射的射频信号峰均比 PAPR=(2.55+3)dB=5.55dB。

依次类推，可得到不同阶数 QAM 调制后信号峰均比公式为

$$PAPR = 10\lg\left[\frac{3(\sqrt{M}-1)}{\sqrt{M}+1}\right] + 3 \tag{2-34}$$

式中，M 为对应 QAM 调制的星座点个数。

依据式(2-34)，表 2-5 为各阶 QAM 调制下的单载波理论峰均比，随着调制阶数的升高，单载波射频信号峰均比也逐渐增大。注意，此处是以单载波为例，多载波信号传输系统的峰均比会进一步升高，2.4.3 节会详细介绍。

表 2-5　各阶 QAM 调制下的单载波理论峰均比

调制方式	峰均比 PAPR/dB	
	单载波基带信号	单载波射频信号
16QAM	2.55	5.55
64QAM	3.68	6.68
256QAM	4.23	7.23
1024QAM	4.50	7.50
4096QAM	4.64	7.64

2.2.2.3　测试方法

依据前面分析，峰均比属于一个统计概念，因此，引入了互补累积分布函数(Complementary Cumulative Distribution Function, CCDF)来表示信号峰均比的统计特性，其定义为信号峰均比值超过某一门限值的概率。图 2-20 为 64QAM 调制信号的 CCDF 仿真曲线及 OFDM 调制功率分布数据，可以看出，64QAM 基带单载波的仿真峰均比为 3.68dB，与表 2-5 中的理论数据相对应。经过 OFDM 调制后的峰均比为 9.42dB，即信号超过均值功率 9.42dB 的概率为 0.01%，相比 64QAM 调制的理论单载波射频信号，采用 OFDM 的多载波系统峰均比增大了近 3dB。

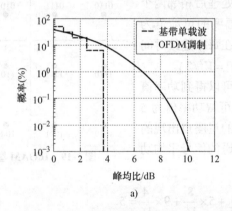

OFDM调制功率分布

概率(%)	峰均比/dB
10.0000	3.68
1.0000	6.69
0.1000	8.40
0.0100	9.42
0.0010	10.09

a)　　　　　　　　　　　　b)

图 2-20　64QAM 调制信号 CCDF 仿真曲线及 OFDM 调制功率分布数据

图 2-21 为信号峰均比测量的实验框图。为了保护后端测试仪器不被前端待测发射机的大功率信号损坏，一般需要在后端测试仪器和前端待测发射机之间接了一个衰减器。具体衰减器的值主要由前端待测发射机的输出功率决定，如果衰减器值过小，后端测试仪器可能会受损；如果衰减器值过大，后端测试仪器的动态范围可能不够，影响测试准确度。后端测试仪器可选择带 CCDF 选件的频谱分析仪，最终测试输出包括图 2-20a 的 CCDF 曲线和图 2-20b 的功率分布数据。

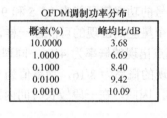

图 2-21　信号峰均比测量的实验框图

2.2.3　非线性

一个不满足叠加原理的系统称为非线性系统。在实际应用中，几乎所有物理系统都是非

线性的。对于射频通信收发机，典型的非线性器件是发射机中
的功率放大器，其非线性系统模型如图 2-22 所示。

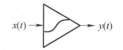

使用数学表达式对图 2-22 中非线性系统模型进行描述，可
表示为

图 2-22 非线性系统模型示意图

$$y(t) = \alpha_1 x(t) + \alpha_2 x^2(t) + \alpha_3 x^3(t) + \cdots \alpha_n x^n(t) = \sum_{n=1}^{\infty} \alpha_n x^n(t) \cong \sum_{n=1}^{N} \alpha_n x^n(t) \tag{2-35}$$

式中，α_1，α_2，…，α_n 为系统模型参数，其值与器件工作点相关。

下面基于式(2-35)，进行非线性系统的谐波失真、增益压缩、大信号阻塞、交调失真、
互调失真等分析。

2.2.3.1 谐波失真

同样以图 2-22 非线性系统模型为例，假设输入信号 $x(t) = A\cos(\omega t)$，则输出信号 $y(t)$ 可
表示为

$$y(t) = \alpha_1 A\cos(\omega t) + \alpha_2 A^2 \cos^2(\omega t) + \alpha_3 A^3 \cos^3(\omega t) + \cdots$$

$$\approx \alpha_1 A\cos(\omega t) + \frac{1}{2}\alpha_2 A^2 [1 + \cos(2\omega t)] + \frac{1}{4}\alpha_3 A^3 [3\cos(\omega t) + \cos(3\omega t)] + \cdots$$

$$= \frac{1}{2}\alpha_2 A^2 + \left(\alpha_1 A + \frac{3}{4}\alpha_3 A^3\right)\cos(\omega t) + \frac{1}{2}\alpha_2 A^2 \cos(2\omega t) + \frac{1}{4}\alpha_3 A^3 \cos(3\omega t) + \cdots \tag{2-36}$$

由式(2-36)，可得到如下 3 条结论：

1) 尽管输入信号为单一频率 ω，经过非线性系统后，输出信号不仅包含基波频率 ω，还
出现了直流分量和频率为 $N\omega$ (N 为大于 1 的正整数)的各次谐波分量。

2) 基波分量由各奇次项产生，二次谐波由二次及二次以上的偶次项产生，三次谐波由三
次及三次以上的奇次项产生。

3) N 次谐波的幅度正比于 α_N 和 A^N，一般来说，N 越大，α_N 越小，且当输入信号幅度
A 较小时，A^N 也较小，所以对于小信号放大，其高次谐波一般可忽略。

2.2.3.2 增益压缩

当非线性器件输入信号幅度较大时，由式(2-36)可知，其输出信号基波分量幅度为

$$V_{o1} = \alpha_1 A + \frac{3}{4}\alpha_3 A^3 = \alpha_1 A\left(1 + \frac{3A^2}{4}\frac{\alpha_3}{\alpha_1}\right) \tag{2-37}$$

可以看出，电路的非线性不仅表现在各次谐波上，更重要的是其基波增益中出现了与输
入信号幅度相关的失真项 $3\alpha_3 A^3/4$。

对于大多数系统，$\alpha_3 < 0$，α_1 和 α_3 符号相反，则基
波增益随着输入信号幅度 A 的增大而减小。当输出功率
和理想的线性情况偏离 1dB 时，此时输入信号功率值称
为输入 1dB 增益压缩点(IP1dB)，对应的输出功率表示为
OP1dB，如图 2-23 所示。

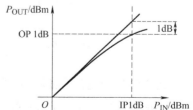

通过式(2-37)和 1dB 压缩点定义，可对器件 IP1dB 具

图 2-23 非线性器件 1dB 压缩点示意图

体值进行计算，推导如下

$$20\lg\left[\alpha_1 A\left(1+\frac{3A^2}{4}\frac{\alpha_3}{\alpha_1}\right)\right]=20\lg(\alpha_1 A)-1\text{dB} \Rightarrow A\approx 0.38\sqrt{\left|\frac{\alpha_1}{\alpha_3}\right|} \tag{2-38}$$

可以看出，器件 IP 1dB 基本由 α_1 和 α_3 决定，即与器件类型和器件工作点相关。

2.2.3.3 大信号阻塞

有用信号在送到器件输入端时，常常伴有一个或多个干扰信号，由于器件的非线性会导致信号间相互作用而造成干扰。

假设输入信号 $x(t)$ 包含有用信号 $A_d\cos(\omega_0 t)$ 和干扰信号 $A_I\cos(\omega_I t)$，即输入信号为

$$x(t)=A_d\cos(\omega_0 t)+A_I\cos(\omega_I t) \tag{2-39}$$

代入式(2-36)，得到的输出信号可表示为

$$\begin{aligned}
y(t)=&\alpha_1\left[A_d\cos(\omega_0 t)+A_I\cos(\omega_I t)\right]+\\
&\alpha_2\left[A_d^2\cos^2(\omega_0 t)+A_I^2\cos^2(\omega_I t)+2A_d A_I\cos(\omega_0 t)\cos(\omega_I t)\right]+\\
&\alpha_3\left[A_d^3\cos^2(\omega_0 t)+A_I^3\cos^2(\omega_I t)+3A_d^2 A_I\cos^2(\omega_0 t)\cos(\omega_I t)+\right.\\
&\left.3A_d A_I^2\cos(\omega_0 t)\cos^2(\omega_I t)\right]+\cdots\\
=&\alpha_1 A_d\left[1+\frac{3\alpha_3}{4\alpha_1}A_d^2+\frac{3\alpha_3}{2\alpha_1}A_I^2\right]\cos(\omega_0 t)+\cdots
\end{aligned} \tag{2-40}$$

当干扰信号幅度 A_I 远大于有用信号幅度 A_d 时，则器件输出信号中有用信号的基波幅度可近似表示为

$$基波幅度=\alpha_1 A_d\left(1+\frac{3\alpha_3}{4\alpha_1}A_d^2+\frac{3\alpha_3}{2\alpha_1}A_I^2\right)\approx\alpha_1 A_d\left(1+\frac{3\alpha_3}{2\alpha_1}A_I^2\right) \tag{2-41}$$

式中，α_3 通常小于 0，且有 $A_I\gg A_d$，则基波幅度远小于 $\alpha_1 A_d$。

可以得出，当干扰信号幅度 A_I 逐渐增大时，器件输出信号中有用信号的基波幅度增益将减小，即有用信号被干扰信号阻塞(Blocking)，该现象称为钝化效应或"大压小"效应。理论上，当干扰信号幅度足够强，有用信号增益可降到 0dB 时，有用信号完全被阻塞。

2.2.3.4 交调失真

假设输入信号 $x(t)$ 包含一个微弱有用信号 $A_d\cos(\omega_0 t)$ 和一个幅度调制为 $1+m\cos(\omega_m t)$ 的较强干扰信号，即输入信号为

$$x(t)=A_d\cos(\omega_0 t)+A_I\left[1+m\cos(\omega_m t)\right]\cos(\omega_I t) \tag{2-42}$$

代入式(2-36)，得到的输出信号可表示为

$$y(t)=\alpha_1 A_d\left\{1+\frac{3\alpha_3}{4\alpha_1}A_d^2+\frac{3\alpha_3}{2\alpha_1}A_I^2\left[1+m\cos(\omega_m t)\right]^2\right\}\cos(\omega_0 t)+\cdots \tag{2-43}$$

式(2-43)汇总包含了前面介绍的增益压缩和钝化效应，以及新增了 $(3\alpha_3/2\alpha_1)A_I^2\left[1+m\cos(\omega_m t)\right]^2$，此新增部分意味着强干扰信号的调幅信号通过系统的非线性转移到了有用信号的幅度上，该现象称为交叉调制，使有用信号产生了交调失真(Cross Modulation)。

2.2.3.5　互调失真

假设输入信号为两个幅度相等、频率间隔较小的单音信号，表示为

$$x(t) = A\cos(\omega_1 t) + A\cos(\omega_2 t) \tag{2-44}$$

代入式(2-36)，得到的输出信号可表示为

$$y(t) = \left(\alpha_1 + \frac{9}{4}\alpha_3 A^2\right)A\cos(\omega_1 t) + \left(\alpha_1 + \frac{9}{4}\alpha_3 A^2\right)A\cos(\omega_2 t) +$$
$$\frac{3}{4}\alpha_3 A^3\cos(2\omega_1 - \omega_2)t + \frac{3}{4}\alpha_3 A^3\cos(2\omega_2 - \omega_1)t + \cdots \tag{2-45}$$

式(2-45)中，输出信号除了包含基波分量 ω_1 和 ω_2 外，还包含它们的各种组合频率 $\omega = |m\omega_1 + n\omega_2|,(m = -\infty,\cdots,-1; \ n = 1,\cdots,\infty)$，形成了对有用信号的干扰信号。此干扰并非由输入信号的谐波产生，而是由两输入信号相互调制引起，称为互调失真(Intermodulation Distortion)。如图 2-24 所示，由 3 次失真引起的互调分量称为三阶互调分量(Third-Order Intermodulation, IM3)，由于 $2\omega_1 - \omega_2$ 和 $2\omega_2 - \omega_1$ 距离基波最近，且干扰幅度大，在电路设计中，需重点考虑。

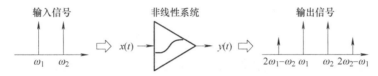

图 2-24　三阶互调定义示例

在实际应用中，通常使用三阶截点(Third-order Intercept Point, IP3)来量化互调失真程度。

2.2.3.6　三阶截点

1. 定义

由式(2-45)可以看出，随着输入信号幅度 A 的增大，输出信号中的基波分量 $\alpha_1 A$ (忽略增益压缩)和三阶互调分量 $3\alpha_3 A^3/4$ 的幅度或功率会在某一点相等，此点就是输出三阶截点 OIP3，对应输入信号幅度或功率相等的点为输入三阶截点 IIP3。下面进行三阶截点相关推导。

由式(2-45)可得，基波信号功率 P_{O1} 和三阶互调干扰功率 P_{O3} 分别为

$$P_{O1} = \frac{\left(\alpha_1 A + \frac{9}{4}\alpha_3 A^3\right)^2}{2R} \approx \frac{(\alpha_1 A)^2}{2R} = G_{P1}P_I \tag{2-46}$$

$$P_{O3} = \frac{\left(\frac{3}{4}\alpha_3 A^3\right)^2}{2R} = G_{P3}P_I^3 \tag{2-47}$$

式中，R 为负载阻抗；G_{P1} 和 G_{P3} 分别为基波信号和三阶互调干扰信号的功率增益，一般 G_{P1} 和 G_{P3} 数值上均大于 1。可以看出，输出基波信号功率 P_{O1} 与输入信号功率 P_I 成正比，三阶互调输出功率 P_{O3} 与输入信号功率 P_I 的三次方成正比。图 2-25a 为上述两个方程的曲线，它们的相

交点为三阶截点 IP3。

将式(2-46)和式(2-47)转为对数坐标，则有

$$P_{O1}(dB) = 10\lg G_{P1} + 10\lg P_I \tag{2-48}$$

$$P_{O3}(dB) = 10\lg G_{P3} + 30\lg P_I \tag{2-49}$$

对数形式表达的坐标图如图 2-25b 所示，分别为斜率为 1 和 3 的两条直线。同样，两条直线的交点为三阶截点 IP3，对应输入信号的功率值称为输入三阶截点 IIP3，对应的输出信号功率值称为输出三阶截点 OIP3。

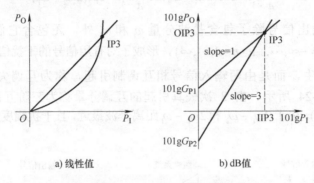

a) 线性值　　　　　　　　　　b) dB值

图 2-25　三阶互调的计算

根据三阶截点 IP3 定义，可对器件 IIP3 具体值进行计算，推导如下：

$$20\lg\left(\alpha_1 A + \frac{9}{4}\alpha_3 A^3\right) \approx 20\lg(\alpha_1 A) = 20\lg\left(\frac{3}{4}\alpha_3 A^3\right) \Rightarrow A \approx \sqrt{\frac{4}{3}\left|\frac{\alpha_1}{\alpha_3}\right|} \tag{2-50}$$

结合式(2-38)对 IP1dB 的推导，可得

$$IIP3 - IP1dB = 20\lg\left(\sqrt{\frac{4/3}{0.145}}\right)dB \approx 9.64dB \tag{2-51}$$

即器件三阶截点电平比 1dB 压缩点电平高约 9.64dB。关于此关系有如下两点需要注意：

1) 根据三阶截点 IP3 定义，计算时三阶互调分量只取了两个互调分量($2\omega_1 - \omega_2$、$2\omega_2 - \omega_1$)之一，如果将两者都计算进去，则 IIP3 比 IP1dB 大 12.64dB。

2) 以上推导均建立在非线性为三阶假设下，且三阶截点基波分量忽略了增益压缩，对于实际功率放大器，其三阶截点电平通常比 1dB 压缩点电平高 10～15dB。在具体应用设计过程中，需配合仿真计算和实际测量进一步分析验证。

2. 测量

根据三阶截点定义，对器件或系统的三阶截点进行测量，其测量示意图如图 2-26 所示。在器件或系统输入两个幅度相等的双音信号，单音输入功率记为 P_I，测量输出端基波分量与三阶互调分量(IM3)的功率差为 IMD3 (单位 dB)，记为 ΔP，则该器件或系统的 IIP3 (单位 dBm)可近似表示为

$$IIP3(dBm) = P_I(dBm) + \frac{\Delta P(dB)}{2} \tag{2-52}$$

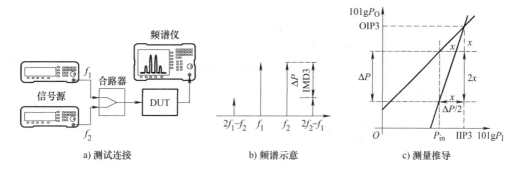

图 2-26 IIP3 的测量示意图

为了保证 IIP3 测量的准确性，在 IIP3 测量过程中，需注意以下几点：

1) 输入的双音信号功率应设置适中。功率过大，信号源和频谱仪两个测量仪器都会产生较大的非线性失真，且被测件自身也会产生较大的增益压缩；功率过小，互调产物可能与频谱仪底噪相当，甚至淹没在频谱仪底噪之下，影响测量结果。

2) 选用线性度较高的频谱仪，关闭频谱仪输入预放，以避免测试仪器本身产生较大的非线性失真。

3) 在一定范围内，逐点改变输入信号功率，直到可以在对数坐标中清晰分辨出基波的斜率 1 和 IM3 的斜率 3 的直线，确定能正确测量 IIP3 的输入信号功率范围。

3. 级联

图 2-27 为两级放大器级联电路 IIP3 分析示例，图中符号的下标 d 表示有用信号，下标 u 表示三阶互调量。

根据式(2-52) IIP3 测量公式，有如下推导：

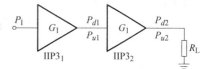

图 2-27 两级放大器级联电路

$$IIP3(dBm) = P_1(dBm) + \frac{\Delta P(dB)}{2} = P_1(dBm) + \frac{P_d(dBm) - P_u(dBm)}{2}$$

$$\Rightarrow 10\lg(IIP3) = 10\lg\left(P_1\sqrt{\frac{P_d}{P_u}}\right) \Rightarrow P_u = \frac{P_d P_1^2}{IIP3^2} \tag{2-53}$$

则第一级放大器输出端三阶互调分量 P_{u1} 可表示为

$$P_{u1} = \frac{P_d P_1^2}{IIP3^2} = \frac{(P_1 G_1)P_1^2}{IIP3^2} = \frac{P_1^3 G_1}{IIP3^2} \tag{2-54}$$

第二级放大器输出端的三阶互调量 P_{u2} 由两部分组成：第一部分是 P_{u1} 经第二级放大器放大后得到的，用 $P_{u2,1}$ 表示；第二部分是 P_{d1} 通过第二级放大器的非线性产生的，用 $P_{u2,2}$ 表示，即

$$\begin{cases} P_{u2,1} = P_{u1} G_2 = \dfrac{P_1^3 G_1 G_2}{IIP3_1^2} \\[3mm] P_{u2,2} = \dfrac{P_{d1}^3 G_2}{IIP3_2^2} = \dfrac{P_1^3 G_1^3 G_2}{IIP3_2^2} \end{cases} \tag{2-55}$$

39

由于 $P_{u2,1}$ 和 $P_{u2,2}$ 相关，则 P_{u2} 须通过电压叠加得到，即

$$P_{u2} = \frac{(V_{u2,1} + V_{u2,2})^2}{R_L} = \left(\frac{1}{IIP3_1} + \frac{G_1}{IIP3_2}\right)^2 P_I^3 G_1 G_2 \qquad (2\text{-}56)$$

则两级放大器级联后的等效 IIP3 为

$$IIP3 = P_I \sqrt{\frac{P_{d2}}{P_{u2}}} = P_I \sqrt{\frac{P_I G_1 G_2}{\left(\frac{1}{IIP3_1} + \frac{G_1}{IIP3_2}\right)^2 P_I^3 G_1 G_2}} = \frac{1}{\frac{1}{IIP3_1} + \frac{G_1}{IIP3_2}} \qquad (2\text{-}57)$$

$$\Rightarrow \frac{1}{IIP3} = \frac{1}{IIP3_1} + \frac{G_1}{IIP3_2}$$

以此类推，可扩展到适用于 N 级级联的 IIP3 通用公式，即

$$\frac{1}{IIP3} = \frac{1}{IIP3_1} + \frac{G_1}{IIP3_2} + \frac{G_1 G_2}{IIP3_3} + \cdots + \frac{G_1 G_2 \cdots G_{n-1}}{IIP3_3} \qquad (2\text{-}58)$$

可以看出，多级放大器级联下的 IIP3 输入功率需小于每一级放大器 IIP3 输入功率，并保证有足够的回退量。由于进入后级的输入信号经过前级的放大，因此要求后级器件具备更高的线性度。

2.2.3.7 邻道泄露

前面几节基本讨论的是单音信号的非线性，而对于宽带信号而言，一般通过邻道泄露来分析其非线性指标。

邻道泄露有邻道功率比(Adjacent Channel Power Ratio，ACPR)和邻道泄露比(Adjacent Channel Leakage Ratio，ACLR)两个协议指标来表征，主要用于衡量

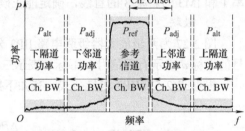

图 2-28 邻道泄露指标定义

发射通道非线性失真引起的信号带外频谱失真特性，也就是有用信道主载波开启时对相邻信道(一般包括邻道和隔道)的干扰程度，两者属于同一个指标，只是 ACPR 主要用在 2G 和 3G 时代，而对于当前的 4G 和 5G 时代一般使用 ACLR。下面主要介绍 ACLR。

信道与信道之间存在保护带，比如对于 5G NR FR1 频段、30kHz 子载波间隔下 100MHz 信道带宽的最小保护带为 845kHz。图 2-28 为邻道泄露指标定义示意，参考信道(占用信道)功率为 P_{ref}、邻道功率为 P_{adj}、隔道功率为 P_{alt}，则 ACLR 可表示为

$$ACLR(dB) = 10\lg\left(\frac{P_{ref}}{P_{adj}}\right) \qquad (2\text{-}59)$$

同理，也可推导出隔道的功率抑制比。

ACLR 主要来源于载波间的互调产物，不同频率的载波在经过非线性器件后相互调制，产生 $2f_1 - f_2$、$2f_2 - f_1$、$3f_1 - 2f_2$、$3f_2 - 2f_1$ 等非线性产物，都有可能落入邻道或隔道上。其中，三阶互调产物最为明显。在实际应用中，需重点关注功率放大器引起的通道链路非线性失真，为保证 ACLR 指标，常用的手段包括:

1) 选用线性度更高的功率放大器或提高功率放大器的工作电压，但这两种方法都会造成

发射效率的降低，即发射功耗的增加。

2) 通过数字预失真(2.4.4 节会详细介绍)等手段进行非线性校正，降低邻道和隔道的功率，但该技术手段会增加一条反馈通道，且数字域失真处理会损失部分调制精度，降低发射信号质量。

2.2.3.8　通过三阶互调评估邻道泄露

2.2.3.5 节介绍了使用双音信号测量评估互调失真的方法，但宽带数字系统的信号非常复杂，链路非线性造成的频谱再生无法再根据双音互调失真来准确分析。由于当前 5G NR 和 4G LTE OFDM 信号均是由多个子载波信号构成，因此可通过多音信号来评估其互调失真性能。参考文献[4]给出了通过多音信号三阶互调来评估邻道泄露的方法，如图 2-29 所示，n 个等间距多音信号两边邻道上会产生 $n-1$ 个三阶互调分量，这些互调分量有如下频率表达式，即

$$\omega_r = \omega_x + \omega_y - \omega_z \tag{2-60}$$

式中，$1 \leqslant r \leqslant n-1$；$x$、$y$ 和 z 为 n 个多音信号中的任意三个。

图 2-29　n 个等间距多音信号的三阶非线性输出信号频谱

不失一般性，式(2-60)中 x 和 y 存在相等的情况，即 $\omega_r = 2\omega_x - \omega_z$。通过排列组合的范式，三阶互调分量的个数包含如下两种类型：

$$\begin{cases} \omega_r = \omega_x + \omega_y - \omega_z \text{混合类型}: N_1(n,r) = \left(\dfrac{n-r}{2}\right)^2 - \dfrac{\varepsilon}{4} \\ \omega_r = 2\omega_x - \omega_z \text{混合类型}: M_1(n,r) = \left(\dfrac{n-r}{2}\right) + \dfrac{\varepsilon}{2} \end{cases} \tag{2-61}$$

式中，$\varepsilon = \mathrm{mod}\left(\dfrac{n+r}{2}\right)$，$\mathrm{mod}\dfrac{a}{b}$ 表示 $\dfrac{a}{b}$ 的余数。

结合式(2-36)和式(2-61)，可以得到非线性器件在 n 个多音信号下的 ACLR 表达式为

$$\mathrm{ACLR} = \mathrm{IMD3} + 10\lg\left[\frac{n^3}{2\left(\dfrac{2n^3 - 3n^2 - 2n}{3} + \varepsilon\right) + (n^2 - \varepsilon)}\right] \tag{2-62}$$

式中，

$$\mathrm{IMD3} = 2\left[\mathrm{OIP3} - (P_{2\_\mathrm{Tone}} - 3)\right] \tag{2-63}$$

且

$$\varepsilon = \mathrm{mod}\left(\frac{n}{2}\right) = n \text{ 除以2后的余数} \tag{2-64}$$

在式(2-63)中，IMD3 为非线性器件输出双音信号时，单音分量与三阶互调分量(IM3)的功率差；OIP3 为非线性器件的输出三阶截点；P_{2_Tone} 为非线性器件输出双音信号的总功率。在 $n = 2$ 的情况下，式(2-62)右侧第二项等于 3，则双音下的 ACLR_2 可表示为

$$\mathrm{ACLR}_2 = 2(\mathrm{OIP3} - P_{2\_\mathrm{Tone}}) + 9 \tag{2-65}$$

随着多音数 n 的增加，对式(2-62)求极限，得

$$\mathrm{ACLR}_{n\to\infty} = \mathrm{IMD3} + \lim_{n\to\infty}\left\{10\lg\left[\frac{n^3}{2\left(\frac{2n^3 - 3n^2 - 2n}{3} + \varepsilon\right) + (n^2 - \varepsilon)}\right]\right\}$$

$$= \mathrm{IMD3} - 1.25 = 2(\mathrm{OIP3} - P_{\mathrm{OUT}}) + 4.75 \tag{2-66}$$

假设非线性器件的信号输出功率 P_{OUT} 和输出三阶截点 OIP3 分别为 40dBm 和 55dBm，根据式(2-62)得出 ACLR 随信号多音数 n 的变化关系，如图 2-30 所示。随着多音数 n 的增加，ACLR 逐渐减小，最终趋于 34.75dB。

通过图 2-30 可以看出，由于带通随机噪声信号的峰均比 PAPR 比双音信号的高，因此使用与双音信号功率相等的带通随机噪声取代双音信号时，ACLR 会降低 4.25dB (39dBm 到 34.75dBm)。带通随机噪声的峰均比 PAPR 由带宽而定，一般为 8dB 甚至更高，而双音信号的峰均比 PAPR 仅为 3dB。因此，在实际设计中，通常使用信号峰均比 PAPR 对式(2-62)进行简化表示为

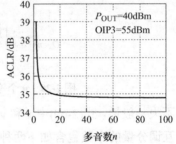

图 2-30 ACLR 随信号多音数 n 的变化关系

$$\mathrm{ACLR} = 2(\mathrm{OIP3} - P_{\mathrm{OUT}}) + 9 - 0.85(\mathrm{PAPR} - 3) \tag{2-67}$$

式(2-67)是假定邻道泄露只与器件(或链路)的三阶非线性相关，但实际还包括五阶等高阶非线性失真，因此实际 ACLR 相对式(2-67)计算出来的值略有恶化。图 2-31 所示为使用 MATLAB 对 ACLR 与 OIP3 的关系进行仿真的原理图，图中包括 5G NR 基带信号产生(Baseband Generation)和射频信号发射(RF Transmission)两大主要模块，相关仿真参数说明见表 2-6。

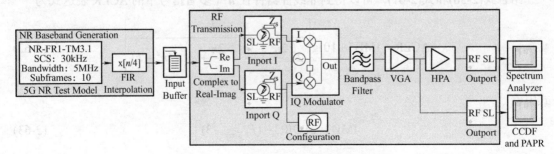

图 2-31 ACLR 与 OIP3 关系仿真原理图

表 2-6　ACLR 与 OIP3 关系仿真参数

序号	参数项	参数描述
1	基带信号	由 MATLAB 中的 5G Waveform Generator 模块产生 采用 5G NR FR1 频段 TM3.1 测试模式，该模式基于 64QAM 调制 信号带宽为 5MHz，子载波间隔为 30kHz，每个无线帧中有 10 个子帧
2	频率配置	射频为 2140MHz，中频为 70MHz
3	IQ 调制器	增益为-6dB，OIP3=26dBm (足够大，保证 VGA 尽可能无失真)，相位噪声采用默认值
4	带通滤波器	通带为 2050～2230MHz，插入损耗为 1.1dB，阻带为<1150MHz 和>2730MHz 的区间，阻带抑制为 31dB
5	VGA	增益为 12dB，噪声系数为 2dB，OIP3=47dBm (足够大，保证 VGA 尽可能无失真)，OP 1dB=35dBm
6	HPA	增益为 25dB，噪声系数为 7dB，OIP3=45dBm，OP1dB=36dBm

仿真得到的信号峰均比 PAPR 和 ACLR 结果分别如图 2-32 和图 2-33 所示，在 0.01%概率下的 PAPR 为 9.273dB，ACLR 大约为 41.6dB。将 HPA 的 OIP3、P_{OUT} 和信号峰均比 PAPR 代入式(2-67)，计算得到的理论 ACLR 为 41.918dB，与仿真值基本保持一致，基本不存在前面所说的考虑五阶等高阶非线性失真导致的 ACLR 恶化，主要原因在于 5MHz 带宽和 30kHz 子载波间隔的 5G NR 信号左右均存在 505kHz 的保护带宽，因此在 ACLR 测量上就会有所收益，基本可以弥补由于五阶等高阶非线性失真以及非理想数字滚降滤波器导致的 ACLR 恶化。

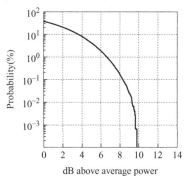

图 2-32　ACLR 与 OIP3 关系仿真 PAPR 评估

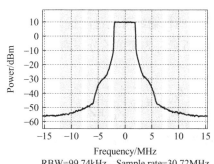

图 2-33　ACLR 与 OIP3 关系仿真结果

2.2.4 阻抗匹配

射频电路中各模块间或负载与传输线间都需要阻抗匹配,阻抗匹配的必要性在于:

1) 为了使射频能量注入负载,可以向负载传输最大功率;
2) 在天线、低噪声放大器或混频器等接收机前端改善噪声系数性能;
3) 实现发射机最大功率传输,提高发射机效率,降低设备功耗;
4) 滤波器或选频回路前后匹配使其发挥最佳性能。

2.2.4.1 匹配原理

图 2-34 为源端和负载连接传输线电路及其等效模型,源端电压为 V_G、内部阻抗为 Z_G,负载阻抗为 Z_L。源端和负载通过一条长度为 d、阻抗为 Z_0 的传输线连接。

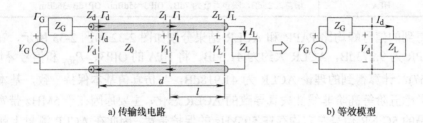

a) 传输线电路   b) 等效模型

图 2-34 源端和负载连接传输线电路及其等效模型

下面从负载端依次往源端分析,首先,负载端反射系数 Γ_L 可表示为

$$\Gamma_L = \frac{Z_L - Z_0}{Z_L + Z_0} \quad \Leftrightarrow \quad Z_L = Z_0 \frac{1 + \Gamma_L}{1 - \Gamma_L} \tag{2-68}$$

结合传输线阻抗方程,由源端向传输线看进去的输入阻抗可根据相移常数 β 和传输线长度 d 表示为

$$Z_d = Z_0 \frac{Z_L + jZ_0 \tan \beta d}{Z_0 + jZ_L \tan \beta d} \quad \Leftrightarrow \quad \Gamma_d = \Gamma_L e^{-2j\beta d} \tag{2-69}$$

式中,

$$\Gamma_d = \frac{Z_d - Z_0}{Z_d + Z_0} \quad \Leftrightarrow \quad Z_d = Z_0 \frac{1 + \Gamma_d}{1 - \Gamma_d} = Z_0 \frac{1 + \Gamma_L e^{-2j\beta d}}{1 - \Gamma_L e^{-2j\beta d}} \tag{2-70}$$

在传输线输入端,负载 Z_L 和整个长度为 d 的传输线可通过阻抗 Z_d 进行替换,得到源和负载连接传输线电路的等效模型,如图 2-34b 所示,为简单的分压网络电路。因此,等效负载上的电压 V_d 和电流 I_d 可表示为

$$V_d = V_G - I_d Z_G = \frac{V_G Z_d}{Z_G + Z_d}, \quad I_d = \frac{V_G}{Z_G + Z_d} \tag{2-71}$$

根据 ABCD 传输矩阵,可以得到负载端电压 V_L 和电流 I_L 的矩阵表达式,即

$$\begin{bmatrix} V_L \\ I_L \end{bmatrix} = \begin{bmatrix} \cos \beta d & -jZ_0 \sin \beta d \\ -jZ_0^{-1} \sin \beta d & \cos \beta d \end{bmatrix} \begin{bmatrix} V_d \\ I_d \end{bmatrix} \tag{2-72}$$

参考式(2-68)，同样可以得到源端内阻处的反射系数 Γ_G，即

$$\Gamma_G = \frac{Z_G - Z_0}{Z_G + Z_0} \quad \Leftrightarrow \quad Z_G = Z_0 \frac{1 + \Gamma_G}{1 - \Gamma_G} \tag{2-73}$$

联立式(2-70)和式(2-73)，可得到

$$Z_G + Z_d = 2Z_0 \frac{1 - \Gamma_G \Gamma_d}{(1 - \Gamma_G)(1 - \Gamma_d)}, \quad Z_G + Z_0 = 2Z_0 \frac{1}{1 - \Gamma_G} \tag{2-74}$$

联立式(2-71)和式(2-74)，可得到

$$V_d = \frac{V_G Z_0}{Z_G + Z_0} \frac{1 + \Gamma_d}{1 - \Gamma_G \Gamma_d}, \quad I_d = \frac{V_G}{Z_G + Z_0} \frac{1 + \Gamma_d}{1 - \Gamma_G \Gamma_d} \tag{2-75}$$

式中，Γ_d 可由 $\Gamma_d = \Gamma_L e^{2j\beta d}$ 替代。如果负载和传输线处于匹配状态，即 $Z_L = Z_0$ 时，有 $\Gamma_L = 0$，且 $\Gamma_d = 0$、$Z_d = Z_0$。因此，式(2-75)可简化为

$$V_d = \frac{V_G Z_0}{Z_G + Z_0}, \quad I_d = \frac{V_G}{Z_G + Z_0} \quad \text{（负载与传输线匹配）} \tag{2-76}$$

对于负载与传输线匹配的情况，在传输线上只有一个入射波，而无反射波，负载端的电压 V_L 和电流 I_L 可由式(2-76)表示为

$$V_L = \frac{V_G Z_0}{Z_G + Z_0} e^{-j\beta d}, \quad I_L = \frac{V_G}{Z_G + Z_0} e^{-j\beta d} \quad \text{（负载与传输线匹配）} \tag{2-77}$$

对于图 2-34 的一般情况，V_L 可用 V_d、Γ_d 和 Γ_L 表示，即

$$\left. \begin{array}{l} V_L = V_{L+}(1 + \Gamma_L) \\ V_{L+} = V_{d+} e^{-j\beta d} \\ V_{d+} = \dfrac{V_d}{(1 + \Gamma_d)} \end{array} \right\} \Rightarrow V_L = V_d e^{-j\beta d} \frac{1 + \Gamma_L}{1 + \Gamma_d} \tag{2-78}$$

负载电流 $I_L = V_L / Z_L$，并结合式(2-75)，式(2-78)可转换为

$$V_L = \frac{V_G Z_0}{Z_G + Z_0} \frac{1 + \Gamma_L}{1 - \Gamma_G \Gamma_d} e^{-j\beta d}, \quad I_L = \frac{V_G}{Z_G + Z_0} \frac{1 - \Gamma_L}{1 - \Gamma_G \Gamma_d} e^{-j\beta d} \tag{2-79}$$

此处的 d 是表示源到负载之间的传输线长度，属于固定距离。如果对于从负载向源方向上的任意距离点 l，其电压 V_l 和电流 I_l 可参考式(2-78)和式(2-79)表示为

$$V_l = V_L e^{j\beta d} \frac{1 + \Gamma_l}{1 + \Gamma_L}, \quad I_l = I_L e^{j\beta d} \frac{1 - \Gamma_l}{1 - \Gamma_L}, \quad \Gamma_l = \Gamma_L e^{-2j\beta l} \tag{2-80}$$

假定传输线无耗，则其阻抗 Z_0 为实数，且源端产生的总功率消耗在源端内阻和负载上，而负载上的功率等于无耗传输线上右侧任何节点的功率，即

$$P_{tot} = P_G + P_d = P_G + P_L \tag{2-81}$$

式中，

$$P_{\text{tot}} = \frac{1}{2}\text{Re}(V_G I_d^*) = \frac{1}{2}\text{Re}\left[(V_d + Z_G I_d I_d^*)\right]$$

$$P_G = \frac{1}{2}\text{Re}(Z_G I_d I_d^*) = \frac{1}{2}\text{Re}(Z_G)\left|I_d\right|^2 \qquad (2\text{-}82)$$

$$P_d = \frac{1}{2}\text{Re}(V_d I_d^*) = \frac{1}{2}\text{Re}(V_L I_L^*)$$

下面考虑负载阻抗匹配的两种情况:

1. 无反射匹配

对于无反射匹配,源端内阻和负载阻抗与传输线特征阻抗均完全匹配,即 $Z_G = Z_L = Z_0$,代入式(2-76),得到 $V_d = V_G/2 = I_d Z_G$,并推导出

$$P_{\text{tot}} = \frac{\left|V_G\right|^2}{4Z_0}, \quad P_G = P_d = P_L = \frac{\left|V_G\right|^2}{8Z_0} = \frac{1}{2}P_{\text{tot}} \qquad (2\text{-}83)$$

可以看出,源端内阻和负载阻抗上功率相等,且等于总功率的一半,由源端电压 V_G 和传输线特征阻抗决定。

在实际工程应用中,往往无法实现源端内阻和负载阻抗与传输线特征阻抗的完全匹配,如果采用无反射匹配方式,则需要在传输线两端添加匹配网络,如图 2-35 所示,实现源端内阻和传输线,以及负载阻抗与传输线的无反射匹配,即在整个电路上的任何节点都不存在反射。

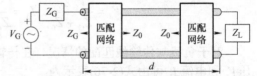

图 2-35　无反射匹配传输线电路

2. 共轭匹配

这里首先将源端内阻 Z_G 和负载阻抗 Z_L 的表达式展开,即 $Z_G = R_G + jX_G$、$Z_L = R_L + jX_L$,则传送给负载的功率 P_L 可表示为

$$\begin{aligned}
P_L &= \frac{1}{2}\text{Re}\left\{V_L I_L^*\right\} = \frac{1}{2}\text{Re}\left\{\left(\frac{V_G}{Z_L + Z_G}Z_L\right)\left(\frac{V_G}{Z_L + Z_G}\right)^*\right\} \\
&= \frac{1}{2}\text{Re}\left\{\left|\frac{V_G}{Z_L + Z_G}\right|^2 Z_L\right\} = \frac{1}{2}\left|\frac{V_G}{Z_L + Z_G}\right|^2 \text{Re}\left\{Z_L\right\} \qquad (2\text{-}84) \\
&= \frac{1}{2}\left|V_G\right|^2 \frac{R_L}{(R_L + R_G)^2 + (X_L + X_G)^2}
\end{aligned}$$

为了使传送给负载的功率 P_L 最大,可对 Z_L 的实部和虚部微分。利用式(2-84)给出

$$\frac{\partial P_T}{\partial R_L} = \frac{1}{2}\left|V_G\right|^2\left(\frac{1}{(R_L + R_G)^2 + (X_L + X_G)^2} + \frac{-2R_L(R_L + R_G)}{\left[(R_L + R_G)^2 + (X_L + X_G)^2\right]^2}\right) = 0 \qquad (2\text{-}85)$$

$$\Rightarrow R_G^2 - R_L^2 + (X_L + X_G)^2 = 0$$

$$\frac{\partial P_T}{\partial X_L} = \frac{1}{2}\left|V_G\right|^2 R_L \frac{-2(X_L + X_G)}{\left[(R_L + R_G)^2 + (X_L + X_G)^2\right]^2} = 0 \qquad (2\text{-}86)$$

$$\Rightarrow X_L(X_L + X_G) = 0$$

联立式(2-85)和式(2-86)，求解得

$$R_L = R_G, \quad X_L = -X_G \quad 或 \quad Z_L = Z_G^* \tag{2-87}$$

这个条件称为共轭匹配，即源端内阻和负载阻抗两者电阻相等，电抗数值相等而符号相反时，源传给负载的功率取得最大值，称为最大功率传输定理。由式(2-84)和式(2-87)，源传给负载的最大功率为

$$P_{L,max} = \frac{1}{2}|V_G|^2 \frac{1}{4R_G} = \frac{|V_G|^2}{8R_G} \tag{2-88}$$

如果 Z_L 和 Z_G 不满足共轭匹配条件，结合式(2-84)和式(2-88)，则传给负载的功率可表示为

$$P_L = \frac{|V_G|^2}{8R_G} \frac{4R_L R_G}{|Z_L + Z_G|^2} = P_{L,max}(1 - |\Gamma_L|^2), \quad \Gamma_L = \frac{Z_L - Z_G^*}{Z_L + Z_G} \tag{2-89}$$

式中，Γ_L 为源端向负载端看进去的反射系数，数值上等于反向的反射电压与正向的入射电压之比；$(1 - |\Gamma_L|^2)$ 表示由共轭失配导致反射而引起的损耗。

图 2-36 对上述共轭匹配的结论进行 ADS 仿真验证，图 2-36a 中的负载 $R=30\Omega$，$L=17.3$nH，对于 $f=450$MHz 频点，其计算得到的负载阻抗 $Z_L = 30 + j48.9146$，与源阻抗 $Z_G = 30 - j48.9$ 基本实现共轭匹配，结合式(2-89)计算得到源端反射系数 dB 值为−72.277dB，与图 2-36c 中在 450MHz 频点 S_{11} 仿真结果基本一致；图 2-36b 将源阻抗 Z_G 修改为 $(40 - j20)$，即 Z_G 和 Z_L 处于共轭失配状态，结合式(2-89)计算得到源端反射系数 dB 值为−7.873dB，同样与图 2-36c 中在 450MHz 频点 S_{22} 仿真结果基本一致。

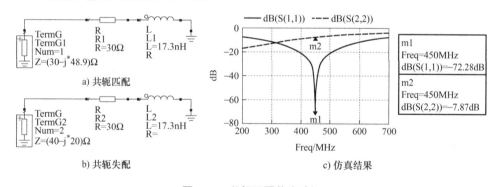

a) 共轭匹配
b) 共轭失配
c) 仿真结果

图 2-36 共轭匹配仿真验证

同样，在实际工程应用中，往往无法实现源端内阻与负载阻抗的共轭匹配，需要在传输线添加匹配网络，实现负载端的最大功率传输，如图 2-37 所示，在传输线最左端添加了一个匹配网络。依据最大功率传输定理，当负载阻抗满足共轭匹配(即 $Z_L = Z_{th}^*$)时，源传给负载的功率取得最大值。

对于无耗传输线，相移常数为 β，共轭匹配条件可通过反射系数的形式进行表达，即

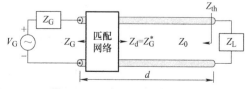

图 2-37 共轭匹配传输线电路

$$\Gamma_{\mathrm{L}} = \Gamma_{\mathrm{th}}^{*} = \Gamma_{\mathrm{G}}^{*} \mathrm{e}^{2\mathrm{j}\beta d} \tag{2-90}$$

将式(2-90)中的相移常数移到最左边，可以得到传输线输入端的共轭匹配条件表达式，即

$$\Gamma_{\mathrm{d}} = \Gamma_{\mathrm{L}} \mathrm{e}^{-2\mathrm{j}\beta d} = \Gamma_{\mathrm{G}}^{*} \quad \Leftrightarrow \quad Z_{\mathrm{d}} = Z_{\mathrm{G}}^{*} \tag{2-91}$$

图 2-37 中匹配网络的作用就是为了实现负载阻抗 Z_{d} 与源端内阻 Z_{G} 的共轭匹配。

依据式(2-80)的分析，共轭匹配网络可以放置在传输线上任意位置，而不仅仅是传输线的顶端。

可以注意到，当处于共轭匹配时，图 2-34 中各节点的反射系数 Γ_{L}、Γ_{d} 和 Γ_{G} 都可能不为零，这意味着在共轭匹配某些情况下，失配导致的多次反射功率同相叠加，使得传送给负载的功率达到最大值。

综合对比无反射匹配和共轭匹配两种形式，共轭匹配具有实现成本低、具备最大功率传输等优点，因此被广泛应用在射频微波系统的阻抗匹配电路中。

2.2.4.2 网络类型

从网络结构上讲，匹配网络主要包括 L 型、π 型和 T 型 3 类网络。

1. L 型匹配网络

L 型匹配网络是由两个不同性质的电抗元件组成的一种窄带网络，属于射频电路中最简单、最常用的匹配网络，其不仅可以实现阻抗变换功能，还能实现滤波功能，滤波性能取决于网络的 Q 值，即匹配阻抗的虚部与实部的比值 $Q = X/R$。

常用的 L 型匹配网络如图 2-38 所示，由串联支路电抗元件 X_{S} 和并联支路电抗元件 X_{P} 组成。如果源阻抗 Z_{G} 和负载阻抗 Z_{L} 不是纯电阻，可以将其电抗部分转换到 X_{S} 和 X_{P} 上，为简化分析过程，此处均以纯电阻形式呈现，分别为 R_{G} 和 R_{L}。

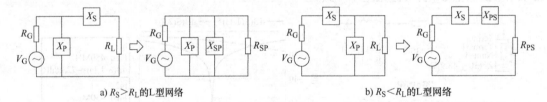

a) $R_{\mathrm{S}} > R_{\mathrm{L}}$ 的 L 型网络   b) $R_{\mathrm{S}} < R_{\mathrm{L}}$ 的 L 型网络

图 2-38　L 型匹配网络设计

L 型匹配网络的基础是串、并联阻抗变换。以图 2-38a 为例，变换步骤如下：

1) 将串联支路的 X_{S} 和 R_{L} 变换为并联支路的 X_{SP} 和 R_{SP}；

2) X_{SP} 和 X_{P} 在工作频率 ω_0 上处于并联谐振状态，即 $X_{\mathrm{SP}} = X_{\mathrm{P}}$，电抗抵消，呈现开路形式，只剩下 R_{SP}；

3) $R_{\mathrm{SP}} = R_{\mathrm{G}}$，达到阻抗变换的目的。

根据串、并联转换公式，有

$$\begin{cases} R_{\mathrm{G}} = R_{\mathrm{L}} \left[1 + \left(\dfrac{X_{\mathrm{S}}}{R_{\mathrm{L}}} \right)^2 \right] = R_{\mathrm{L}} (1 + Q^2) \\[4mm] X_{\mathrm{SP}} = X_{\mathrm{S}} \left[1 + \left(\dfrac{R_{\mathrm{L}}}{X_{\mathrm{S}}} \right)^2 \right] = X_{\mathrm{S}} \left(1 + \dfrac{1}{Q^2} \right) \end{cases} \tag{2-92}$$

式中，Q 既属于串联支路 R_L、X_S，又属于转换后的并联支路 R_{SP}、X_{SP}，即串联支路和转换后的并联支路的 Q 值相等，有

$$Q = \frac{X_S}{R_L} = \frac{R_{SP}}{X_{SP}} = \frac{R_G}{X_P} \tag{2-93}$$

因此，在设计 L 型匹配网络时，首先由已知的 R_L 和 R_G，根据式(2-92)，求出 Q 值，即

$$Q = \sqrt{\frac{R_G}{R_L} - 1} \tag{2-94}$$

然后由式(2-93)，求出 X_S 和 X_P 的值，即

$$X_S = QR_L, \qquad X_P = \frac{R_S}{Q} \tag{2-95}$$

最后由工作频率 ω_0 进一步求出电感 L 和电容 C 的值。

在此变换过程中，为使式(2-94)有效，必须满足 $R_G > R_L$。当 $R_G < R_L$ 时，则采用图 2-38b 所示的 L 型匹配网络，先将并联支路的 X_P 和 R_L 转换为串联支路的 X_{PS} 和 R_{PS}，再使 X_{PS} 和 X_S 在工作频率 ω_0 处于串联谐振状态，电抗抵消，呈现短路形式，剩下 R_{PS} 与 R_G 相等，完成阻抗变换。

综合来看，L 型匹配网络支路的 Q 值可表示为

$$Q = \sqrt{\frac{R_{(大值)}}{R_{(小值)}} - 1} \tag{2-96}$$

即两个需要阻抗变换的源和负载电阻值确定后，L 型匹配网络的形式和 Q 值也确定了。而 Q 值决定匹配网络的带宽，即其 3dB 带宽 BW 也随之确定。

2. π 型和 T 型匹配网络

由于 L 型匹配网络的 Q 值由源电阻 R_G 和负载电阻 R_L 确定，可能不满足电路的匹配滤波特性，需要进一步考虑采用三电抗元件组成的 π 型或 T 型匹配网络，以实现更高的 Q 值，如图 2-39 所示，包括 π 型低通、π 型高通、T 型低通和 T 型高通 4 种形式，均通过两个 L 型匹配网络翻转级联得到。

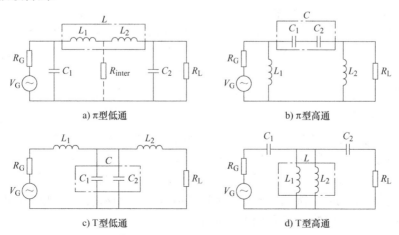

a) π型低通　　　　　　　　　b) π型高通

c) T型低通　　　　　　　　　d) T型高通

图 2-39　π 型和 T 型匹配网络设计

下面以图 2-39a π 型低通匹配网络为例来分析三电抗元件的匹配设计方法。横臂上的 L 由 L_1 和 L_2 两部分组成，即 $L = L_1 + L_2$。π 型匹配网络分裂成两个"背靠背"的 L 型匹配网络，源电阻 R_G 经 C_1 和 L_1 向右匹配到中间等效的电阻 R_{inter}，且有 $R_G > R_{inter}$。R_{inter} 作为源电阻，负载电阻 R_L 向左匹配到中间电阻 R_{inter}，且有 $R_{inter} < R_L$，从而级联完成了 R_G 和 R_L 之间的阻抗匹配。

根据式(2-96)L 型匹配网络的 Q 值计算公式，可得到 π 型低通匹配网络的两级 Q 值分别为

$$Q_1 = \sqrt{\frac{R_G}{R_{inter}} - 1} \text{ 和 } Q_2 = \sqrt{\frac{R_L}{R_{inter}} - 1} \tag{2-97}$$

由于 R_{inter} 为未知数，所有 Q_1 和 Q_2 可根据带宽等应用需求进行优化设计。

2.2.4.3 基于 Smith 圆图的匹配网络设计

Smith 圆图是一种辅助图形，可以直观地描述匹配设计的全过程。Smith 圆图属于电压反射系数 Γ 的极坐标图，通过将反射系数表示成幅度和相位的形式 $\Gamma = |\Gamma| e^{j\theta}$，然后将幅度 $|\Gamma|$ 画成从图中心算起的半径($|\Gamma| \leq 1$)，角度 θ ($-180° \leq \theta \leq 180°$)是从水平直径的右手边算起的角度。任何无源的可实现的($|\Gamma| \leq 1$)反射系数都可以在 Smith 圆图上存在唯一的点。

当处理 Smith 圆图中的阻抗时，通常采用归一化量，用小写字母来表示。归一化常数通常是传输线的特征阻抗，即 $z = Z/Z_0$ 表示阻抗 Z 的归一化量。

若特征阻抗为 Z_0 的无耗传输线端接一个负载阻抗 Z_L，则负载上的反射系数可表示为

$$\Gamma = \frac{z_L - 1}{z_L + 1} = |\Gamma| e^{j\theta} \tag{2-98}$$

式中，$z_L = Z_L/Z_0$ 为归一化负载阻抗。将式(2-98)转换，得到归一化负载阻抗 z_L 的表达式，即

$$z_L = \frac{1 + |\Gamma| e^{j\theta}}{1 - |\Gamma| e^{j\theta}} \tag{2-99}$$

将归一化阻抗 z_L 点在 Smith 圆图上沿圆图中心等半径旋转 $180°$ 得到 z_L'，即

$$z_L' = \frac{1 + |\Gamma| e^{j(\theta+180°)}}{1 - |\Gamma| e^{j(\theta+180°)}} = \frac{1 - |\Gamma| e^{j\theta}}{1 + |\Gamma| e^{j\theta}} = \frac{1}{z_L} \tag{2-100}$$

可以看出，以圆图中心对称的两个点的归一化阻抗互为倒数。由于串联支路的阻抗 $Z_S = R_S + jX_S$ 和其等效的并联支路导纳 $Y_P = G + jB = 1/Z_S$ 互为倒数，因此在 Smith 圆图上将串联支路转化并联支路的操作是，求阻抗圆图中对应串联支路 $z = r + jx$ 点 M 关于圆图中心的点 N，点 N 即为该串联支路等效的并联支路 $y = g + jb$。一般将串联形式 $z = r + jx$ 表示图上各点阻抗的圆图称为阻抗圆图，将并联形式 $y = g + jb$ 表示图上各点导纳的圆图称为导纳圆图。

典型的 Smith 圆图如图 2-40 所示。从阻抗与导纳互逆的关系上来说，阻抗圆图上半圆的电抗为正，表示电阻与电感串联，其中心对称点在下半圆，下半圆为负的感纳，表示电导与感纳并联。阻抗圆图下半圆的电抗为负，表示电阻与电容串联，其中心对称点在上半圆，上半圆为正的容纳，表示电导与容纳并联。因此，在使用 Smith 圆图匹配过程中，有如下结论：

1) 串联元件，在 Smith 圆图上的相应阻抗点沿等电阻圆移动。串联电感，沿等电阻圆顺时针移动。串联电容，沿等电阻圆逆时针移动。

2) 并联元件，在 Smith 圆图上的相应阻抗点沿等电导圆移动。并联电感，沿等电导圆逆

时针移动。并联电容，沿等电导圆顺时针移动。

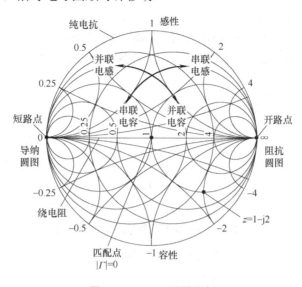

图 2-40　Smith 圆图图例

2.2.4.4　应用设计

以 Qorvo 公司的超宽带低噪声放大器 QPL9503 为例，使用 ADS 软件对其 n77 频段(3.3～4.2GHz)进行输入阻抗匹配，相关步骤如下：

1) 导入 QPL9503 的 S 参数，测试输入端口在 3.75GHz (n77 频段的中心频率)频点下的阻抗为(19.629+j5.373)Ω，归一化到 50Ω 下的阻抗为 0.393+j0.107。

2) 采用 ADS 中的"DA_SmithChartMatch"控件，设置"Fp"为 3.75GHz，"Zg"为 50Ω，"ZL"为(19.629+j5.373)Ω。

3) 进入 Tools 中的 Smith Chart 进行 Smith 圆图阻抗匹配，直接采用 Auto 2-Element Match 即可得到先"串联电容+并联电感"和"串联电感+并联电容"两种匹配方式(从负载端看向源端)，相关参数如图 2-41 所示。

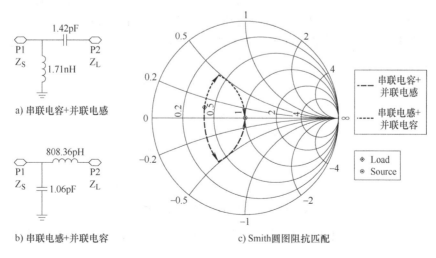

图 2-41　Smith 圆图阻抗匹配仿真举例

4) 将匹配好的结果代入进行电路得到的仿真结果如图 2-42 所示。可以看出，在 n77 频段内，两种匹配方式的回波损耗均优化到了 10dB 以上，且"串联电感+并联电容"的匹配方式回波损耗性能更优，但由于图 2-41b 中电感值的相对过小，实际应用中会产生加大误差。因此，从工程角度上讲，优选"串联电容+并联电感"的匹配方式。

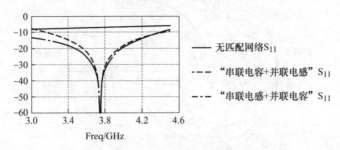

图 2-42　Smith 圆图阻抗匹配仿真结果

上述匹配电容和电感均代入的是理想模型，在实际的工程应用中，还需代入实际模型，经过优化迭代后，得到最终的仿真结果。

2.2.5　采样转换

采样的主要作用是完成数字信号与模拟信号之间的转换，在射频通信链路中起到举足轻重的作用，涉及的器件包括 ADC 和 DAC。下面将讨论采样定理、量化效应、采样抖动以及转换器的相关指标参数。

2.2.5.1　采样定理与采样过程

在数字通信系统中，模拟信号变换为数字形式首先需要进行采样处理，这个过程包括采样和保持两部分。在最大频率以外没有频谱分量的带限信号可完全由一系列均衡的空间离散时间采样来重构，前提是需要满足奈奎斯特准则，即

$$f_s \geqslant 2f_{max} \tag{2-101}$$

奈奎斯特准则要求采样率 f_s 至少是信号所含最高频率 f_{max} 的 2 倍，否则信号所承载的信息将会丢失。这一准则又被称为均匀采样定理，$f_s = 2f_{max}$ 采样率被称为奈奎斯特速率。

假设一模拟信号 $x(t)$ 与其频谱 $X(f)$ 分别如图 2-43a 和图 2-43b 所示，$x(t)$ 经过傅里叶变换为 $X(f)$，$X(f)$ 在 $|f| \geqslant f_{max}$ 的频谱分量均为 0。

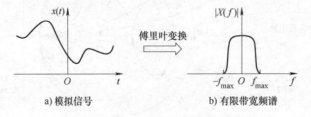

a) 模拟信号　　　　　　　　b) 有限带宽频谱

图 2-43　有限带宽信号的傅里叶变换

对模拟信号 $x(t)$ 的理想采样可看作 $x(t)$ 与周期序列冲激函数 $\delta_T(t)$ 的乘积，周期序列冲激函数 $\delta_T(t)$ 为

$$\delta_{\mathrm{T}}(t) = \sum_{n=-\infty}^{\infty} \delta(t-nT_{\mathrm{s}}) \tag{2-102}$$

式中，采样周期 $T_{\mathrm{s}} = 1/f_{\mathrm{s}}$；$\delta(t)$ 为单位脉冲函数。

采样后得到的 $x_{\mathrm{s}}(t)$ 如图 2-44a 所示，可表示为

$$x_{\mathrm{s}}(t) = x(t)\delta_{\mathrm{T}}(t) = \sum_{n=-\infty}^{\infty} x(t)\delta(t-nT_{\mathrm{s}}) = \sum_{n=-\infty}^{\infty} x(nT_{\mathrm{s}})\delta(t-nT_{\mathrm{s}}) \tag{2-103}$$

采样信号 $x_{\mathrm{s}}(t)$ 的频谱 $X_{\mathrm{s}}(f)$ 可由式(2-103)的傅里叶变换(时域相乘，频域卷积)得到，即

$$\begin{aligned}
X_{\mathrm{s}}(f) &= X(f) * \varDelta_{\mathrm{T}}(f) = X(f) * \left[\frac{1}{T} \sum_{n=-\infty}^{\infty} \delta(f-nf_{\mathrm{s}}) \right] \\
&= \frac{1}{T} \sum_{n=-\infty}^{\infty} X(f-nf_{\mathrm{s}})
\end{aligned} \tag{2-104}$$

式中，周期序列冲激函数 $\delta_{\mathrm{T}}(t)$ 的频域形式为

$$\varDelta_{\mathrm{T}}(f) = \frac{1}{T} \sum_{n=-\infty}^{\infty} \delta(f-nf_{\mathrm{s}}) \tag{2-105}$$

采样信号 $x_{\mathrm{s}}(t)$ 的频谱 $X_{\mathrm{s}}(f)$ 在一个周期内与原始信号 $x(t)$ 的傅里叶变换 $X(f)$ 一样，但整体频谱以 f_{s} 为周期变换，即产生周期延拓。

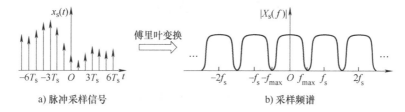

a) 脉冲采样信号　　　　　　　　b) 采样频谱

图 2-44　信号采样后的频谱变化

如果采样率 f_{s} 与信号所含最高频率 $f_{\max}$ 满足 $f_{\mathrm{s}} > 2f_{\max}$，则可通过低通滤波器将基带频谱从其他频谱分量中分离出来，如图 2-45a 所示。当采样率 f_{s} 小于奈奎斯特速率时，即在 $f_{\mathrm{s}} < 2f_{\max}$ 的欠采样下，信号频谱周期延拓会发生重叠，在频谱上的重叠称为混叠，如图 2-45b 所示。当发生混叠时，部分与原始有用信号的信息将会丢失。在此情况下，需要使用抗混叠滤波器避免混叠现象，如图 2-45c 所示。抗混叠滤波器一般有两种实现形式：

1) 模拟信号进行预置滤波，使得新的最高频率 $f'_{\max} \leqslant f_{\mathrm{s}}/2$。

2) 混频部分由后置滤波消除，滤波器截止频率 $f''_{\max}$ 应小于 $f_{\mathrm{s}} - f_{\max}$。

上述两种方式虽然可消除混叠，但由于滤波器滤掉了部分有用信号，因此也会造成有用信号的丢失。在实际工程应用中，一般采样率 f_{s} 需满足 $f_{\mathrm{s}} \geqslant 2.2f_{\max}$。比如，对于 100MHz 的带宽，常使用 245.76MSPS 采样率进行采集。

从原理上讲，完成采样最实际的方法是使用矩形脉冲序列或开关波形 $x_{\mathrm{p}}(t)$ 进行瞬时脉冲采样，如图 2-46a 所示。$x_{\mathrm{p}}(t)$ 中的每一矩形脉冲宽度为 T，幅度为 $1/T$。脉冲序列的傅里叶级数为

$$x_p(t) = \sum_{n=-\infty}^{\infty} a_n e^{j2\pi n f_s t} \tag{2-106}$$

式中，a_n 为 sinc( ) 函数，其表达式为

$$a_n = \frac{1}{T_s} \mathrm{sinc}\left(\frac{nT\pi}{T_s}\right) = \frac{1}{T_s} \frac{\sin\left(\dfrac{nT\pi}{T_s}\right)}{\dfrac{nT\pi}{T_s}} \tag{2-107}$$

式中，$T_s = 1/f_s$。

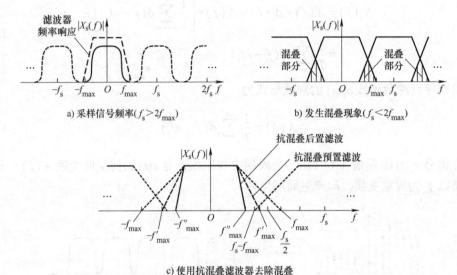

a) 采样信号频率 $(f_s > 2f_{max})$

b) 发生混叠现象 $(f_s < 2f_{max})$

c) 使用抗混叠滤波器去除混叠

图 2-45 信号采样抗混叠滤波器的设计考虑

周期脉冲序列的幅频特性如图 2-46b 所示，频谱包络如 sinc( ) 函数。带限模拟信号 $x(t)$ 的采样序列 $x_s(t)$ 可表示为

$$x_s(t) = x(t)x_p(t) = x(t) \sum_{n=-\infty}^{\infty} a_n e^{j2\pi n f_s t} \tag{2-108}$$

时域波形如图 2-46c 所示，由于 $x_s(t)$ 中每个脉冲的幅度保持了对应模拟波形形状。采样序列的傅里叶变换 $X_s(f)$，其频谱如图 2-46d 所示，表达式为

$$X_s(f) = F\left\{ x(t) \sum_{n=-\infty}^{\infty} a_n e^{j2\pi n f_s t} \right\} = \sum_{n=-\infty}^{\infty} a_n X(f - f_s) \tag{2-109}$$

从应用上讲，完成采样最常用的方法是采样保持。由式(2-103)中的采样序列 $x(t)\delta_T(t)$ 与单位幅度矩形脉冲 $p(t)$ 的卷积表示为

$$x_s(t) = p(t) * \left[x(t)\delta_T(t) \right] = p(t) * \left[x(t) \sum_{n=-\infty}^{\infty} \delta(t - nT_s) \right] \tag{2-110}$$

将式(2-110)进行傅里叶变换，即采样信号频谱 $X_s(f)$ 为矩形脉冲傅里叶变换 $P(f)$ 与式(2-104)中脉冲采样信号的频谱相乘，得

$$X_s(f) = P(f)\frac{1}{T}\sum_{n=-\infty}^{\infty} X(f - nf_s) \tag{2-111}$$

式中，$P(f) = T_s\,\mathrm{sinc}(fT_s)$。采样保持序列的频谱与图 2-46d 类似。在保持过程中，极大削减了高频重复部分，然后通过后置滤波器进一步抑制高频的剩余重复频谱。

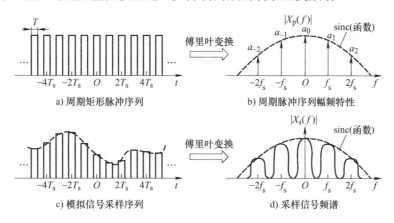

a) 周期矩形脉冲序列　　　　　b) 周期脉冲序列幅频特性

c) 模拟信号采样序列　　　　　d) 采样信号频谱

图 2-46　有限脉冲采样信号及 sinc 包络频谱

典型的采样与保持电路如图 2-47 所示。理想的采样保持放大器(Sample-Hold Amplifier, SHA)是一个简单的开关，用于驱动保持电容及其后的高输入阻抗缓冲器。缓冲器的输入阻抗必须足够高，以便电容可以在保持时间内放电少于 1 LSB。SHA 在采样模式中对信号进行采样，而在保持模式期间则保持信号恒定。同时调整时序，以便 ADC 编码器可以在保持时间内执行转换。

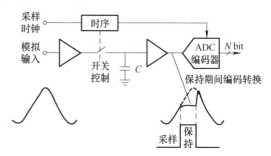

图 2-47　信号进行数字化处理所需的采样保持功能

2.2.5.2　量化噪声模型

理想转换器对信号进行数字化时，最大误差为±½LSB。图 2-48a 为一个理想 N 位 ADC 的传递函数。对于任何横跨整个 LSB 的交流信号，其量化噪声可通过 1 个峰峰值幅度为 q(1 个 LSB 权重)的非相关锯齿波来近似计算，实际量化噪声发生在±½q 范围内任意点的概率相等。

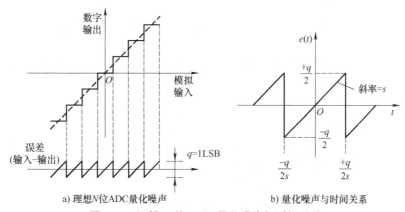

a) 理想 N 位 ADC 量化噪声　　　　　b) 量化噪声与时间关系

图 2-48　理想 N 位 ADC 量化噪声与时间关系

图 2-48b 详细地显示了量化噪声与时间的关系。同样以一个简单的锯齿波形进行分析，锯齿误差的计算表达式为

$$e(t) = st, \ \frac{-q}{2s} < t < \frac{+q}{2s} \tag{2-112}$$

锯齿误差波形产生的谐波远超过 DC 至 $f_s/2$ 的奈奎斯特带宽，但这些高阶谐波会混叠到奈奎斯特带宽内。量化噪声近似于高斯分布，几乎均匀地分布于从 DC 至 $f_s/2$ 的奈奎斯特带宽。产生的方均根量化噪声可表示为

$$\sqrt{\overline{e^2(t)}} = \sqrt{\frac{s}{q}\int_{-/2s}^{+q/2s}(st)^2\,dt} = \frac{q}{\sqrt{12}} \tag{2-113}$$

理论 SNR 可通过一个满量程输入正弦波来计算，即

$$\text{满量程输入正弦波}=v(t) = \frac{q \times 2^N}{2}\sin(2\pi ft) \tag{2-114}$$

输入正弦波信号的方均根值为

$$\text{满量程输入的方均根值}=\frac{q \times 2^N}{2\sqrt{2}} \tag{2-115}$$

因此，理想 N位转换器的方均根信噪比为

$$\begin{aligned} SNR_q &= 20\lg\frac{\text{满幅输入RMS值}}{\text{量化噪声RMS值}} \\ &= 20\lg\left[\frac{q \times 2^N/2\sqrt{2}}{q/\sqrt{12}}\right] = 20\lg 2^N + 20\lg\sqrt{\frac{3}{2}} \\ &= (6.02N + 1.76)\text{dB} \quad (\text{DC至}\ f_s/2\text{带宽范围}) \end{aligned} \tag{2-116}$$

注意，上述方均根量化噪声是在 DC 至 $f_s/2$ 的完整奈奎斯特带宽范围内进行测量。许多应用中，实际目标信号占用的带宽 BW 小于奈奎斯特带宽。如果使用数字滤波来滤除带宽 BW 以外的噪声成分，则等式中必须包括一个校正系数 (即处理增益)，得到最终提高后的 SNR 为

$$SNR_q = 6.02N + 1.76 + 10\lg\frac{f_s}{2BW} \quad \text{BW带宽范围} \tag{2-117}$$

处理增益的量化噪声频谱如图 2-49 所示，通过提高采样率 (即过采样) 和数字滤波，降低转换器量化噪声。

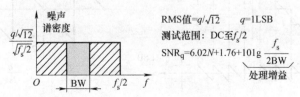

图 2-49　处理增益的量化噪声频谱

2.2.5.3　采样时钟抖动效应

如图 2-47 所示，转换器是在采样时钟的作用下，基于相同的时间间隔采样并产生模拟信号，或对连续的模拟信号产生一系列定期样本，因此采样时钟的稳定性相当重要。如果在采样期间采样位置存在轻微抖动(即时钟抖动)，采样变得不再均匀，会导致实际采样时间产生不确定性。如图 2-50 所示，时钟抖动属于时钟源定时边缘的随机变化，而转换器一般使用时钟边缘来控制采样点，采样点的偏差将会产生采样电压的测量误差。

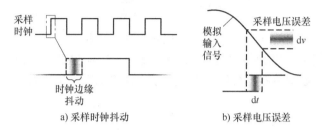

a) 采样时钟抖动　　　　　b) 采样电压误差

图 2-50　采样时钟抖动导致采样电压误差

这种随机变化采样时钟抖动可通过 SNR 来衡量，如果输入为一正弦信号，其表达式为

$$v(t) = A\sin(2\pi f t) \tag{2-118}$$

式中，A 为信号幅度；f 为信号频率。

对信号求其时间导数，得

$$\frac{\mathrm{d}v(t)}{\mathrm{d}t} = 2\pi f A\cos(2\pi f t) \tag{2-119}$$

对上述导数求其方均根(RMS)值，得

$$\frac{\Delta v_{\mathrm{j\_rms}}}{\Delta t_{\mathrm{j\_rms}}} = 2\pi f A\sqrt{\int_{-1/2f}^{+1/2f}\cos^2(2\pi f t)\mathrm{d}t} = \sqrt{2}\pi f A \tag{2-120}$$

式中，$\Delta v_{\mathrm{j\_rms}}$ 为方均根抖动噪声电压；$\Delta t_{\mathrm{j\_rms}}$ 为抖动时间的方均根值。

如果抖动服从零均值的正态分布，方差 $\sigma_{\mathrm{j}}^2 = \Delta t_{\mathrm{j\_rms}}^2$，则方均根抖动噪声电压 $\Delta v_{\mathrm{j\_rms}}$ 可表示为

$$\Delta v_{\mathrm{j\_rms}} = \sqrt{2}A\pi f\sigma_{\mathrm{j}} \tag{2-121}$$

因此，信号抖动噪声比 $\mathrm{SNR_j}$ 可表示为

$$\mathrm{SNR_j} = 20\lg\left(\frac{A/\sqrt{2}}{\Delta v_{\mathrm{j\_rms}}}\right) = -20\lg(2\pi f\Delta t_{\mathrm{j\_rms}}) \tag{2-122}$$

同样，如果使用数字滤波来滤除带宽 BW 以外的噪声成分，则式(2-122)中也必须包括处理增益校正系数。

时钟抖动属于信号质量的时域参数，与之对应的频域参数称为相位噪声，6.2 节具体讲述了两者的概念和转换方法。时钟抖动一般规定在某个频率范围内，该频率通常偏离基本时钟频率 10kHz～10MHz，并将其整合到一起获取抖动信息。但是，低端的 10kHz 和高端的 10MHz 有时并非正确的计算边界，图 2-51 描述了设置正确整合限制的重要性，图中的相位

噪声图以每 10 倍频抖动内容覆盖。如果将下限设定为 100Hz 偏移，上限设定为 100MHz 偏移，得到时钟抖动将从 205fs 增大至 726fs。可以看出，不同的频率偏移上下限将产生较大差异的时钟抖动数据。在实际设计过程中，频率偏移的上下限设定一般遵循如下规则：

(1) 频率偏移下限　由转换器采样率 f_s 和信号快速傅里叶变换(Fast Fourier Transform, FFT)分析点数决定，通过下式计算求得

$$f_{\text{offset\_Low}} = \frac{1}{2}\frac{f_s}{\text{FFT 点数}} \tag{2-123}$$

对于相同采样率，FFT 分析点数越多，频率偏移下限越小。

(2) 频率偏移上限　由时钟接口匹配电路带宽和转换器自身时钟输入接口带宽决定，通过添加合适的窄带带通滤波器，可进一步约束频率偏移上限，优化时钟抖动性能。

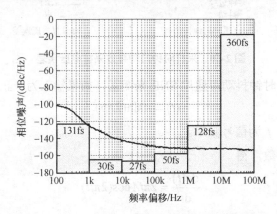

图 2-51　每 10 倍频计算得到的时钟相位噪声抖动影响

2.2.5.4　转换器性能参数

转换器的主要性能参数包括分辨率、采样率、孔径抖动、信噪比、信纳比、无杂散动态范围、总谐波失真、采集时间、电源抑制比、时钟压摆率、串扰、微分非线性和积分非线性，掌握转换器的性能参数对使用和设计转换器至关重要。

1. 分辨率 N/ENOB

ADC 分辨率用于表示模拟输入信号的 bit 位数。提高分辨率可以更为准确地复现模拟信号。由式(2-117)可知，使用较高分辨率的 ADC 也能降低量化噪声。对于 DAC，分辨率与此类似：DAC 分辨率用于表示模拟输出信号的 bit 位数，DAC 的分辨率越高，增大编码时在模拟输出端产生的步进越小。

部分应用会引入有效分辨率这一概念，表示能提供的"有用的"性能数据，与有效位数(Effective Number Of Bits, ENOB)相对应，反映了转换器的动态范围。满幅、正弦输入波形的 ENOB 可表示为

$$\text{ENOB} = \frac{\text{SINAD} - 1.76}{6.02} \tag{2-124}$$

式中，SINAD 为信纳比，后面会详细解释。

如果信号电平降低，SINAD 会减小，ENOB 也会减小。因此，对于较低的信号幅度，在计算 ENOB 时有必要增加一个校正系数，即

$$\text{ENOB} = \frac{\text{SINAD} - 1.76 + 20\lg\left(\dfrac{\text{满量程幅值}}{\text{输入幅值}}\right)}{6.02} \tag{2-125}$$

该校正系数本质上将 ENOB 值归一化到满量程，从而与实际信号幅度无关。

2. 采样率 f_s

采样率或采样频率以"采样/秒"(sps)表示，指 ADC 采集模拟输入的速率。对于每次转换执行一次采样的 ADC(如 SAR、Flash ADC 或流水线型 ADC)，采样速率等于数据吞吐率。对于 Sigma-Delta ADC，采样率一般远远高于数据吞吐率。根据采样率 f_s 与奈奎斯特频率的大小关系，可将采样过程分为过采样和欠采样：

(1) 过采样　如果采样率远高于奈奎斯特频率，则称为过采样。由式(2-117)可知，过采样可以有效降低 ADC 底噪，提高 ADC 动态范围。过采样是 Sigma-Delta ADC 的基础。

(2) 欠采样　依据奈奎斯特采样定理，当采样率低于奈奎斯特频率时，采样信号将发生混叠，丢失信号信息。但如果对输入信号进行正确滤波，以及正确选择模拟输入和采样频率，则可将包含信息的混叠成分从较高频率搬移到较低频率，然后进行转换。该方法也称为带通采样，可以有效将 ADC 用作下变频器，将较高带宽的信号搬移到 ADC 的有效带宽。3.3 节射频直采架构会详细介绍。

3. 孔径抖动 t_{AJ}

ADC 从时钟信号的采样沿(图 2-52 中为时钟信号上升沿)到实际发生采样时刻之间的延迟 t_{AD} 称为孔径延迟。各采样点之间孔径延迟的变化 t_{AJ} 称为孔径抖动。

ADC 外部时钟抖动和内部孔径抖动共同限制着 ADC 的噪声性能。对于低频应用，抖动可能并不重要，但随着模拟频率的增加，由抖动引起的噪声问题变得越来越明显。

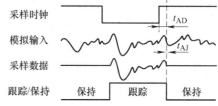

图 2-52　ADC 孔径延迟和孔径抖动

4. 信噪比 SNR

SNR 是给定时间点有用信号幅度与噪声幅度之比，该值越大越好。限制转换器 SNR 的主要因素包括量化噪声、时钟抖动和热噪声，这 3 类因素导致的噪声不相关，因此转换器的总 SNR 可表示为

$$\text{SNR} = 20\lg\sqrt{(10^{\text{SNR}_q/20})^2 + (10^{\text{SNR}_j/20})^2 + (10^{\text{SNR}_t/20})^2} \tag{2-126}$$

式中，SNR_q、SNR_j 和 SNR_t 分别为由量化噪声、时钟抖动和热噪声引起的 SNR 损失。时钟抖动由外部采样时钟抖动和内部孔径抖动构成，两部分组合可表示为

$$\Delta t_{\text{j\_rms}} = \sqrt{t_{CJ}^2 + t_{AJ}^2} \tag{2-127}$$

式中，t_{CJ} 和 t_{AJ} 分别是由外部采样时钟和内部孔径抖动引起的时钟抖动。

热噪声在 2.2.1.1 节进行了简单介绍。热噪声是所有电子元件固有的一种现象，是电导体内电荷物理运动的结果，即使不施加输入信号，也能测得热噪声。热噪声通常服从高斯分布，如图 2-53 所示。热噪声属于转换器设计的函数，对于转换器的应用设计人员基本无法影响器件的热噪声，该值一般由器件手册给出。

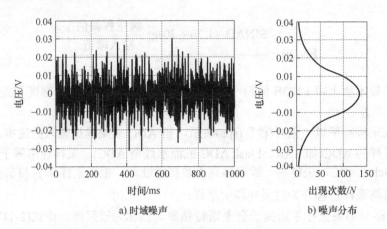

a) 时域噪声　　　　　　　　b) 噪声分布

图 2-53　高斯分布时域中的热噪声

对于较高分辨率的转换器，其量化噪声对整体 SNR 贡献较小。整体 SNR 主要受时钟抖动和热噪声限制。图 2-54 为较高分辨率转换器 SNR 受时钟抖动和热噪声限制应用举例，由器件热噪声产生的信噪比 SNR$_t$ 为 73dB，时钟抖动 Δt_j 为 400fs，随着输入信号频率 f_{in} 的升高(10～1000MHz)，由时钟抖动产生的信噪比损失比重逐渐增大。因此，相比低速转换器，高速转换器具有更高的采样时钟性能需求。

表 2-7 为转换器 SNR 估算举例，一般使用连续波(Continuous Wave, CW)信号进行转换器 SNR 分析。可以看出，对于较高分辨率的转换器，当时钟抖动性能较好时，总噪声主要受热噪声制约，而且 DAC 往往拥有比 ADC 更好的噪声性能。

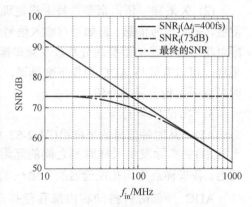

图 2-54　较高分辨率转换器 SNR 受时钟抖动和热噪声限制

表 2-7　转换器 SNR 估算举例

性能参数计算项	某 ADC 芯片	某 DAC 芯片	备注
分辨率位宽 N	12bit	14 bit	
信号频率 f_i 或 f_o/MHz	184.32	196.08	模拟信号中心频率
采样率 f_s/MHz	245.76	983.04	
时钟抖动 Δt_j/ps	0.2	0.2	包含外部采样时钟和内部孔径抖动
SNR 带宽或接口速率 BW/MHz	75	491.52	中频接口速率对应模拟信号带宽
CW 信号电平 P/dBFS	−10	−16	参考转换器满幅电平
处理增益 G/dB	2.144	0	$G = 10\lg[f_s/(2\mathrm{BW})]$
时钟抖动 SNR$_j$/dB	74.849	72.144	$\mathrm{SNR}_j = -20\lg(2\pi f_{in}\Delta t_j) + G$
量化 SNR$_q$/dB	76.144	86.040	$\mathrm{SNR}_q = 6.02N + 1.76 + G$
时钟抖动噪声 N_j/(dBFS/Hz)	−163.599	−175.059	$N_j = P - \mathrm{SNR}_j - 10\lg(\mathrm{BW})$

(续)

性能参数计算项	某 ADC 芯片	某 DAC 芯片	备注
量化噪声 N_q/(dBFS/Hz)	-164.895	-188.955	$N_q = P - \text{SNR}_q - 10\lg(\text{BW})$
转换器热噪声 N_t/(dBFS/Hz)	-151.5	-167	一般由器件手册给出
总噪声 N/(dBFS/Hz)	-151.057	-166.345	$N = 10\lg(10^{N_t/10} + 10^{N_q/10} + 10^{N_t/10})$
最终 SNR/dBFS	72.306	79.430	$\text{SNR} = -N - 10\lg(\text{BW})$

5. 信纳比 SINAD

信纳比(Signal to Noise and Distortion Ratio, SINAD)是指信号满幅方均根与所有其他频谱成分(包括谐波但不含直流)的和方根的平均值之比。相比 SNR,SINAD 可以更好地反映转换器的整体动态性能,因为其包含了所有构成的噪声和失真成分。

6. 无杂散动态范围 SFDR

无杂散动态范围(Spurious-Free Dynamic Range, SFDR)常用于衡量转换器在杂散分量干扰基本信号或导致基本信号失真之前可用的动态范围。SFDR 的定义是基于有用信号方均根值与从直流到二分之一采样率 f_s 范围内测得的输出峰值杂散信号方均根值之比。峰值杂散分量可能与信号谐波相关,也可能不相关。有用信号可以是单音、多音或者宽带信号,SFDR 可以折合到信号或载波电平(dBc),或者折合到满量程(dBFS),如图 2-55 所示。

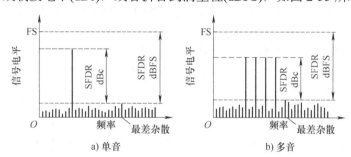

a) 单音   b) 多音

图 2-55 转换器无杂散动态范围定义示例

7. 总谐波失真 THD

总谐波失真(Total Harmonic Distortion, THD)为所有谐波(二阶、三阶、四阶等)的和方根值与信号方根值的比值,以 dB 为单位表示。在 THD 测量中,一般只有前五个或六个谐波。在许多实际场合中,甚至仅考虑二阶和三阶谐波而不考虑更高阶谐波,所带来的误差基本可忽略了,因为更高阶项的幅度往往大幅降低。

8. 采集时间 t_{acq}

采集时间 t_{acq} 是从释放保持状态(由采样-保持输入电路执行)到采样电容电压稳定至新输入值的 1 LSB 范围之内所需要的时间,即

$$t_{acq} = \ln(2^N) \times (R_{source} \times C_{sample}) \tag{2-128}$$

式中,N 为分辨率位宽;R_{source} 为源阻抗;C_{sample} 为采样电容容值。

9. 电源抑制比 PSRR

电源抑制比(Power Supply Rejection Ratio, PSRR)为电源电压变化与满幅误差变化之比,

以 dB 为单位表示，表现为电源纹波如何与 ADC 输入耦合并显示在其数字输出上或 DAC 输出耦合并显示在其模拟输出上。

一般而言，电源上的无用信号与转换器的输入范围相关。例如，如果电源上的噪声是 20mV 方均根而转换器输入范围是 0.7V 方均根，则输入上的噪声是-31dBFS。如果转换器的 PSRR 为 30dB，则相干噪声会在输出中显现为一条-61dBFS 谱线。在确定电源将需要多少滤波和去耦时，PSRR 指标尤其有用。

10. 时钟压摆率 SR

时钟压摆率(Slew Rate, SR)是实现额定性能所需的最小压摆率。多数转换器在时钟缓冲器上有足够的增益，以确保采样时刻界定明确。提高时钟压摆率可缩短转换器转换时间，从而缩短阈值期间存在噪声的时间，有效降低引入系统的方均根抖动。如果规定最小输入压摆率，用户应满足该要求，以确保额定噪声性能。

11. 串扰 Crosstalk

串扰表示每个模拟通路与其他模拟通路的隔离程度，通常以 dB 为单位表示。对于具有多个通道的 ADC，串扰指从一路模拟输入信号耦合到另一路模拟输入的信号总量；对于具有多路输出通道的 DAC，串扰是指一路 DAC 输出更新时在另一路 DAC 输出端产生的噪声总量。

12. 微分非线性 DNL

转换器微分非线性(Differential Nonlinearity, DNL)定义如图 2-56 所示。对于 ADC，触发任意两个连续输出编码的模拟输入电平之差应为 1 LSB(即 DNL=0)，实际电平差相对于 1 LSB 的偏差被定义为 DNL；对于 DAC，理想 DAC 响应的模拟输出值应严格相差一个编码(LSB)(即 DNL = 0)，DNL 误差为连续两个 DAC 编码实测输出响应与理想输出响应之差。

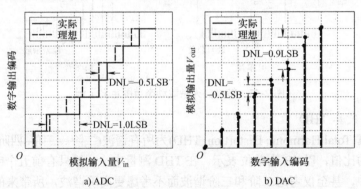

图 2-56 转换器微分非线性定义示例

13. 积分非线性 INL

对于数据转换器，积分非线性(Integral Nonlinearity, INL)是实际传递函数与传递函数直线的偏差，图 2-57 为图 2-56 积分非线性的对应结果。INL 也称为转换器的线性度，其可以规范告诉设计人员在校正系统增益误差和失调误差后转换器能够提供的最佳精度。

举个例子：12 位 ADC TLC2543，INL 值为±1LSB，基准电压设置为 4.096V，测试某电压得的转换结果是 1000，则真实电压值可能分布在 0.999～1.001V 之间。对于 DAC 也类似，12 位 DAC(DAC7512)，INL 值为±8LSB，基准电压值设置为 4.095V，给定数字量为 1000，则输出电压可能是 0.992～1.008V 之间。

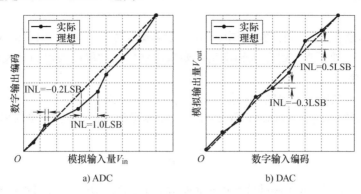

a) ADC　　　　　　　　　　　　　　b) DAC

图 2-57　转换器积分非线性定义示例

2.3　射频单元电路

一个射频通信系统是由若干个完成特定功能的单元电路组成，通过各单元电路之间的配合工作，一起完成整个信号处理过程。要想成功设计出一个合理射频通信链路，首先就需要理解各射频单元电路的工作原理、关键指标，掌握相关应用设计方法。

2.3.1　功率放大器

功率放大器(Power Amplifier, PA)简称功放，用于发射机末级，将已调制的频带信号放大到所需的功率值，送到天线中发射，保证在设定区域内的接收机能收到所需的信号电平，并不干扰其他信道通信。

下面在分析功率放大器关键性能指标的基础上，分析其工作类型，并对其典型应用进行设计，理清当前发展趋势。

2.3.1.1　关键指标

功率放大器的主要指标有：工作频段、输出功率、工作效率、功率增益、线性度、输出噪声和端口阻抗。下面分别对这些指标进行分析，由于电路结构和工艺制成的差异，这些指标之间也存在互相牵连，甚至矛盾的关系。在设计选型中需根据具体应用，兼顾各项指标，折中设计考虑。

1. 工作频段

功率放大器的功率频段通常使用中心频率 f_0 和工作带宽 BW 两个指标来表征，BW 是指以 f_0 为中心且满足功率放大器性能需求的频率范围。功率放大器的窄带和宽带主要以相对带宽 RBW 来区分，RBW 定义为 BW 与 f_0 的百分比。通常来说，RBW＜10%为窄带放大器，RBW＞30%为宽带放大器。

2. 输出功率

输出功率是功率放大器的核心指标，用于表示功率放大器负载上吸收到的功率。功率放大器的输出功率与其 1dB 压缩点 OP1dB 和饱和输出功率 P_{sat} 密切相关。如 2.2.3.2 节所述，OP1dB 为功率放大器实际增益比小信号条件下的线性增益小 1dB 下的输出功率值。而 P_{sat} 为功率放大器输出功率不再随输入功率增大而增大所对应的恒定输出功率。从定义上讲，$P_{sat} >$ OP1dB。

不同应用场景有着不同的功率需求，比如终端输出功率一般为 0.1～0.4W，室外基站一般为 1～100W，需要根据产品最大输出功率要求评估所需功率放大器的最大输出功率能力。

3. 工作效率

工作效率也是功率放大器的核心指标，一般有两种表征形式。

1) 集电极(漏极)效率(Collector Efficiency，η_C)是输出功率 P_O 与电源供给功率 P_{DC} 之比，即

$$\eta_C = \frac{P_O}{P_{DC}} \tag{2-129}$$

2) 功率附加效率(Power Added Efficiency，η_{PAE})是输出功率 P_O 与输入功率 P_I 之差与电源供给功率 P_{DC} 之比，即

$$\eta_{PAE} = \frac{P_O - P_I}{P_{DC}} \tag{2-130}$$

可以看出，η_C 没有考虑放大器的功率增益，而 η_{PAE} 包含了功率增益因素，当有比较大的功率增益时，当 P_O 与 P_I 差异较大时，有 $\eta_C \approx \eta_{PAE}$。如何保证高的效率和大的功率，是射频功率放大器的设计核心。

4. 功率增益

输出功率与输入功率的线性比值，表征功率放大器的放大特征，通常用对数 dB 表示。结合前端驱放输出能力和产品最大输出功率来评估功率放大器的增益，一般来讲，功率放大器的输出功率越高，其增益就相对越低。

此外，对于宽带功率放大器而言，将其工作带宽内的最大增益和最小增益之差用来评估增益平坦度性能。

5. 线性度

参考表 2-8，射频功率放大器按照工作状态可分为线性放大器和非线性放大器两种。非线性放大器具有较高效率，而线性放大器最高理论效率只有 50%。因此，从效率角度来看应尽可能采用非线性放大器，但非线性放大器在放大输入信号的同时也会产生一系列新的非线性频谱分量，影响信号质量。如 2.2.3 节对非线性的相关介绍，它会干扰有用信号，并使得频谱展宽。

表 2-8　功率放大器按导通角分类特点比较

类型	工作模式	导通角	输出功率	线性	增益	理论效率	典型效率
A 类	电流源	2π	中	线性	高	50%	30%
B 类	电流源	π	中	线性	中	78.5%	60%
AB 类	电流源	$\pi \sim 2\pi$	中	线性	中	50%～78.5%	30%～60%
C 类	电流源	$0 \sim \pi$	小	非线性	低	78.5%～100%	80%
D 类	开关	π	大	非线性	低	100%	80%
E 类	开关	π	大	非线性	低	100%	90%
F 类	开关	π	大	非线性	低	100%	80%

在设计选型中，应分析产品被放大信号的峰均比以及谐波、邻道功率比等需求，并结合 DPD 算法性能(2.4.4 节会介绍)，对功率放大器的 1dB 压缩点、三阶截点、邻道功率抑制比、误差矢量幅度等非线性指标进行评估。

6. 输出噪声

功率放大器在放大有用信号的同时，也伴随着底噪的抬升。在设计应用中，主要有两种场景对功率放大器输出噪声有着更为苛刻的需求。

(1) 发射功率大动态场景　对于像终端和接入回传一体化(Integration Access & Backhaul, IAB)等需要发射功率具备大动态特性的设备，在小功率场景下，要求功率放大器底噪足够低，来达到足够信噪比的需求。

(2) FDD 双工场景　FDD 双工模式下，发射通道和接收通道通过双工器共用一副天线。由于收发工作于不同频带，发射信号被抬高的带外噪声由于双工器有限的隔离度，以及天线接口有限的阻抗匹配度，导致发射带外噪声送入接收机前端的低噪声放大器，对接收通道产生干扰。

因此，必须尽可能抑制功率放大器的带外噪声，降低底噪的抬升。

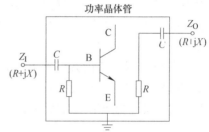

7. 端口阻抗

阻抗匹配可以使向下一级进行能量传输时的损耗尽可能小，使输出回波损耗、噪声系数、失真和稳定性达到最优化。如图 2-58 所示，功率放大器的输入/输出阻抗为复阻抗，且大功率晶体管的

图 2-58　功率放大器复数串联输入/输出阻抗

输出阻抗随输出功率的增大而降低。因此，必须根据功率放大器的输入/输出阻抗进行有效端口匹配。

2.3.1.2　工作类型

根据功率放大器功率管工作模式的差异，可分为电流源模式(即跨导模式)和开关模式两大类，分类树状图如图 2-59 所示。其中，工作于电流源模式下的放大器根据导通角的不同分为 A 类、B 类、AB 类和 C 类，导通角由放大器偏压决定。工作于开关模式下放大器作为开关，放大器导通和截止分别相当于开状态和关状态，根据输出端波形整形电路的不同具体可分为 D 类、E 类、F 类等。

图 2-59　功率放大器分类树状图

各类功率放大器特点见表 2-8。工作于电流源模式下的 A 类、AB 类和 B 类属于线性放大器，但效率不高。工作于开关模式下的 D 类、E 类和 F 类属于非线性放大器，线性差但拥有较高的效率。对于 B 类和 C 类放大器，通常在输出端增加能进行波形整形的谐波控制网络，使得漏极电压和电流不在一个周期内共存，降低功耗，提高效率。

下面分别对这几类放大器做简单介绍。

A 类放大器是一种线性放大器，是所有类别放大器中线性度最高的，其偏压点位于最大漏极电流一半的位置，常用于小信号放大，且可有效工作于较高频段。A 类放大器的功率管在输入信号的整个周期内都导通，其导通角为 2π，漏极电压和电流波形如图 2-60a 所示。由于其静态功耗大，漏极效率低，理论最大效率只有 50%，实际典型效率在 30%左右。因此，一般只有在无线收发机需要较好的线性放大效果或输出功率较低时，才会使用 A 类放大器进行功率放大。

B 类放大器栅极偏压选择在栅极阈值电压处，功率管只在输入信号的半个周期内导通，即导通角为 π，其漏极电压和电流波形如图 2-60b 所示。功率管在无信号输入时损耗很小，漏极效率大于 A 类，理论最大效率为 78.5%，实际典型效率在 60%以下，线性度比 A 类下降较多。B 类放大器适合双管组成推挽式工作，缺点是存在交越失真。

AB 类放大器的线性度和效率介于 A 类放大器和 B 类放大器之间。静态工作点位于 A 类和 B 类工作点之间的某个位置，其导通角在 π 到 2π 之间，漏极电压和电流波形如图 2-60c 所示。根据具体设计需要决定是靠近 A 类，还是靠近 B 类。AB 类放大器是广泛应用于通信系统的射频功率放大器。

C 类放大器的栅极偏压小于阈值开启电压，导通角小于 π，其漏极电压和电流波形如图 2-60d 所示。C 类放大器拥有比 A 类、B 类和 AB 类更高的效率，但线性度要差很多，信号失真大，仅适合应用于对线性度要求较低的场合。

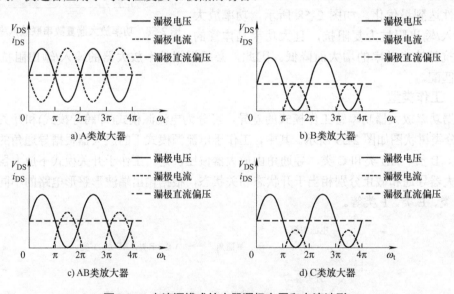

图 2-60 电流源模式放大器漏极电压和电流波形

D 类放大器属于非线性开关模式谐振放大器的一种，其典型电路结构如图 2-61a 所示。D 类放大器由输入脉冲变压器、两个 N 沟道 MOSFET 以及一个串联谐振电路组成。D 类放大器的理论效率为 100%，但由于功率管寄生电容和外部电感的存在，随着频率升高，电流和电压波形存在相对延迟，开关损耗变大导致功率损耗增大，严重限制其最高工作频率和带宽，造成实际典型效率只能到 80%左右。

E 类放大器与 D 类放大器类似，也是一种非线性开关模式放大器，结构上属于 D 类放大器的升级改进，只包含一个功率管，其典型电路结构如图 2-61b 所示。E 类放大器的理论效率为 100%，但为了在输出得到基频信号，同样需要在输出设置谐振选频网络，加上功率管的开关损耗，其实际典型效率只能到 90% 左右，且同样不适合高频应用场景。

F 类放大器典型电路结构如图 2-61c 所示，属于一种具有负载谐波控制的放大器，可在一定程度上改变漏极电压来减小导通角，从而提高效率。F 类放大器的漏极电压为方波，漏极电流为正弦波，其偏置结构与 B 类放大器类似，功率管在输入信号的半个周期内导通，另外半个周期截止，理论效率可达到 100%。为了使漏极电压为方波，需要加入谐波控制网络，使输出阻抗需要对偶次谐波短路，对奇次谐波开路，实现波形整形。为简化谐波处理电路复杂度和降低输出损耗，通常情况下只需要考虑二次和三次谐波即可。

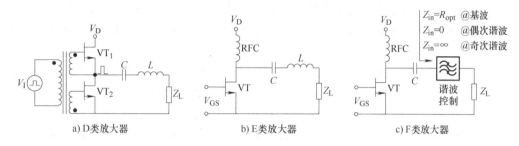

a) D类放大器　　　　　　　　b) E类放大器　　　　　　　　c) F类放大器

图 2-61　开关模式放大器基本电路原理

射频功率放大器的主要原材料为衬底，常见的衬底包括 Si、GaAs、GaN 以及 Ga_2O_3。按照衬底材料和工艺制成差异，随着射频半导体材料由第一代到第三代的发展，以及后面的下一代，功率放大器根据不同应用场景的需求有不同的分类，相关分析见表 2-9。

表 2-9　功率放大器按材料制成分类特点比较

阶段	半导体材料	特点	应用场景
第一代	Si、Ge	Si 材料存量丰富，且具有耐高温、稳定性高、成本低等优势，但 Si 材料电子迁移率低，导致 Si BJT 仅能在低频环境下工作，仅在不超过 3.5GHz 的频率范围内有效	典型应用 Si LDMOS，主要应用于 2G、3G 时代的低频领域
第二代	GaAs、InP 等化合物	具有高饱和电子速度和高电子迁移率特性，可工作在高频段，具有抗辐射性、低噪声、高线性度特性。但由于输出功率能力的限制导致其很难满足宏基站的功率需求	典型应用 GaAs MOSFET，主要应用于小基站及移动终端领域，GaAs 满足 5G 通信高频率需求且具备高性价比的优势
第三代	SiC、GaN 等化合物	具有更高的电子迁移率，GaN 制成的射频功率放大器具有高功率、高增益、高效率、高工作频率等优势，且拥有较好的散热性、耐高温、抗辐射	典型应用 GaN HEMT，主要应用于功率等级更高的宏基站和军事领域，是当前 5G 基站功率放大器的主流材料
下一代	金刚石、Ga_2O_3 等	超宽禁带半导体材料，禁带宽度超过 4eV，Ga_2O_3 接近 5eV，且生产成本低	小尺寸、高功率、高频率、超宽带应用

硅片电子迁移率较低，导致硅片生产的功率放大器仅能在低频环境下工作。硅片在射频功率放大器领域的市场逐渐被 GaAs 及 GaN 取代。GaAs 是当前主流射频功率放大器的衬底，性能明显高于硅基，在移动终端及小基站领域应用广泛。但在功率要求更高的宏基站及军事领域，则需用到 GaN。GaN 是一种具有宽带隙及高电子迁移率的半导体，基于 GaN 的高电子迁移率晶体管(High Electron Mobility Transistor, HEMT)器件具有出色的电气特性，是替代

高压和高开关频率电机控制应用中 MOSFET 和 IGBT 的理想器件。

GaN 是一种宽禁带材料，其禁带(电子从价带跃迁到导带所需的能量)比 Si 的禁带要宽得多，具体地说，GaN 的禁带大约为 3.4eV，而 Si 的禁带为 1.12eV。由于所需的能量较高，GaN 阻挡特定电压所需的材料比 Si 薄 10 倍，从而减小器件尺寸。另外，GaN 具有更快的上升时间、更低的漏源导通电阻以及更小的栅极和输出电容，有助于降低开关损耗，并能在比 Si 高 10 倍的开关频率下工作。

GaN 虽然性能优于 GaAs，但成本昂贵，短期内无法替代 GaAs 在移动终端及微基站领域的地位。另外，当 GaN 基 HEMT 的沟道衬底温度较高时，其最大输出功率会受到影响，从而降低系统性能和可靠性。而金刚石(C)具有载流子迁移率高、载流子饱和漂移速率大、击穿场强大等性能，是目前导热率最高的材料，通过与 GaN 集成，可以帮助散去沟道附近产生的热。金刚石是研制大功率、高温、高频等高性能半导体器件的理想材料，被行业誉为"终极半导体材料"。

下一代半导体材料主要是以金刚石、Ga_2O_3 等为代表的超宽禁带(Ultra Wide-Band Gap, UWBG)半导体材料，禁带宽度超过 4eV，Ga_2O_3 的带隙接近 5eV，进一步减小器件尺寸。预计 Ga_2O_3 在高功率、高频率、超宽带场景中特别有用。与其他半导体不同，Ga_2O_3 可以直接从熔融状态生产，从而能够大规模生产高质量的晶体，降低生产成本。另外，Ga_2O_3 也存在导热性差的局限性，其导热性只有 SiC 的 1/10。因此，预计 Ga_2O_3 会和金刚石结合，并作为 GaN 和 GaAs 的补充，推进功率放大器行业向前发展。

2.3.1.3 应用设计

如 2.3.1.1 节所述，功率放大器的输出功率和工作效率是其最重要的两项指标。下面将分别对用于功率增强的平衡放大器和用于效率增强的 Doherty 功率放大器进行简单应用设计。

1. 平衡放大器

在一些中小功率场景下，由于单个功率放大器输出能力和器件选型的限制，通常考虑使用平衡式放大结构来增强输出能力并改善端口回损，具有高稳定性和高可靠性、容易实现级联工作和双倍于单路功率等优点。常见的双管功率合成平衡放大器基本结构如图 2-62 所示，主要由两个 3dB 电桥、两个功率放大器和匹配负载构成。

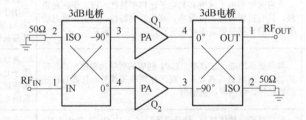

图 2-62 双管功率合成平衡放大器基本结构

平衡放大器输入信号经过 3dB 电桥 1 端口后，被平均分配到两个放大器的输入端口，其中 3dB 电桥 4 端口的射频信号超前 3 端口 90°。假设两个放大器的特性完全一致，则两个放大器输入端口反射的射频信号幅度相同，反射信号将进入前级的 3dB 电桥。由于反射信号在 4 端口的相位超前 3 端口 90°，按照 3dB 电桥特性，发射的合成功率在 2 端口输出被 50Ω 匹配电阻吸收，而在 1 端口则没有输出。因此，即使两个放大器的输入端产生较大反射，在平衡放大电路的射频输入端也没有射频信号的反射，大幅度改善输入端口回损。同理，经过两个放大器后的输出信号在 3dB 电桥输出端合成，反射信号被 50Ω 匹配电阻吸收，大幅度改善输出端口回损。

因此，平衡式放大器输入和输出端口的驻波系数主要取决于 3dB 电桥的性能和两路放大电路的一致性，也就是说即使两个放大电路的输入和输出端口的驻波很差，平衡放大器的整体驻波也会较好，所以设计时不用过多考虑输入和输出端口的阻抗失配问题，更多关注放大器的功率增益和输出功率指标，以及 3dB 电桥的幅相一致性和两路功率放大器的幅相一致性即可。对于相同输出功率的设计需求，相比单功放放大，平衡放大器中的每个功放输出功率可降低 3dB，从而提高了平衡放大器的整体输出能力。

2. Doherty 功率放大器

Doherty 功率放大器的输出功率越大，其效率指标的优势越显著。针对高峰均比的高效率放大，Doherty 功率放大器架构由于其结构简单、效率高、易实现等优点，得到广泛的研究与应用。

经典双管 Doherty 功率放大器基本架构如图 2-63 所示。它由两个功率放大器组成：一个主功放(Main 管)和一个辅助功放(Peak 管)。主功放工作在 B 类或者 AB 类，辅助功放通常工作在 C 类。主功放一直工作，当信号包络峰值达到一定门限后，辅助功放才工作。主功放后面的 1/4 波长线起阻抗变换作用。

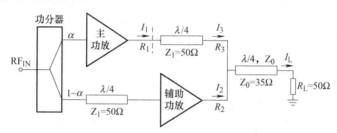

图 2-63　经典双管 Doherty 功率放大器基本架构

对无耗输出传输线，利用功率守恒条件可得

$$I_3 = I_1 \sqrt{\frac{R_1}{R_3}} \tag{2-131}$$

在主功放 50Ω 传输线输出口的视在阻抗为

$$R_3 = \frac{I_2 + I_3}{I_3} \frac{Z_0^2}{R_L} = \frac{Z_0^2}{S R_L} \tag{2-132}$$

式中，$S = I_3 / (I_2 + I_3)$ 定义为电流分流比。

同理，得到辅助功放 50Ω 传输线输出口的视在阻抗为

$$R_2 = \frac{I_2 + I_3}{I_2} \frac{Z_0^2}{R_L} = \frac{Z_0^2}{(1-S) R_L} \tag{2-133}$$

假设此 Doherty 功率放大器总的输出功率为 P_{OUT}，则主功放的输出功率 $P_1 = S \times P_{OUT}$，辅助功放的输出功率 $P_1 = (1-S) \times P_{OUT}$。对于等分输入 Doherty 功率放大器，电流分流比

$S=\alpha=0.5$。

当 Doherty 功率放大器输出达到峰值功率时，主功放和辅助功放都达到饱和，且输出功率相等，此时它们的负载阻抗相等，即 $R_3 = R_2 = R_1 = Z_1 = 2Z_0^2/R_L$。如果输出合路的 $\lambda/4$ 传输线特性阻抗 $Z_0 = 35.36\Omega$，则 $R_3 = R_2 = R_1 = Z_1 = 50\Omega$。

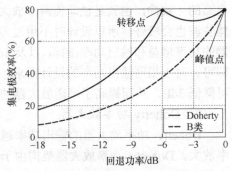

当 Doherty 功率放大器工作在小功率输入电平时，辅助功放截止不工作，主功放工作于有源区。由于阻抗变换线的影响，此时主功放的负载阻抗为 $R_1 = (Z_1/Z_0)^2 R_L$。由于 $Z_0 = 35.36\Omega$，$Z_1 = R_L = 50\Omega$，则 $R_1 = 2R_L = 100\Omega$，相对于饱和输出时的视在阻抗变大，主功放提前电压饱和，此时主功放的输出功率是 Doherty 功率放大器峰值功率的 1/4 倍，即理想 B 类工作的主功放集电极效率是传统 B 类功放的 2 倍，在功率回退 6dB 转移点处达到最大效率 78.5%，如图 2-64 所示。

图 2-64　理想双管 Doherty 和 B 类功率放大器集电极效率对比

当 Doherty 功率放大器工作在中功率输入电平时，主功放饱和，辅助功放导通，且工作在有源区。由于主功放在饱和条件下的输出电压 $V_1 = I_1 R_1$ 为常数，结合式(2-131)得到电流 I_3 也是常数，主功放集电极效率保持在最大值。辅助功放集电极效率在峰值输出功率时达到 B 类工作的最大值，从而使 Doherty 功率放大器在转移点和峰值点达到最大效率，且在二者之间的功率回退区仍保持较高效率。

上述等分输入 Doherty 功率放大器的 6dB 回退量难以满足 5G NR 信号高峰均比(8dB 左右)的应用需求，一般通过采用不等分输入 Doherty 功率放大器来达到扩展回退区间的目的。比如，主功放和辅助功放的输入功率比 $\alpha = 1/3$，输出合路的 $\lambda/4$ 传输线特性阻抗将由经典等分输入 Doherty 电路的 35.36Ω 变为 28.9Ω，回退区间扩展至 8.5dB。

3. 功放保护

功率放大器属于大功率器件，在实际应用过程中，需要设计相关保护电路，保证发射系统正常工作。

(1) 上下电时序保护　GaN 功放属于电压控制电流型场效应晶体管，漏极电流的大小取决于栅极电压的大小。如果漏极先于栅极上电，则会出现栅极电压未调整到合适的静态工作点，导致漏极电流过大烧毁功放管的情况。因此，上电时，栅极先于漏极上电；下电时，栅极晚于漏极下电，通过设计相关时序电路进行保护。

(2) 过温告警和过温保护　模块温度过高会导致部分芯片损坏失效，特别是产生较大热量的功率放大器。基于此，需要使用温度传感器实时监测管芯旁边的温度，当超过温度上限时，产生温度告警指示信号，并降低输出功率或直接关闭功率放大器。

(3) 过电流告警和过电流保护　当由于功率放大器栅电压异常等原因导致功率放大器出现过电流时，应及时发出过电流告警信号，并关闭功率放大器，保护功率放大器不被损坏。

(4) 过功率告警和过功率保护　当发射通道输出负载或功率放大器前级输入功率过大时，会导致功率放大器输出功率过高，应及时发出过功率告警信号，并降低前级输入功率或关闭功率放大器，保护功率放大器不被损坏。

对于功率放大器的异常检测保护电路，建议使用纯硬件实现，保证响应的实时性。

2.3.1.4　发展趋势

结合 1.2 节射频通信系统发展趋势，功率放大器需要朝着高效率、大带宽和小尺寸的总体方向发展。

(1) 高效率　当前第三代半导体 GaN 功放在 5G NR Sub 6G 的主流 3.5GHz 频段基本可实现 75%的峰值效率和 20dB 增益，下一步需要以金刚石和 Ga_2O_3 等为代表的下一代超宽禁带半导体材料进行物理建模，并结合数字算法，规划实现 3.5GHz 频段 85%的峰值效率和 25dB 增益。

(2) 大带宽　突破 Bode-Fano 准则，在 700MHz～40GHz 中的任意子频段，功放瞬时工作带宽提升 5 倍，将 5%相对带宽推进到 25%相对带宽，且性能不下降。

(3) 小尺寸　下一代超宽禁带半导体材料具有更高的电子迁移率使得器件在给定的导通电阻和击穿电压下具有更小的尺寸，但小尺寸需要更高的热导率和效率。另外，从应用上来说，SIP(System in a Package)和 AOP(Antenna on Package)等封装技术也进一步推进着功率放大器的小尺寸进程。

2.3.2　低噪声放大器

低噪声放大器(Low Noise Amplifier, LNA)属于射频信号放大器，实现对射频微弱信号的线性放大。基于其应用的特殊性，一般要求具有以下 3 大特点。

1) 由于 LNA 是位于接收机最前端的有源器件，结合式(2-29)级联噪声系数计算方法，这就要求其具有足够低的噪声系数和适当高的增益，以降低接收链路级联噪声系数，抑制后级器件对级联噪声系数的影响，但为了避免后级链路产生不必要的非线性失真，LNA 的增益不宜过大。

2) 由于接收天线可能会收到功率较强的干扰信号，因此要求 LNA 具有足够好的线性度。

3) 由于位于接收机前端的 LNA 一般直接和天线或滤波器相连，因此要求其输入端有良好的阻抗匹配，以最小化噪声系数，并保证滤波器性能。

下面在分析低噪声放大器关键性能指标的基础上，对其典型应用进行设计。

2.3.2.1　关键指标

低噪声放大器的关键指标有：低的噪声系数(NF)、合适的增益(Gain)、足够的线性度(IIP3)、输入/输出端口阻抗匹配(VSWR)、输入/输出端口反向隔离度(ISO)，另外对于消费类移动通信，低功耗也是一项重要指标。下面分别对这些指标进行分析，由于电路结构和工艺制成的差异，这些指标之间也存在互相牵连，甚至矛盾的关系。在设计选型中需根据具体应用，兼顾各项指标，折中设计考虑。

1. 工作频段

在 LNA 所允许的工作频段内，其具有较好且稳定的性能指标，比如：增益平坦度、端口回损、稳定性等。对于类似支持移动通信 2G/3G/4G/5G 多模的通用 LNA，为了增大其应用范围，适配单板器件归一化准则，一般都有宽带和通用化的特点；而对于类似仅支持北斗/GPS 等 GNSS 接收机的专用 LNA，为了提高其工作性能，一般具有窄带和高性能的特点。

2. 噪声系数

结合 2.2.1.2 节对噪声系数的介绍，其定义为放大器输入信噪比与输出信噪比的比值。对

于单级放大器而言，其噪声系数可表示为

$$F = F_{\min} + \frac{4r_n |\Gamma_s - \Gamma_{opt}|}{(1 - |\Gamma_s|^2) \times (1 + \Gamma_{opt})^2} \tag{2-134}$$

式中，$F_{\min}$ 为晶体管最小噪声系数，由晶体管自身决定；r_n、Γ_s 和 Γ_{opt} 分别为获取 $F_{\min}$ 下的晶体管等效噪声电阻、晶体管输入端源反射系数和输出最佳源反射系数。

根据接收机本底噪声计算公式(2-30)可知，噪声系数越低，本底噪声就越低，则灵敏度越高。因此，从性能角度考虑，应在满足其他需求的前提下，选择噪声系数尽可能低的 LNA。

3. 增益

根据设计需求选择合适的增益，过大的增益会使后级放大器或混频器等器件输入功率太大，产生较大失真，甚至饱和；过小的增益无法尽可能地抑制后级噪声对系统噪声的影响。因此，LNA 的增益选择结合系统噪声系数、接收机动态范围等综合考虑。

4. 线性度

为满足最大输入电平的场景需求，避免 LNA 产生较大的非线性失真，应选择合适线性度，通常使用 IIP3 来表征。在应用设计中，一般将 IIP3 比最大输入信号功率至少高 30dB 作为设计基线。但放大器线性度越高，其噪声系数和功耗也越大，因此需要综合考虑。

5. 端口阻抗匹配

放大器匹配设计有两个方向：一种是以获取最小噪声系数为目的的噪声匹配；另一种是以获取最大功率传输和最小反射损耗为目的的共轭匹配。一般来说，输入匹配采用前一种方法，获得最佳噪声；输出匹配采用后一种方法，获得最大输出，因此输入和输出匹配总是存在某种程度上的失配，需要将此失配尽可能降至最低。

当前大多数宽带 LNA 芯片内部已进行了匹配设计，但对于特定频段的应用，为了获取最优匹配性能，一般也需要外接匹配网络。

6. 反向隔离度

反向隔离度对应 S 参数中的 S_{12}，增加 LNA 反向隔离度可以减少本振信号从混频器向天线的泄露，尤其对于零中频接收机，本振信号频率与射频收发频率相同，本振泄露的多少完全取决于 LNA 的反向隔离性能。另外，增加 LNA 的反向隔离度，还能减小输出负载变化对输入阻抗的影响，简化端口阻抗匹配调试优化难度。

7. 稳定性

放大器的稳定性可以通过 Rollet 稳定系数(Rollet Stability Factor) K 进行表征，其计算公式为

$$K = \frac{1 + (|D_s|^2 - |S_{11}|^2 - |S_{22}|^2)}{2 \times |S_{11}| \times |S_{22}|}, \quad D_s = S_{11}S_{22} - S_{12}S_{21} \tag{2-135}$$

当 $K > 1$ 时，放大器对应指定的频率和所选择的 DC 静态工作点，对任何输入/输出阻抗都将无条件稳定，不会发生振动。当 $K < 1$ 时，则可能存在一些输入/输出阻抗会导致放大器不稳定，即发生振动。在放大器应用设计过程中，除了保证端口阻抗匹配外，还需控制增益大小，提高反向隔离度，从而避免输出对输入的正反馈，防止振荡造成不稳定。

8. 功耗

LNA 属于小信号放大，需要一个静态偏置。低功耗是手持终端和穿戴设备的重要指标，该类设备通过采用低电源电压、低偏置电流的方式，从根本上降低 LNA 的功耗，但线性度和增益也会随之降低。

2.3.2.2　应用设计

在进行 LNA 设计时，需要重点关注放大器选型、输入/输出阻抗匹配、偏置电路以及物理布局。下面将从稳定性、匹配网络和综合设计三个方面分别进行讨论。

1. 稳定性设计

放大器必须在所有工作频段和输入/输出阻抗条件下无条件保持稳定。当放大器不稳定并开始振荡时，会造成晶体管静态工作点偏移，电流增大，功耗增加，并可能导致器件的损坏。

当一个放大器发生振荡时，其输出频谱除了主信号外，还会在其他频率点上额外产生一些振荡飞边尖峰。在实际调试过程中，可将手指放置在电路的低电压和低电流区域，通过观察这些振荡飞边尖峰是否发生频率偏移，将振荡飞边尖峰从其他尖峰中辨别出来。如果发生了频率偏移，则可判定此放大器不稳定，需要优化设计将这种不稳定性消除。

放大器的稳定性和很多因素有关，比如：晶体管的温度、偏置电路、信号强度、H_{FE} 的范围、有源器件内部正反馈机制、外围器件造成的外部正反馈机制、所需带宽外的高增益(通常在低频段)、PCB 电路布局、RF 屏蔽罩等。

一般情况下，晶体管放大器在低频段的增益会明显高于高频段，如图 2-65a 所示。用于对放大器低阻抗电源进行去耦合的 RF 扼流圈在频率降低时将不再呈现"开路"状态，而是逐渐趋于"短路"，导致放大器的负载严重偏离 50Ω，从而在一个条件稳定的放大器上造成振荡。降低这种影响的一个方法是在偏置电路的 DC 端放置一个低频扼流圈，如图 2-65b 所示，通过低频和高频扼流圈维持电源的宽带高阻抗，扩宽放大器 50Ω 终端阻抗工作频率的低频范围，低频电容 C_B 有助于将低频 RF 信号并联接地，降低低频 RF 信号对电源的影响。在某些情况下，也会在放大器的基极或集电极放置一个低阻值的电阻来充当偏置扼流圈，从而降低放大器的增益，提高放大器的稳定性。

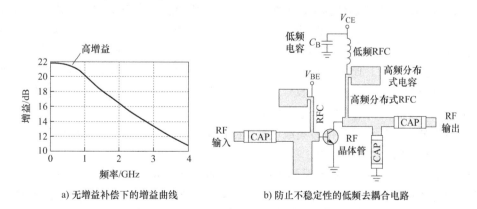

a) 无增益补偿下的增益曲线　　　　b) 防止不稳定性的低频去耦合电路

图 2-65　放大器低频振荡电路分析

在放大器稳定性设计时，还有如下设计点需要考虑：

1) 放大器的增益越高，就越容易产生振荡，通常情况下，单级放大器的增益应不超过 25dB。

2) 避免由于反馈引起的放大器振动，比如：通过对电源电路进行适当的 RF 去耦合，以及避免放大器输出端口走线靠近或耦合进放大器的输出端口。

3) 保证电路接地良好，即具有尽可能低的接地阻抗，如果地电位过于分散，放大器的工作状态将会不可预测，也就是说放大器工作温度、频率、功率、阻抗、供电等变化都可能导致间歇性振荡。

4) 对于串联多级放大电路的场景，应注意电路布局，合理分腔，单个腔内的增益控制在 50dB 以内，并保证放大器的电源线上进行了合理的 RF 去耦合，避免从电源上形成高反馈，产生振荡。

2. 匹配网络设计

参考 2.2.4 节阻抗匹配进行 LNA 的匹配网络设计，在设计过程中，需注意以下几点。

1) 从结构上讲，匹配网络包括 L 型、π 型和 T 型，结合 LNA 输入/输出端口实际 Smith 圆图进行匹配网络的选择。

2) 从频带上讲，匹配网络包括宽带通用型匹配和窄带高性能匹配。对于 5G NR 等宽带，以及多频多模这类应用，一般选用宽带匹配；对于 4G LTE 之前的这类窄带场景，一般选用窄带匹配，可以获得更优端口匹配性能。匹配网络的带宽主要由网络结构和匹配电容/电感的 Q 值决定，低 Q 值对应宽带匹配，高 Q 值对应窄带匹配。

3) 从实现上讲，匹配网络包括集总式参数匹配和分布式参数匹配。一般情况下，Sub 6G 可优先选择集总参数匹配，超过 6GHz 的电路优先选择分布式参数匹配。

4) 在进行输入/输出端口阻抗匹配时，需要考虑放大器反向隔离度 S_{12} 带来的影响，即输入阻抗匹配和输出阻抗匹配相互影响。在实际设计中，需要先对其中一个端口(以输入端为例)进行匹配设计，然后再对另外一个端口(即输出端)进行匹配设计，输出端的匹配会影响输入端，因此，在输出端匹配设计完成后，需要再对输入端口的匹配情况进行校验并微调优化。

3. 综合设计

针对所需频段、增益、NF、价格、封装以及在不同偏置条件下得到的 S 参数文件选择合适的 LNA。S 参数用于描述任何 RF 元件在不同频率和静态工作点下的工作特性，将 S 参数代入 ADS 软件，可以计算出元件的增益、回波损耗、反向隔离度、输入/输出阻抗和稳定性。

在进行 LNA 设计时，往往需要根据具体应用场景在稳定性、NF、S_{11}、线性度和增益等参数之间进行折中考虑。比如：在工程调试过程中，经常会通过适当增加 LNA 的电源电压来提高增益和线性度，但有些 LNA 内部晶体管集电极和发射极之间的最大极限电压 $(BV_{(BR)CRO})$ 可能较低，供电电压接近此最大极限电压会导致 NF 恶化，甚至损坏内部晶体管。下面就晶体管分立元件和单片微波集成电路(Monolithic Microwave Integrated Circuit, MMIC) 两种方式，进行 LNA 的设计讨论。

(1) **晶体管分立元件**　无论是采用 SiGe、RF CMOS、RF SOI 或 GaAs 工艺技术设计 LNA，其电路结构基本都是由晶体管、偏置、匹配和负载四大部分组成。图 2-66 为单管小信号 LNA 典型放大电路，其中，C_1 和 C_2 为隔直、匹配、低频增益滚降电容；L_B 为输入匹配/隔离电感，用于实现输入匹配，阻止 RF 信号通过 C_3 和 C_4 进入接地点；L_C 为输出匹配/隔离电感，用于实现输出匹配，阻止 RF 信号通过 C_5 和 C_6 进入接地点；L_E 为微带线电感，用于实现 S_{11} 和 Γ_{opt}

的最优化，同时以牺牲增益为代价提高 IIP3 值；R_S 一般为小于 15Ω 的小值电阻，用于宽带范围内提高电路稳定性，同时还提高 S_{22}，但一定程度上会降低 P1dB 和 IP3，当电路中采用 R_C 后，R_S 对低频稳定性的贡献将显著降低；C_3 和 C_5 为射频去耦合电容，$X_C < 5Ω$；C_4 和 C_6 为高值旁路电容，用于低频段的去耦合，可降低 LNA 基极和集电极电压的敏感变化，提高 IP3；R_B 和 R_C 为直流偏置和 RF 隔离电阻，当计算出的偏置电阻 R_B 过小时，应当在这个电阻上串联一个 RFC，避免该电路引入的负反馈导致 NF 和稳定性恶化；R_{B1} 和 R_{C1} 为 50Ω 电阻，用于提供适当的低频终止点，提高电路稳定性；C_S 为一低值电容，在某些不需要的高频点或高增益点引起谐振，提高在特定频率处的稳定性，同时也可作为输出匹配网络的一部分。

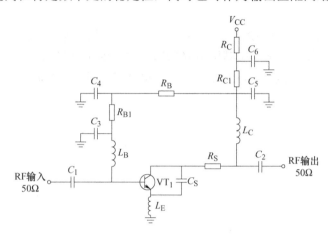

图 2-66　晶体管分立元件 LNA 典型应用电路

(2) MMIC　MMIC 是将晶体管放大电路封装在一个芯片内，应用设计相对比较简单，一般只需要为芯片提供合适的偏置即可。但对于一些宽带 LNA，为了提高其在某个子频段的性能(包括回波损耗和稳定性等)，一般还需要加入输入/输出匹配网络(参考 2.2.4.4 节 Qorvo 公司 0.6~6GHz 宽带 LNA QPL9503 在 3.3~4.2GHz n77 频段的匹配应用)，甚至设计一些专用稳定电路，MMIC LNA 典型应用电路如图 2-67 所示。相关说明如下：

1) 在 LNA 的输入和输出端分别使用一个电容 C_C，此电容用于耦合射频信号，并抑制直流灌入其他器件。电容 C_C 的取值主要考虑具体应用频段，使其在工作频率的阻抗尽可能小，减少由于电容耦合导致的射频损耗。

2) RFC 为扼流圈，作为 LNA 的馈电电感，为 LNA 电源引脚提供直流电压，并与去耦合电容 C_B (见图 2-67 中 C_{B1}、C_{B2})一起抑制射频信号进入到直流电源。电感 RFC 的取值同样主要考虑具体应用频段，使其在工作频率的阻抗尽可能大，减少由于电源馈电导致的射频损耗。电容 C_{B1} 和 C_{B2} 的取值一般是"一大一小"，小电容的取值与耦合电容 C_C 的取值基本保持一致，用于抑制射频信号进入直流电源；大电容取值为 nF 级以及 μF 级，主要用于滤除电源纹波。对于一些宽带应用，电感 RFC 可由两级串联组成，一个适用于工作在高频段且不会形成串联谐振的低阻抗线圈，另一个用来阻止较低频段的高阻抗线圈。在高频段，高阻抗线圈会由于较大的分布电容产生短路效应，频率越高，该效应越明显。为了进一步从电源中滤除射频信号，去耦合电容 C_B 将考虑由"大中小"3 个组成，大电容用于滤除电源纹波，中电容用于抑制低频段射频信号，小电容用于抑制高频段射频信号。这一系列的措施使得 LNA 在一个很宽的射频通带内获得相对平坦的增益。

3) 偏置电阻 R_{BIAS} 主要为了使 LNA 的漏极电流 (I_d) 保持稳定，使其静态工作点 Q 偏置不会随温度变化，保证 LNA 在温度变化下的稳定性。电流偏置的 LNA 一般会随温度升高而提供更大电流，通过偏置电阻 R_{BIAS} 使其在较高温度下降低 LNA 直流电压，在较低温度下升高直流电压，从而保证 I_d 的稳定，避免偏置电流降低或升高导致 LNA 增益和线性的较大变化。R_{BIAS} 一般是一个很低的阻值(2Ω 以内)，选型时注意检查 R_{BIAS} 上的功率损耗，保证至少有 60% 的功率降额。

4) 输入/输出匹配网络的结构、带宽和参数类型根据 LNA 实际 Smith 圆图和工作频段来确定。

5) 在个别极端场景，会在 LNA 输出端设计一个 RCL 稳定电路，用于提供一个直流路径，进一步稳定放大器。稳定网络的串联电阻 R 的阻值一般选在 60Ω 左右，保证较优的 K/S_{21} 性能。LC 振荡回路的并联谐振点与 LNA 工作频率相对应，同时尽量提高 L/C 比值，保证稳定电路的工作带宽。

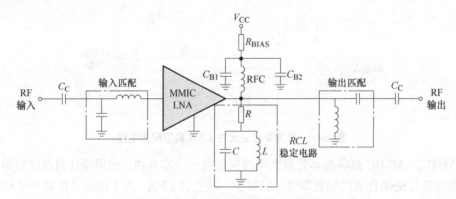

图 2-67　MMIC LNA 典型应用电路

2.3.3　混频器

线性时不变系统只能输出已有的频率成分，为了实现输入信号到输出信号的频率变换，就必须使用非线性或时变系统电路。虽然不同类型混频器实现混频功能的方式各不相同，但其本质上都是两个信号在时域上相乘，频域上相加减，达到频率转换的目的。

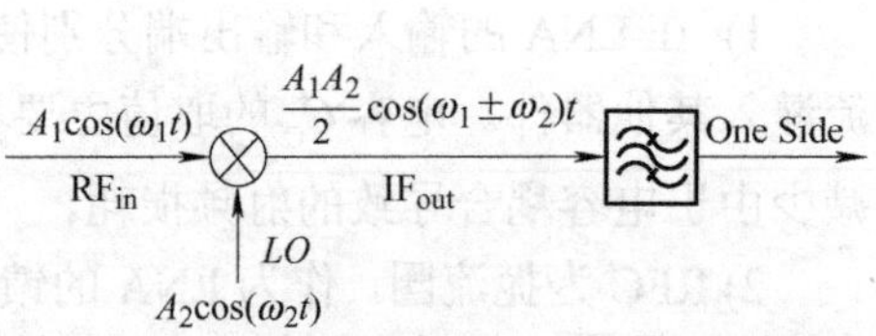

图 2-68　混频器变频基本工作方式示意图

混频器变频基本工作方式如图 2-68 所示，射频输入信号为 $A_1 \cos(\omega_1 t)$，本振输入信号为 $A_2 \cos(\omega_2 t)$，两个信号送入混频器，经过混频器的非线性运算后产生的二阶交调项为

$$A_1 \cos(\omega_1 t) \times A_2 \cos(\omega_2 t) = \frac{A_1 A_2}{2} \cos\left[(\omega_1 + \omega_2)t + (\omega_1 - \omega_2)t\right] \tag{2-136}$$

上述信号包含和频、差频两种频率成分，经过滤波器，即可得到所需要单边信号。

上述推导只包含了二阶交调项，但实际混频器的输出端口还会产生很多其他频率成分，其输入输出关系可表示为

$$v_{\text{out}} = \sum_{k=0}^{N} c_k(v_{\text{in}})^k \tag{2-137}$$

输出信号包含直流项、输入信号谐波项和输入信号交调项共 3 个部分。假设两输入信号频率分别为 ω_1 和 ω_2，m 和 n 分别为第 m 次和第 n 次谐波，则其谐波项为 $m\omega_1$、$n\omega_2$，交调项为 $m\omega_1 \pm n\omega_2$。在实际应用设计中，需要重点分析混频器的交调项失真。

2.3.3.1　关键指标

在设计射频收发机前端电路的混频器电路时，应对混频器的变频增益、噪声系数、干扰与失真、线性度、端口隔离度、端口阻抗匹配和功耗等多方面进行详细分析。

1. 变频增益

变频增益是输出信号功率与输入信号功率之比，通常以 dB 表示。混频器可以分为有源混频器和无源混频器两种，它们的区别在于是否有功率增益，有源混频器会带有一定的变频增益；无源混频器插入损耗即为其变频损耗，其主要由混频二极管的内阻、端口阻抗不匹配、混频器产生频率以及在无用和频或差频上产生的 3dB 损耗构成，一般在 4.5～9dB 之间。

对于射频接收机，一般希望下混频器具有一定的变频增益，用于降低下混频器后级电路对整个接收机系统噪声性能的影响。对于射频发射机，上混频器具有一定的变频增益可以有效降低对后级功率放大器增益的要求。但过大的混频器变频增益将使得混频器后级电路出现饱和，导致整个电路无法正常工作。因此需要根据实际应用场景，对变频增益和线性度进行折中选择。

2. 噪声系数

混频器噪声系数指标和其他射频电路有所差异，根据输入信号的不同，其一般有单边带(Single Side Band, SSB)噪声系数和双边带(Double Sile Band, DSB)噪声系数两种定义，它们分别对应单边带混频器和双边带混频器，并分别适用于超外差架构(3.1 节)和零中频架构(3.2 节)。图 2-69 为两种架构的下变频混频器的噪声来源。超外差式架构的单边带噪声实际上只占了本振信号的一个边带，另一个镜像边带被滤波器抑制了，而零中频架构的双边带噪声完整来自于本振信号的上下两个边带。

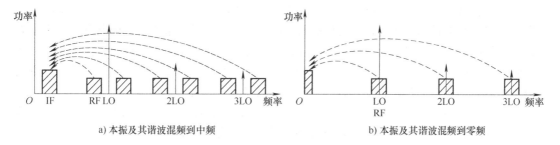

a) 本振及其谐波混频到中频　　　　　　　b) 本振及其谐波混频到零频

图 2-69　下变频混频器噪声来源

对比图 2-69 中的两种噪声，显然超外差式架构的混频器噪声是零中频架构的 2 倍，因此，单边带噪声功率是双边带噪声功率的 2 倍。结合式(2-18)噪声因子的定义，可以得出

$$F_{\text{SSB}} = \left(1 + \frac{N_{\text{SSB}}}{N_{\text{s}}}\right) = \left(1 + \frac{2N_{\text{DSB}}}{N_{\text{s}}}\right) < 2\left(1 + \frac{N_{\text{DSB}}}{N_{\text{s}}}\right) = 2F_{\text{DSB}} \Rightarrow F_{\text{SSB}} < 2F_{\text{DSB}} \tag{2-138}$$

式中，N_{DSB} 为双边带混频器引入的噪声功率；N_{s} 为源阻抗噪声功率；F_{SSB} 和 F_{DSB} 分别为单

边带混频器和双边带混频器的噪声因子，对应的噪声系数分别为 $\mathrm{NF_{SSB}}$ 和 $\mathrm{NF_{DSB}}$。可以看出，两种混频器噪声功率的 2 倍差异并不会转化为噪声系数的 3dB 差异。如果 N_{DSB} 远大于 N_{s}，则有 $\mathrm{NF_{SSB}} \approx \mathrm{NF_{DSB}} + 3\mathrm{dB}$。

3. 干扰与失真

混频功能是靠器件的非线性特征中的二次方项完成两信号的相乘来实现的。由于器件非线性特征高次项使本振与输入信号除了产生有用分量外，还会产生很多组合频率，当某些组合频率落入有用信号带内或 ADC 低阶混叠区时，就会形成对有用信号的干扰。以下混频器 $f_{\mathrm{IF}} = f_{\mathrm{RF}} - f_{\mathrm{LO}}$ 为例，主要表现形式如下：

(1) 组合干扰　若本振和有用射频信号谐波引起的组合频率满足 $\pm(mf_{\mathrm{RF}} - nf_{\mathrm{LO}}) = f_{\mathrm{IF}}$，其中，$m$、$n$ 为整数，由非线性器件的 $(m+n)$ 方项产生。由于此组合干扰是在没有任何外界干扰下产生的，因此需要依靠混频器自身抑制来满足设计需求。

(2) 寄生通道干扰　混频器输入端的干扰信号 f_{Int} 可能与本振信号相互作用落入接收带内，即 $\pm(mf_{\mathrm{Int}} - nf_{\mathrm{LO}}) = f_{\mathrm{IF}}$，由非线性器件的 $(m+n)$ 方项产生。在寄生通道干扰中，干扰能力最强的要属镜像干扰 $f_{\mathrm{IMG}} = f_{\mathrm{LO}} - f_{\mathrm{IF}}$（$m=1$, $n=1$）和半中频杂散 $f_{\mathrm{HIF}} = f_{\mathrm{RF}} - f_{\mathrm{IF}}/2$（$m=2$, $n=2$）。在实际应用中，主要依靠中频选择和混频器输入端滤波器抑制来满足设计需求。

(3) 互调失真　当混频器射频输入口有多个干扰信号 f_{Int1}、f_{Int2} 同时进入时，每个干扰信号单独与本振作用的组合频率不落入接收带内，但同时作用时，可能产生会满足 $\pm[f_{\mathrm{LO}} - (mf_{\mathrm{Int1}} - nf_{\mathrm{Int2}})] = f_{\mathrm{IF}}$，使混频器输出中频失真。它是由非线性器件的 $(m+n+1)$ 方项产生。与 2.2.3.5 节互调失真一样，是由两个干扰信号相互作用产生的干扰。在实际应用中，与寄生通道干扰一致，主要依靠中频选择和混频器输入端滤波器抑制来满足设计需求。

4. 线性度

混频器线性度性能决定了其失真水平，以及能承受的最大信号电平。混频器在不同的信号输入功率下有着不同的混叠杂散，特别是对于阻塞场景下的接收机尤为明显。在实际应用中，混频器关注的线性度指标主要有 1dB 压缩点和三阶截点。

5. 端口隔离度

混频器包含射频端、本振端和中频端 3 个端口，由于器件工艺和寄生效应等影响，导致各端口之间相互泄露形成干扰。以接收机为例，本振端口向射频端口的强泄露会影响到 LNA 工作，甚至通过天线辐射。射频端口向本振端口的串扰可能会使射频端口中包含的强干扰信号影响本振工作。本振端口向中频端口的串扰可能会使中频放大器饱和。尤其在使用无源混频器本振信号功率较大时，较差的隔离度将会对其他端口产生严重的影响。

在实际应用中，除了根据系统需求选择合适隔离性能的混频器外，还应当注意单板布局布线带来的隔离影响，尽量降低因隔离度不好带来的泄露和杂散干扰。

6. 端口阻抗匹配

阻抗匹配是混频器电路设计中必须考虑的性能指标，特别是无源混频器，阻抗匹配尤其重要。不良的阻抗匹配，不仅会影响变频增益和带内波动，同时还会产生较大的高次混叠杂散，尤其是落入带内的混叠产物。在实际匹配过程中，由于 3 个端口之间的隔离度有限，所以需要对每个端口的阻抗匹配反复迭代优化，一般遵循"本振→射频→中频"的匹配顺序。

7. 功耗

低功耗是现代集成电路的发展需求，除了关注有源混频器常规的电源功耗外，也需要考虑无源混频器本振信号的功率需求。一般来说，为了达到较好的变频增益和线性指标，无源混频器都需要较高的本振功率，但本振功率越高，其消耗的能量也就越多。

2.3.3.2 工作类型

混频器按照有无增益分为有源混频器和无源混频器两大类。有变频增益的混频器称为有源混频器；反之，有变频损耗的混频器称为无源混频器。

1. 有源混频器

有源混频器根据电路结构可分为非平衡型混频器和平衡型混频器。典型非平衡型混频器包括单管跨导型混频器和双栅管混频器。平衡型混频器又可分为单平衡混频器和双平衡混频器。下面以当前有源混频器中应用最为广泛的 Gilbert 双平衡有源混频器进行简单介绍，其基本结构如图2-70所示。

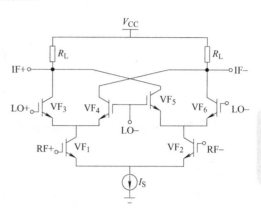

图 2-70 Gilbert 双平衡有源混频器基本结构

Gilbert 双平衡有源混频器由驱动级、跨导级、开关级、输出级 4 部分组成。I_S 恒流源作为驱动级，用于稳定输入信号。跨导级由 VF_1 和 VF_2 组成，将输入的电压信号转换为电流信号。由于恒流源电流恒定，与电流源串联的跨导级的 MOS 管源极和漏极电流被固定，从而 MOS 管的跨导也被固定。跨导级的输出电流输入到由 VF_3、VF_4 和 VF_5、 VF_6 两个差分对构成的开关级中，开关级的差分对管在本振信号的作用下，周期地控制开关级的管子导通与截止，最终交叉耦合至负载差分输出，输出级 R_L 将 IF 电流信号转换成电压降至中频。

下面简单介绍 Gilbert 双平衡有源混频器的混频原理。如图2-70所示，RF 和 LO 输入的差分信号可表示为

$$\begin{cases} V_{RF}(t) = \pm v_{RF}\cos(\omega_{RF}t) \\ V_{LO}(t) = \pm v_{LO}\cos(\omega_{LO}t) \end{cases} \tag{2-139}$$

设 $g_m = g_{m1} = g_{m2}$，RF 电压信号经过跨导级 VF_1 和 VF_2 后，转换成为电流信号为

$$\begin{cases} I_{D,VF_1} = I_{DC} + g_m v_{RF}\cos(\omega_{RF}t) \\ I_{D,VF_2} = I_{DC} - g_m v_{RF}\cos(\omega_{RF}t) \end{cases} \tag{2-140}$$

LO 电压信号经过 VF_3、 VF_4 和 VF_5、 VF_6 构成的开关级后，得到各支路输出电流为

$$\begin{cases} I_{D,VF_3} = I_{D,VF_1}\left\{\dfrac{1}{2} - \dfrac{1}{2}\text{sgn}\left[\cos(\omega_{LO}t)\right]\right\} \\[2mm] I_{D,VF_4} = I_{D,VF_1}\left\{\dfrac{1}{2} + \dfrac{1}{2}\text{sgn}\left[\cos(\omega_{LO}t)\right]\right\} \\[2mm] I_{D,VF_5} = I_{D,VF_2}\left\{\dfrac{1}{2} - \dfrac{1}{2}\text{sgn}\left[\cos(\omega_{LO}t)\right]\right\} \\[2mm] I_{D,VF_6} = I_{D,VF_2}\left\{\dfrac{1}{2} + \dfrac{1}{2}\text{sgn}\left[\cos(\omega_{LO}t)\right]\right\} \end{cases} \tag{2-141}$$

因此，IF 端口的输出电流为

$$\begin{aligned}
I_{IF} &= I_{IF+} - I_{IF-} = (I_{D,VF_4} - I_{D,VF_3}) - (I_{D,VF_6} - I_{D,VF_5}) \\
&= (I_{D,VF_1} - I_{D,VF_2})\mathrm{sgn}[\cos(\omega_{LO}t)] \\
&= 2g_m v_{RF}\cos(\omega_{RF}t)\mathrm{sgn}[\cos(\omega_{LO}t)] \\
&= \frac{2}{\pi}g_m v_{RF}[\cos(\omega_{RF}-\omega_{LO})t + \cos(\omega_{RF}+\omega_{LO})t + \cdots]
\end{aligned} \tag{2-142}$$

在输出端负载 R_L 和滤波网络作用下输出的中频电压信号为

$$V_{IF} = \frac{2}{\pi}g_m v_{RF}R_L\cos(\omega_{RF}-\omega_{LO})t \tag{2-143}$$

由此得到 Gilbert 双平衡有源混频器电压变频增益为

$$G_V = \frac{V_{IF}}{V_{RF}} = \frac{2}{\pi}g_m R_L \tag{2-144}$$

从式(2-143)可以看出，Gilbert 双平衡有源混频器的 IF 输出端口没有 LO 频率项，相比单平衡混频器，Gilbert 双平衡有源混频器具有良好的 LO-RF 和 LO-IF 隔离度，一般可提供大于 40dB 的隔离度。同时，Gilbert 双平衡有源混频器可以有效抑制偶次谐波。Gilbert 双平衡有源混频器也存在一定的缺点，比如：电路设计较为复杂；噪声参数较单平衡混频器高；在相同变频增益下，功耗是单平衡混频器的 2 倍。

2. 无源混频器

无源混频器具有噪声低、线性度高和低功耗等优点。常见的无源混频器结构有单 MOS 管开关混频器、单平衡混频器和双平衡混频器等。下面以当前无源混频器中应用最为广泛的双平衡混频器进行简单介绍，其基本结构如图 2-71 所示，主

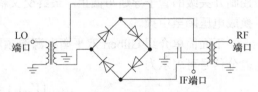

图 2-71　无源双平衡混频器基本结构

要由二极管环路、本振巴伦和射频巴伦三部分构成。无源双平衡混频器使用一个二极管环路实现射频输入信号的频率变换，混频二极管在环内受大幅值本振信号控制，交替处于开、关状态。当 RF 信号依次经过二极管环路时，就相当于使用非线性方式对 RF 和 LO 信号进行混频，产生 IF 输出频率。

4 个二极管首尾相连引出 4 个交接点分别交叉接到了本振与射频巴伦的 4 个平衡端口，这种连接方式理论上可以取得无限大的端口隔离度。在实际设计中，一方面，由于巴伦幅度与相位的不平衡性，另一方面，由于二极管以及走线的不一致性，均会在一定程度上恶化混频器的端口隔离度，但即便如此，依然可以取得较高的 LO-RF 以及 LO-IF 隔离度。对于 RF-IF 隔离度，由于中频信号直接从射频巴伦中心处端接一个接地电容并从中心抽头处引出，并且中频引出处电容对射频信号呈现出非理想的接地特性，这种非理想特性随着射频频率的降低会越发凸显，将直接影响射频到中频端口的隔离度，而且其隔离度在低频处较差，在高频处较好。

无源混频器存在变频损耗，主要由混频二极管内阻、端口阻抗不匹配度、混频器产生的混叠杂散，以及无用的和频或差频产生的 3dB 损耗构成。

3. 二者比较

表 2-10 分别从增益、线性度、隔离度、噪声系数、杂散和功耗方面对有源混频器和无源混频器进行比较，根据具体应用场景的侧重点进行有源和无源混频器的类型选择。

表 2-10 有源混频器和无源混频器的比较

比较项	有源混频器	无源混频器
增益	具有变频增益，简化链路放大器设计	具有较大变频损耗，增加链路放大器的级数
线性度	受内部开关放大器限制，线性度较差	主要有内部混频二极管决定，线性度较高
隔离度	采用双平衡结构混频器都具有良好的 LO-RF 和 LO-IF 隔离度，但无源混频器为了获取较高的线性度，一般需要较大的本振信号注入，所以无源混频器需要提出更高的 LO-RF 和 LO-IF 隔离度需求	
噪声系数	噪声系数较高，但由于存在变频增益，所以对链路级联噪声系数影响小	噪声系数较低，但由于存在变频损耗，影响链路级联噪声系数
杂散	额外干扰成分少	端口阻抗匹配性能较差，会产生较多的 M×N 杂散
功耗	需要直流电压，整体功耗较低	虽然混频器无源，但由于需要增加放大器弥补变频损耗，以及需要较高的本振信号功率，因此系统整体功耗相对较高

2.3.3.3 应用设计

由于混频器各个性能指标之间有着紧密的联系，如何在转换增益、线性度、噪声系数、功耗、端口隔离度等性能指标中选择最合适的参数是混频器设计的关键所在，下面就有源混频器和无源混频器的设计要素进行讨论分析。

1. 有源混频器

在有源混频器应用设计中，有以下几点要素需要重点关注：

(1) 频率应用 有源混频器应用于上变频时，输入/输出端口不变，有源混频器此时输入端口和输出端口仍然分别为 RF 信号和 IF 信号。此时的输出信号只能达到 IF 端口输出信号频率的额定值，从而限制了有源混频器的应用频段一般不超过 3GHz。

(2) 本振电平 大多数有源混频器对端口不匹配的灵敏度比无源混频器低，电平要求小，本振输入通常不需要外部缓冲放大器。

(3) 端口隔直 很多集成有源混频器的端口需要提供直流电压，在应用时需保证各端口串联合适的隔直电容。

2. 无源混频器

在无源混频器应用设计中，有以下几点要素需要重点关注：

(1) 频率规划 选择恰当的 LO 和 IF 频率，并进行完整的组合干扰、寄生通道干扰和互调失真预算，使 IF(接收方向)或 RF(发射方向)通频带内干扰失真成分的数量和幅度降到最小。

(2) 本振电平 较高的本振电平会导致电路功耗、LO 馈通和噪声系数的增加，但较低的本振电平又会对 IMD 抑制和变频损耗产生不利影响。因此，将本振电平设计在推荐值上是一种对系统整体性能相对较好的折中方案。

(3) 端口匹配 RF 和 IF 端口之间的宽带共轭匹配直接影响无源混频器的变频增益和互调性能，尽可能选用非反射的滤波器(比如双工器)，或者在混频器与滤波器之间嵌入放大器，保证足够的反向隔离度。

2.3.4 射频开关

射频开关在射频通信电路中的应用场景如图 2-72 所示，主要包括：

(1) 大功率 TDD 基站系统　为保证功率放大器输出阻抗和降低对 TDD 开关功率等级的需求，一般在功率放大器输出级使用环形器，TDD 开关放在接收电路的输入端。在上行接收时打开接收电路；下行发射时，保证接收电路不被损坏，关闭接收电路，将 TDD 开关切到 50Ω到地端。

(2) 小功率 TDD 终端系统　小功率场景下的功率放大器对输出阻抗变化的敏感程度相对降低，为降低成本和模块尺寸，一般考虑将环形器去掉，将 TDD 开关直接放置在收发通道的公共回路上。

(3) 多功能切换应用　对于一些多频场景或校正场景，一般使用多通道切换开关，进行频率的选择、收发校正选择。

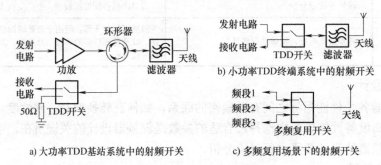

a) 大功率TDD基站系统中的射频开关　　　　c) 多频复用场景下的射频开关

图 2-72　射频开关的主要应用场景

2.3.4.1　关键指标

射频开关的关键指标主要包括：

1. 通道数

开关的通道数，根据具体应用场景进行选择。一般有 SPST (单刀单掷)、SPDT (单刀双掷)、SP3T (单刀三掷)、SP4T (单刀四掷)、SP5T (单刀五掷)、SP6T (单刀六掷)、SP8T (单刀八掷)。其中，SPST 一般用于多级开关级联，提高开关通道的隔离度；SPDT 一般用于 TDD 系统；SP3T、SP4T、SP5T、SP6T、SP8T 一般用于多功能切换场景。

2. 工作频率

工作频率指在保证相关性能指标前提下，可以正常工作的频率范围。为提高单板器件归一化指标和平台化需求，一般希望所选的射频开关能覆盖尽可能宽的频带，特别是多频切换开关场景。

3. 线性度

常使用 P1dB 和 IIP3 来反映射频开关的线性指标，特别是用于功放后级的 TDD 开关和收/发/反馈校正开关，需要较高的线性度，以满足发射通道线性指标和通道校正性能。

4. 插入损耗

插入损耗指经过开关后信号的损耗。用于 TDD 系统的射频开关，尤其需要关注其插入损耗指标。对于大功率场景的 TDD 开关，其插入损耗越小，接收通道的噪声系数越小，灵敏度越高；对于小功率场景的 TDD 开关，其插入损耗越小，发射通道的后级损耗越小，整机功耗越小。

5. 端口隔离度

端口隔离度包括通道关断隔离度和开关端口间隔离度。隔离度需求主要依据应用场景，比如：多发射通道的反馈校正一般共用一个 ADC 采集通道，使用校正开关分时切换，此校正开关需要较高的隔离度，以降低各发射通道之间的干扰。图 2-73 为一个四发射通道反馈校正开关应用举例，通过两级开关级联，进一步提升发射反馈通道间的隔离度。

6. 开关切换时间

和普通开关一样，开关切换时间包括开启时间和关断时间两个定义，如图 2-74 所示。

1) 开启时间：一般定义为 50%控制信号到 90% RF 信号。

2) 关断时间：一般定义为 50%控制信号到 10% RF 信号。

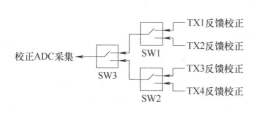

图 2-73　射频开关反馈校正多级级联提升通道间隔离度

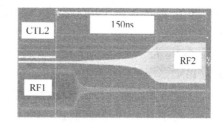

图 2-74　射频开关切换时间定义

5G 网络为了实现低时延的特性，上下行精确至符号级切换，且每个符号的时间更短，这就要求更短的 TDD 开关切换时间。

2.3.4.2　工作类型

除了上述关键指标中根据通道个数进行射频开关的分类外，一般还会根据其端口内部是否有匹配电阻分为反射式和吸收式两种类型，其内部典型结构如图 2-75 所示。反射式开关在关断状态下，处于开路或短路状态；而吸收式开关在关断状态时下，通过 50Ω 负载吸收反射信号。

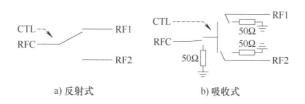

a) 反射式　　　　　　　b) 吸收式

图 2-75　反射式和吸收式射频开关内部结构

根据两类射频开关的内部结构，表 2-11 分别从端口驻波、插入损耗、端口隔离度、额定功率 4 个指标进行对比分析。如果系统的指标性能对反射波比较敏感，则优先选择吸收式射频开关，降低级间牵引，可应用于大多数场景；反射式射频开关一般用于追求低插损耗、高端口隔离度，且对端口驻波不敏感的特殊场景。

表 2-11 反射式和吸收式射频开关对比

对比项	反射式开关	吸收式开关
端口驻波	关断状态处于开路或短路状态，对信号全反射，端口驻波很差	通过负载吸收发射信号，开启和关断状态下的端口驻波都较好
插入损耗	较小	为实现负载端接，内部增加开关级数，损耗相对较大
端口隔离度	通过将信号反射回去，起到较好的隔离作用，端口隔离度相对较高	较低
额定功率	相对较高	受内部端接负载额定功率限制，其承受的功率一般比反射式开关略微偏低

2.3.4.3　应用设计

　　一般选用 PIN 二极管进行射频开关的设计。PIN 二极管的导通电阻比普通 PN 二极管的导通电阻低很多，通过直流电压控制电流，使 PIN 二极管偏置，提供一个很大范围的电阻值($0.5\sim10000\Omega$)，成为一个流控电阻器。控制电流使 PIN 二极管在导通与截止状态之间切换，导通状态下电阻值很小，而截止状态下电阻值很大(电阻值的大小取决于偏置电压)。

　　图 2-76 为一个简单非谐振二极管开关基本电路。C_C 为隔直电容，允许交流信号通过；VD 为 PIN 二极管，控制信号通断；R 为限流电阻，把二极管的直流偏置电压引到地，根据 PIN 二极管的导通压降和偏置电流计算选值；RFC 为扼流电感，防止射频信号进入 V_{CTL}。当 V_{CTL} 为负电平时，VD 反向截止，阻止信号达到输出端；当 V_{CTL} 为正电平时，VD 正向导通，信号经过一个很小的二极管内阻到达输出端。

　　图 2-77 为一个高隔离 SPDT PIN 二极管开关电路，通过 VD_1 和 VD_2 两个"背靠背"的 PIN 二极管实现关断状态，高达 40dB 以上的端对端隔离度。R 为每个二极管对相匹配的限流电阻器，同样根据 PIN 二极管的导通压降和偏置电流计算选值，但注意此时经过 R 的电流为两个 PIN 二极管的偏置电流。对于较低功率的应用场景，开关控制信号 V_{CTL1} 和 V_{CTL2} 只需要参考零电平进行控制；而对于较高功率的应用场景，开关控制信号 V_{CTL1} 和 V_{CTL2} 则需要正(开状态)负(关状态)逻辑来控制。

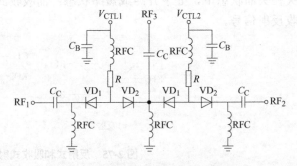

图 2-76　基于二极管 RF 开关基本电路　　　　**图 2-77　高隔离 SPDT PIN 二极管开关**

　　另外，通常用增加 PIN 二极管的偏置电压或偏置电流来改善开关的非线性和降低插入损耗。对于低功率应用场景，一般需要 10mA 的偏置电流。当偏置电流升高到 60mA (需保证在 PIN 二极管的额定电流之内)时，可满足更高功率的应用。

2.3.5 衰减器

射频收发电路中，需要衰减器进行通道增益调整和(或)改善级间回波损耗。从控制方式来讲，衰减器可分为固定衰减器和可调衰减器两种类型，其中可调衰减器又分为数控衰减器(Digital Step Attenuator，DSA)和压控衰减器(Voltage Variable Attenuator，VVA)两种。

2.3.5.1 关键指标

设计或应用衰减器时，需要考虑的关键指标有：工作频段、回波损耗、衰减精度、线性度，对于可调衰减器，还需要重点关注插入损耗、衰减范围、衰减步进、响应时间和附加相移量。

1. 工作频段

工作频段是衰减器在保证相关性能指标前提下，可以正常工作的频率范围。衰减器的工作频段越宽，其应用范围越广。宽带化是衰减器的一个重要发展趋势。

2. 回波损耗

回波损耗反映电路的匹配状况，且影响带内衰减平坦度。在实际应用中，常常使用回波损耗较好的固定衰减器米抑制级间反射，改善滤波器、混频器等器件的级间匹配。从端口设计来讲，衰减器又分为反射型和吸收型两种，反射型衰减器利用信号反射实现衰减，其回波损耗较差；吸收型衰减器利用电阻元件吸收信号功率实现衰减，其回波损耗较好。

3. 衰减精度

衰减精度反映理论衰减量与实际衰减量的误差。可调衰减器的衰减误差一般随着衰减量的增大而增大。对于需要精确增益控制的链路，一般采用压控衰减器配合反馈链路实现闭环增益控制。

4. 线性度

常使用 P0.1dB 和 IIP3 来反映有源衰减器的线性指标。对于数控衰减器和压控衰减器，其线性度主要受内部切换开关和二极管限制。

5. 插入损耗

可调衰减器处于最小衰减量(参考态)的插入损耗，此时的损耗主要由其内部开关导通电阻或二极管导通压降产生。

6. 衰减范围

可调衰减器的衰减范围，表示最大衰减与最小衰减的差值。

7. 衰减步进

衰减步进主要针对数控衰减器提出的指标，表示最小位(LSB)的衰减量，与衰减范围(FS)和衰减 bit 数 N 的关系表达式为

$$\mathrm{ATT_{LSB}} = \frac{\mathrm{ATT_{FS}} + \mathrm{ATT_{LSB}}}{2^N} \tag{2-145}$$

比如，7bit 衰减位宽，31.75dB 衰减范围，对应的衰减步进为 0.25dB。常用数控衰减器的衰减步进有 0.25dB、0.5dB 和 1dB。

8. 响应时间

与射频开关的开关时间定义类似，表示衰减指令(数控值或压控值)下发到衰减生效的时

间间隔。

9. 附加相移量

射频信号经过衰减器后，相比参考状态产生的附加相位调制，此相移量与衰减量、温度、频率相关。实际设计时，应要求附加相移尽量小，特别对于多通道波束成形的系统，需要重点考虑不同衰减档位和温度对通道相位的影响，并通过做表进行补偿。

2.3.5.2 应用设计

下面对基于电阻衰减网络的固定衰减器、数控衰减器和压控衰减器三种类型的衰减器分别进行应用设计分析。

1. 固定衰减器

基于电阻衰减网络的固定衰减器一般有 π 型和 T 型两种实现方式。对于电阻衰减网络，一般不需要阻抗变换，即输入阻抗和输出阻抗相等，电路具有对称形式。

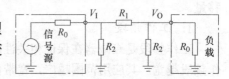

图 2-78　π 型衰减网络示意图

(1) π 型衰减网络　π 型衰减网络示意如图 2-78 所示，设信号源输出阻抗和负载阻抗均为 R_0，电压衰减倍数 $A_T = V_I / V_O$，V_I 和 V_O 分别为衰减器输入电压和输出电压。

根据匹配条件，得

$$R_0 = R_2 // (R_1 + R_2 // R_0) \Rightarrow R_1 + \frac{R_0 R_2}{R_0 + R_2} = \frac{R_0 R_2}{R_2 - R_0} \tag{2-146}$$

根据衰减倍数条件，得

$$A_T = \frac{V_I}{V_O} = \frac{R_1 + R_2 // R_0}{R_2 // R_0} \tag{2-147}$$

联立上述两个公式，即可得出 π 型衰减电阻网络随衰减值和特征阻抗的关系表达式：

$$\begin{cases} R_1 = \dfrac{A_T + 1}{A_T - 1} R_0 \\[2mm] R_2 = \dfrac{A_T^2 - 1}{2A_T} R_0 \end{cases} \tag{2-148}$$

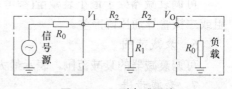

图 2-79　T 型衰减网络

(2) T 型衰减网络　T 型衰减网络如图 2-79 所示，与 π 型衰减网络计算方法类似。

根据匹配条件，得

$$R_0 = R_2 + R_1 // (R_2 + R_0) \Rightarrow R_2 + \frac{R_1(R_0 + R_2)}{R_0 + R_1 + R_2} = R_0 \tag{2-149}$$

根据衰减倍数条件，得

$$A_T = \frac{V_I}{V_O} = \frac{R_2 + R_1 // (R_0 + R_2)}{R_1 // (R_0 + R_2)} \times \frac{R_0 + R_2}{R_0} \tag{2-150}$$

联立上述两个公式，即可得出 T 型衰减电阻网络随衰减值和特征阻抗的关系表达式：

$$\begin{cases} R_1 = \dfrac{2A_T}{A_T^2 - 1} R_0 \\[3mm] R_2 = \dfrac{A_T - 1}{A_T + 1} R_0 \end{cases} \tag{2-151}$$

(3) 两种衰减网络的比较　根据式(2-148)和式(2-151)，在 50Ω阻抗场景下，1～9dB 常见衰减值，对 π 型和 T 型衰减网络的电阻值进行计算，并给出 E-96 标准的 1% 精度电阻的应用选型，见表 2-12。

表 2-12　电阻衰减网络常见衰减值计算列表

衰减值 /dB	衰减 倍数	π型衰减网络阻抗/Ω					T型衰减网络阻抗/Ω				
		计算 R_1	计算 R_2	实际 R_1	实际 R_2	阻抗	计算 R_1	计算 R_2	实际 R_1	实际 R_2	阻抗
1	1.12	5.77	869.55	5.76	866	49.86	433.34	2.88	432	2.87	49.88
2	1.26	11.61	436.21	11.8	432	50.14	215.24	5.73	215	5.76	50.1
3	1.41	17.61	292.40	17.8	294	50.4	141.93	8.55	140	8.66	50
4	1.58	23.85	220.97	23.7	221	49.86	104.83	11.31	105	11.3	50.01
5	1.78	30.40	178.49	30.1	178	49.7	82.24	14.01	82.5	14	50.06
6	2.00	37.35	150.48	37.4	150	49.94	66.93	16.61	66.5	16.5	49.67
7	2.24	44.80	130.73	45.3	130	50.08	55.80	19.12	56.2	19.1	50.12
8	2.51	52.84	116.14	53.6	115	50	47.31	21.53	47.5	21.5	50.05
9	2.82	61.59	104.99	61.9	105	50.1	40.59	23.81	40.2	23.7	49.67

当衰减值较小时，T 型衰减网络中的 R_2 取值很小，容易受引线和焊点影响，影响衰减准确度。而随着衰减值的增加，T 型衰减网络中 R_1 的阻值也会很小。所以，对于较小(2dB 以下)或较大(30dB 以上)的衰减应用时，一般选用 π 型衰减网络。而对于中间衰减值，π 型和 T 型衰减网络都适用。

2. 数控衰减器

数控衰减器包含一组级联单元，每个单元又含有一个独立 bit 位，通过切换控制开关状态得到目标衰减量。级联 bit 位通过最低有效位(LSB)电平作为最小可分辨的级别进行二进制加权，最高有效位(MSB)决定了衰减器的上限电平。当所有衰减位都处于关闭状态时获得最小衰减，所有衰减位都处于导通状态时获得最大衰减。数控衰减器具有线性度高、衰减误差小、一致性高等优点，被广泛应用于相控阵系统中。

图 2-80 为一种 6bit 数控衰减器电路拓扑，由 0.5dB、2dB、4dB、8dB、1dB、16dB 共 6 级衰减电路级联而成，并由 $D_0 \sim D_5$ 6 个控制位进行衰减挡位控制，下面分别对各级联衰减电路的设计进行分析。

1) 0.5dB 和 1dB 衰减位采用简化的 T 型衰减结构，仅采用一个并联电阻实现衰减，该结构适用于小衰减位，具有结构简单、插入损耗小等优点。参考状态时开关管截止，信号不衰减；开关管导通时，衰减器工作于衰减态。

2) 2dB 衰减位采用开关 T 型衰减结构，由两个开关管和 T 型衰减网络组成。参考状态时上管导通，下管截止，电路基本直通，信号幅度和相位变化很小；衰减状态时上管截止，下管导通，电路等效为 T 型衰减网络实现 2dB 衰减。

3) 4dB 和 8dB 衰减位都采用开关 π 型衰减结构，由 1 个串联+2 个并联开关管和 π 型衰减网络构成。8dB 衰减位由两个 4dB 衰减位级联而成，此处以 4dB 衰减位为例进行说明。参考状态时串联开关管导通，并联开关管截止，电路基本直通，信号幅度和相位变化很小；衰减状态时串联开关管截止，并联开关管导通，电路等效为 π 型衰减网络实现 4dB 衰减。

4) 对于 16dB 衰减位，较大的衰减会在衰减状态与参考状态之间产生较大附加相移，仅通过基本 T 型和 π 型衰减结构很难消除，此处采用开关型衰减拓扑结构，引入两对 SPDT 开关。参考状态为一端传输微带线，用于补偿衰减支路产生的附加相位；衰减状态为 π 型衰减网络，提高衰减平坦度。

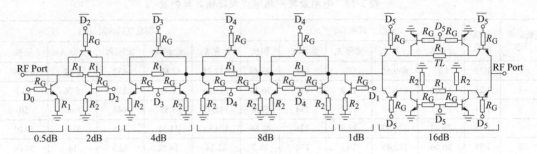

图 2-80　一种 6bit 数控衰减器电路拓扑

3. 压控衰减器

压控衰减器根据控制电压的大小实现衰减量的调节，具有衰减步进小，可实现连续可调等优点，被广泛应用于基站发射功率控制和射频干扰对消系统中。

图 2-81 是一种由 π 型和 T 型衰减网络级联的压控衰减器电路拓扑，通过控制栅-源电压 (V_{GS}) 改变漏源电阻 (R_{DS})，从而实现 π 型和 T 型衰减网络衰减量的调整。在级联方面，前级 π 型衰减网络实现大衰减量，后级 T 型实现小衰减量，保证了整个压控衰减器的线性度、衰减步进和衰减范围。

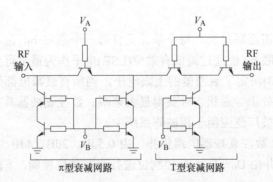

图 2-81　一种由 π 型和 T 型衰减网络级联的压控衰减器电路拓扑

PIN 二极管导通电阻比普通 PN 结整流二极管导通电阻低很多，由 DC 控制电流，可使 PIN 二极管偏置，从而提供一个很大变化范围的电阻值 (0.5～1000Ω)，如图 2-82a 所示。随着控制电流的线性连续变化，使其 RF 阻抗 R_S 可以取到最低至最高额定阻值之间的任何值。利用 PIN 二极管"电流控制电阻"的特性，可以构成如图 2-82b 所示的压控衰减器电路原理图。其中，4 个 PIN 二极管 (VD_P 和 VD_S) 构成 π 型衰减网络；R_1 为并联匹配电阻，与 PIN 二极管

VDₚ一起构成 π 型衰减网络到地电阻分支；R_2、R_3 和 R_4 为 PIN 二极管限流电阻，根据表 2-12 π型衰减网络电阻值随衰减量的变化关系进行限流电阻值的选取；C_C、C_1 和 C_2 为耦合和去耦合电容，根据衰减器应用频段进行容值的选择；$V+$ 为固定的电源电压，比如 5V，V_C 为压控电压，控制改变 PIN 二极管的 RF 阻抗，设计过程中注意保证该压控电压端口的电流输出能力。

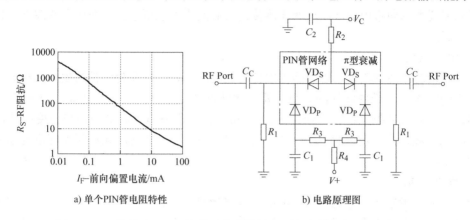

a) 单个PIN管电阻特性　　　　　　b) 电路原理图

图 2-82　一种利用 PIN 二极管"电流控制电阻"特性构成的压控衰减器

2.3.6　射频滤波器

射频滤波器是射频收发系统中的重要单元之一，用来选择性地通过和抑制某些特定频段，其可以看作是一个带有频率选择功能的二端口网络，信号从输入端口进入，经过滤波器选择和抑制，使得满足特定频率要求的信号以尽可能低的损耗通过，而特定频率之外的信号尽可能高的被抑制，保证发射电路的频谱模板和接收电路的信噪比。

按照滤波器对频率的不同响应，可将滤波器分为低通滤波器(Low Pass Filter，LPF)、高通滤波器(High Pass Filter，HPF)、带通滤波器(Band Pass Filter，BPF)、带阻滤波器(Band Stop Filter，BSF)四大类，其幅频特性曲线如图 2-83 所示。

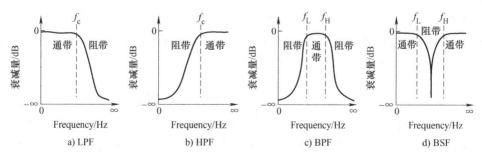

a) LPF　　　　　b) HPF　　　　　c) BPF　　　　　d) BSF

图 2-83　基本滤波电路幅频特性曲线

2.3.6.1　关键指标

射频滤波器的关键指标主要有：

1. 中心频率和截止频率

中心频率属于带通滤波器的几何中心，决定着滤波器的工作频率。截止频率定义为滤波器在平均通带响应下降 3 dB 处的频率响应点。

2. 通带带宽

通带带宽描述的是滤波器的频率选择范围，即从低端截止频率 f_L 到高端截止频率 f_H 之间的一段频带，在此频带内滤波器衰减较小，一般定义在下降 3 dB 处的频率响应点。

3. 插入损耗

插入损耗表示通带内信号经过滤波器传输之后的平均衰减量，一般要求滤波器的插入损耗越小越好。

4. 带内波动

带内波动是描述滤波器通带内插入损耗平坦度的指标，定义为通带内插入损耗最大值和最小值之间的差值。带内波动的大小主要由滤波器的拓扑结构决定，比如：贝塞尔(Bessel)滤波器几乎没有纹波振荡；巴特沃斯(Butterworth)滤波器具有良好的通带平坦度；切比雪夫(Chebyshev)滤波器具有较大的幅度纹波。对于射频滤波器，较差的端口匹配度也会导致带内波动的恶化。

5. 带外抑制

带外抑制是衡量滤波器抗干扰性能的一项重要指标。理想滤波器通带以外的衰减量趋于无穷大，而实际滤波器只能做到有限的带外抑制，且还会由于元件自身终端电抗、内部寄生效应、PCB 上的电抗会在某些频点产生一定的寄生响应。通常，将滤波器衰减达到某个预置程度(比如 60dB)称为滤波器的阻带。阻带与通带之间的频率称为滤波器的过渡带。图 2-84 以低通滤波器为例，对其通带、过渡带和阻带进行了划分。同样，滤波器过渡带的衰减速率主要由其拓扑结构决定，比如：Bessel 滤波器频率选择性很差，幅度衰减大

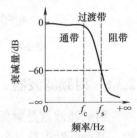

图 2-84 低通滤波器通带、过渡带和阻带划分

约为 3 dB/倍频程/阶；Butterworth 滤波器频率选择性一般，幅度衰减大约为 6 dB/倍频程/阶；Chebyshev 滤波器具有很高的频率选择性，幅度衰减大约为 10 dB/倍频程/阶。对于射频滤波器，较差的端口匹配度也会导致带外抑制的恶化。

6. 回波损耗

回波损耗为通带内返回(反射)的射频信号与输入端信号功率强度的比值。回波损耗反映滤波器输入/输出端口的阻抗匹配程度，阻抗匹配越好，反射功率越小，回波损耗也就越小，一般也可获得较高的带外抑制和较小的带内波动。

7. 品质因数

品质因数(简称为 Q 值)一般针对带通滤波器，定义为中心频率 f_o 与 3dB 下降点带宽的比值。对于中心频率不变的情况，带宽越窄滤波器的 Q 值越高。组成滤波器分立元件的品质因数称为无载 Q 值，对于 LC 滤波电路中的电感尤为重要，因为元件的 Q 值越低，滤波器的插入损耗将越高，滤波器阻带衰减特性将变差，滤波器过渡带越不陡峭。因此，在射频 LC 分立滤波电路中一般选择 Q 值较高的绕线电感，而不是普通瓷片电感。

8. 群时延波动

群时延是描述传输系统(包括滤波器)相频特性的一个重要参量，表征系统的线性失真度。当群信号通过一个传输系统时，从整个信号包络输入到信号包络输出需要消耗一定时间，此段时间便称为群时延，即信号整体传输系统的传输时间。从物理意义上看，某一频率对应的群时延为：以该频率为中心的一个非常窄的频段内信号通过传输系统所需的时间，其数值大

小等于该频率对应相位特性的一阶微分量，即相位对频率的变化率，可表示为

$$\tau_{\mathrm{g}}(\omega) = -\frac{\mathrm{d}\varphi(\omega)}{\mathrm{d}\omega} \qquad (2\text{-}152)$$

式中，$\tau_{\mathrm{g}}(\omega)$ 为群时延；ω 为角频率；$\varphi(\omega)$ 为相位函数。

图 2-85 为群时延波动的定义推导。图 2-85a 中，一个系统的输入信号为 $\cos(\omega t)$，经过系统后，输出信号产生相移 φ，将频率 ω 提到输出表达式括号外，得到的 φ/ω 为经过系统后产生的时延，即图 2-85b 和 c 中的虚线，相移关于频率呈线性变化，群时延随频率保持不变。实际传输系统(特别是滤波器)由于对不同频率的幅值和相对相移关系存在变化，因此会产生一定的相移波动和群时延波动，即图 2-85b 和 c 中的实线。从图 2-85b 和 c 中变化对应关系可以看出，信号相移非线性失真越严重，产生的群时延波动越大。从应用角度上讲，群时延波动会导致发射 EVM 和接收灵敏度恶化，具体会在 5.6.3.5 节中详细说明。

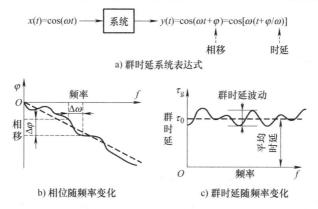

a) 群时延系统表达式

b) 相位随频率变化　　c) 群时延随频率变化

图 2-85　群时延波动定义

以 Qorvo 公司的两个 Band 40 (2300～2400MHz)，中心频率为 2350MHz 的滤波器为例，其型号分别为 885069 和 QPQ1287。将其 S 参数代入 ADS，得到抑制度和群时延曲线。可以看出，在 Band 40 带内，885069 的下边带带内(增益)波动优于 QPQ1287，产生的群时延波动也略优于 QPQ1287；在 Band 40 带外，特别是边缘过渡带，885069 具有更为陡峭的过渡带，即更优的品质因数 Q，产生更高的群时延波动，如图 2-86 所示。因此，一般有如下结论：增益波动越大的频段会产生越高的群时延波动。

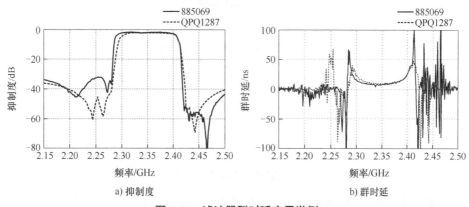

a) 抑制度　　　　　　　b) 群时延

图 2-86　滤波器群时延应用举例

2.3.6.2 工作类型

按照滤波器的工艺制程,可将其主要分为集总式滤波器、分布式滤波器、SAW 滤波器、BAW 滤波器、FBAR 滤波器、LTCC 滤波器、金属腔体滤波器和陶瓷介质滤波器。另外,还有一些特殊用途的滤波器,比如用于 FDD 双工模式的双工滤波器和用于多频变换的调谐滤波器。

1. 集总式滤波器

集总式滤波器由独立的电容、电感等物理元件组成一个可以通过特定频率而阻止其他频率的电路。滤波器通带内的插入损耗主要由元件的有限无载 Q 值产生,引起电阻损耗。下面从滤波器对不同频率的响应,分别对低通、高通、带通滤波器进行概要介绍。

(1) 低通滤波器 图 2-87 为两种基本的低通滤波形式,分别是输入端串联电感型和输入端并联电容型。电路中的电感 L 和电容 C 可用如下公式计算:

$$L = \frac{R_0}{2\pi f_c} \quad \text{和} \quad C = \frac{1}{2\pi R_0 f_c} \tag{2-153}$$

式中, R_0 为滤波器输入和输出端的阻抗; f_c 为滤波器的 3dB 截止频率。

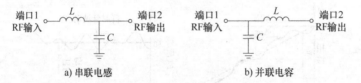

a) 串联电感   b) 并联电容

图 2-87 集总式低通滤波基本形式

两种基本结构的翻转级联可以得到 T 型和 π 型低通滤波结构,如图 2-88 所示,通过增加滤波器极点个数来进一步提高过渡带边沿的陡峭程度。相应的,随着滤波器级联节数的增加,实际的截止频率会略微降低,插入损耗也会随之增大。

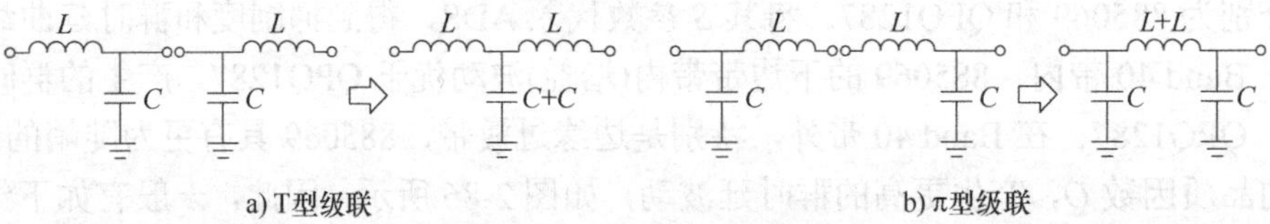

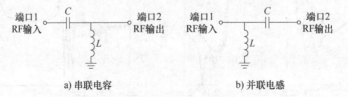

a) T型级联   b) π型级联

图 2-88 集总式低通滤波翻转级联

(2) 高通滤波器 图 2-89 为两种基本的高通滤波器,分别是输入端串联电容型和输入端并联电感型。电路中的电感 L 和电容 C 同样可使用式(2-153)计算。

端口1 C 端口2   端口1 C 端口2
RF输入   RF输出   RF输入   RF输出
     L L

a) 串联电容   b) 并联电感

图 2-89 集总式高通滤波基本形式

和低通滤波器一样,两种基本结构的翻转级联可以得到 T 型和 π 型高通滤波结构,如

图 2-90 所示，通过增加滤波器极点个数来进一步提高过渡带边沿的陡峭程度。相应的，随着滤波器级联节数的增加，实际的截止频率会略微降低，插入损耗也会随之增大。

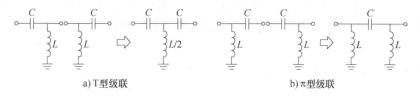

a) T型级联　　　　　　　　　　　　　　b) π型级联

图 2-90　集总式高通滤波翻转级联

（3）带通滤波器　带通滤波器的设计方法与低通滤波器和高通滤波器相似，差异点主要体现在元件个数和截止频率的增加。图 2-91 为两种基本的带通滤波器，分别是输入端串联型和输入端并联型。电路中的电感 L 和电容 C 可用如下公式计算：

$$L_S = \frac{R_0}{2\pi(f_{c2} - f_{c1})} \quad \text{和} \quad C_S = \frac{f_{c2} - f_{c1}}{2\pi R_0 f_{c1} f_{c2}} \tag{2-154}$$

$$L_P = \frac{R_0(f_{c2} - f_{c1})}{2\pi f_{c1} f_{c2}} \quad \text{和} \quad C_P = \frac{1}{2\pi R_0(f_{c2} - f_{c1})} \tag{2-155}$$

式中，R_0 为滤波器输入和输出端的阻抗；f_{c1} 和 f_{c2} 分别为滤波器的 3dB 下限和上限截止频率。

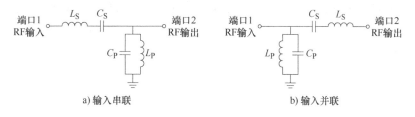

a) 输入串联　　　　　　　　　　　　　　b) 输入并联

图 2-91　集总式带通滤波基本形式

通过级联多个基本结构得到更多极点的带通滤波器，如图 2-92 所示。

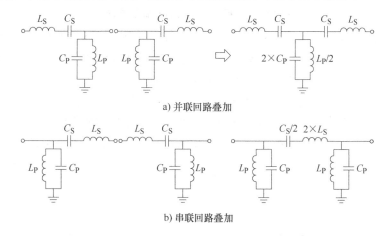

a) 并联回路叠加

b) 串联回路叠加

图 2-92　集总式带通滤波翻转级联

2. 分布式滤波器

在高于 3 GHz 的应用场景中，由于物理元件寄生参数的影响导致集总式滤波器性能下降，通常会使用大尺寸面积的分布式滤波器进行取代。与集总滤波器的设计不同，分布式滤波器的计算一般相当复杂，绝大多数需要借助 ADS 或(和)HFSS 软件进行仿真计算和迭代优化。

根据滤波器的规格需求不同，如通带带宽、阻带衰减、回波损耗和微带元件尺寸等，有着不同结构滤波器设计，此处介绍几种常用的分布式滤波器。

(1) 集总映像分布式滤波器　将集总式滤波器中元件参数的值进行分布式表达，比如图 2-93 的集总式和分布式低通滤波器等价结构，使用分布式元件代替各个集总元件，调谐电感和电容的长度得到最优的频率响应。

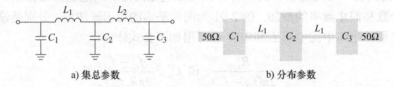

　　　a) 集总参数　　　　　　　　　　　　　　b) 分布参数

图 2-93　集总式和分布式低通滤波器等价结构

(2) 平行边缘耦合分布式滤波器　平行边缘耦合分布式滤波器基本结构如图 2-94 所示，适用于窄带滤波，属于分布式类型中最基本的结构。边缘耦合的平行耦合线由相互平行且靠近的微带线构成，每条单独的微带线都等价为小段串联电感和小段并联电容。当微带线的长度为滤波器中心频率所对应波长的 1/4 时，该结构的微带线将具备带通特性。虽然单独耦合节单元具有典型的带通特性，但是单个带通滤波单元难以具有良好的滤波器响应及陡峭的过渡特性。因此，一般选用多个平行耦合节级联来构成多节耦合的带通滤波器。

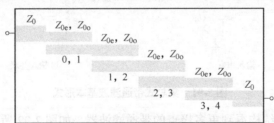

图 2-94　平行边缘耦合分布式滤波器

(3) 发夹型边缘耦合分布式滤波器　发夹型边缘耦合分布式滤波器基本结构如图 2-95 所示，适用于窄带滤波，与上述平行边缘耦合分布式滤波器原理类似，但尺寸更短，由若干个发夹型半波长耦合谐振器折合成"U"字排列而成，属于一种结构紧凑、终端开路无须通过过孔接地的滤波器。滤波器性能主要由发夹臂长、发夹间距、发夹线宽和抽头位置等决定。

(4) 梳状型分布式滤波器　梳状型分布式滤波器基本结构如图 2-96 所示，也适用于窄带滤波，结构更加紧密。滤波器的谐振器由一端短路，另一端经过过孔接地的平行耦合线组成。

图 2-95　发夹型边缘耦合分布式滤波器

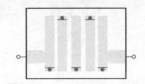

图 2-96　梳状型分布式滤波器

3. SAW 滤波器

声表面波(Surface Acoustic Wave，SAW)滤波器的典型工作原理如图 2-97 所示，该滤波器主要由压电基板和叉指电极构成。输入电信号通过发射叉指电极转换为表面声波信号，然后在压电基板表面传播，经过一定传播时间后，送入接收叉指电极转换为电信号输出。整个滤波过程主要是通过压电基板上的叉指电极实现电声和声电转换完成的，其工作频率和滤波性能主要受压电材料和叉指电极所决定。

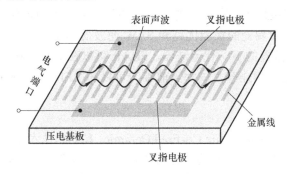

图 2-97　SAW 滤波器基本结构

SAW 滤波器由于其低插入损耗、高矩形度和小体积等优势占据 Sub 3G 高性能小功率滤波器市场。在实际使用过程中，一些 SAW 滤波器不需要任何输入/输出端口匹配，而有些需要外部无源器件来提供合适的端口匹配，用于减小通带内的幅度和相位波动。对于 SAW 滤波器的 PCB 布局，需要在 SAW 滤波器下设置一个顶层地平面，并通过多个过孔与内部接地层紧密相连。并可考虑将 SAW 滤波器下方顶层地平面设置一个独立的插槽，将输入和输出隔开，帮助切换循环射频地电流环，降低抑制掉的频率分量对 SAW 滤波器带通性能的影响。如果不采用此方法，射频地电流将很容易从 SAW 滤波器的输入地引脚，直接通过顶部地平面的低电感到达输出地引脚。

4. BAW 滤波器

体声波(Bulk Acoustic Wave，BAW)滤波器基本结构如图 2-98 所示，对于使用石英晶体作为衬底的 BAW 滤波器，贴嵌于石英基板顶部和底部两侧的金属对声波实施激励，使声波从顶部表面反弹至底部，形成驻声波，板坯的厚度和电极质量决定着谐振频率。

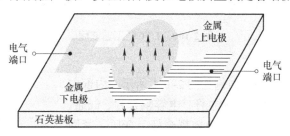

图 2-98　BAW 滤波器基本结构

BAW 的原理与 SAW 基本相同，唯一区别在于 SAW 是沿着表面传播，而 BAW 是在介质内传播。声信号在介质内部传输，可以达到更小的体积。在 3～6 GHz 高频段，SAW 滤波器已不再使用，而 BAW 滤波器具有通带插入损耗小、阻带选择性高、可承受高功率时间长、静电放电保护好、温度稳定性好等优势。在当前 5G 时代的 Sub 6G 终端设备中，BAW 滤波器几乎已经取代了 4G 时代的 SAW 滤波器。

5. FBAR 滤波器

薄膜体声波谐振器(Film Bulk Acoustic Resonator，FBAR)的滤波器是利用压电薄膜的压电效应产生。FBAR 滤波器基本结构如图 2-99 所示。FBAR

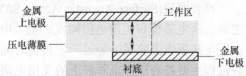

图 2-99　FBAR 滤波器基本结构

是一种基于 BAW 的谐振技术，利用压电薄膜的逆压电效应将电能量转换成声波形成谐振。FBAR 滤波器综合了介质陶瓷的性能优越和 SAW 滤波器体积较小的优势，并且克服两者的缺点，是替代 SAW 滤波器的下一代滤波器。FBAR 可以在陶瓷、硅片等衬底上实现，其制作工艺能够与半导体工艺相兼容，成为当前唯一可以和 RFIC 和 MMIC 集成的滤波器解决方案。

6. LTCC 滤波器

低温共烧陶瓷(Low Temperature Co-fired Ceramic，LTCC)技术作为一种先进的集成封装技术，是一种在经过流延工艺得到的生瓷带膜片上通过打孔、印刷叠层等工序实现多层三维电路，再经过烧制将生瓷烧成熟瓷后制成无源集成组件的技术，如图 2-100 所示。LTCC 技术具有稳定性高、集成度高等优点，在设计的灵活性、布线密度和可靠性等方面拥有巨大潜能，被广泛应用于各种小型化、轻量化、高性能和高集成度的 5G 毫米波频段的滤波电路中。

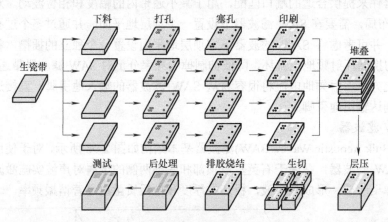

图 2-100　LTCC 工艺流程

7. 金属腔体滤波器

金属腔体滤波器典型外观结构如图 2-101 所示，内部主要包括腔体、盖板、连接器、传输主杆、电容耦合片、低通、谐振器、调谐螺杆(即调谐螺钉)、电容耦合杆、介质、紧固螺钉等零部件，具有功率容量大、插入损耗小、品质因数高等优点。

图 2-101　金属腔体滤波器外观结构

2G/3G/4G 时代的基站设备，天线和主设备之间是通过馈线相连，没有直接的耦合关系，金属腔体滤波器是市场主流选择，其成本低、工艺成熟，但体积较大，通常集成到天馈系统的 RRU 中。

8. 陶瓷介质滤波器

当前 Sub 6G Massive MIMO 技术应用迫使通道数量呈现指数型增长，原有的 2/4/8 通道增长为 32/64/128 通道，且要求 RU 天线一体化设计，这对滤波器的体积、重量和功率容量都提出了更高的要求。

传统的金属腔体滤波器虽然具有很高的品质因数，但由于其体积和重量都过于庞大，且生产成本高，不利于在大规模多通道电路系统中应用。而 SAW、BAW 和 LTCC 等小尺寸滤波器又无法满足基站设备的功率容量和极高的选择性需求。通过在谐振腔内填充介质构成谐振器的小型化陶瓷介质滤波器，具有介电常数高、温度稳定性高、插入损耗小、品质因数高、功率范围宽等优点，各尺寸陶瓷介质滤波器外观如图 2-102 所示。当前陶瓷介质滤波器已基本取代了 4G 时代基站设备中的金属腔体滤波器，成为实现 Sub 6G Massive MIMO 通信系统的有效解决方案。

图 2-102　陶瓷介质滤波器外观

9. 双工滤波器

双工滤波器(简称双工器)由两个或多个单独封装的滤波器组成，属于滤波器的一种组合表现形式，主要应用于 FDD 收发机和多频收发机，用来分离两个或多个频段，如图 2-103a 和 b 所示。另外，双工器也可用在混频器的输出端，如图 2-103c 所示，发射通道泄露的干扰信号或部分其他干扰信号经过双工器下半部分端接的 50Ω 电阻负载到地，可以起到很好的吸收作用，防止这些干扰信号反射回去，避免重新回到混频器产生其他混叠杂散信号。

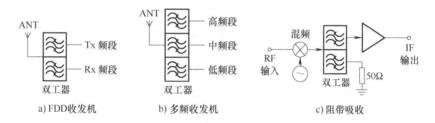

a) FDD收发机　　　　b) 多频收发机　　　　　c) 阻带吸收

图 2-103　双工器应用场景

在双工器的应用过程中，公共端口的驻波一般较差，很难实现端口阻抗匹配。因此，需要从双工器规格触发，推导相应的公共解耦网络参数，如图 2-104 所示，并完成物理结构实现，简化双工器的设计，缩短设计周期，提高生产效率。

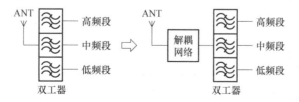

图 2-104　双工器解耦网络实现公共端口阻抗匹配

10. 调谐滤波器

调谐滤波器可以实现多个通带的切换，属于滤波器的另一种变换表现形式，主要应用于具有跳频功能的收发设备。在实际工程应用中，通常使用变容二极管进行滤波器的调谐，图 2-105 为变容二极管调谐滤波器的典型工作原理，分为电感耦合和电容耦合两种方式。R_1 和 R_2 为限流电阻，同时隔离两个变容二极管之间相互影响；C_1 和 C_2 用于阻挡由调谐电压 V_T 插入的直流以免被 L_1 和 L_2 短路；变容二极管 VD_1 和 VD_2 提供可变调谐电容；L_4 和 C_3 用来耦合前后两个调谐电路。两种耦合方式主要差异在于应用带宽的选择，电感耦合具有更宽的频率应用范围。

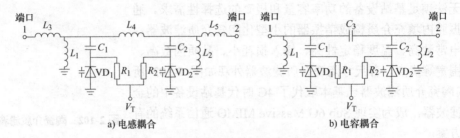

a) 电感耦合　　　　　　　　　　　　b) 电容耦合

图 2-105　变容二极管调谐滤波器典型工作原理

综上所述，表 2-13 对各类型射频滤波器特点及应用进行了简单总结。整体来看，射频滤波器主要有小尺寸、低重量、低插入损耗、高抑制等发展趋势，并需要进一步优化设计与调试方法，提高应用效率。

表 2-13　各类型射频滤波器特点及应用总结

类型	优点	缺点	应用
集总式滤波器	设计简单，使用常规电容和电感即可完成设计 成本低	受限电容和电感值的精度，截止频率可能有所偏差 应用频段一般在 3 GHz 以下	低成本、对滤波器尺寸和性能要求不高的场景
分布式滤波器	高频特性好	尺寸较大 受限电路板制作工艺，截止频率可能有所偏差	微波、毫米波频段，对滤波器尺寸要求不高的场景
SAW 滤波器	品质因数较高	应用频段一般在 3 GHz 以下 插入损耗较大 功率容量一般	Sub 3G、对插入损耗要求不高的小功率场景
BAW 滤波器	适用于更高频率(相比 SAW 滤波器) 尺寸小	成本较高(对于终端产品) 功率容量一般	Sub 6G、小功率场景
FBAR 滤波器	适用于更高频率(相比 SAW 滤波器) 利于复杂电路集成	成本较高(对于终端产品) 功率容量一般	Sub 6G、小功率场景
LTCC 滤波器	频率应用范围宽 成本较低	品质因数一般 功率容量一般	微波频段、对滤波器性能要求不高的小功率场景
金属腔体滤波器	功率容量大 品质因数高	尺寸大 调试复杂，成本高	滤波性能要求高、大功率场景
陶瓷介质滤波器	功率容量较大 品质因数高	尺寸较大	滤波性能要求高、中功率场景

2.3.6.3　应用设计

下面以平行边缘耦合分布式滤波器为例，介绍其应用设计过程。

1. 设计步骤

(1) 计算滤波器相对带宽 W，即

$$W = \frac{f_U - f_L}{f_0} \tag{2-156}$$

式中，f_U、f_L 和 f_0 分别为带通滤波器的上、下边沿截止频率和中心频率。

(2) 确定滤波器参数　根据滤波器理论，所有类型的滤波器都可以映射成归一化原型低通滤波器。因此先从低通原型滤波器开始，将带通滤波器指标映射到低通原型滤波器中，以级数 N 确定低通原型滤波器参数 $g_0, g_1, \cdots, g_N, g_{N+1}$，公式如下：

$$\begin{cases} g_0 = g_{N+1} = 1 \\ g_k = 2\sin\left[\dfrac{2(k-1)\pi}{2n}\right], \ k = 1, 2, 3, \cdots \end{cases} \tag{2-157}$$

(3) 确定耦合传输线的奇、偶模特征阻抗，可表示为

$$\begin{cases} Z_{0o}\big|_{i,i+1} = Z_0\left[1 - Z_0 J_{i,i+1} + (Z_0 J_{i,i+1})^2\right] \\ Z_{0e}\big|_{i,i+1} = Z_0\left[1 + Z_0 J_{i,i+1} + (Z_0 J_{i,i+1})^2\right] \end{cases} \tag{2-158}$$

式中，$J_{0,1} = \dfrac{1}{Z_0}\sqrt{\dfrac{\pi W}{2g_0 g_1}}$，$J_{i,i+1} = \dfrac{1}{Z_0}\sqrt{\dfrac{\pi W}{2g_i g_{i+1}}}$，$J_{n,n+1} = \dfrac{1}{Z_0}\sqrt{\dfrac{\pi W}{2g_n g_{n+1}}}$。

(4) 计算各节耦合微带线尺寸 W、S、L　依据每段耦合微带线的偶模和奇模特征阻抗，并按照预先选用的微带线路板的参数(包括介质相对介电常数 ε_r 和介质厚度 H 等)，利用 ADS 软件中 LineCale 工具计算，得到微带线尺寸 W、S、L。在一个耦合单元中，每条微带线的宽度为 W，微带线间距离为 S，相互耦合部分的长度为 L。

2. 设计指标

中心频率 f_0 为 2.6GHz，带宽为 200MHz，带内波动 3dB，在 f =2.8GHz 和 f =2.4GHz 处的衰减不低于 30dB，输入/输出特性阻抗均为 50Ω。

板材选用 Rogers 4350B，介电常数 ε_r 为 3.48(设计使用 3.66)，基板厚度为 0.4mm，铜导体厚度为 0.03mm，损耗角正切 $\tan\delta$ 设为 0。

3. 设计过程

根据设计指标，选用级数 N=5 的 3dB 纹波切比雪夫低通原型，由式(2-157)计算得到低通滤波器原型的参数取值为 $g_0 = g_6 = 1$，$g_1 = g_5 = 3.4817$，$g_2 = g_4 = 0.7618$，$g_3 = 4.5381$。然后根据式(2-158)，计算各平行耦合传输线的奇、偶模特征阻抗。再利用 ADS 软件中 LineCale 工具计算，得到微带线尺寸 W、S、L，并通过 ADS 软件的 OPTIM 工具进行调优，得到的最终的原理图和仿真结果分别如图 2-106 和图 2-107 所示。从优化后的仿真结果可以看出，带内波动、带外抑制、发射系数各项指标均基本满足设计要求。

微带滤波器的实际电路是由实际电路板和微带线构成的，实际电路的性能可能会与原理图仿真的结果会有一定差别。因此，需要在 ADS 中对板图进行进一步的仿真之后才能进行电路板的制作。接着，需要对电路板图进行矩量法 Momentum 仿真，将板图仿真结果与原理图仿真结果对比，并进行迭代优化，完成最终的电路设计。

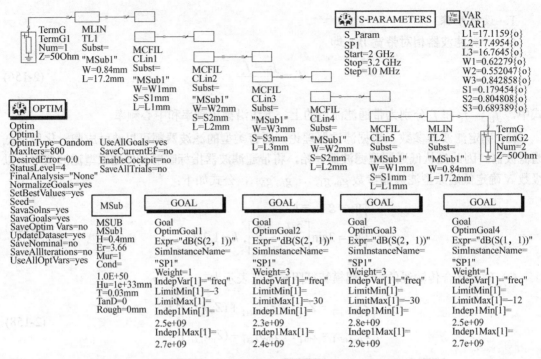

图 2-106　平行边缘耦合分布式滤波器仿真原理图

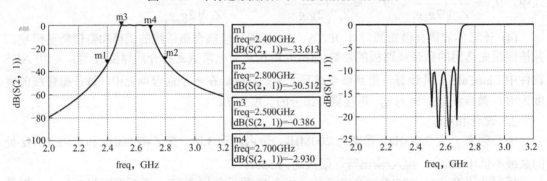

图 2-107　平行边缘耦合分布式滤波器仿真结果

2.3.7　功率检波器

功率检波器在射频收发系统中起到功率检测的作用，通常应用于通信设备接收链路的自动增益控制(AGC)和发射链路的自动电平控制(ALC)，如图 2-108 所示，通过检测功率大小来调整接收链路增益。

2.3.7.1　关键指标

功率检波器的关键指标主要包括：

1. 工作频率

工作频率指检波器可检测的信号频率

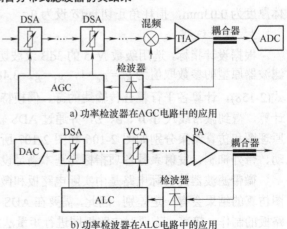

a) 功率检波器在AGC电路中的应用

b) 功率检波器在ALC电路中的应用

图 2-108　功率检波器在 AGC 和 ALC 电路中的应用

范围。对于宽带检波器，《器件数据手册》一般只列出了处于较高频率下的性能参数，由于前端交流耦合电容和输入匹配电路的限制，很难同时兼容高、低频段的性能。

2. 动态范围

动态范围指检波器可检测到的最大信号与最小信号功率差，单位为 dB。在某些场合，也把检波器输出电压值与输入射频信号功率值的 V-dBm 关系曲线中线性区间对应的输入信号功率称为其动态范围。

3. 响应时间

响应时间指射频输入信号变化到检波输出变化的延迟时间。响应时间一般使用一个脉冲调制信号，例如载波频率为 1GHz，脉冲宽度为 100ns，输入到检波器的输入端口，测量检波器输入的上升沿和下降沿时间。这个参数反映的是检波器响应功率变化的快慢。一般来说，对数检波器响应时间快(ns 量级)，方均根检波器响应时间慢(μs 量级)。

4. 温度稳定度

温度稳定度表达的是测量结果相对于温度的变化，通常单位用 dB 表示。检波器输入功率单位为 dBm，输出电压单位为 V，需要将输出电压相对于温度的变化转换成 dB 值，得到功率随温度的变化曲线，通常会对检波电路进行适当的温度补偿。

5. 频率稳定度

检波器输入同一类型、相同功率、不同频率的信号会产生不同的检波结果，这主要由相关检波器件的频率响应决定。一般通过检波器具体应用频段来确定射频输入信号功率与检波输出信号之间的关系表达式。

6. 峰均比误差

峰均比误差指检波器输入相同频率、相同功率、不同峰均比信号产生的检波结果差异，这主要由具体的检波方法来决定。

2.3.7.2　工作类型

从应用角度来说，射频检波器主要可以分为包络检波器、对数(Logarithmic，LOG)检波器和方均根(Root Mean Square，RMS)检波器。

1. 包络检波

峰值包络检波器的典型结构如图 2-109 所示，主要是利用二极管的非线性变换，产生谐波、低频和直流分量，通过检测该直流分量，换算得到被检测信号的功率值。

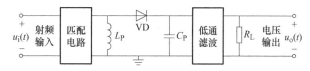

图 2-109　峰值包络检波器典型结构

图 2-109 中，VD 是检波二极管，一般采用具有高频特性和低前向导通压降的肖特基二极管。L_p 是扼流电感，为直流或低频信号提供电流回路，同时为射频信号呈现开路状态。C_p 是旁路电容，为射频信号提供电流回路，同时阻止直流或低频信号到地，起到低通滤波和充电的作用。前端的匹配电路是用于阻抗匹配，减小反射，使射频信号尽可能被二极管吸收，它是设计宽带检波器的难点和重点，直接关系到射频信号加载到二极管输入端上的功率大小。后端的低通滤波网络，与 C_p 的作用类似，但高频抑制度更高。

当输入信号 $u_i(t)$ 为正并超过 C_p 和 R_L 上的 $u_o(t)$ 时，二极管导通，信号通过二极管向 C_p 充电，此时 $u_o(t)$ 随充电电压上升而升高。当 $u_i(t)$ 下降且小于 $u_o(t)$ 时，二极管反向截止，此时停止向 C_p 充电，$u_o(t)$ 通过 R_L 放电，$u_o(t)$ 随放电而下降。充电过程中，二极管正向导通电阻 r_D 较小，充电速率快；放电过程中，由于负载电阻 R_L 远大于 r_D，则放电速率慢。因此，对于幅度稳定的 $u_i(t)$，$u_o(t)$ 波动很小，并基本保持接近 $u_i(t)$ 的幅值。当 $u_i(t)$ 的幅度增大或减小时，$u_o(t)$ 也随之近似成比例的升高或降低。由于此电路的输出电压 $u_o(t)$ 大小与射频输入信号幅度峰值接近相等，因此把此类检波器称为峰值包络检波器，峰值包络检波示意如图 2-110 所示。

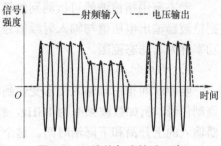

图 2-110　峰值包络检波示意

2. 对数检波

对数检波器具有良好的线性、温度稳定性和高动态范围，被广泛应用于单载波信号的功率测量。对数检波器是由多级对数放大器构成，其典型电路结构如图 2-111 所示。图中共有 5 级对数放大器(A～E)，假如每级对数放大器的增益为 20dB (对应电压放大系数为 10 倍)，且最大输出电压被限制在 1V，则对数放大器的斜率 $K_s = 1V/20dB = 50mV/dB$。5 个对数放大器的输出电压分别经过检波后送入求和(Σ)，再经过低通滤波器得到输出电压 u_o。

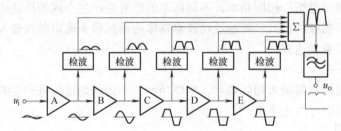

图 2-111　对数检波器典型电路结构

当图 2-111 中输入信号 u_i 功率电平较小，5 级放大器全部处于线性放大时，链路总增益最大，但随着输入信号 u_i 功率电平的增大，对数放大器将从后往前依次进入饱和状态，总增益逐渐下降。对数放大器的级数越多，得到的总增益曲线就越逼近对数曲线，如图 2-112a 所示。如果将输入信号幅度值转换为功率值，则对数检波器的传递函数可表示为

$$u_o = K_s(P_i - b) \tag{2-159}$$

式中，K_s 为对数检波器斜率，是一个常数；P_i 为输入信号功率；b 为截距，即对应输出电压为零时的输入功率电平值，如图 2-112b 所示。

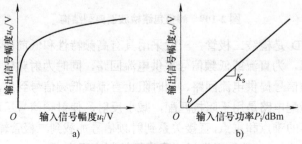

a)　　　　　　　　　　　b)

图 2-112　对数检波器输入/输出关系曲线

3. 方均根检波

根据包络检波和对数检波原理，其所受检测信号的峰均比较大，因此需要寻找一种检测信号均值功率的方法，抛开信号峰均比的影响，这就是接下来要讨论的方均根检波技术。

信号电压方均根值定义为

$$V_{\text{RMS}} = \sqrt{\frac{1}{T}\int_0^T \left[V(t)^2\right]\mathrm{d}t} \tag{2-160}$$

式中，T 为持续测量时间；$V(t)$ 为瞬时电压值，与时间呈函数关系，但不一定具有周期性。

信号积分可按移动均值计算近似值，即

$$\text{AVG}\left[V(t)^2\right] \approx \frac{1}{T}\int_0^T \left[V(t)^2\right]\mathrm{d}t \tag{2-161}$$

式中，$\text{AVG}[\bullet]$ 为平均符号。

联立式(2-160)和式(2-161)化简得

$$V_{\text{RMS}}^2 = \text{AVG}\left[V(t)^2\right] \tag{2-162}$$

因此可得到信号方均根值的两种表达式为

$$V_{\text{RMS}} = \sqrt{\text{AVG}\left[V(t)^2\right]}, \qquad V_{\text{RMS}} = \frac{\text{AVG}\left[V(t)^2\right]}{V_{\text{RMS}}} \tag{2-163}$$

根据式(2-163)，可得到方均根检波典型电路结构如图 2-113 所示。

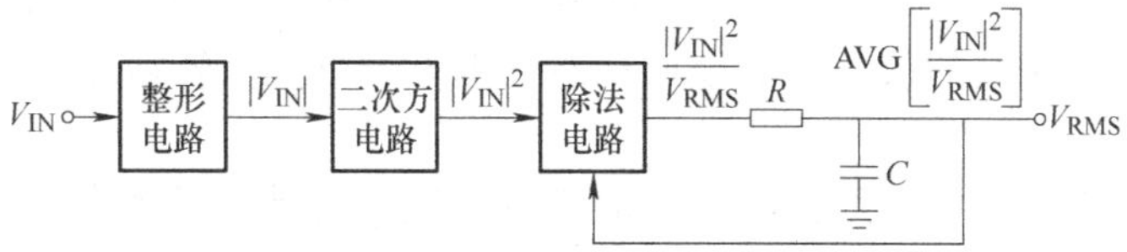

图 2-113　方均根检波典型电路结构

表 2-14 为上述 3 类射频检波器的性能对比。包络检波器具有很快的响应速度，但动态范围较小，且受峰均比影响较大。对数检波器响应较快，动态范围大，但信号的不同峰均比会严重影响检波结果。方均根检波器不受型号峰均比影响，但由于方均根检波器要求时间求均值，导致响应速度慢。

表 2-14　3 类射频检波器性能对比

检波器类型	工作频率	受峰均比影响	动态范围	响应时间
包络检波器	较高	较大	较小	短
对数检波器	高	大	大	较短
方均根检波器	较高	无	小	长

2.3.7.3　应用设计

由于方均根检波器不受信号峰均比的影响，使其广泛应用于通信系统中。但由于方均根直流转换器的动态范围低，因此需要通过一定的技术手段扩大其动态范围，并降低温度变化对检波精度的影响。图 2-114 为一种具有温度补偿的大动态方均根射频检波电路，主要由压控衰减器、固定增益放大器、低动态范围方均根直流转换器、误差放大器、LC 低通滤波器、电压跟随器和温度传感器等组成。

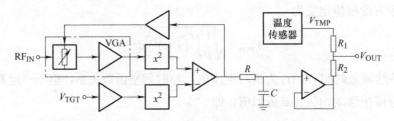

图 2-114　一种具有温度补偿的大动态方均根射频检波电路

压控衰减器和固定增益放大器构成一个可变增益放大器(Variable Gain Amplifier，VGA)，射频信号 RF_{IN} 施加于 VGA，VGA 的输出送到低动态范围方均根直流转换器。目标电压 V_{TGT} 由固定参考电压源获得，施加于另一个完全相同的低动态范围方均根直流转换器。两个转换器的输出送到误差放大器，产生的误差信号送入 VGA 的压控输入端。VGA 的增益控制传递函数是负向的，即电压增大，增益降低。

当 RF_{IN} 信号功率较小时，信号路径上的转换器输出电压减小，驱动误差放大器输出信号也随之减小，VGA 的增益将逐渐升高，直到信号链上转换器输出与目标转换器的输出相等。

同样，当 RF_{IN} 信号功率较大时，VGA 的增益将逐渐降低，直到信号链上转换器输出与目标转换器的输出相等。因此，无论是何种情况，当系统达到平衡时，方均根直流转换器的输入电压均会建立在相同的值，从而在低动态范围方均根直流转换器上实现了大动态信号检波。

由于器件的温漂特性会导致检波器的检波结果 V_{OUT} 随温度变化而大致呈现一种整体抬升或降低的趋势。图 2-114 使用精密温度传感器驱动电阻分压的一端，用于补偿温度带来的影响。分压电阻 R_1 和 R_2 值由器件漂移量和温度传感器灵敏度确定。

2.3.8　时钟锁相环

时钟锁相环是通信系统中不可或缺的模块，以晶体振荡器或恢复时钟频率作为基准参考源，使锁相环产生连续的输出信号，可为收发通道提供变频的本振信号，也可为数字基带模块提供时钟信号。

2.3.8.1　工作原理

锁相环(Phase-Locked Loop，PLL)基本模块包括鉴频鉴相器(Phase Frequency Detector，PFD)、电荷泵(Charge Pump，CP)、环路滤波器(Loop Filter)、压控振荡器(Voltage Control Osillator，VCO)和反馈分频器(Feedback Divider)。图 2-115 为 PLL 基本模型，基准频率与反馈分频器输出进行鉴频鉴相，产生的误差控制信号经过 CP 放大和环路滤波器后送入 VCO，使 VCO 产生设定的频率和相位。借助拉普拉斯变换理论，利用正向增益和反馈作为负反馈系统进行分析。负反馈牵制误差信号 $e(s)$ 在反馈分频器输出和基准频率处于锁相和锁频状态，锁定之后，频率相同，并维持一定稳态相差。

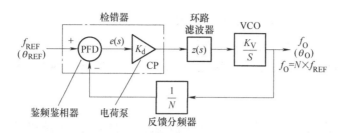

图 2-115　PLL 基本模型

下面分别对 PFD、CP、环路滤波器、VCO 和分频器进行介绍分析。

1. PFD

下面以边沿触发 PFD 为例，对 PFD 电路结构进行介绍说明。图 2-116 为边沿触发 PFD 典型实现方案，由两个 D 触发器和逻辑与门组成。两个 D 触发器分别以参考时钟信号 REF 和 VCO 反馈信号 FB 作为其时钟控制端，信号输入端均接高电平。当 REF 频率高于 FB 频率时，UP 输出为不同脉宽的不规格脉冲信号，DOWN 输出保持低电平，且频差越大，UP 的均值越大，如图 2-116 a 所示。在 UP 信号作用下，CP 充电支路间断性开启，调谐电压升高，VCO 频率往高端调谐，从而逐渐降低 REF 和 FB 信号的频差。此阶段为 PFD 鉴频过程。当 REF 和 FB 信号频差减小至 0 时，PFD 进入鉴相工作状态。假设此时 REF 频率与 FB 频率相同且相位超前，则 UP 输出为脉宽正比于两者相差的周期性脉冲信号，DOWN 输出保持低电平，UP 信号的作用又使 PFD 重新进入鉴频工作状态，如图 2-116 b 所示。在 PLL 未锁定时，PFD 将在鉴频和鉴相两个工作状态之间动态调整，直至 PLL 锁定，锁定后的频率相同，相位同步。REF 频率低于 FB 频率或两者频率相同时，REF 相位滞后 FB 相位情况的工作过程与上述分析过程类似。

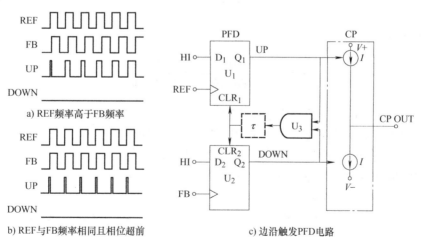

图 2-116　边沿触发 PFD 工作原理

上述为 PFD 理想工作模式，实际上，当 REF 和 FB 信号相差很小时，UP 或 DOWN 脉冲宽度非常窄。由于结电容的存在，使得此窄脉冲无法升到足够高的电平，从而无法正常开启 CP。即当 REF 与 FB 信号的相位差 $\Delta\varphi$ 小于某一特定值 φ_0 时，CP 不存在充放电电流，REF 与 FB 信号相位无法精确同步，VCO 输出将存在相位抖动，导致相位噪声和杂散特性恶化。

此相位差区域 $[-\varphi_0, \varphi_0]$ 为 PFD 的死区，是 PFD 设计的主要关注点。为了消除此死区，通过在 U_3 的输出端和 U_1、U_2 的 CLR 输入端之间添加延迟单元，确保即使在 REF 和 FB 相位完全对齐时，UP 和 DOWN 也存在一定脉宽的脉冲，从而 CP 输出端存在稳定电流脉冲，保证 VCO 输出稳定。

2. CP

如图 2-116 所示，CP 物理模型为两个电流源(上方的充电电流源和下方的放电电流源)，两个电流源近似理想模型，且电流大小相等。PFD 输出信号驱动两个电流源对电容进行充放电，改变 VCO 控制电压，调整其输出频率。

在实际设计过程中，CP 电流增益设定是可调的。一般情况下，会将 CP 的电流增益设定调整至较大值，这样可以减小后级三阶环路滤波器的电阻值，降低电阻噪声。同时，增大与 VCO 并联的环路电容值，减小 VCO 输入电容值的潜在影响。另外，某些特定的 PLL 芯片的相位噪声同样可以通过增大 CP 电流增益的方法得以改善。

3. 环路滤波器

环路滤波器通常为低通滤波器，用于滤除来自 PFD 和 CP 输出电压中的高频成分和噪声分量，得到一干净的压控信号去控制 VCO 输出。环路滤波器包括有源环路滤波器和无源环路滤波器两类，可根据所选的 PLL 和 VCO 确定环路滤波器类型，但由于有源滤波器采用放大器会引入噪声，导致其相位噪声恶化，因此在设计中应尽量选用无源滤波器。此处以常用的三阶无源低通滤波器为例，介绍环路滤波器的设计过程。

在设计环路滤波器之前，首先对图 2-115 中 PLL 的传递函数进行分析，其开环增益 $G(s)$ 表示为

$$G(s) = K_d F(s) \frac{K_{VCO}}{s} \tag{2-164}$$

闭环增益 $\Phi(s)$ 为

$$\Phi(s) = \frac{G(s)}{1 + G(s)H(s)} = \frac{G(s)}{1 + G(s)/N} \tag{2-165}$$

PLL 开环增益的相位裕度一般选择在 $30° \sim 70°$ 之间。相位裕度主要用于衡量闭环负反馈系统的稳定性，并预测闭环系统阶跃响应的过冲。当相位裕度较大时，可以得到较好的稳定性，但响应速度会比较慢。综合考虑各种因素，合理选择相位裕度的大小，一般取 $45°$ 较好。

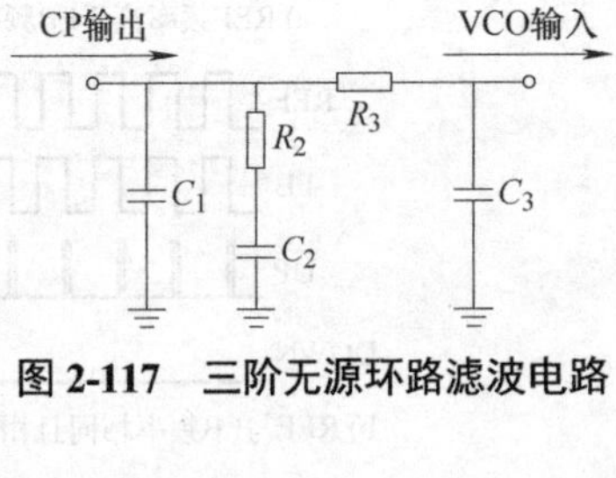

图 2-117 为三阶无源环路滤波电路，其传递函数 $F(s)$ 可表示为

图 2-117 三阶无源环路滤波电路

$$
F(s) = \frac{sR_2C_2 + 1}{R_2R_3C_1C_2C_3s^3 + \left[R_2C_1C_2 + R_2C_2C_3 + R_3C_3(C_1 + C_2)\right]s^2 + (C_1 + C_2 + C_3)s}
$$

$$
= \frac{1 + T_2s}{s(1 + sT_1)(1 + sT_3)} \frac{1}{C} \tag{2-166}
$$

$$\begin{cases} \dfrac{T_1 T_3}{T_2} = \dfrac{C_1 C_3 R_3}{C_1 + C_2 + C_3} \\[2mm] T_1 + T_3 = \dfrac{C_2 C_3 R_2 + C_1 C_2 R_2 + C_1 C_3 R_3 + C_2 C_3 R_3}{C_1 + C_2 + C_3} \\[2mm] T_2 = R_2 C_2 \\[1mm] C = C_1 + C_2 + C_3 \end{cases} \tag{2-167}$$

式中，$T_1 \sim T_3$ 为时间常数，分别对应滤波器不在原点的 2 个极点和 1 个零点。相比二阶滤波器，三阶滤波器增加了一个极点，用于提高对杂散噪声的抑制度。在设计时，通过衰减度来确定此极点的位置，一般低于参考信号频率，高于 5 倍环路带宽，否则会影响到 PLL 的稳定性。

将环路滤波器传递函数 $F(s)$ 代入 PLL 开环传递函数 $G(s)$，可得其相位裕度 $\varphi_C(\omega)$ 为

$$\varphi_C(\omega) = \pi + \arctan(\omega T_2) - \arctan(\omega T_1) - \arctan(\omega T_3) \tag{2-168}$$

将相位裕度 $\varphi_C(\omega)$ 对 ω 微分，并令其为 0，可求出对应最大相位裕度下的频率 ω_C，需满足

$$\frac{\omega_C T_2}{1 + (\omega_C T_2)^2} = \frac{\omega_C T_1}{1 + (\omega_C T_1)^2} + \frac{\omega_C T_3}{1 + (\omega_C T_3)^2} \tag{2-169}$$

根据设计时给出的锁相环的带宽 ω_C 和相位裕度 φ_C，并利用 $T_1 \sim T_3$ 之间的相互关系，就可以解算出 3 个时间常数 $T_1 \sim T_3$ 和各元器件的参数。

环路滤波器所用的电容最好不要选择陶瓷类电容，因为陶瓷类电容具有自发产生压电噪声的特性，而低泄漏的薄膜电容应成为首选。同样，环路电阻也不应该选择易产生噪声的碳素混合类型，优先考虑薄膜类电阻。

4. VCO

VCO 是 PLL 的核心结构，通过改变调谐电压，控制其输出频率。VCO 输出频率 ω_{out} 表示式为

$$\omega_{out} = \omega_0 + K_{VCO} V_{CRTL} \tag{2-170}$$

式中，ω_0 为初始频率；K_{VCO} 为 VCO 的增益单位(rad/s·V)；V_{CRTL} 为压控电压。工程设计中，为了实现较宽的调谐范围，以使 PLL 可以克服 PVT (Process，Voltage and Temperature)的影响完成锁定，K_{VCO} 往往需要较高的数值。但是，K_{VCO} 越高，则 V_{CRTL} 扰动对 VCO 输出频率的影响越明显，从而恶化相位噪声性能。因此，在电路设计上需折中考虑。

关于 VCO 的实现架构，一般为频率选择网络和负阻的组合，如图 2-118 所示。其中频率选择网络为典型的 LC 谐振腔，负阻可以由正反馈连接的晶体管电路组成。LC 自谐振频率为

$$\omega_0 = 1/\sqrt{LC} \tag{2-171}$$

由于谐振电路存在损耗，此时谐振网络中的电压 $V(t)$ 会不断减小。为了补偿损耗的能量，负阻产生电流 $I(t) = G_m V(t)$ 注入网络中。假设该谐振网络的品质因数(Q 值)很高，则网络中的信号可认为是正弦波，则

$$V(t) = A_0 \cos(\omega_0 t), \quad I(t) = G_m A_0 \cos(\omega_0 t) \tag{2-172}$$

107

式中，A_0 为电压幅度。每个周期负阻注入谐振网络的能量为

$$E_1 = \frac{G_\mathrm{m} A_0^2 T_0}{2} \tag{2-173}$$

式中，$T_0 = 2\pi/\omega_0$。假设谐振网络的等效并联电阻为 R，则谐振网络每个周期损耗的能量为

$$E_2 = \frac{A_0^2 T_0}{2R} \tag{2-174}$$

当谐振网络的损耗和注入的能量平衡时，即 $E_1 = E_2$，有 $G_\mathrm{m} = 1/R$。为保证 VCO 起振，在初始条件下，瞬时负阻应满足

$$G_\mathrm{m} > 1/R \tag{2-175}$$

交叉耦合晶体管对结构的负阻由于良好的对称性被广泛应用于锁相环 VCO 设计中。以 LC 谐振腔为例，交叉耦合 VCO 典型结构如图 2-119 所示，包括用于频率选择的 LC 谐振腔、实现负阻的有源交叉耦合晶体管对和用于提供输出功率和隔离目的的缓冲放大器。对于此 VCO 结构，有两个重要因素影响相位噪声：一是直接产生相位噪声的噪声因子 F；另一个是间接产生相位噪声的 LC 谐振腔非线性 AM-PM 转换过程。另外，相位噪声还需要考虑 LC 谐振腔等效阻抗和负阻晶体管 $\mathrm{VT_m}$ 噪声。具体分析过程，此处不再深入讨论。

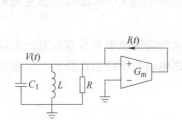

图 2-118   VCO 负反馈模型

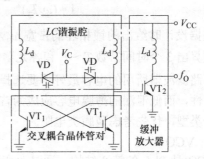

图 2-119   交叉耦合 VCO 典型结构拓扑

5. 分频器

通过分频器，允许 PFD 将较低的参考频率与较高的输出频率进行鉴频鉴相。分频器主要分为模拟分频器和数字分频器两种类型。模拟分频器包括米勒分频器和注入锁定分频器两种拓扑结构，见表 2-15。

表 2-15   常规分频器的分类

类型	基本构成	优点	缺点
模拟分频器	包括米勒分频器和注入锁定分频器。在施加输入信号情况下振荡，根据调制器阶数，在输入频率的 1/N 处产生谐振	工作频率高，噪声低，直流功耗小	带宽较小，分频比固定
数字分频器	使用 CMOS 逻辑电路实现时序电路	易集成、可编程、宽调节范围	工作频率相对较低，宽带宽下静态功耗高

由图 2-115 可知，可以通过采用频率很低的参考时钟来提高 PLL 输出频率的分辨率，但使用频率很低的参考时钟并不可取，而采用高性能的高频晶振时钟源，并对其进行分频处理，

是一种获得高分辨率输出频率更加合理的做法，如图 2-120 所示。另外，对于超高频输出、超低频分辨率场景，反馈分频比很大，需要一个超大位宽的计数器，例如输出频率 3.5GHz、频率分辨率 10kHz 的应用场景，至少需求一个 19 位的反馈计数器。为了降低对反馈计数器的位宽需求，一般考虑在可编程计数器之前加一个固定预分频器，以便将超高频输出分频至标准 CMOS 工作频率范围内。

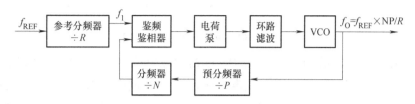

图 2-120　在 PLL 频率合成器中使用参考计数器和预分频器

2.3.8.2　关键指标

PLL 的关键指标主要包括输出频率范围、相位噪声、参考杂散、整数边界杂散和锁定时间。

1. 输出频率范围

PLL 能锁定输出的频率范围，主要由 VCO 的频率范围决定。

2. 相位噪声

对于一给定功率的时钟频率来说，相位噪声就是时钟信号功率相对于给定频偏处 1Hz 带宽上的功率，单位为 dBc/Hz。

相位噪声是信号在频域的度量。在时域，与之对应的是时钟抖动(Jitter)，它是相位噪声在时间域里的反映。在移动通信中，射频前端更关注本振的相位噪声性能，较差的相位噪声会直接影响发射的调制精度，且频率越高，影响越明显。5G NR 中，专门引入了相位跟踪参考信号(Phase-Tracking Reference Signals，PTRS)进行相位噪声的补偿。而 ADC 和 DAC 的采样时钟更关注其抖动性能，较差的时钟抖动在高速 ADC 和 DAC 应用中会严重恶化采样数据的 SNR。

时钟抖动可通过相位噪声积分得到，如图 2-121 所示，具体实现过程如下：

1) 对给定起始频率偏移到结束频率偏移处的相位噪声进行积分，得到所关注频率偏移范围内的积分相位噪声 A，单位为 dBc。

2) 对积分相位噪声 A 取对数，求得相位抖动方均根值(RMS Phase Jitter)，单位为弧度。

3) 将弧度值转换为时间单位，单位一般为 ps。

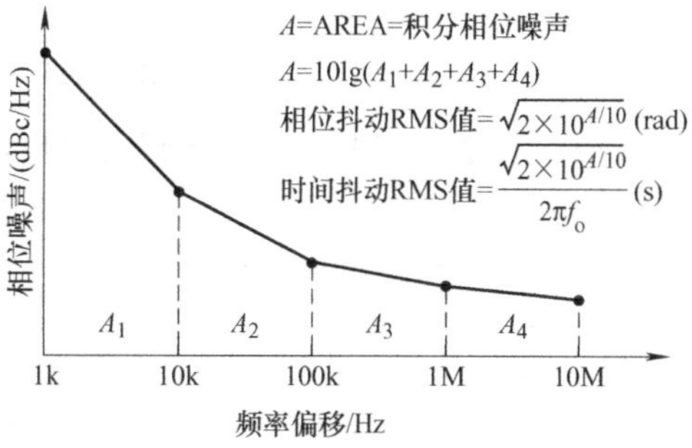

A=AREA=积分相位噪声
$A=10\lg(A_1+A_2+A_3+A_4)$
相位抖动RMS值=$\sqrt{2\times10^{A/10}}$ (rad)
时间抖动RMS值=$\dfrac{\sqrt{2\times10^{A/10}}}{2\pi f_\text{o}}$ (s)

图 2-121　时钟抖动与相位噪声之间的关系

根据 PLL 的基本模型，其相位噪声来源主要包括参考输入，反馈分频(1/N)，CP 和 VCO 四部分，如图 2-122 所示，其总的相位噪声表达式为

$$S_\text{TOT}=\left(S_\text{REF}^2+S_\text{N}^2\right)\left(\frac{G}{1+GH}\right)^2+S_\text{CP}^2\left(\frac{1}{K_\text{d}}\right)^2\left(\frac{G}{1+GH}\right)^2+S_\text{VCO}^2\left(\frac{1}{1+GH}\right)^2 \tag{2-176}$$

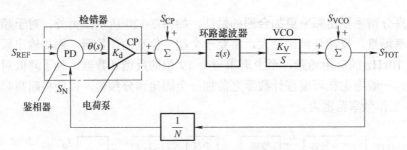

图 2-122 PLL 相位噪声贡献项模型

对 $S_{\text{REF}}^2 + S_{\text{N}}^2$ 项来说，系统闭环增益 $G/(1+GH)$ 表现为低通特性，所以在环路带宽内，参考输入时钟的相位噪声和反馈 N 分频器的噪声占有很大比例。同样对 S_{CP}^2，它对系统的相位噪声的影响也取决于系统的闭环增益 $G/(1+GH)$，并且还受限于 CP 的增益 K_d，因此在环路的带宽内，CP 的相位噪声也很重要。而对 S_{VCO}^2 项来说，它对系统的相位噪声的影响取决与 $G/(1+GH)$，表现为高通特性，从而环路带宽外的相位噪声主要由 VCO 决定。PLL 也正是通过借助参考输入时钟优越的近端相位噪声和 VCO 超低的远端相位噪声来保证其输出信号的宽带相位噪声性能。图 2-123 为 PLL 相位噪声贡献曲线，噪声贡献项包括参考源相位噪声、VCO 相位噪声和 PLL(PFD 和 CP)相位噪声，分别经过低通滤波、高通滤波和低通滤波器后，合成最终输出的相位噪声。

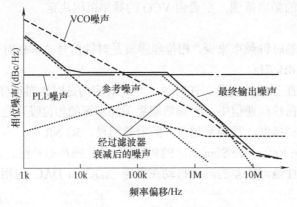

图 2-123 PLL 相位噪声贡献曲线

根据上述对 PLL 相位噪声模型分析，可以得到表 2-16 的几种 PLL 相位噪声优化措施。

表 2-16 PLL 相位噪声优化措施

优化措施	优化分析	折中考虑因素
选用更低噪声的参考时钟	优化近端相位噪声	随着参考晶振噪声的降低，比如恒温晶振 OCXO，其相位噪声和稳定度指标都很高，当然成本也随之升高
增大鉴相频率	降低 S_{N}	需考虑 PFD 的额定工作频率范围，过高的鉴相频率，反而会恶化 PLL 本身的相位噪声
增大 CP 电流	增大 K_d，减小 S_{CP}^2 的贡献量	随着 CP 电流的增加，其功耗也随之升高
缩小环路带宽	限制噪声	具体需对比参考时钟和 VCO 的相关性能，如果参考时钟噪声极低，可考虑适当扩宽环路带宽；如果 VCO 噪声极低，可考虑适当缩小环路带宽
降低反馈分频比 N	降低反馈分频器噪声	需考虑 PFD 的额定工作频率范围，过高的鉴相频率，反而会恶化 PLL 本身的相位噪声

(续)

优化措施	优化分析	折中考虑因素
VCO 环路滤波电路包地处理，降低 EMI 和数字噪声干扰	降低 VCO 压控端干扰	布板面积的增加
PLL 和 VCO 电源良好的滤波和去耦	隔离电源噪声和串扰	布板面积和成本的增加

3．参考杂散

参考杂散是 PLL 中最常见的杂散干扰，主要由 CP 源电流(Source Current)与汇电流(Sink Current)失配、CP 漏电流(CP 三态下输出的窄脉冲电流)，以及电源去耦滤波不理想导致。在接收通道设计中，PLL 杂散信号与其他干扰信号的混频产物可能落到有用信号频段内，从而影响接收机灵敏度。

PLL 处于锁定状态时，CP 会周期性的(频率等于鉴相频率)产生交替变换的脉冲电流给环路滤波器，环路滤波器对其进行积分产生稳定的控制电压，如图 2-124 所示。电荷泵源电流与漏电流失配程度 Mismatch 可表示为

$$\text{Mismatch}(\%) = \frac{I_{\text{source}} - I_{\text{sink}}}{(I_{\text{source}} + I_{\text{sink}})/2} \times 100\% \qquad (2\text{-}177)$$

式中，I_{source} 为源电流；I_{sink} 为漏电流。

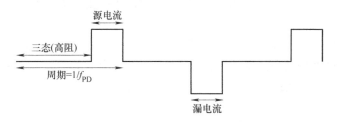

图 2-124　PLL 锁定条件下的电荷泵电流输出波形

当鉴相频率较低时，由 CP 漏电流引起的杂散占主要地位。

当鉴相频率较高时，由 CP 交替电流(源电流和汇电流)引起的杂散占主要地位。

当 CP 处于三态时，CP 漏电流是杂散的主要来源。CP 漏电流经过环路滤波器形成控制电压调谐 VCO，相当于对 VCO 进行调频(FM)，反映在 VCO 的输出，从而出现杂散信号。

4．整数边界杂散

整数边界杂散(Integer Boundary Spurs，IBS)就是在鉴相频率整数倍频偏处的杂散。例如：PLL 鉴相频率为 100MHz，如果 PLL 的环路带宽无限大，则 200MHz、300MHz、400MHz、……等频偏处的杂散都是整数边界杂散。

结合图 2-125，整数边界杂散产生的原因是鉴相频率的谐波信号 $N \times f_{\text{PD}}$ 与 VCO 目标频率信号 f_{VCO} 混频得到的频偏 $\Delta = f_{\text{VCO}} - N f_{\text{PD}}$，在 f_{VCO} 与 $N f_{\text{PD}}$ 靠得很近时，混频产生的 Δ 无法被环路滤波器滤除，因此又会在后续的环路中与 f_{VCO} 混频，得到 $f_{\text{VCO}} + \Delta$ 这个杂散。例如：鉴相频率 f_{PD} 为 100MHz，VCO 目标频率 f_{VCO} 为 8.01GHz，则会在 8GHz 处存在

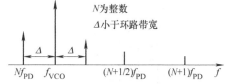

图 2-125　PLL 整数边界杂散示例

一个整数边界杂散，并与 VCO 目标频率混频后在 8.02GHz 处产生一个对称的杂散，杂散频偏 10MHz，在环路滤波器带宽之内，则该杂散的幅度将较大，影响输出载波性能。

整数边界杂散主要会带来以下问题：

1) 对于整数边界杂散距离目标 f_{VCO} 信号频偏 Δ 较小时，整数边界杂散功率会对抖动产生贡献，当频偏 Δ 小于环路带宽时尤其严重。

2) 对于整数边界杂散距离目标 f_{VCO} 信号频偏 Δ 较大时，在通信系统中，该整数边界杂散将可能调制(或解调)相邻信道至目标信道，导致系统失真，恶化信噪比。

在设计过程中，主要有以下几点措施用于降低整数边界杂散：

1) 改变鉴相频率 f_{PD}，使 VCO 目标频率 f_{VCO} 偏移整数边界杂散。对于固定的参考频率，可在输入端加入预分频器，通过编程实现不同预分频器的设置。

2) 降低环路带宽，使整数边界杂散落在环路带宽之外，但会有失锁风险，需折中考虑。

5. 锁定时间

锁定时间是 PLL 从一个指定频率跳变到另一个指定频率所用的时间。频率跳变的步长取决于 PLL 工作在限定的系统频带上所能达到的最大的频率跳变能力。移动通信小区切换过程中，终端需保证具有足够快的锁定时间，比如 2G GSM 系统要求锁定时间小于 1.5 个时隙 ($1.5 \times 557\mu s = 835.5\mu s$)。在实际设计中，有如下方法用于加速环路锁定：

(1) 增加环路带宽　环路带宽与锁定时间是一对矛盾体，增大环路带宽意味着降低了对杂散信号的衰减，导致相位噪声恶化。如果环路带宽大于 20%鉴相频率，环路可能不稳定，并彻底失锁。环路带宽一般设置为 5%~10%倍鉴相频率。

(2) 增大鉴相频率　鉴相频率决定了反馈分频和参考频率的比较速度，增大鉴相频率可以加快 CP 对环路滤波器的充放电速度，更快达到预定的控制电压，从而有效减小锁定时间。但另一方面，鉴相频率的增大往往意味着需要增加环路带宽。

2.3.8.3　应用设计

下面对高频微波双通道 PLL 和数字中频多通道 PLL 两种应用为例，分别进行 PLL 的应用设计分析。

1. 高频微波双通道 PLL

核芯互联公司的 CLF5356 作为高频微波双通道 PLL 典型代表，其功能框图如图 2-126 所示，典型性能参数见表 2-17。

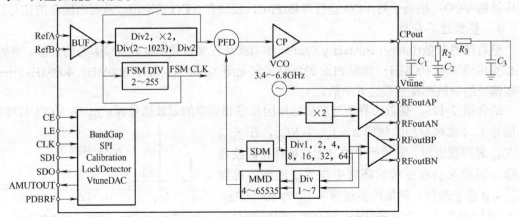

图 2-126　高频微波双通道 PLL CLF5356 功能框图

表 2-17　高频微波双通道 PLL CLF5356 典型性能参数

序号	性能项	性能参数
1	输出频率范围	53.125MHz～13.6GHz
2	输入频率范围	100kHz～300MHz
3	带内归一化噪底	-230dBc/Hz
4	归一化 $1/f$ 噪底	-126dBc/Hz
5	积分 RMS 抖动 (10kHz～10MHz)	3.4GHz 输出，55fs 13.6GHz 输出，65fs
6	参考杂散	13.6GHz 输出时，-80dBc
7	环路带宽	500kHz～1MHz
8	锁定时间	<10μs
9	单端输出功率	5GHz 输出时，-9～6dBm，2dB 步进
10	功耗	5GHz 输出 0dBm 时，3.3V，150mA

CLF5356 是一款低噪声宽频段的 PLL，支持整数模式和小数模式。芯片集成了 4 个 VCO，可覆盖 3.4～6.8GHz 频段。通过输出 2 倍频，可支持 6.8～13.6GHz 频段；通过输出分频器(分频比 1、2、4、8、16、32、64)，可支持 53.125MHz～6.8GHz 频段。

输入频率范围 100kHz～300MHz，支持差分输入和单端输入，支持方波输入和正弦波输入。同时，输入频率可以 2 倍频/(2～1023)分频等供鉴频鉴相器 PFD 工作。电荷泵(CP)电流为 0.3～4.8mA 可配置，如 0.3mA/step。PLL 反馈通路多模分频器 MMD 分频比支持 4～65535 可配置。

输出 buffer 支持单端或差分输出，可直接驱动 50Ω 负载，输出功率可调。对于负载阻抗匹配要求高的，输出 buffer 可挂 50Ω 负载到电源。当用于 5GHz 输出时，其输出功率最高 6dBm。对于输出功率要求更高的，可直接挂电感负载。

CLF5356 同样支持小数模式，芯片内部包含 32bit SDM (Sigma-Delta Modulator)，可实现高分辨率输出频率。小数模式大部分配置与整数模式相同，但设计过程中，需注意以下两点：

1) CLF5356 整数边界杂散最差会接近-40dBc，恶化整体抖动性能。可通过芯片内部 MMD 输入前配置的(1～7)分频器避开整数边界杂散。

2) 小数模式下的参考杂散比整数模式略差，约为-75dBc。小数模式下的输出谐波成分与整数模式基本一致。

2. 数字中频多通道 PLL

Aurasemi 公司的 Au5328 作为数字中频多通道 PLL 典型代表，其功能框图如图 2-127 所示，典型性能参数见表 2-18。

Au5328 是一款高度集成的时钟频率合成器，其提供时钟生成和抖动衰减的双 PLL 结构，支持多种不同应用的灵活配置。PLL$_1$ 通过外部 VCXO 优化实现，PLL$_2$ 使用集成的 VCO。芯片支持来自晶体管或振荡器的参考时钟输入，产生 14 个时钟输出，允许在每个输出频率上实现灵活选择，并提供 LVPECL、LVDS、CML 和 HCSL 接口形式。

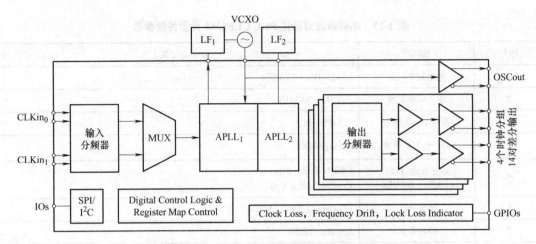

图 2-127 数字中频多通道 PLL Au5328 功能框图

表 2-18 数字中频多通道 PLL Au5328 典型性能参数

序号	性能项	性能参数
1	PLL 级数	两级 PLL，包括 PLL$_1$ 和 PLL$_2$，可工作于单 PLL 模式和双 PLL 模式
2	时钟输出	14 对差分输出 最大输出频率为 3.125GHz 支持 LVPECL、LVDS、CML 和 HCSL 接口
3	积分 RMS 抖动 (12kHz～20MHz)	使用 48MHz 晶振输入，85fs 使用 30.73MHz VCXO，105fs 使用 122.88MHz VCXO，60fs
4	参考时钟输出	支持 1 个参考时钟输出 支持 LVPECL、LVDS、CML、HCSL 和 LVCMOS 接口

Au5328 两级 PLL 抖动衰减应用模式如图 2-128 所示，可以在较宽输出频率范围内实现超低的抖动性能。第一级 PLL(PLL$_1$)由外部参考时钟驱动，并采用外部 VCXO，为第二级 PLL (PLL$_2$)提供频率精确、低相位噪声的参考时钟。PLL$_1$ 通常使用窄带环路滤波器(10～200Hz)来保证参考时钟输入信号的频率精度，并参考时钟的高端相位噪声，释放时钟系统对参考时钟的性能需求压力。PLL$_1$ 的输出为 PLL$_2$ 提供了低相位噪声的参考输入，PLL$_2$ 以宽带环路滤波(通常 50～500kHz)工作，这样可以综合利用 PLL$_2$ 内部 VCO 的高端相位噪声性能和参考 VCXO 的低端相位噪声性能。总体来说，超低抖动是通过允许外部 VCXO 相位噪声在低频段下主导最终输出相位噪声，以及内部 VCO 相位噪声在高频段下主导最终输出相位噪声实现的，从而获得最佳的整体相位噪声和抖动性能。

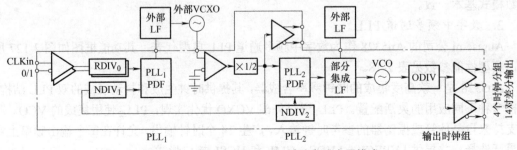

图 2-128 Au5328 两级 PLL 抖动衰减应用模式

2.3.9　直接数字频率合成器

直接数字频率合成器(Direct Digital Synthesizer，DDS)拥有频率分辨率高和跳频速度快的特点，广泛用于医学、工业、仪器仪表、通信、国防等众多领域，特别是跳频通信电台，DDS 具有不可替代的地位。

2.3.9.1　工作原理

DDS 基本模型如图 2-129 所示，其主要包括相位累加器、相位幅度转换器、DAC 和低通滤波器。在参考时钟的驱动下，相位累加器对频率控制字进行线性叠加，得到的相位码对波形存储器寻址，使之输出相应的幅度码，DAC 转换后得到相应的阶梯波，最后经过低通滤波器对其进行平滑处理，得到所需频率的平滑连续波形。最终模拟输出信号的频谱失真度主要取决于 DAC，相噪主要来自参考时钟。DDS 属于采样数据系统，必须考虑所有与采样相关的问题，包括量化噪声、混叠、滤波等。

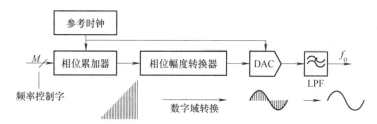

图 2-129　DDS 基本模型

下面分别对相位累加器、相位幅度转换器和 DAC 输出进行介绍分析。

1. 相位累加器

虽然正弦波的幅度不是线性的，但它的相位却是线性增加的。DDS 正是利用这一特性来产生正弦时钟信号。如图 2-130 所示，根据 DDS 的频率控制字位数 N，把数字相位轮 360° 平均分成 2^N 等份。假设系统时钟为 f_c，输出频率为 f_o，每次转动的角度为 $360°/2^N$，则可产生一个频率为 $f_c/2^N$ 的正弦波相位递增量。通过选择恰当的频率控制字 M，使得 $f_o/f_c = M/2^N$，即可得到所需的输出频率 f_o 的表达式为

$$f_o = \frac{f_c \times M}{2^N} \tag{2-178}$$

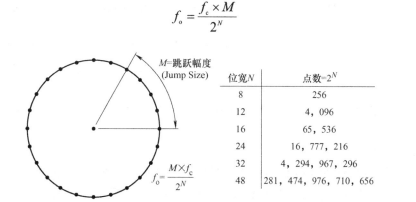

位宽 N	点数 = 2^N
8	256
12	4, 096
16	65, 536
24	16, 777, 216
32	4, 294, 967, 296
48	281, 474, 976, 710, 656

图 2-130　DDS 数字相位轮

2. 相位幅度转换器

通过相位累加器已经得到合成 f_o 频率所对应的相位信息，然后相位幅度转换器将 $0°$ ~ $360°$ 的相位转换成对应相位的幅度值。一般情况下，相位到幅度的转换通过查找表来完成。查找表中的每个地址均对应正弦波从 $0°$ ~ $360°$ 的一个相位点，查找表包含一个完整正弦波周期的相应相位数字幅度信息。通过查找表将相位累加器的相位信息映射至数字幅度值，进而驱动 DAC。比如当 DDS 的输出幅度峰值为 $2V_{P-P}$，$45°$ 对应的幅度值为 0.707V，此幅度值会以二进制的形式送入 DAC。

3. DAC 输出

代表幅度的二进制数字信号被送入 DAC，并转换成为模拟信号输出。DAC 的位数并不影响输出信号的频率分辨率，输出信号的频率分辨率由频率控制字的位数决定。

2.3.9.2 关键指标

DDS 的关键指标主要包括输出频率范围、频率分辨率、跳频时间、相位噪声、无杂散动态范围。

1. 输出频率范围

由式(2-178)可以看出，DDS 的输出频率范围主要受系统时钟 f_o 的限制。系统时钟就是 DAC 的采样率时钟，系统时钟 f_o 的频率越高，能够输出频率范围也就越宽，由于 DAC 的 sinc 效应，输出频率应控制在 40%f_o 范围内。

2. 频率分辨率

由式(2-178)可以看出，DDS 的输出频率分辨率为 $f_o/2^N$，即由频率控制字的位宽 N 决定，N 越高，输出频率分辨率也就越高。当 $N=32$ 时，频率分辨率超过 $1/4×10^9$。但 N 越高，查找表需要的存储空间越大，DDS 的成本也就越高。

3. 跳频时间

DDS 的跳频时间是指输出信号从频率 1 变到频率 2 所用的时间，主要考虑以下 3 个部分：

(1) 频率控制字的计算　在接收到频率更新指令后，相关控制器(如 FPGA)会参考式(2-178)调用乘法器进行频率控制字的计算，计算一般需要花掉数十个乘法器的工作时钟周期。

(2) 频率控制字的配置　在计算完频率控制字后，需要控制器以串行或并行的接口方式将频率控制字写入到 DDS 芯片中，频率控制字的位宽 N 越大，串行接口方式需要的时间就越长。

(3) 芯片跳频处理　DDS 芯片在接收到新的频率控制字后，在系统时钟 f_o 的驱动下，通过相位累加器、相位幅度转换器和 DAC 等处理，最终输出更新后的频率，这一过程一般需要数百个系统时钟周期。

综合来看，DDS 的跳频时间一般能控制在 25μs 以内，用于满足 1000 跳/s 以上的捷变通信指标。

4. 相位噪声

如果不使用芯片内部的 PLL 倍频器，即系统时钟 f_o 与参考时钟 f_{REF} 相等，则 DDS 的相位噪声主要来自参考时钟 f_{REF}；如果使用芯片内部的 PLL 倍频器，即系统时钟 f_o 与参考时钟 f_{REF} 成锁相环关系，则 DDS 的相位噪声主要来自参考时钟 f_{REF} 和芯片内部 PLL 两部分。参考 2.3.8.2 节的分析，频域上的相位噪声对应时域上的时钟抖动，需要控制相位噪声，保证系统调制精度。

5. 无杂散动态范围

无杂散动态范围(Spurious-Free Dynamic Range，SFDR)是信号方均根值(RMS)与一定带宽内最大杂散频谱分量方均根值(RMS)的比率。在通信系统中，SFDR 是一项重要指标，在发射方向上，一般是相对于实际信号幅度(dBc)来规定，主要影响带外/带内杂散指标；在接收方向上，一般是相对于满量程(dBFS)来规定，主要影响邻道抑制和阻塞特性指标。图 2-131以图形化方式说明了 SFDR 的定义。

在实际应用中，DDS 的输出杂散主要来自以下几点：

(1) 参考时钟引入的噪声　不管 DDS 芯片内部有无 PLL 倍频器，参考时钟的杂散都会出现在最终输出信号上。如果 DDS 芯片内部使用了 PLL 倍频器，则参考时钟在 PLL 环路带宽以内的杂散会以 $20\lg x$ 的关系被放大，其中 x 为 PLL 频率放大倍数。

(2) DAC 输出导致的杂散　DAC 非线性误差和非理想开关特性是造成 DDS 输出杂散的最显著原因，二者都会产生谐波失真。大部分的谐波失真能量都集中在基频的低次谐波上，主要是 2 次和 3 次。在设计过程中，首先需要控制 DDS 输出信号的幅度，其次避免低频的低次谐波混叠到第一奈奎斯特区域。

(3) 开关电源杂散　当 DDS 模拟部分的供电电源上处在一定开关杂散时，一般会调谐到DDS 的输出信号上，并以固定频率偏移存在。

(4) 相位幅度转换杂散　图 2-132 为相位幅度转换杂散示意图，使用的是 6bit 相位转换器和 3bit DAC。由于相位到幅度的转换，会引入幅度误差，从而在频域上产生多个杂散点。通过增大 DAC bit 位宽，可以缩小此杂散。

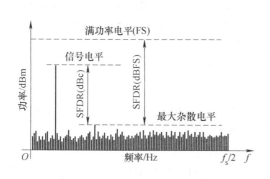

图 2-131　无杂散动态范围(SFDR)示意

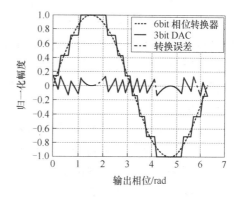

图 2-132　相位幅度转换杂散示意图

2.3.9.3　应用设计

下面以 ADI 公司的 AD9915 芯片为例进行 DDS 的应用设计分析，其功能框图如图 2-133所示。AD9915 内置 12bit DAC，工作速率最高可 2.5GSPS，最高能输出 1.4GHz 的正弦波。AD9915 非常适合用于快速跳频和精密调谐分辨率的应用。该器件拥有高速并行数据接口，可支持频率、幅度和相位调谐字的快速编程。

在进行 DDS 电路设计时，主要考虑 DDS 相位噪声，而影响 DDS 相位噪声的因素主要是参考时钟和芯片本身。另外，电源纹波和 PCB 布局不合理也会导致相位噪声变差。

AD9915 应用电路如图 2-134 所示，具体通过如下 5 点进行说明。

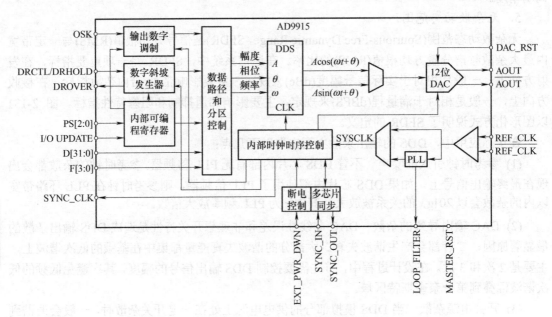

图 2-133　DDS AD9915 功能框图

（1）电源　根据《AD9915 器件手册》推荐配置，使用 3.3V 和 1.8V 电源，并保证每个电源引脚都有一个 100nF 的去耦电容和一个 10μF 的滤波电容。

（2）并行端口　为了提高跳频速率，DDS 采用 32 位并行编程模式：当 F[3:0]=0000 时，并行模式有效。在并行模式下，32 位并行端口(Bit[31:0])分为三组：Bit[31:16]构成 16 个数据位，Bit[15:8]构成 8 个地址位，Bit[2:0]构成 3 个控制位。地址位确定特定的寄存器，数据位则构成寄存器的内容，控制位确定读或写操作并设置数据总线的宽度。使用 16 位数据时，并行模式允许用户以最高 200Mbit/s 的速率写入器件寄存器(使用 8 位数据则是 100Mbit/s)。

（3）环路滤波器　根据《AD9915 器件手册》中"PLL 环路滤波器元件"说明，使用推荐的外部电容值 560pF。通过手动设置 PLL 决定最后的环路带宽。

（4）射频信号输出　两路差分输出，此处采用单端输出，50Ω 上拉。

（5）参考时钟　两个 REF_CLK 组成互补驱动信号，通过 0.1μF 电容实现交流耦合。此处采用单端信号直接驱动。

图 2-135 为上述电路在 30MHz 和 512MHz 频点输出的相位噪声，曲线上的近端尖峰主要是由于热噪声和电源噪声造成的，通过改善芯片散热和优化电源可减小尖峰。

图 2-136 为上述电路在 30MHz 和 512MHz 的跳频时间测试图，测试数据显示，在 30～512MHz 频率范围内，DDS 跳频时间大概为 21.4μs 左右，可以满足 1000Hop/s 的性能需求。该时间主要由 SPI 通信、FPGA 频率计算及配置和 DDS 处理 3 个时间组成。

（1）SPI 通信时间　SPI 通信速率为 2.25MHz，通信数据为 24bit，则 SPI 通信时间大约为 11μs。

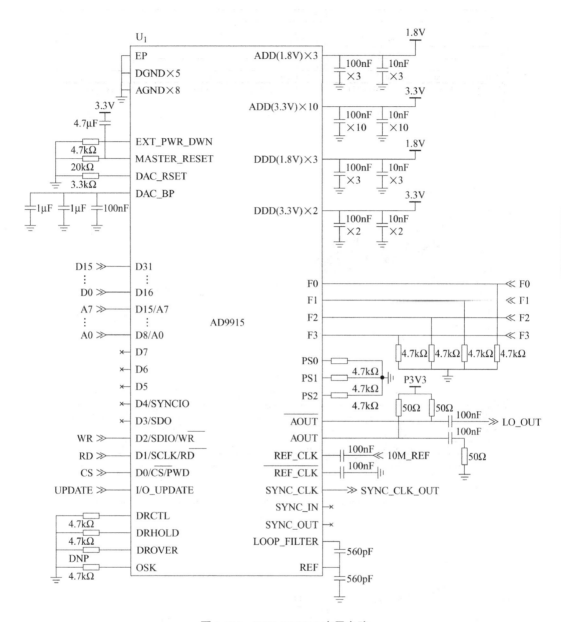

图 2-134　DDS AD9915 应用电路

（2）FPGA 频率计算及配置时间　在接收到频率更新的命令后，FPGA 需要对频率命令调用乘法器进行计算，然后将结果并行写入到 DDS 频率寄存器。完成该任务大概需要 0.3μs。

（3）DDS 处理时间　DDS 在接收到新的频率控制字后，在系统时钟的驱动下，通过相位累加器、波形存储器和 DAC 等处理，最终输出更新的频率。根据测试及前面计算，完成该任务大概需要 10μs。

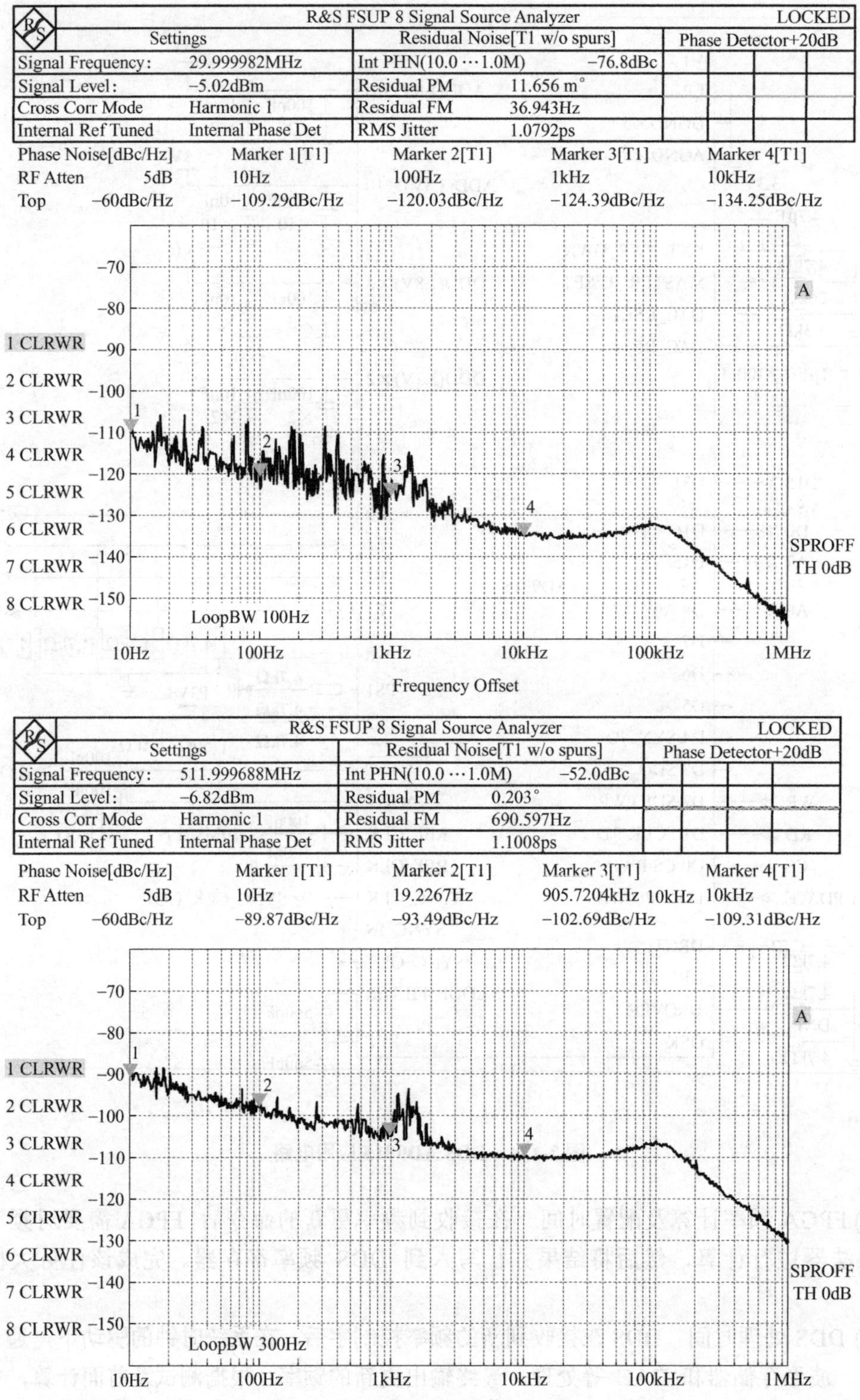
R&S FSUP 8 Signal Source Analyzer
LOCKED
Settings
Residual Noise[T1 w/o spurs]
Phase Detector+20dB
Signal Frequency: 29.999982MHz
Int PHN(10.0 …1.0M) −76.8dBc
Signal Level: −5.02dBm
Residual PM 11.656 m°
Cross Corr Mode Harmonic 1
Residual FM 36.943Hz
Internal Ref Tuned Internal Phase Det
RMS Jitter 1.0792ps
Phase Noise[dBc/Hz]
RF Atten 5dB
Top −60dBc/Hz
Marker 1[T1] 10Hz −109.29dBc/Hz
Marker 2[T1] 100Hz −120.03dBc/Hz
Marker 3[T1] 1kHz −124.39dBc/Hz
Marker 4[T1] 10kHz −134.25dBc/Hz
1 CLRWR
2 CLRWR
3 CLRWR
4 CLRWR
5 CLRWR
6 CLRWR
7 CLRWR
8 CLRWR
−70
−80
−90
−100
−110
−120
−130
−140
−150
A
SPROFF
TH 0dB
LoopBW 100Hz
10Hz
100Hz
1kHz
10kHz
100kHz
1MHz
Frequency Offset
R&S FSUP 8 Signal Source Analyzer
LOCKED
Settings
Residual Noise[T1 w/o spurs]
Phase Detector+20dB
Signal Frequency: 511.999688MHz
Int PHN(10.0 …1.0M) −52.0dBc
Signal Level: −6.82dBm
Residual PM 0.203°
Cross Corr Mode Harmonic 1
Residual FM 690.597Hz
Internal Ref Tuned Internal Phase Det
RMS Jitter 1.1008ps
Phase Noise[dBc/Hz]
RF Atten 5dB
Top −60dBc/Hz
Marker 1[T1] 10Hz −89.87dBc/Hz
Marker 2[T1] 19.2267Hz −93.49dBc/Hz
Marker 3[T1] 905.7204kHz 10kHz −102.69dBc/Hz
Marker 4[T1] 10kHz −109.31dBc/Hz
A
SPROFF
TH 0dB
LoopBW 300Hz
Frequency Offset

图 2-135　DDS 输出 30MHz 和 512MHz 的相位噪声测试图

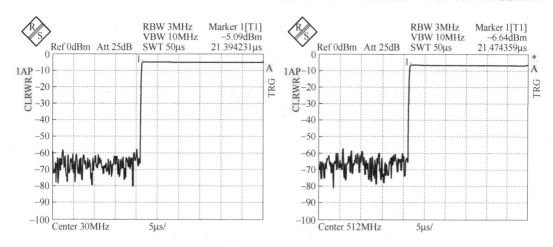

图 2-136 DDS 输出 30MHz 和 512MHz 的跳频时间测试图

2.3.10 功率分配器

功率分配器(简称功分器)是一种将输入功率分成相等或不相等的几路输出功率的多端口网络。相反,也可向功分器的分路端口输入信号进行功率合成,构成合路器。

在射频通信电路中,功分器常应用于 FDD 系统共本振功率分配、多通道幅相一致性校正功分合路、相控阵系统多天线功分合路等典型场景,如图 2-137 所示。

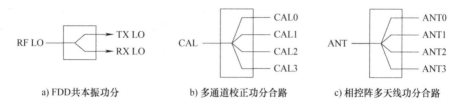

a) FDD共本振功分　　　　b) 多通道校正功分合路　　　　c) 相控阵多天线功分合路

图 2-137 功分器在射频通信电路中的部分典型应用场景

2.3.10.1 关键指标

功分器的关键指标主要包括工作频段、插入损耗、隔离度、驻波比、幅相一致性。

1. 工作频段

工作频段是指在保证功分器相关性能指标下,可以正常工作的频率范围。

2. 插入损耗

插入损耗是指功分器输入和输出端口之间的功率比值,包括分配损耗和传输损耗两部分。分配损耗与功分器的功率配比有关,比如二等分功分器的分配损耗为 3dB,四等分功分器的分配损耗为 6dB。传输损耗主要由传输线介质损耗和失配损耗等因素导致。

3. 隔离度

功分器隔离度特指各支路端口之间的隔离度,属于功分器的一个重要指标,隔离度越大,端口间相互牵引越小。在测量两支路端口之间隔离度时,需保证其他端口均已端接匹配负载。

4. 驻波比

驻波比为其他端口均端接匹配负载时,被测端口的驻波比(VSWR),通过驻波电压幅度最大值与驻波电压的最小值进行表征,即

$$VSWR = \frac{V_{max}}{V_{min}} \tag{2-179}$$

5. 幅相一致性

幅相一致性主要用于表征等分功分器各支路端口之间的幅度和相位平衡度。用于多通道校正和相控阵多天线的功分器，其幅相一致性指标尤其重要。

2.3.10.2 应用设计

在射频通信系统中，通常会应用到集总 LC 功分器和微带线功分器，下面分别进行应用举例介绍。

1. 集总 LC 功分器

集总 LC 功分器结构如图 2-138 所示，其设计方法如下：

1) L 和 C 由功分器工作频率 f 决定，$L = 55/(4.4f)$，$C = 1/(445f)$。

2) C_1 和 R 分别用于端口匹配和端口隔离，$C_1 = 2C$，$R = 2Z_0$。

以工作频率 $f = 3.5\text{GHz}$，端口阻抗 $R = 50\Omega$ 为例，进行集总 LC 功分器设计，计算得到 $L = 3.2\text{nH}$，$C = 0.6\text{pF}$，$C_1 = 1.2\text{pF}$，$R = 100\Omega$，使用理想元件进行 ADS 仿真，仿真结果如图 2-139 所示。可以看出，随着频率展宽，端口隔离度和回波损耗将逐步恶化，使用实际的 LC 元件更为明显。因此，集总 LC 功分器一般用于窄带场景。

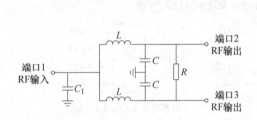

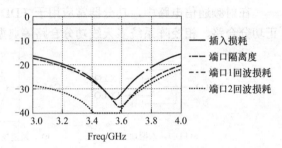

图 2-138 集总 LC 功分器结构   **图 2-139 集总 LC 功分器仿真结果**

2. 微带线功分器

Wilkinson(威尔金森)功分器是最典型、最常用的功分器结构，其 3dB 二等分原理结构如图 2-140 所示。其中，Z_0 为端口特征阻抗，λ 为信号波长，R 为隔离电阻。当信号从左边 P_1 端口输入时，右边 P_2 和 P_3 端口将输出两路等幅同相的分路信号。

考虑一般情况，P_3 端口和 P_2 端口的输出功率比为 k^2，即

$$k^2 = \frac{P_3}{P_2} = \frac{U_3^2}{U_2^2}\frac{Z_2}{Z_3} \tag{2-180}$$

图 2-140 Wilkinson 功分器 3dB 二等分原理结构示意图

式中，P_2 和 P_3 分别为 P_2 和 P_3 端口的输出功率；U_2 和 U_3 分别为 P_2 和 P_3 端口的输出电压；Z_2 和 Z_3 分别为 P_2 和 P_3 端口的输出阻抗。

由于 P_1 端口到 P_2 和 P_3 端口的线长度相等，则 P_2 和 P_3 端口的输出电压相等，即 $U_2 = U_3$，则式(2-180)可化简为

$$Z_2 = k^2 Z_3 \tag{2-181}$$

根据分支线特性阻抗与其输入阻抗和输出阻抗的几何平均关系和功率比值条件，即

$$Z_{02} = \sqrt{Z_{in2}Z_2}, \quad Z_{03} = \sqrt{Z_{in3}Z_3} \tag{2-182}$$

$$\frac{U_1^2/Z_{in2}}{U_1^2/Z_{in3}} = \frac{1}{k^2} \Rightarrow \frac{Z_{in2}}{Z_{in3}} = k^2 \tag{2-183}$$

取 $Z_2 = kZ_0$，$Z_3 = Z_0/k$ 结合据 P_1 端口与两分支线阻抗匹配条件，得到

$$\begin{cases} \dfrac{1}{Z_0} = \dfrac{1}{Z_{in2}} + \dfrac{1}{Z_{in3}} = (k^2 + 1)\dfrac{1}{Z_{in2}} = (k^2 + 1)\dfrac{Z_2}{Z_{02}^2} = (k^3 + k)\dfrac{Z_0}{Z_{02}^2} \\[3mm] \dfrac{1}{Z_0} = \dfrac{1}{Z_{in2}} + \dfrac{1}{Z_{in3}} = \left(\dfrac{1}{k^2} + 1\right)\dfrac{1}{Z_{in3}} = \left(\dfrac{1}{k^2} + 1\right)\dfrac{Z_3}{Z_{03}^2} = \left(\dfrac{1}{k^3} + \dfrac{1}{k}\right)\dfrac{Z_0}{Z_{03}^2} \end{cases} \tag{2-184}$$

式中，Z_{in2} 和 Z_{in3} 分别为两分支线输入端传输线特性阻抗；Z_{02} 和 Z_{03} 分别为 P_2 和 P_3 端口两分支线的特性阻抗。

将式(2-184)化简，得到

$$Z_{02} = \sqrt{k(k^2 + 1)}Z_0, \quad Z_{03} = \sqrt{\frac{k^2 + 1}{k^3}}Z_0 \tag{2-185}$$

另外，两分支线之间的电阻 R 起到隔离作用，通过输入/输出端口匹配条件和两输出单口完全隔离条件，可以得到隔离电阻的取值为

$$R = \left(k + \frac{1}{k}\right)Z_0 \tag{2-186}$$

对于等功率分配的情况，$k = 1$，则有 $Z_{02} = Z_{03} = \sqrt{2}Z_0$，$R = 2Z_0$。

同样以工作频率 $f = 3.5\text{GHz}$，端口阻抗 $R = 50\Omega$ 为例，进行 Wilkinson 微带线功分器设计。选用 Rogers 4350B 板材，介电常数 ε_r 为 3.48(设计使用 3.66)，基板厚度为 10mil(1mil=25.4μm)，损耗角正切 $\tan\delta$ 为 0.0037，铜导体厚度为 1.4mil。使用 ADS 的 LineCale 仿真并优化得到的 50Ω 微带线线宽 w_1=20.8mil，70.7Ω 分支线线宽 w_2=10.8mil，为缩小微带线功分器的布局面积，70.7Ω 分支线由折线型实现，如图 2-141a 所示，最终优化得到仿真结果如图 2-141b 所示。对比图 2-139 集总 LC 功分器的仿真结果，微带线功分器的工作频段更宽，实际应用的插入损耗更优。

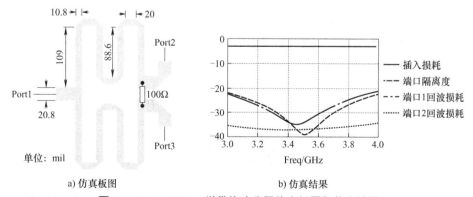

a) 仿真板图　　　　　　　　b) 仿真结果

图 2-141　Wilkinson 微带线功分器仿真板图与仿真结果

2.3.11 耦合器

耦合器是一种特殊的功分器，它将射频信号耦合分配出一部分信号功率，同时改变信号相位的无源器件。常见的耦合器一般都是定向耦合器，定向耦合器是具有方向性的功率耦合，属于四端口器件，如图 2-142 所示，由输入端口①、

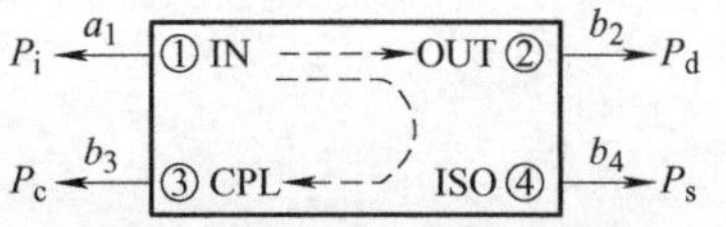

图 2-142 定向耦合器示意图

输出端口②、耦合端口③和隔离端口④组成。输入端口的电磁波能量经过耦合结构(一般包括耦合缝、耦合孔、耦合传输线、耦合网络等)进入耦合端口，并在隔离端口无输出。

对于射频通信电路，耦合器主要应用如下。

(1) 发射功率耦合　功率放大器输出电路耦合一部分输出信号用于 DPD 校正、闭环功控等处理。

(2) 校正信号耦合　MIMO 系统多通道一致性校正，耦合一部分校正信号，用于多个发射或接收通道的幅相一致性校正。

耦合器作为四端口网络，以图 xx 端口编号为例，其特性可用散射矩阵 $[S]$ 表示，即

$$[S] = \begin{bmatrix} S_{11} & S_{12} & S_{13} & S_{14} \\ S_{21} & S_{22} & S_{23} & S_{24} \\ S_{31} & S_{32} & S_{33} & S_{34} \\ S_{41} & S_{42} & S_{43} & S_{44} \end{bmatrix} \tag{2-187}$$

式中，各端口反射系数 $S_{ii}(i=1,2,3,4)$ 理论值为零，表示各端口的匹配情况；衰减系数 $S_{41}=S_{14}=S_{32}=S_{23}$ 理论值为零，表示耦合器隔离情况；耦合系数 $S_{31}=S_{13}=S_{42}=S_{24}$，根据需求进行具体设计。

2.3.11.1 关键指标

耦合器的技术指标主要包括耦合度、隔离度、方向性、插入损耗、工作带宽、输入驻波比，而超宽带、低插损、高隔离度的耦合器一直是射频电路中的研究热点。

1. 耦合度

耦合度为耦合器输入端输入功率 P_i 与耦合端输出功率 P_c 之比，记为 K_c，用 dB 数表示，即

$$K_c = 10\lg \frac{P_i}{P_c} \tag{2-188}$$

K_c 的数值越大，耦合端口的输出功率越小，即耦合度越弱。对于 3dB 耦合器，其耦合端口功率为输入端口功率的一半。

2. 隔离度

隔离度为耦合器输入端输入功率 P_i 与隔离端输出功率 P_s 之比，记为 K_s，用 dB 数表示，即

$$K_s = 10\lg \frac{P_i}{P_s} \tag{2-189}$$

在各端口都完全匹配的理想情况下，隔离端输出功率 P_s 为零，则 K_s 无穷大。但实际由于

工艺和设计等原因，隔离端总有一定功率输出，设计中 K_s 越大越好。

3. 方向性

方向性为耦合器耦合端输出功率 P_c 与隔离端输出功率 P_s 之比，记为 K_d，用 dB 数表示，即

$$K_d = 10\lg\frac{P_c}{P_s} \tag{2-190}$$

根据上述对耦合度、隔离度和方向性定义的介绍，它们之间的关系为

$$K_d = 10\lg\frac{P_c}{P_s} = 10\lg\left(\frac{P_i}{P_s}\frac{P_c}{P_i}\right) = 10\lg\frac{P_i}{P_s} - 10\lg\frac{P_i}{P_c} = K_s - K_c \tag{2-191}$$

4. 插入损耗

插入损耗为耦合器输入端口输入功率 P_i 与输出端口输出功率 P_d 和耦合端输出功率 P_c 的总功率之比，记为 IL，用 dB 表示，即

$$IL = 10\lg\frac{P_i}{P_d + P_c} \tag{2-192}$$

对于耦合度较大的耦合器，即耦合端输出功率 P_c 很小时，也常将插入损耗定义为

$$IL = 10\lg\frac{P_i}{P_d + P_c} \approx 10\lg\frac{P_i}{P_d} \tag{2-193}$$

此种定义在功率放大器输出耦合的应用场景中较为常见，因为对于设计人员来说，更关心的是功率放大器输出功率经过此反馈耦合器后的功率损耗，需要在满足一定耦合度的前提下，将该功率损耗尽可能控制到最小。

5. 工作带宽

工作带宽为耦合器满足各性能指标前提下的工作频率范围，常有绝对带宽和相对带宽两种定义。

(1) 绝对带宽：$\Delta f = f_{max} - f_{min}$，即最大工作频率与最小功率频率之差。

(2) 相对带宽：$\Delta f/f_0$，即绝对带宽与通带中心频率之比。

从定义来看，工作频段越高的耦合器，其绝对带宽要求也就越宽。

6. 输入驻波比

输入驻波比为输出端口 P_d、耦合端口 P_c 和隔离端口 P_s 均端接匹配负载时，输入端口 P_i 的驻波比(VSWR)，通过驻波电压幅度最大值与驻波电压的最小值进行表示，即

$$VSWR = \frac{V_{max}}{V_{min}} \tag{2-194}$$

2.3.11.2　应用设计

在射频通信系统中，通常会应用到集总 LC 定向耦合器、50Ω 电阻耦合器和微带耦合器，下面分别进行应用举例介绍。

1. 集总 LC 定向耦合器

集总 LC 定向耦合器分为低通和高通两种类型，下面以集总低通 LC 定向耦合器进行设计，

其原理结构如图 2-143 所示，各集总器件设计方法如下：

1) R 为端接匹配负载，取 50Ω。

2) L 和 C_1 由耦合器工作频率 f 决定，其中，$L = R/(2\pi f)$，$C_1 = 1/(2\pi R f)$。

3) C_2 由耦合器工作频率 f 和耦合度 C 决定，$C_2 = (10^{-C/20})/(2\pi R f)$，$C$ 需要大于 15dB。

以工作频率 $f = 1\text{GHz}$，耦合度 $C = 20\text{dB}$，端口阻抗 $R = 50Ω$ 为例，进行集总 LC 定向耦合器设计，计算得到 $L = 8.0\text{nH}$，$C_1 = 3.2\text{pF}$，$C_2 = 0.32\text{pF}$，使用理想元件进行 ADS 仿真，仿真结果如图 2-144 所示。可以看出，随着频率展宽，端口隔离度和回波损耗将逐步恶化。因此，集总 LC 定向耦合器一般用于窄带场景。

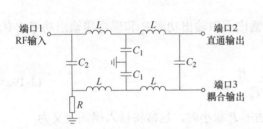

图 2-143　集总低通 LC 定向耦合器原理结构　　图 2-144　集总低通 LC 定向耦合器设计仿真结果

2. 50Ω 电阻耦合器

50Ω 电阻耦合器具有宽频带、低成本的优势，其原理结构如图 2-145 所示，利用各端口间电阻的匹配分压实现功率分配，端口 2/3 之间的隔离度等于端口 3 的耦合度。受电阻寄生参数的限制，50Ω 电阻耦合器一般应用于 Sub 6G 频段。

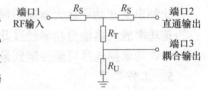

图 2-145　50Ω 电阻耦合器原理结构

常用耦合度的电阻阻值匹配见表 2-19。

表 2-19　50Ω 电阻耦合器常用耦合度电阻阻值匹配

耦合度/dB	插入损耗/dB	$R_S/Ω$	$R_T/Ω$	$R_U/Ω$
30	0.5	1.6	763	53
25	1.0	2.9	407	56
20	1.7	5.0	222	63
15	3.0	8.6	112	78
10	4.9	13.8	47	136

3. 微带耦合器

图 2-146 为典型平行耦合微带线耦合器结构。根据奇、偶模分析法，得到直通端口②和耦合端口③的输出电压分别为

$$U_2 = \frac{\sqrt{1-C^2}}{\sqrt{1-C^2}\cos\theta + \mathrm{j}\sin\theta} \tag{2-195}$$

$$U_3 = \frac{jC\sin\theta}{\sqrt{1-C^2}\cos\theta + j\sin\theta} \qquad (2\text{-}196)$$

式中，$C = (Z_{0e} - Z_{0o})/(Z_{0e} + Z_{0o})$ 为电压耦合因子，θ 为耦合区电长度。

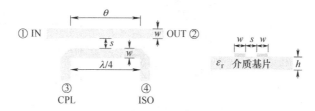

图 2-146　典型平行耦合微带线耦合器结构图

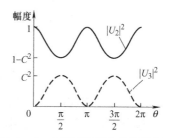

图 2-147　典型平行耦合微带线端口电压与耦合区电长度关系曲线

将式(2-195)和式(2-196)画出直通端口和耦合端口电压与耦合区电长度关系曲线，如图 2-147 所示。当耦合区电长度很短($\theta \ll \pi/2$)时，输入端的全部功率几乎都传到直通端口②，因而耦合端口③没有功率输出。当 $\theta = \pi/2$ 时，耦合到端口③获得第一个最大值，此时耦合区电长度为 $\lambda/4$，通常选取此工作点设计具有尺寸小和传输损耗小等特点的耦合器。而对于毫米波频段，考虑到加工工艺限制，也选择 1/4 波长的奇数倍作为耦合线的耦合区电长度。

对于 $\theta = \pi/2$，可以得到直通端口②和耦合端口③的输出电压分别为 $U_2 = -j\sqrt{1-C^2}$，$U_3 = C$。可以看出，两个端口存在 90° 相位差。

在上述分析中，已假定耦合线结构对奇模、偶模有同样的传播速度，即同样的电长度。而对于耦合微带线，两种工作模式在空气—介质界面附近有不同的场结构，空气区域偶模比奇模的边缘场少，有效介电常数更高，相速度较小，导致耦合器的方向性恶化。

下面进行微带耦合器的设计举例，设计指标为：

1) 工作频段 4～6GHz；

2) 耦合度(20±1)dB；

3) 方向性＞10dB；

4) 端口回波损耗＜-20dB。

选用 Rogers 4350B 板材，介电常数 ε_r 为 3.48(设计使用 3.66)，基板厚度为 10mil，损耗角正切 $\tan\delta$ 为 0.0037，铜导体厚度为 1.4mil。

电压耦合因子 $C = 10^{-20/20} = 0.1$，则偶模和奇模的特征阻抗分别为

$$Z_{0e} = Z_0\sqrt{\frac{1+C}{1-C}} = 55.28\,\Omega\,, \qquad Z_{0o} = Z_0\sqrt{\frac{1-C}{1+C}} = 45.23\,\Omega \qquad (2\text{-}197)$$

使用 ADS 的 LineCalc 仿真计算得到耦合线 MLIN 的线宽 w=19.8mil，线长 l=355mil，间距 s=15mil，各端口 50Ω 微带线 MLIN 的线宽 w=20.6mil。得到的仿真原理图和仿真结果如图 2-148 所示，耦合度和端口回波损耗均满足设计指标，但方向性最差只有 2dB。

通过使用 OPTIM 工具进行优化仿真，得到的优化参数为：W=21mil，S=10mil，L=200mil，

W_1=14mil，L_1=100mil，仿真结果如图 2-149 所示。优化后的方向性能提高至 13dB，端口回波损耗和耦合度波动稍有恶化。

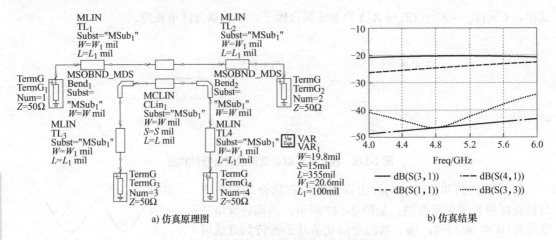

a) 仿真原理图   b) 仿真结果

图 2-148　微带耦合器仿真原理图与仿真结果

在实际工程应用中，常通过在平行耦合线之间设计锯齿结构增加耦合线之间电容，或异形多枝节耦合线等方法，如图 2-150 所示，用于改善微带耦合器的方向性，感兴趣的读者可参考此结构进一步优化设计。

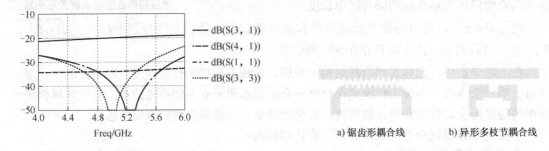

a) 锯齿形耦合线   b) 异形多枝节耦合线

图 2-149　微带耦合器优化仿真结果   **图 2-150　改善微带耦合器方向性方法**

2.3.12　移相器

随着第五代移动通信 Massive MIMO 的商用，基站之间的密度也越来越高，城市热点区域的越区干扰问题严重影响到用户的体验和感知，用户对于通信网络的容量和质量提出了更高要求。移相器阵列在 Massive MIMO 天线系统的波束成形、空间复用和空域滤波等技术中被广泛引用，可以有效减小基站间的相互干扰，实现信号无间隙均匀覆盖。通过调整各天线阵列的相位，实现更精准的 3D 波束成形，提升网络覆盖和强度，提高终端接收信号强度，降低小区间干扰。

另外，移相器还广泛应用于射频通信的其他领域，比如同时同频全双工通信射频自干扰多抽头干扰对消系统，其实现原理如图 2-151 所示。由于收发同时同频，且发射天线和接收天线距离相对较近，所以同时同频全双工发射机的发射信号会对本地接收机产生很强的自干扰。通过将发射信号经过耦合器，耦合一部分信号经过幅度和相位调整处理后，得到与干扰信号幅度相同、相位相反的干扰重建信号，将接收信号与干扰重建信号合成，在合路器中完成射频干扰消除。

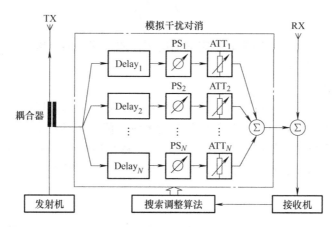

图 2-151 同时同频全双工通信射频自干扰多抽头干扰对消系统

2.3.12.1 应用原理

以 Massive MIMO 天线阵列为例，介绍移相器的应用原理。图 2-152 为 n 个天线阵元以相同间距 d 依次排列的均匀直线阵列，各阵元依次从 $0, 1, 2, \cdots, n-1$ 进行编号，射频通道对应的天线阵列一般采用均匀直线阵列。

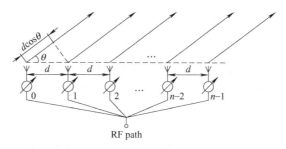

图 2-152 均匀直线阵列波束扫描示意

假设每个阵元的场强均为 E_0，波长为 λ，以阵元 0 为基准，后面每个阵元相比前一个阵元的相位增加 α。那么在此直线阵列 θ 方向上，阵元 1 辐射的电磁波相位比阵元 0 超前 $\varphi_{0 \to 1} = 2\pi d \cos\theta / \lambda - \alpha = \varphi$，阵元 2 辐射的电磁波相位比阵元 0 超前 $\varphi_{0 \to 1} = 2 \times 2\pi d \cos\theta / \lambda - 2\alpha = 2\varphi$，以此类推，阵元 $n-1$ 辐射的电磁波相位比阵元 0 超前 $\varphi_{0 \to (n-1)} = (n-1)\varphi$。每个天线阵元相较于前一个天线阵元超前的相位依次成等差数列，在天线阵列远场观察到此角度的场强为

$$E = E_0 \left[1 + e^{j\varphi} + e^{j2\varphi} + \cdots + e^{j(n-1)\varphi} \right] \tag{2-198}$$

化简，取绝对值得

$$|E| = |E_0| \left| \frac{1 - e^{jn\varphi}}{1 - e^{j\varphi}} \right| = |E_0| \sqrt{\frac{\left[1 - \cos(n\varphi)\right]^2 + \sin^2(n\varphi)}{(1 - \cos\varphi)^2 + \sin^2\varphi}} = |E_0| \frac{\sin\dfrac{n\varphi}{2}}{\sin\dfrac{\varphi}{2}} \tag{2-199}$$

对式(2-199)求关于φ的偏导得到场强$|E|$的最大值，并代入$\varphi=2\pi d\cos\theta/\lambda-\alpha$，得

$$\cos\theta=\frac{\lambda\alpha}{2\pi d} \tag{2-200}$$

由式(2-200)可知，在阵元间距d一定的情况下，通过移相器调整各阵元间的相位差α即可实现天线主波束指向的改变。

2.3.12.2　关键指标

移相器作为 Massive MIMO 阵列天线实现模拟波束扫描，以及同时同频全双工通信实现射频干扰对消的关键核心部件，其性能的优劣对系统性能好坏具有至关重要的影响。在移相器的应用中，一般要求其工作频段宽、移相范围大、移相步进小、移相精度高、插入损耗小、相位误差低、幅度误差小、线性度高、功耗低、面积小、便于控制等，必须仔细权衡各类性能参数进行折中设计。

1. 工作频段

工作频段是指在保证移相器相关性能指标前提下，可以正常工作的频率范围。不同类型的移相器有着不同规格的工作带宽，移相器的宽带化属于当前研究热点。

2. 移相范围

移相范围是指相比初始状态，移相器能产生的最大移相量。由式(2-200)可知，移相器的移相范围越大，阵列天线波束扫描范围越宽。

3. 移相步进

移相步进是用来衡量移相器所能实现的最小移相量。对于压控移相器而言，基本可实现连续可调，但所需要的高压控制会导致较大的功耗，还需要复杂的外围数/模转换器(DAC)和运算放大器电路，这些缺点都是实现大规模移相阵列的最大限制；对于数控移相器而言，一般 bit 位数越多，移相步进就越小，阵列天线波束指向越精确，同时同频全双工射频自干扰对消量越大。

4. 插入损耗

移相器作为一个二端口网络，其插入损耗可使用$|S_{21}|$衡量。对于 Massive MIMO 系统，移相器插入损耗越低，天线移相阵列增益越高，基站覆盖范围越大，整机功耗越低。低插入损耗移相器一直是天线移相阵列的关键研究方向。

5. 回波损耗

回波损耗是指输入功率与反射功率之比，反映端口的匹配度。在移相阵列天线中，移相器的回波损耗影响着前后级功分器和天线阵元的相关性能。

6. 线性度

移相器的非线性会导致谐波失真、增益压缩、互调和交调干扰等一系列非理想情况的发生。不同功率等级、不同阵列架构的通信设备对移相器的线性度的需求不同，而不同工作类型的移相器一般有着不同的线性度，需根据实际应用场景进行优化设计与选择。

2.3.12.3　工作类型

按照移相器的实现结构，移相器主要可分为开关线型、加载线型、高低通型和反射型移相器。

1. 开关线型移相器

开关线型移相器是通过切换不同电长度传输线通路而产生的相位差，其拓扑结构如图 2-153 所示。假设前后 SPDT 切换开关为理想开关，两条传输线的传输线相移常数为 β，物理长度分别为 L_1 和 L_2，产生的相移分别为 φ_1 和 φ_2，两种状态对应的相位变化为

$$\Delta\varphi = \varphi_1 - \varphi_2 = \beta(L_1 - L_2) = \frac{2\pi f}{v_p}(L_1 - L_2) \tag{2-201}$$

式中，f 为该移相器的工作频率；v_p 为电磁波在该传输线上的传播速度。

图 2-153　开关线型移相器拓扑结构

由式(2-201)可知，通过选择合适的 $(L_1 - L_2)$ 微带线物理长度差，即可得到理想的移相量。开关线型移相器虽然工程实现简单，但也存在如下缺陷：

1) 移相量与移相器的工作频率成正比，随着频带的展宽，移相误差将增大。

2) 两条微带线电信号容易产生串扰，影响器件性能。

3) 移相量越大，两条传输线的物理长度差越大，导致移相器的物理尺寸越大，寄生效应越强，两种状态的插入损耗相差越大。

2. 加载线型移相器

加载线型移相器是在传输线两端加载电抗负载，通过开关负载对传输信号的相位产生影响，从而获得相位差，其拓扑结构如图 2-154 所示。

当开关导通时，电路为两个相同电纳 jB_1 并联在特征阻抗为 Z_0、电长度为 θ 的传输线两端，其状态下的 $ABCD$ 矩阵为

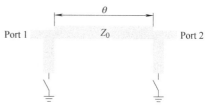

图 2-154　加载线型移相器拓扑结构

$$
\begin{bmatrix} A & B \\ C & D \end{bmatrix} = \begin{bmatrix} 1 & 0 \\ jB_1 & 1 \end{bmatrix} \begin{bmatrix} \cos\theta & jZ_0\sin\theta \\ j\dfrac{\sin\theta}{Z_0} & \cos\theta \end{bmatrix} \begin{bmatrix} 1 & 0 \\ jB_1 & 1 \end{bmatrix}
$$

$$
= \begin{bmatrix} \cos\theta - B_1 Z_0 \sin\theta & jZ_0\sin\theta \\ j\left(2B_1\cos\theta + \dfrac{\sin\theta}{Z_0} - Z_0 B_1^2 \sin\theta\right) & \cos\theta - B_1 Z_0 \sin\theta \end{bmatrix} \tag{2-202}
$$

将其等效为特性阻抗为 Z_e、电长度为 θ_e 的传输线，$ABCD$ 矩阵为

$$
\begin{bmatrix} A & B \\ C & D \end{bmatrix} = \begin{bmatrix} \cos\theta_e & jZ_e\sin\theta_e \\ j\dfrac{\sin\theta_e}{Z_e} & \cos\theta_e \end{bmatrix} \tag{2-203}
$$

令式(2-202)和式(2-203)相等，得到等效传输线特性阻抗 Z_e 和电长度 θ_e 的表达式为

$$\cos\theta_e = \cos\theta - B_1 Z_0 \sin\theta \tag{2-204}$$

$$Z_e = \frac{Z_0 \sin\theta}{\sin\theta_e} \tag{2-205}$$

当主传输线电长度 $\theta = 90°$ 时，得到

$$\theta_e = \arccos(-B_1 Z_0) \tag{2-206}$$

根据式(2-206)即可得到支路开关处于导通状态下对应的移相电长度 θ_e。同理，可以得到支路开关处于截止状态下的对应移相电长度，两个状态的移相电长度之差即为该移相器的移相量。

加载线型移相器两端电纳引起的反射经过电长度为 90° 的传输线可以实现部分抵消，达到改善端口驻波，减小插入损耗的目的。但也存在一定的应用局限性，比如：

1) 移相量与工作带宽成反比关系，随着移相量的增大，工作带宽将逐渐减小。
2) 产生的移相量较小，一般最大只能产生 180° 的移相量。

3. 高低通型移相器

高低通型移相器是实现 45°、90°、180° 等大档位移相最常用的结构，也是当前 Massive MIMO 多 bit 移相的主流选择，典型三阶 π 型高低通移相器拓扑结构如图 2-155 所示，其中，X_n 和 B_n 是相对于特征阻抗 Z_0 归一化后的电抗和电纳。信号经过高低通滤波网络时，相位会分别呈现超前和滞后两种状态，因此，通过在这两个滤波网络之间切换，即可产生相位差。

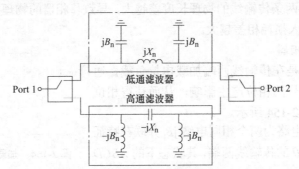

图 2-155　三阶 π 型高低通移相器拓扑结构

对于低通滤波器，其归一化的 ABCD 矩阵可表示为

$$\begin{bmatrix} A & B \\ C & D \end{bmatrix} = \begin{bmatrix} 1 & 0 \\ jB_n & 1 \end{bmatrix}\begin{bmatrix} 1 & jX_n \\ 0 & 1 \end{bmatrix}\begin{bmatrix} 1 & 0 \\ jB_n & 1 \end{bmatrix} = \begin{bmatrix} 1 - B_n X_n & jX_n \\ j(2B_n - X_n B_n^2) & 1 - B_n X_n \end{bmatrix} \tag{2-207}$$

移相器的传输系数可通过归一化的 ABCD 矩阵参量来表示，其关系式为

$$S_{21} = \frac{2}{A+B+C+D} = \frac{2}{2(1 - B_n X_n) + j(X_n + 2B_n - X_n B_n^2)} \tag{2-208}$$

则经过低通滤波器的相位为

$$\varphi_1 = \arctan\left[-\frac{X_n + 2B_n - X_n B_n^2}{2(1 - B_n X_n)} \right] \tag{2-209}$$

对于低通滤波网络，X_n 和 B_n 均大于 0，φ_1 小于 0；而对于高通滤波网络，X_n 和 B_n 与低

通滤波网络符号相反，大小相同，则产生的相位与低通滤波网络也是符号相反，幅度相同。因此，当信号在两个滤波网络切换时，产生的相位变化值为

$$\Delta\varphi = \varphi_1 - \varphi_2 = 2\arctan\left[-\frac{X_n + 2B_n - X_n B_n^2}{2(1 - B_n X_n)}\right] \tag{2-210}$$

当移相器端口完全匹配，即 $|S_{11}| = 0$ 时，考虑移相器无损的情况，由关系式 $|S_{21}| = \sqrt{1 - |S_{11}|^2}$ 得到

$$X_n = \frac{2B_n}{B_n^2 - 1} \tag{2-211}$$

将式(2-211)代入式(2-210)，得到

$$B_n = -\tan\left(\frac{\Delta\varphi}{4}\right) \qquad X_n = -\sin\left(\frac{\Delta\varphi}{2}\right) \tag{2-212}$$

133

由于信号经过高低通滤波器的相位随频率变化基本一致，因此可以在很宽的频率范围内保持一致的相位差。并且由式(2-208)可以看出，在进行高低通滤波器切换时，S_{21} 仅相位变化而幅度保持不变，可以实现很低的寄生调幅。

对于高低通滤波器的实现，也可采用 T 型网络，原理与 π 型网络类似。结合式(2-212)，表 2-20 为 π 型和 T 型网络高低通滤波器的 LC 元件值，其中，f_0 为移相器中心频点，φ_0 为中心频点对应的移相值。

表 2-20　π 型和 T 型网络高低通滤波器的 LC 元件值

网络类型	高低通	电容值	电感值
π 型	高通	$C = \dfrac{1}{2\pi f_0 Z_0 \sin(\varphi_0/2)}$	$L = \dfrac{Z_0 \sin(\varphi_0/2)}{2\pi f_0 [1 - \cos(\varphi_0/2)]}$
π 型	低通	$C = \dfrac{1 - \cos(\varphi_0/2)}{2\pi f_0 Z_0 \sin(\varphi_0/2)}$	$L = \dfrac{Z_0 \sin(\varphi_0/2)}{2\pi f_0}$
T 型	高通	$C = \dfrac{\sin(\varphi_0/2)}{2\pi f_0 Z_0 [1 - \cos(\varphi_0/2)]}$	$L = \dfrac{Z_0}{2\pi f_0 \sin(\varphi_0/2)}$
T 型	低通	$C = \dfrac{\sin(\varphi_0/2)}{2\pi f_0 Z_0}$	$L = \dfrac{Z_0 [1 - \cos(\varphi_0/2)]}{2\pi f_0 \sin(\varphi_0/2)}$

表 2-20 中计算得到的电容和电感可以采用集总元件或利用微带线等效的分布式元件实现。集总元件结构紧凑，可以实现更小的面积尺寸；分布式元件具有低成本、低损耗、高频段等优势。

4. 反射型移相器

反射型移相器被广泛应用于相控阵天线系统中的波束成形、空间复用和空域滤波等关键核心技术中，其典型拓扑由 1 个 90° 电桥和两个相同的可调无源反射负载组成，如图 2-156 所示，反射负载接在 90° 电桥的直通端和耦合端。

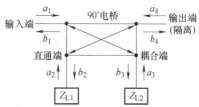

图 2-156　反射型移相器拓扑结构

理想 90° 3dB 电桥输入端口的入射波 $a_1 = 1$，隔离端口的入射波 $a_4 = 0$，各端口反射参数 $\boldsymbol{B}$ 可表示为

$$[B] = [S][A] = \begin{bmatrix} 0 & \alpha & j\beta & 0 \\ \alpha & 0 & 0 & j\beta \\ j\beta & 0 & 0 & \alpha \\ 0 & j\beta & \alpha & 0 \end{bmatrix} \begin{bmatrix} 1 \\ \Gamma_1 b_2 \\ \Gamma_2 b_3 \\ 0 \end{bmatrix} = \begin{bmatrix} \alpha^2 \Gamma_1 - \beta^2 \Gamma_2 \\ \alpha \\ j\beta \\ j\alpha\beta(\Gamma_1 + \Gamma_2) \end{bmatrix} \tag{2-213}$$

式中，$\boldsymbol{S}$ 为电桥传输参数；$\boldsymbol{A}$ 为各端口输入参数；Γ 为负载反射系数，其值等于 $(Z_L - Z_0)/(Z_L + Z_0)$。

上述反射型移相器传输系数 T 可表示为

$$T = b_4 = j\alpha\beta(\Gamma_1 + \Gamma_2) = j\alpha\beta(|\Gamma_1|e^{j\varphi_1} + |\Gamma_2|e^{j\varphi_2}) \tag{2-214}$$

如果两负载 Z_{L1} 和 Z_{L2} 保持一致，则有

$$T = j\alpha\beta(|\Gamma_1|e^{j\varphi_1} + |\Gamma_2|e^{j\varphi_2}) = 2\alpha\beta|\Gamma|e^{j\left(\varphi + \frac{\pi}{2}\right)} \tag{2-215}$$

因此，可以得到此反射型移相器的移相量 $\angle T$ 和插入损耗 IL 为

$$\angle T = \varphi + \frac{\pi}{2} \qquad \text{IL} = 20\lg(2\alpha\beta|\Gamma|) \tag{2-216}$$

对于 3dB 电桥，$\alpha = \beta = -1/\sqrt{2}$，则 $\text{IL} = 20\lg(|\Gamma|)$。而理想无耗负载 $Z_L = jX_L$，负载反射系数模值 $|\Gamma| = 1$，相位 φ 满足

$$\cot\varphi = \frac{X_L^2 - Z_0^2}{2X_L Z_0} = \frac{x-1}{2x} \Rightarrow \varphi = \pi - 2\arctan(x) \tag{2-217}$$

式中，$x = X_L/Z_0$ 为归一化阻抗。

取归一化阻抗 $x \in [-20, 20]$，得到相位随负载归一化阻抗变化曲线如图 2-157 所示。可以看出，通过改变负载阻抗即可实现反射型移相器的相位变化。

采用四元件双可调实现反射型移相器的负载拓扑，其拓扑结构如图 2-158 所示，通过依次调整 C_1 和 C_2，使相位变化经过 Smith 圆图中的开路点和短路点，即相位从 180° 变换到 -180°，实现 360° 移相范围。其中，L_1 和 L_2 分别与 $C_{\min}$ 和 $C_{\max}$ 产生串联谐振，即

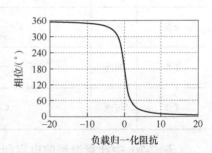

图 2-157 反射型移相器相位随负载归一化阻抗变化曲线

$$L_1 = 1/(\omega_0^2 C_{\min}) \qquad L_2 = 1/(\omega_0^2 C_{\max}) \tag{2-218}$$

关于可调电容的调整顺序，需要通过两次变换步骤才可以得到如图 2-158 所示的 360° 移相范围。

步骤 1：固定 $C_2 = C_{\min}$，将 C_1 从 $C_{\min}$ 调整到 $C_{\max}$，相位从 180° 到 0°。

步骤 2：固定 $C_1 = C_{\max}$，将 C_2 从 $C_{\min}$ 调整到 $C_{\max}$，相位从 0° 到 -180°。

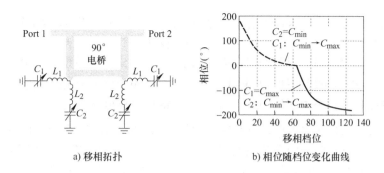

a) 移相拓扑　　　　　　　　　b) 相位随档位变化曲线

图 2-158　反射型移相器拓扑结构和相位变化曲线

5. 对比总结

表 2-21 为上述几种移相器的优缺点对比总结，在实际应用中，可根据具体应用场景进行选择。

表 2-21　常见移相器对比总结

工作类型	优点	缺点
开关线型	结构简单	带宽较窄 容易产生串扰，互耦效应明显 大移相量产生较大插入损耗和尺寸
加载线型	结构简单	带宽较窄 移相量较小
高低通型	带宽较宽 插入损耗较低	大移相量受限滤波器阶数 多级级联实现多 bit 移相导致较大尺寸
反射型	带宽较宽 可在较小面积下实现 360° 移相范围连续可调	移相调整方法较为复杂

2.3.12.4　应用设计

下面以反射型移相器为例，进行 3GPP N79 4.4～5.0GHz 频段 360° 移相器设计。可调电容选用 6-bit RF SOI 数字电容阵列，90° 电桥采用 3dB 混合耦合器。选用 Rogers 4350B 板材，介电常数 ε_r 为 3.48(设计使用 3.66)，基板厚度为 10mil，损耗角正切 $\tan\delta$ 为 0.0037，铜导体厚度为 1.4mil。将可调电容的 C_{min} 和 C_{max} 代入式(2-218)，计算在中心频点 4.7GHz 处的 L_1 和 L_2 分别大约为 2.0nH 和 0.43nH，采用微带线实现。根据可调电容 C_{min} 和 C_{max} 对应的 S 参数，调整 L_1 和 L_2 电感枝节的线宽和线长，使其分别与可调电容的 C_{min} 和 C_{max} 产生串联谐振，并考虑生产加工水平和电感枝节带来的 ESR，优化得到的 L_1 和 L_2 电感枝节线宽均为 14mil，线长分别为 148mil 和 36mil。为了尽可能缩小 RTPS 的尺寸，电感枝节 L_1 采用折线形实现。

通过 ADS 进行优化仿真，保证 4.4～5.0GHz 全频段均能达到 360° 移相范围，最终得到的反射型移相器设计实物如图 2-159 所示。为了尽可能降低可调电容接地阻抗，可调电容芯片接地引脚周围使用多个接地过孔，尽可能减小负载 ESR 对插入损耗的影响。

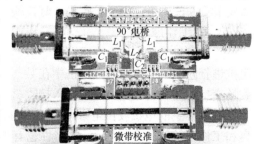

图 2-159　反射型移相器设计实物

图 2-160 a、b、c 分别对 RTPS 在 4.4～5.0GHz 频段低、中、高频点的移位变化、移相步进和插入损耗进行了实测。对于 4.4GHz 和 5.0GHz 两个边频点，两个电感枝节与可调电容 C_{min}、C_{max} 会出现失配，插入损耗和移相步进均出现了一定的色散现象，限制了反射型移相器的工作带宽。整个全频段的插入损耗小于 1.8 dB，移相步进小于 12°，通过合理选择 C_1 和 C_2 的组合，可以实现一个 5bit 等间隔移相步进的 360° 高精度移相器。

图 2-160d 为最大移相范围的仿真与实测对比曲线，可以看出，全频段的最大移相范围均能达到 360° 以上，且实测与仿真性能具有很高的一致性。从趋势来看，随着频率的升高，最大移相范围会逐渐降低。在设计过程中，需要适当牺牲插入损耗，保证高频段的移相范围，这也是设计宽带移相器的重点和难点。

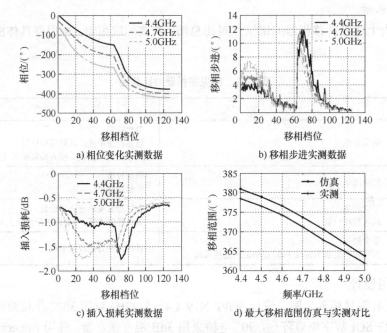

图 2-160　反射型移相器实测与仿真数据

2.3.13　天线

天线是一种使导行波(比如传输线)和空间自由波相互转换的无源元件，每根天线都可以工作于发射模式和接收模式。用于发射模式时，天线将交流电信号变换为电磁波，并将电磁波发射到空间中去；用于接收模式时，天线接收这些电磁波，并转换为交流电信号。

2.3.13.1　工作原理

天线可以类比为一个电阻匹配装置，它将天线发射机的 50Ω 输出电阻与自由空间的特征阻抗进行匹配，并将射频能量击中在某一首选的方向上。同理，天线也有能力将接收到的电磁场变换为高频交流电，然后送入接收机。

天线产生的电磁波由电磁感应(存储能量)和辐射场组成。根据空间位置与天线之间的距离和工作波长的关系，上述场的特性也有很大不同。如图 2-161 所示，基于电磁场辐射特性，天线周围的空间一般为三个主要场区。

(1) 感应场区　又称为电抗近场区，是天线辐射场中紧邻天线口径的一个近场区域。在该区域中，电抗性储能场占支配地位，该区域的界限通常取为距天线口径表面 $\lambda/2\pi$ 处。从物理概念上讲，电抗近场区是一个储能场，其中的电场与磁场的转换类似于变压器中的电场、磁场之间的转换，属于一种感应场。

(2) 辐射近场区　超过电抗近场区就到了辐射场区，辐射场区的电磁场脱离了天线的束缚，并作为电磁波进入空间。按照与天线距离的远近，又把辐射场区分为辐射近场区和辐射远场区。辐射近场区也称为菲涅尔(Fresnel)区。在此区域中，辐射场的角度分布与距离天线口径的距离有关，电磁场的相互作用较弱且有较小能量向外辐射。

(3) 辐射远场区　辐射远场区也称为夫琅禾费(Fraunhofer)区。在此区域中，辐射场占主要优势，辐射场的角分布与距离无关。

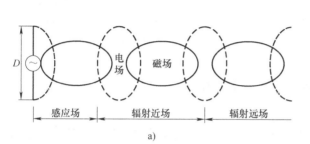
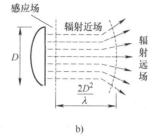

图 2-161　天线辐射场

辐射近场区和辐射远场区的分界距离 R 可表示为

$$R = \frac{2D^2}{\lambda} \tag{2-219}$$

式中，D 为天线直径；λ 为辐射信号波长，$D \gg \lambda$。

2.3.13.2　关键指标

天线的关键指标主要包括：

1. 辐射方向图

辐射方向图是表征天线向各方向辐射能量大小与空间角度的关系图形。完整的辐射方向图是天线远场辐射(一般以 dB 为单位)的三维(3D)图，如图 2-162 所示。它是以天线相位中心为球形(坐标原点)，在半径 r 足够大的球面上，逐点测定其辐射特性绘制而成。辐射方向图既可以表征场强振幅，又可以表征功率、极化、相位等参量，具体依据所测的参数。如不加说明，一般是指场强振幅方向图。

三维空间方向图的测绘相对比较烦琐，在实际工程中，一般将辐射方向图从水平面和垂直面(即 xy 平面和 xz 平面)进行分析。图 2-163 为天线二维方向图表示方法，包括极坐标和直角坐标两种形式。极坐标方向图具有直观、简单的特点，可以直接看出天线辐射场强的空间分布特性。定向天线的方向图包括主瓣和旁瓣，天线主瓣是围绕其最大发射或接收方向的波瓣；旁瓣(旁瓣或后瓣)是较小的、不希望出现的波瓣。旁瓣的大小是表征天线辐射方向图的一项重要指标。另外，当天线方向

图 2-162　天线三维方向图坐标

图的主瓣窄、旁瓣电平低时，直角坐标方向图就具有更大的优势，因为表示角度的横坐标和表示辐射强度的纵坐标均可任意选取，例如即使不到 1° 的旁瓣宽度也能清晰地表示出来，而极坐标却无法绘制。

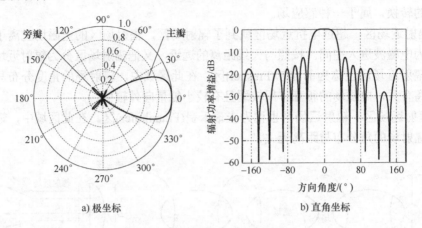

a) 极坐标 b) 直角坐标

图 2-163 天线二维方向图表示方法

2. 增益

天线增益是指在相同输入功率时，天线在某一规定方向上的辐射功率密度与参考天线(通常采用理想辐射点源)辐射功率密度之比，单位为 dBi (也有 dBd 的单位，是相对于对称阵子天线的增益，dBi = dBd + 2.15)。天线增益定量描述一个天线把输入功率集中辐射的程度，用于衡量天线朝一个特定方向收发信号的能力，是选择天线最重要的参数之一。增益与天线方向图密切相关，方向图主瓣越窄，增益越高。天线主瓣宽度与天线增益关系如图 2-164 所示。

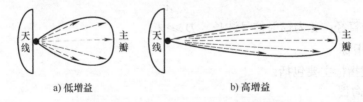

a) 低增益 b) 高增益

图 2-164 天线主瓣宽度与天线增益关系

值得注意的是，天线属于无源器件，并不能产生能量，天线增益只是将能量有效集中向某特定方向辐射或接收电磁波。无论天线增益的高低如何，天线向外辐射的功率绝对不会高于通过发射机进入到天线输入端的能量。

3. 方向性

天线方向性定义为在空间的某个特性方向上天线辐射强度与相同辐射功率下各向同性天线辐射强度的比值。天线方向性是天线辐射能量的方向属性，相比增益特性，其忽略了效率指标。

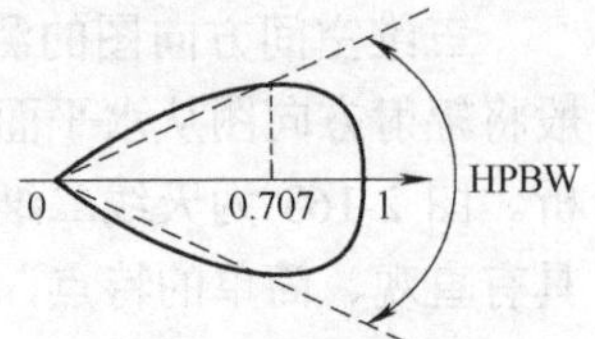

4. 波束宽度

天线波束宽度描述了主瓣的角宽度，如图 2-165 所示，定义为主瓣在水平方向上 3dB 下降点的角度，对应的线性值为半功率波束宽度(Half Power Beam Width，HPBW)。天线波束宽度与天线增益

图 2-165 天线波束宽度

密切相关，一般情况下，波束宽度越窄，天线覆盖面积越小，但天线增益会随之升高；波束宽度越宽，天线覆盖面积越大，但天线增益会随之降低。

5. 效率

天线的辐射功率 P_{rad} 是天线端子的输入功率 P_{in} 与总的损耗功率 P_{loss} 之差，即

$$P_{rad} = P_{in} - P_{loss} \qquad (2\text{-}220)$$

天线的效率 η 定义为辐射功率与输入功率的百分比，即

$$\eta = \frac{P_{rad}}{P_{in}} \times 100\% = \frac{P_{rad}}{P_{rad} + P_{loss}} \times 100\% \qquad (2\text{-}221)$$

天线的损耗主要包括电介质损耗(微带天线)、传导损耗和反射损耗。其中，电介质损耗和传导损耗会在天线中损失一部分输入功率；反射损耗是由于天线与馈线失配导致。

6. 输入阻抗

天线的输入阻抗定义为从其馈电端看进去的阻抗，表示为

$$Z_{ant} = R_{ant} + jX_{ant} \qquad (2\text{-}222)$$

式中，$R_{ant} = R_{rad} + R_{loss}$，$R_{rad}$ 是天线的辐射电阻，作为天线的有用功部分；R_{loss} 作为天线损耗存在，以热量的形式消耗能量。损耗电阻与辐射电阻的比值越大，天线的效率越低。

为了降低传输线上的回波损耗，天线的输入阻抗应尽可能与传输线的特征阻抗实现匹配，保证天线的输入功率尽可能多地被辐射出去或接收进来。

7. 口径

天线口径也称为天线的有效面积(一般比其物理面积小)，表示天线发射或接收无线电波功率的效率的参数，被定义为垂直于发射或入射无线电波方向且有效截获入射无线电波能量的面积。

口径 S_e 与增益 G 的关系为

$$G = \frac{4\pi S_e}{\lambda^2} \qquad (2\text{-}223)$$

式中，λ 为辐射信号波长。

8. 极化

天线极化是当电磁波穿过空间时，天线远场电磁波中电场的方向。为了最大化传输采集能量，需要将收发天线的极化方向对齐。

电磁波的极化方向包括线极化、圆极化、椭圆极化等，为方便起见，一般可将射频电磁波分成两种正交的线极化方式，即水平极化和垂直极化。理想的水平极化天线不能在一个理想的垂直极化天线上产生电压，反之亦然。

2.3.13.3　天线类型

为了适应不同用途，有各种不同形式的天线。对这些天线有不同的划分方法，包括按频段划分、按方向图特性划分、按极化方式划分、按工作原理划分等。下面分别从方向图特性、极化方式和工作原理 3 个方面进行天线类型的简单介绍。

1. 按方向图特性划分

按照水平方向图的特性划分，可把天线分为全向天线、定向天线和智能天线 3 类，如

图 2-166 所示。

(1) 全向天线　全向天线在水平面内的所有方向上辐射出的电波能量都是相同的，但在垂直面内不同方向上辐射出的电波能量是不同的。方向图辐射类似白炽灯辐射可见光，水平方向上 360° 辐射。

(2) 定向天线　定向天线在水平面与垂直面内的所有方向上辐射出的电波能量都是不同的。方向图辐射类似手电筒辐射可见光，朝某方向定向辐射，相同的射频能量下可以实现更远的覆盖距离，但是以牺牲其他区域覆盖为代价。

(3) 智能天线　智能天线在水平面上具有多个定向辐射和一个全向辐射模式。天线以全向模式接收终端发射的信号；智能天线算法根据接收到的信号判断终端所在位置，并控制 CPU 发送控制信号选择最大辐射方向指向终端的定向辐射模式。

a) 全向天线　　　　b) 定向天线　　　　c) 智能天线

图 2-166　天线按方向图特性划分

2. 按极化方式划分

按照极化方式划分，主要包括单极化天线和双极化天线。单极化和双极化在本质上都是线极化方式，单极化通常有水平极化和垂直极化两种，如图 2-167a、b 所示。

(1) 单极化天线　接收、发送是分开的两根天线，一根天线中只包含一种极化方式。电场方向平行于大地时的线极化波，称为水平极化；电场方向垂直于大地时的线极化波，称为垂直极化。由于无线信号是水平发射水平接收或垂直发射垂直接收，故需要更多的安装空间和维护工作量。

(2) 双极化天线　接收、发送是一根天线，一根天线中包含垂直和水平两种极化方式，如图 2-167c 所示。

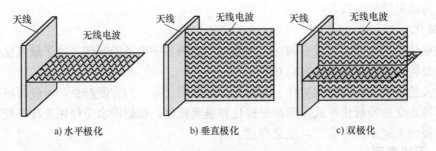

a) 水平极化　　　　　b) 垂直极化　　　　　c) 双极化

图 2-167　双极化天线及其方向划分

另外，除了单极化和双极化天线外，还包括 ±45° 交叉极化、左旋圆极化和右旋圆极化等天线，此处不再赘述。

3. 按工作原理划分

按照工作原理划分，可把天线分为线天线和面天线，如图 2-168 所示。线天线是由导线组成的，导线长度比直径大很多。面天线则由整块金属板或导线栅格组成。

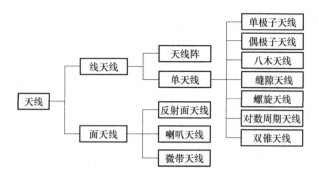

图 2-168 天线按工作原理划分

2.3.13.4 应用设计

5G 时代的到来使得移动通信用户数量剧增，对系统的承载能力提出了更高的要求。智能天线技术能在特定方向上将信号集中，实现收发端之间点对点的传输，在增加系统容量的同时减少用户间的干扰，提升通信系统的传输效率。作为智能天线的核心技术，波束成形的主要目的是对信号进行组合分配，尽可能减少通信过程中由于各种原因引起的信号衰落与失真，波束成形的性能受阵列天线的类型及相关参数的影响，下文以平面天线阵为例，对阵列天线进行仿真分析。

图 2-169 为一个 xOy 平面上的矩形平面阵，x 轴和 y 轴上分别有 N 个和 M 个阵元，x 轴上阵元间的间距为 d_x，y 轴上阵元间的间距为 d_y。

由于平面阵列可看作为 N 个阵元的 M 个一维直线阵，或者是 M 个阵元的 N 个一维直线阵，因此根据方向图的乘积原理可以得出该平面阵的阵因子表达式为

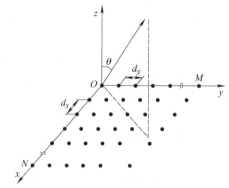

图 2-169 $M×N$ 均匀平面天线阵列结构模型

$$\mathrm{AF} = \mathrm{AF}_x \times \mathrm{AF}_y = \sum_{n=1}^{N} \mathrm{e}^{-\mathrm{j}(n-1)(kd_x \sin\theta\cos\varphi + \beta_x)} \times \sum_{m=1}^{M} \mathrm{e}^{-\mathrm{j}(m-1)(kd_y \sin\theta\sin\varphi + \beta_y)} \tag{2-224}$$

式中，β_x 和 β_y 为波束调向相位时延，可以表示为 $\beta_x = -kd_x \sin\theta_0 \cos\varphi_0$，$\beta_y = -kd_y \sin\theta_0 \sin\varphi_0$。

将 AF 归一化的阵因子可以重新表示为

$$\mathrm{AF}_{N\times M} = \frac{\mathrm{AF}}{N \times M} \tag{2-225}$$

假设阵元天线为偶极子天线，天线极化方向与 z 轴垂直，由式(2-224)可得平面阵的远场强度为

$$
\begin{aligned}
E(r,\theta,\varphi) &= \mathrm{EF} \times \mathrm{AF} \\
&= \frac{\mathrm{j}k\eta I_0 L \mathrm{e}^{-\mathrm{j}kr}}{4\pi r} \sin\theta \sum_{n=1}^{N} \mathrm{e}^{-\mathrm{j}(n-1)(kd_x \sin\theta\cos\varphi + \beta_x)} \times \sum_{m=1}^{M} \mathrm{e}^{-\mathrm{j}(m-1)(kd_y \sin\theta\sin\varphi + \beta_y)}
\end{aligned}
\tag{2-226}
$$

从而得到功率密度为

$$W(r,\theta,\varphi) = \frac{1}{2\eta}\left|E(r,\theta,\varphi)\right|^2 = \frac{1}{2\eta}\left|\frac{\mathrm{j}k\eta I_0 L \mathrm{e}^{-\mathrm{j}kr}}{4\pi r}\mathrm{AF}\right|^2 \tag{2-227}$$

把式(2-227)中删除 $1/r^2$，使得远场方向图与距离无关，求得归一化辐射强度为

$$U(\theta,\varphi) = (\sin\theta)^2 \left| \text{AF}_{N \times M} \right|^2 \tag{2-228}$$

阵列天线方向性系数计算与单根天线的方向性系数计算相同，其表达式为

$$D(\theta,\varphi) = \frac{4\pi U(\theta,\varphi)}{\int_0^{2\pi}\int_0^{\pi} U(\theta,\varphi)\sin\theta\,\mathrm{d}\theta\mathrm{d}\varphi} = \frac{4\pi \sin^2\theta \left|AF_{N\times M}\right|^2}{\int_0^{2\pi}\int_0^{\pi}\sin^3\theta \left|AF_{N\times M}\right|^2\mathrm{d}\theta\mathrm{d}\varphi} \tag{2-229}$$

求式(2-229)的最大值，可以得到平面阵最大方向性系数为

$$D_{\max} = \frac{4\pi}{\int_0^{2\pi}\int_0^{\pi}\sin^3\theta \left|AF_{N\times M}\right|^2\mathrm{d}\theta\mathrm{d}\varphi} \tag{2-230}$$

142

最大方向性系数在一定程度上反映了整个天线阵的辐射特性，通过调整天线以及天线阵的各项参数可以得到最佳的辐射特性。

有了上述的理论推导，下面通过 MATLAB 将天线阵的阵因子表达式以方向图的形式进行展现，通过对比分析的方法对所有参数逐个进行仿真，观察研究不同参数与天线阵性能的具体关系。

平面阵方向图与行阵元数、列阵元数、行阵元间距、列阵元间距及波长有关。行阵元和列阵元的阵元数以及阵元间距变化对方向图的作用相似，此处选择列阵元数仿真阵元数对方向图的影响，同时将行、列阵元间距统一设置，统称为阵元间距仿真阵元间距对方向图的影响。

1) 固定行阵元数为 16，阵元间距为 0.01，波长为 0.03，改变列阵元数分别为 8、16、32，得到仿真结果如图 2-170 所示。可以看出：随着列阵元数的增加，平面阵方向图的主瓣宽度越来越窄，增益越来越大，且远大于旁瓣的增益，方向性变好，阵列抗干扰能力大大提高。

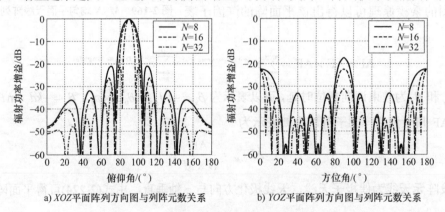

a) XOZ平面阵列方向图与列阵元数关系   b) YOZ平面阵列方向图与列阵元数关系

图 2-170 平面阵方向图与列阵元数的关系

2) 固定行、列阵元数均为 16，波长为 0.06，改变阵元间距分别为 0.01、0.02、0.03，得到仿真结果如图 2-171 所示。可以看出：随着阵元间距增大，平面阵的方向图的主瓣宽度越来越小，且旁瓣增益越来越小，方向性变好，阵列抗干扰能力大大提高。

3) 固定行、列阵元数均为 16，阵元间距为 0.01，改变波长分别为 0.02、0.04、0.06，得到仿真结果如图 2-172 所示。可以看出：随着波长减小，平面阵的主瓣宽度越来越小，且旁

瓣增益越来越小，阵列抗干扰能力增强。

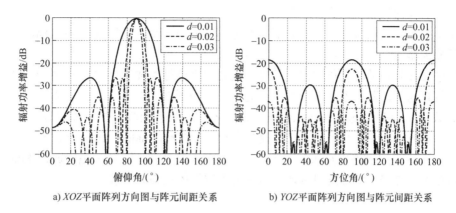

a) *XOZ*平面阵列方向图与阵元间距关系　　　b) *YOZ*平面阵列方向图与阵元间距关系

图 2-171　平面阵方向图与阵元间距的关系

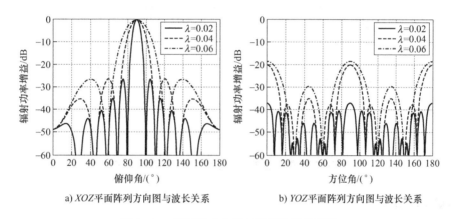

a) *XOZ*平面阵列方向图与波长关系　　　b) *YOZ*平面阵列方向图与波长关系

图 2-172　平面阵方向图与信号波长的关系

综合来看，通过增加阵元数、加大阵元间距、降低信号波长，可以有效提高主瓣增益，抑制旁瓣干扰。但要想在有限天面下的发挥阵列的极致性能，还需要进一步研究，比如多尺寸模型快速精确仿真，从性能需求到阵列结构的天线逆向设计，多结构参数约束下的高效多目标快速寻优。

2.4　射频基本算法

现代数字移动通信系统的收发机可根据信号特征分为 3 个主要功能段：射频段、模拟中频段和数字中频段，如图 2-173 所示。注意射频直采架构中的数据转换器直接对射频信号采样，没有模拟中频段，信号链只包络数字中频和射频两段，详见 3.3 节对射频直采架构的分析。

图 2-173　收发机信号特征功能分段典型方法

射频段用于处理射频信号，主要完成频率较低的中频信号与频率较高的射频信号之间的频率搬移，以及信号放大、滤波等其他处理。

模拟中频段包括从数据转换器到混频器之间的处理模块，包括 ADC 或 DAC、模拟滤波器和中频放大器等。

数字中频段处理的是量化的数字信号，处理数字信号的载体为 FPGA 或 ASIC，在载体实现相关射频通信链路处理算法，其主要处理流程如图 2-174 所示。在发射方向上，包括载波聚合、数字上变频(Digital Up-Conversion，DUC)、数字削波、数字预失真和多频段均衡(Equalizer，EQ)；在接收方向上，包括模拟自动增益控制(Analog Automatic Gain Control，AAGC)、EQ、数字下变频(Digital Down-Conversion，DDC)、数字滤波(Digital Filter)和数字自动增益控制。这些方法都是射频通信链路处理算法的核心关键技术。

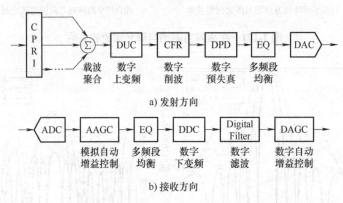

图 2-174　射频通信链路数字中频信号处理结构

2.4.1　载波聚合 CA

载波聚合的概念起源于 LTE 时代，为了满足 LTE-A 下行峰值 1Gbit/s，上行峰值 500Mbit/s 的速率要求，需要提供最大 100MHz 的传输带宽，而 LTE 载波单元最大带宽为 20MHz，基于此，LTE-A 提出了载波聚合的解决方案，为了高效利用零碎的频谱，通过将多个连续或者非连续的载波单元聚合以获取更大的传输带宽，从而实现更高的峰值速率和吞吐量。

2.4.1.1　概念分类

载波聚合最早在 3GPP LTE R10 版本中引入，在 R11 中则实现了不同子帧配比下的载波聚合，到了 R12 阶段，完成了 TDD 与 FDD 间的载波聚合。

从载波连续分配的角度区分，载波聚合可分为带内连续载波(Intra-Band Contiguous)、带内非连续载波(Intra-Band Non-Contiguous)和带间非连续载波(Inter-Band Non- Contiguous)三种方式，如图 2-175 所示。三种聚合方式尽管要求不同，但在信令面和用户面都采取相同的解决方案，以保持向后兼容。

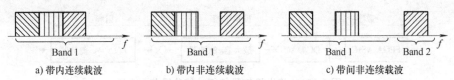

图 2-175　载波聚合类型

从上下行链路的角度区分，载波聚合可分为对称载波与非对称载波，两者的差异为后者上下行配置有不同数量或带宽的载波，但会带来切换及保持载波聚合连续性的困难。

2.4.1.2 设计难点

载波聚合在射频链路上的设计难点主要体现在带内 CA 线性度和带间 CA 灵敏度两个方面。

1. 线性度

带内 CA 意味着发射信号具有更大的带宽和更高的峰均比，而载波单元共用发射通道，这对功率放大器、反馈通道的带宽设计和 DPD 算法提出了更高的需求，必须重点考虑对邻道抑制比、不连续载波互调产物的影响。

带间 CA 的载波单元一般拥有各自独立的发射通道，对于两载波聚合，最大总功率不变，每个载波承载的传输功率比非 CA 信号小 3dB，而后级合路双工器的插入损耗一般小于 3dB，因此，对通道的线性需求不会增加。

2. 灵敏度

对于带间 CA，一般会在天线端放置合路双工器或多工器(简称合路器)用于不同 Band 的载波实现合路，如图 2-176 所示。由于合路器的插入，必定造成接收链路插入损耗的增加，从而引起接收灵敏度的恶化。另外，不同 Band 的谐波可能会造成相互干扰，以终端产品为例，由于合路器端口隔离度和双工器带外抑制度有限，图 2-176 中 B28 上行(703～748MHz)发射的三次谐波击中 B1 下行(2110～2170MHz)接收，从而可能造成 B1 接收灵敏度的恶化。在设计中，需重点关注以下两点：

1) 尽量降低合路器插入损耗，或考虑将双工器和合路器集成到一起，减少由于双工器和合路器之间 PCB 走线和端口匹配不良导致的损耗。

2) 带间 CA 需重点关注发射谐波击中接收带内的情况，降低 PCB 走线和空间辐射干扰，保证合路器的端口隔离度和双工器的带外抑制度。

2.4.2 数字变频 DUC/DDC

在图 2-173 中，射频段实现的是射频信号的频率搬移，而数字中频段主要实现的是数字中频信号的频率搬移。处于发射路径上的信号链为数字上变频器 DUC，处于接收路径上的信号链为数字上变频器 DDC。

独立的 DDC 和 DUC 需处理多个载波信号，合并之后输出发射信号或在接收信号中将其分离。图 2-177 所示为多载波数字变频频率搬移示意，将处于零频附近的基带信号与更高频率的中频信号进行搬移，带宽分别为 20MHz 和 10MHz 的两路基带信号合并成带宽为 30MHz 的一路中频信号,或带宽为 30MHz 的一路中频信号分离成带宽分别为 20MHz 和 10MHz 的两路基带信号。

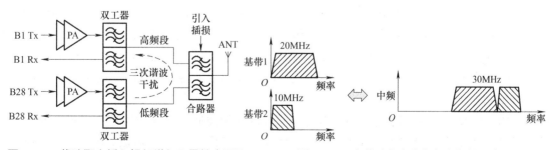

图 2-176 载波聚合插入损耗增加和灵敏度恶化　　图 2-177 多载波数字变频频率搬移示意

2.4.2.1 DDC

如图 2-178 所示,典型的 DDC 包括 NCO 载波设置、复数下变频、低通滤波和抽取 4 个过程,这些功能模块按顺序工作,或者可分别予以旁路,最后根据后续 FPGA 或 ASIC 采样速率的要求,产生一个位于直流上的复信号或实信号。

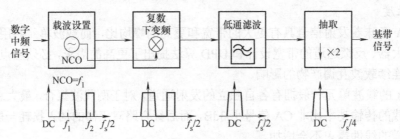

图 2-178 DDC 实现过程

参考 2.1.3.2 节复中频解调过程,为了从干扰(阻塞和其他载波干扰信号)中选择所需的有用载波信号,NCO 载波设置输出频率与输入的数字中频信号混频,将所需的有用载波信号搬移到直流,降低后续滤波和抽取的算法复杂度。

在 NCO 载波设置和复数下变频后,通过低通滤波器选取所需频段信号,并抑制其他不需要的干扰信号。滤波后,使用 2 倍抽取降低数据速率。为节约数字资源,可将半带 FIR 滤波器和 2 倍抽取器合并成一个模块,重复使用该模块,得到更高倍数的抽取。

2.4.2.2 DUC

如图 2-179 所示,典型的 DUC 包括插值、低通滤波、复数混频和通用处理 4 个过程,整个处理过程与 DDC 处理相反。根据发射机架构的不同,DUC 将产生一个位于直流的复信号(参考 2.1.3.2 节复中频调制过程)或中频信号(参考 2.1.3.4 节实中频调制过程)或直接产生射频信号(射频直采),如果是零中频架构,则可旁路上变频模块使载波保持在直流。

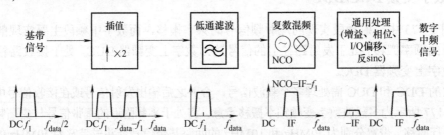

图 2-179 DUC 实现过程

最简单的数字插值算法称为"零填充",即在每两个采样点之间插入 0。采样速率加倍,但在得到的频谱中会产生频率为 $f_s - f_{IF}$ 的镜像信号。因此,在插值后需进行低通滤波,以便根据应用场景消除镜像信号或原始载波信号。如果消除的是原始载波信号,则输出结果将是插值与 $f_s/2$ 的粗调。与 DDC 类似,2 倍插值和滤波器可合并为一个模块,重复使用该模块,得到更高倍数的插值。

DUC 的 NCO、混频器与 DDC 中的相同模块非常类似,但功能相反。经过上变频的数字中频信号往往还需要相关通用处理,特别是复中频调制,比如增益、相位、I/Q 偏移、反 sinc 增益等处理。增益、相位调整和 I/Q 偏移通常一起工作,调谐输出的 I/Q 信号,补偿由于 DAC、模拟滤波器和调制器等引起的 I/Q 失配,最终从模拟调制器后输出一个低本振泄露和低镜像干扰的理想复信号。反 sinc 滤波器补偿 DAC 引起的 sinc 滚降,这种滚降会恶化带内平坦度指标,尤其是在采用超外差式高中频混频和直接射频直采的宽带架构中应用。

2.4.3　削波 CFR

2.2.2 节介绍了信号峰均比 PAPR 的概念,了解到信号峰均比越高,则链路对后级功放的线性和效率需求越高。为了提升功放的最大效率点,需要对信号的峰值采用适当的策略进行处理,降低信号峰均比,这就是削波 CFR 的作用与定义。

削波提升功放输出效率的原理示意如图 2-180 所示。对于一个给定的功放,在其饱和功率点内,输出功率越大,效率越高。为了尽可能提升功放效率,应使功放输出信号的峰值功率贴近其饱和功率点。通过削波算法降低信号峰均比,可以提升功放的输出功率(均值功率),从而达到提升功放效率的目的。

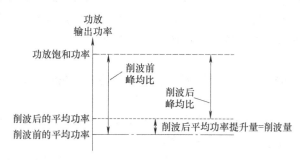

图 2-180　削波提升功放输出功率原理示意图

2.4.3.1　削波指标

削波需要对信号包络进行处理,限制峰值功率,降低峰均比,但随之带来的就是对信号包络本身产生影响,导致信号误差矢量精度 EVM 恶化。一个削波算法的好坏主要从削波效果和削波代价两个方面进行评估:

1) 削波效果主要体现在 CCFD 曲线,图 2-181 为削波前后的 CCFD 曲线示意,通过削波算法,在 0.01%概率下的 PAPR 从 10.9dB 降低到了 8.7dB。

2) 削波代价主要体现在 EVM 恶化和算法复杂度上。对于同一算法,削波力度越大,必定导致信号本身失真越大,从而导致 EVM 恶化越严重。而对于同一削波效果,如果削波算法消耗的运算资源越大,则会导致成本增加,难以保证削波算法的工程应用。

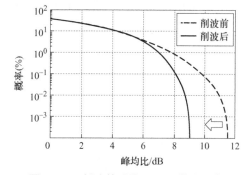

图 2-181　削波前后的 CCFD 曲线示意

2.4.3.2　削波算法

削波算法按照实现原理主要包括硬削波(Clipping)算法、峰值加窗(Peak Window)算法、峰值削减(Peak Cancellation)算法。

1. 硬削波

硬削波算法实现原理如图 2-182 所示，在时域上对信号进行判断处理，将时域信号与削波门限比较，大于削波门限的信号限制到削波门限以内，其实现表达式为

$$x_{\text{clip}}(n) = c_{\text{clip}}(n)x(n) \tag{2-231}$$

$$c_{\text{clip}}(n) = \begin{cases} 1, & |x(n)| \leqslant A \\ \dfrac{A}{|x(n)|}, & |x(n)| > A \end{cases} \tag{2-232}$$

式中，$x(n)$ 为削波前的输入信号；$x_{\text{clip}}(n)$ 为削波后的输出信号；$c_{\text{clip}}(n)$ 为硬削波算法因子；A 为硬削波门限。

从图 2-182 可以看出，硬削波算法会造成削波后的信号在时域峰值脉冲的边缘出现拐点，从而导致频域出现频谱扩散现象。因此，需要对硬削波之后的信号进行滤波处理，并要求滤波器具有较高的阶数以实现较窄的过渡带，这会导致消耗较大的运算资源。另外，硬削波后的信号经过滤波器处理后，峰值会恢复，恶化削波效果。综合来看，硬削波算法在实际应用中一般只应用于对削波指标要求较低或快速测试的系统中。

2. 峰值加窗

硬削波算法造成频谱扩散的主要原因在于削波后的信号在时域上出现了拐点，而峰值加窗算法处理的主要思路就是避免时域上的拐点。峰值加窗算法利用加权窗函数对信号峰值进行压缩，通过窗函数对削波前的输入信号进行滤波处理，得到平滑的峰值，达到降低峰均比的目的。实现峰值加窗算法主要有以下两个步骤：

1) 检测硬削波门限 A 以上的峰值，在检测到的峰值附近称为峰值区域。

2) 利用加权窗函数压缩该峰值区域，生成的信号峰值等于硬削波门限 A。窗函数类型和最大窗口长度可根据实际场景进行配置。

图 2-183 为峰值加窗算法的实现原理，加权因子表达式为

$$c_{\text{win}}(n) = 1 - p(n) * w(n) \tag{2-233}$$

式中，$w(n)$ 为常见窗函数，比如 Kaiser、Gaussian 和 Hamming；$p(n)$ 为权重系数。

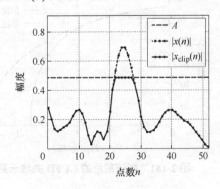

图 2-182　硬削波算法实现原理图

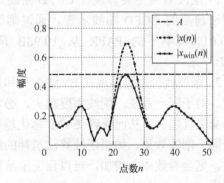

图 2-183　峰值加窗算法的实现原理

峰值加窗通过对加权因子的加窗处理可避免硬削波信号在时域上出现近似直角拐

点的问题，因此其造成的频谱扩散较小。峰值加窗虽然可以对硬削波实现一定的优化，但本质还存在与硬削波一样的缺陷，尤其是应用于对削波量要求较高的系统。

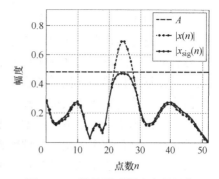

3. 峰值削减

峰值削减是利用改进的 sigmoid 传递函数对峰值进行缩放，得到平滑的峰值，达到目标峰值比。图 2-184 为输入信号、阈值水平以及应用 CFR 的 sigmoid 方法后得到的信号。Sigmoid 峰值削减关系表达式为

图 2-184　峰值削减算法实现示意

$$x_{\mathrm{sig}}(n) = c_{\mathrm{sig}}(n)x(n) \tag{2-234}$$

$$c_{\mathrm{sig}}(n) = \begin{cases} 1, & |x(n)| \leqslant \dfrac{A}{\Delta} \\ \dfrac{A}{|x(n)|\left(1 + K\left(\dfrac{\Delta-1}{K}\right)^{\frac{|x(n)|\Delta}{A}}\right)}, & |x(n)| > \dfrac{A}{\Delta} \end{cases} \tag{2-235}$$

式中，A 为硬削波门限，由目标峰均比确定；Δ 为整形阈值，其定义了最小信号电平 A/Δ，超过此电平，sigmoid 函数开始生效应用；K 为整形因子，控制修改后的 sigmoid 传递函数的平滑度。整形阈值 Δ 和整形因子 K 可由用户配置。

表 2-22 对上述三种削波算法进行总结对比，根据具体应用选择合适的削波算法。

表 2-22　不同削波算法对比

削波算法	特点描述	应用描述
硬削波	原理简单。为抑制频谱扩散，一般需要在后级添加高阶滤波器	快速测试，以牺牲 ACPR 换取较优的 EVM
峰值加窗	计算量较大，信号整体失真小	ACPR 和 EVM 性能均较优
峰值削减	计算量较小，但在低于削波门限的时域部分也存在一定失真	以牺牲 EVM 换取较优的 ACPR

2.4.4　数字预失真 DPD

2.4.4.1　功放线性化技术发展历程

射频功率放大器作为中功率和大功率发射机中最耗能的部件，其效率、功率等指标在发射机性能和成本方面起关键作用。功放作为典型的非线性器件，其面临着效率和线性度的两个对立矛盾：一方面，功放工作在高效率区时会产生严重的非线性失真，加剧带外频谱泄露和邻道干扰；另一方面，为了保证线性度就需要较大的功率回退，造成功放效率和输出功率的下降。因此，需要采用额外的线性化技术用于补偿功放的非线性失真，并保证功放工作在高效率区。

传统的功放线性化技术包括前馈技术(Feedforward)、反馈技术(Feedback)、模拟预失真技术(Analog Predistortion)等，均在模拟域通过设计电路对功放实现失真补偿。

前馈技术的工作原理如图 2-185a 所示，将功放输入信号分成两路，一路通过功放正常放大，另一路与增益归一化的功放输出信号相减得到误差信号，误差信号经放大后与功放输出信号相减，得到最终的线性化功放输出信号。前馈技术线性化性能好、补偿带宽大，且发展成熟，在第 2 代移动通信系统应用广泛。但该技术需要额外的误差放大器，硬件复杂度高，且面临复杂的电路参数校准、高精度时延对齐等问题。

反馈技术依靠牺牲放大器增益换取线性度的提高，其工作原理如图 2-185b 所示。与前馈技术相比，反馈技术的线性化性能和成本都较低，但由于反馈回路存在寄生、时延等不理想因素，该方案补偿带宽窄且稳定性较差。

模拟预失真技术通过在功放前配置一个与其非线性特性相逆的预失真器件，用于补偿功放的失真，其工作原理如图 2-185c 所示。模拟预失真器硬件成本较低，且结构简单，但其线性化性能较差，且存在与功放较强的耦合性，较难转移配置。

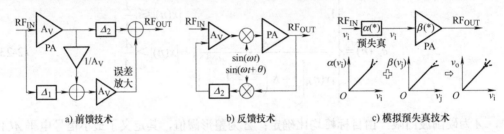

a) 前馈技术   b) 反馈技术   c) 模拟预失真技术

图 2-185 传统功放线性化技术

从第 3 代移动通信系统开始，高阶正交幅度调制(Multiple Quadrature Amplitude Modulation，M-QAM)、扩频编码、正交频分复用等技术的应用，使得通信信号由窄带恒包络逐步变为宽带非恒包络，传统功放线性化技术开始出现应用瓶颈。数字预失真技术是模拟预失真技术的延伸，其通过将功放前端的预失真器配置在数字域，更灵活地实现功放失真补偿。与模拟预失真技术相比，数字预失真具有补偿精度高、补偿带宽大、能够更灵活地与各种功放适配等优点，逐渐成为通信系统中最常用的功放线性化技术。

2.4.4.2 数字预失真基本原理

数字预失真原理图与图 2-185c 相似，区别在于预失真器配置在数字域。假设预失真器的输入信号为 $x(n)$，预失真器的系统响应函数为 $f_{\mathrm{DPD}}(\cdot)$，功放的系统响应函数为 $f_{\mathrm{PA}}(\cdot)$，则预失真器的输出信号 $z(n)$ 和功放输出信号 $y(n)$ 可表示为

$$z(n) = f_{\mathrm{DPD}}(x(n)) \tag{2-236}$$

$$y(n) = f_{\mathrm{PA}}(z(n)) \tag{2-237}$$

将式(2-236)代入式(2-237)，得到

$$y(n) = f_{\mathrm{PA}}(f_{\mathrm{DPD}}(x(n))) \tag{2-238}$$

考虑在信号增益归一化的情况下，预失真器和功放的系统响应函数互为反函数，即

$$f_{\mathrm{DPD}}(\cdot) = f_{\mathrm{PA}}^{-1}(\cdot) \tag{2-239}$$

将式(2-239)代入式(2-238)，即可得到 $y(n) = x(n)$，表明功放的输出信号与原始输入信号之间呈线性关系，数字预失真达到功放线性化目的。

2.4.4.3　数字预失真关键技术

典型数字预失真系统工作原理如图 2-186 所示，主要包括发射通道、反馈通道和数字信号处理模块三部分。数字预失真器包含功放非线性特征的逆模型，根据功放输入信号计算 DPD 信号，经过数/模转换、混频后转换为射频信号，依次经过功放、耦合器和天线发射出去。功放输出信号经过耦合器后送入反馈通道，经过混频、滤波、模/数转换后生成数字中频信号，然后送入模型参数提取模块，该模块将耦合回来的功放输出信号与原始输出信号进行时延、相位和增益对齐后，提取得到当前时刻的预失真器模型系数。

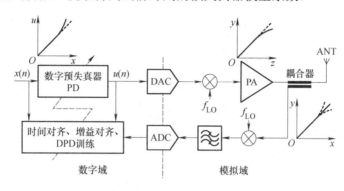

图 2-186　典型数字预失真系统工作原理

从数字预失真系统各部分功能和作用来看，其主要包括 3 个方面的关键技术：

1. 模型建立

数字预失真的核心是构造与功放非线性特征相逆的模型，本质属于一种行为建模过程，行为模型的适配与否直接关系着数字预失真的校正效果。功放和预失真器的行为模型种类繁多，但主要可概括为 4 大类：查找表模型、基于 Volterra 级数及其简化形式的模型、分段及插值模型和神经网络模型。

2. 自适应结构与算法

为保证数字预失真系统的稳定性和精度，预失真器模型系数要根据环境、工作状态的变化进行更新，涉及自适应滤波器结构和自适应算法的选取。常见的数字预失真自适应学习结构有两种，即直接学习(Direct Learning，DL)和间接学习(Indirect Learning，IDL)。常见的自适应滤波算法都可以作为预失真器的参数提取算法，包括最小二乘算法(Least Square，LS)、递归最小二乘算法(Recursive Least Square，RLS)、最小均方算法(Least Mean Square，LMS)等。

3. 架构优化

功放非线性失真造成频谱扩展，反馈通道 ADC 采样率通常需要达到 3～5 倍信号带宽才能采集到足够的非线性信息。随着信号带宽增加，高速、高精度 ADC 带来的成本问题逐渐显现，因此，基于低精度或低速率 ADC 的数字预失真技术一度成为研究热点。5G 时代 Massive MIMO 发射机的应用使得数字预失真研究热点转变为架构突破，空域数字预失真架构及算法成为最有潜力的功放线性化技术方案。

2.4.4.4　数字预失真发展方向

Massive MIMO 技术是 5G 网络以及后续 6G 网络的关键技术，其通过在收发机中配置规模巨大的天线阵列来提供超高的频谱效率。在 5G FR1 低频段(410～7125MHz)，由于阵列规

151

模较小，部分收发机仍采用传统全数字波束成形 DBF 架
构，如图 2-187 所示，射频通道数量个数与天线数量相同。
在 5G FR2 高频段(24.25～52.60GHz)，天线阵列规模较大，
在综合考虑成本和性能等因素后，混合波束成形 HBF 成
为其首选架构。根据模拟波束成形网络结构的不同，HBF
又分为基于子阵连接和模拟全连接两种方式，如图 2-188
所示。

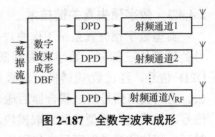

图 2-187　全数字波束成形

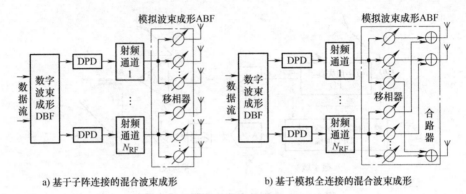

a) 基于子阵连接的混合波束成形　　　　　b) 基于模拟全连接的混合波束成形

图 2-188　混合波束成形

随着有源天线系统和混合架构发射机的引入，数字预失真技术在系统中面临着新的挑战
和机遇，总结如下：

1) Massive MIMO 系统天线数量增多，为了实现小型化需求，阵列单元排布更加密集，
多通道间的相互耦合和串扰越发明显，传统的 SISO DPD 问题延伸为 MIMO DPD 问题。当
涉及 Massive MIMO 场景时，大多数当前的 MIMO DPD 模型变得非常复杂，无法在实际系统
中使用。因此，为降低功耗和硬件成本，需要研究适合 Massive MIMO 系统的低复杂度 DPD
算法。

2) 在 HBF 架构中，为了保证每个天线阵子的功率和移相器的线性度，往往需要将功放
的位置放到移相器之后，这样射频链路数量远远小于功放和天线数量，一路数字信号需要同
时驱动多路功放。传统 DPD 方案需要每个功放配置一个专用的预失真器和反馈通道，这种匹
配关系在混合架构发射机中天然得不到满足，亟待提出新颖的预失真架构和方案。

3) 近年来，与人工智能、深度学习相结合也成为 DPD 技术发展的新方向。人工神经网
络具有可以精确对非线性函数进行拟合的优点，所以适合于功放的行为建模。例如，利用长
短时记忆网络(Long Short-Term Memory，LSTM)对宽带 Doherty PA 的非线性进行补偿；利用
卷积神经网络(Convolutional Neural Network，CNN)对宽带功率放大器进行行为建模和预失真
校正等。

2.4.5　自动增益控制 AGC

由于无线信号在传输过程中，会因为路径损耗、大小遮挡、多径效应，以及各类干扰，
使得接收到的信号强度变化不定。为保证接收信号的可靠性，需要引入 AGC 系统，使其能
够随着输入信号的强弱变化自动调整接收机增益：接收到大信号时，降低链路增益，防止接

收机饱和；接收到小信号时，增大链路增益，保证接收 SNR。

2.4.5.1　应用分类

按照环路结构的不同，AGC 可分为前馈 AGC 和反馈 AGC；按照实现方式的不同，AGC 可分为模拟 AGC 和数字 AGC。

1.　前馈 AGC 和反馈 AGC

前馈 AGC 结构如图 2-189a 所示，可变增益放大器的控制信号仅由输入信号大小前馈决定。反馈 AGC 结构如图 2-189b 所示，可变增益放大器的控制信号仅由输出信号大小反馈决定。

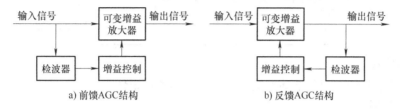

图 2-189　AGC 环路结构

两种环路结构的应用特点见表 2-23。相比反馈 AGC 结构，前馈 AGC 在输入信号变化较大时，可以快速调整 AGC 输出信号幅度，但前馈 AGC 的调整精度较差，且容易受外界参数影响。反馈 AGC 由于存在反馈环路，外界参数引起的输出信号变化会反馈到输入端，拥有较好的抗干扰作用。

表 2-23　前馈 AGC 和反馈 AGC 应用对比

环路结构	优点	缺点
前馈 AGC	调整稳定时间较短	存在自激、幅度畸变风险，且调整精度差
反馈 AGC	鲁棒性较强，调整精度较高，输出信号较平滑	响应速度较慢

2.　模拟 AGC 和数字 AGC

图 2-189 中的两种结构均属于模拟 AGC 范畴，其直接通过模拟检波器测量信号电平进行增益控制，一般用于接收机射频前端增益调整。

数字 AGC 又分为数控 AGC 和全数字 AGC 两种，其反馈结构分别如图 2-190a 和图 2-190b 所示。对于数控 AGC，信号经过 ADC 采样后从模拟信号转换为数字信号，数字信号处理单元根据数字信号幅度与设定的参考信号进行比较得到误差信号，然后通过增益控制算法求出对应增益控制值，控制外部可变增益放大器。全数字 AGC 只包括 ADC、数字乘法器和数字信号处理三部分，ADC 直接对输入信号采样，然后与增益值相乘后得到输出信号，并将输出信号反馈到数字信号处理单元，得到下一次的增益值。

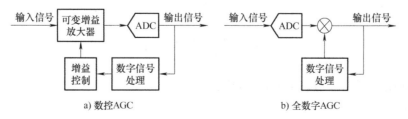

图 2-190　数字 AGC 反馈结构

153

模拟 AGC 和数字 AGC 应用对比见表 2-24。在实际应用中，通常使用模拟 AGC 和数字 AGC 两种方式综合实现接收链路增益控制。

表 2-24　模拟 AGC 和数字 AGC 应用对比

类别	工作原理	特点
模拟 AGC	以模拟信号作为控制参数，估计一段时间内信号增益，控制下一段时间的信号幅度	对干扰信号较敏感，容易受外界因素影响，且调整时间较长
数控 AGC	根据 AD 转换后的信号大小改变前端模拟可变增益放大器的增益	可靠性强，灵活配置
全数字 AGC	对 AD 转换后的信号进行数字增益控制	对 ADC 动态范围要求较高

2.4.5.2　关键指标

AGC 的关键指标主要包括动态范围、稳定时间和稳定性。

1. 动态范围

AGC 的动态范围表示对输入信号幅度的控制能力，设 AGC 输入信号幅度为 U_i，输出信号幅度为 U_o，两者之间通过可变增益放大器的增益 G 实现关联，即 $U_o = G \times U_i$。AGC 开始作用的最小输入信号幅度为 U_{imin}（即起控电平），对应的输出信号幅度为 U_{omin}；相反，AGC 开始失控的最大输入信号幅度为 U_{imax}，对应的输出信号幅度为 U_{omax}，构成了如图 2-191 所示的输入—输出幅度特性曲线。

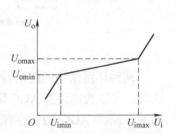

图 2-191　AGC 输入—输出幅度特性曲线

输入信号动态范围 D_i 和输出信号动态范围 D_o 可表示为

$$\begin{cases} D_i(\mathrm{dB}) = 20\lg(U_{imax}/U_{imin}) \\ D_o(\mathrm{dB}) = 20\lg(U_{omax}/U_{omin}) \end{cases} \tag{2-240}$$

由于 AGC 的作用是将幅度变化较大的输入信号自动调节到输出保持不变或稳定在一个范围内，因此如果 D_i 越大，且 D_o 越小，则说明此 AGC 的动态范围越好。

2. 稳定时间

AGC 环路稳定时间是指输入信号幅度发生阶跃变化时，输出信号从阶跃时刻到稳定时所需要的时间，即调整时间。稳定时间的选取不仅需要考虑信道特征，还需要考虑调制速率、信号功率变化速率等相关接收信号参数。如图 2-192 所示，输入信号跳变时刻为 t_0，输出信号稳定时刻为 t_1，则稳定时间 $t_s = t_2 - t_1$。如果稳定输出时信号大小为 $U_o(\infty)$，t_1 时刻的输出信号大小为 $U_o(t_1)$，则 $U_o(t_1)$ 需要满足：

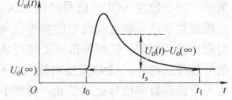

图 2-192　AGC 稳定时间示意

$$\left| \frac{U_o(t_1) - U_o(\infty)}{U_o(\infty)} \right| \leq \Delta \tag{2-241}$$

式中，Δ 为稳定阈值，一般取 10%、5%或 2%。

3. 稳定性

理论上，AGC 系统将输入信号幅值调节到固定范围内，链路增益将不会发生变化。

但实际使用时，由于噪声等信号干扰，以及功率测量和衰减误差的存在，链路增益值可能会在某个区间跳变。如果跳变次数过于频繁，或信号跳动幅度较大，将导致 AGC 环路振荡。因此，需保证整个控制环路的抗干扰性，减小环路扰动，并保证各节点具有足够的响应时间。

另外，AGC 还有一些专有名词：

(1) 增益过载 接收增益随着信号功率的升高而降低。

(2) 增益恢复 接收增益随着信号功率的降低而升高。

(3) 增益补偿 在进行接收功率指示(Received Signal Strength Indication，RSSI)之前，数字补偿模拟域的衰减值。

(4) 高门限 每个峰值检波模式有多个门限电平，高门限用于设置输入信号电平的上限，超过此上限，接收增益被快速降低。

(5) 低门限 峰值检波模式中低于高门限的电平，低门限用于设置输入信号电平的下限，低于此下限，接收增益被快速增加。

(6) 过载条件 接收机满足过载条件时需降低接收增益。在峰值检波模式下，一定时间内超过高门限的次数达到设定值；在均值检波模式下，所检测的功率达到高门限阈值。

(7) 轻载条件 接收机满足轻载条件时需提高接收增益。在峰值检波模式下，一定时间内低于低门限的次数达到设定值；在均值检波模式下，所检测的功率低于低门限阈值。

2.4.5.3 应用举例

图 2-193 为某射频收发器 AGC 结构，第一个模拟峰值检波器(Analog Peak Detector，APD)位于 ADC 之前，跨阻放大器(TransImpedance Amplifier，TIA)滤波器之后，保证模拟域信号不阻塞 ADC。第二个峰值检波器为半带(Half-Band，HB)滤波器，可以快速测量 HB2 数字滤波器输出信号峰值功率。

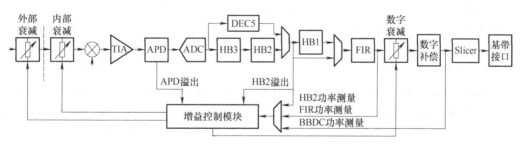

图 2-193 某射频收发器 AGC 结构

峰值检波主要用于瞬态强干扰信号的检测，而对于有用信号的功率变化检测主要使用功率检波，检测点包括 HB2 滤波器输出、FIR 滤波器输出和基带直流(Baseband DC，BBDC)校正输出，可以测量接收信号在一个控制周期内的方均根功率，用于信号功率的准确测试和链路增益的精确调整。

增益控制模块根据测得的峰值和方均根值功率对前端衰减量进行调整，为保证设计灵活性，收发器还提供了外部衰减接口，用于外部衰减调整，增大动态范围。

在收发器 AGC 工作过程中，各检波点同时测量，按照一定的控制优先级进行增益调整。图 2-194 所示为功率检测门限和增益自动调整示意，当信号电平在过载下限和轻载上限之间时，AGC 不对信号增益进行修改。当信号电平低于轻载下限时，AGC 在下一个增益控制点以较大的数值提高增益。当信号高于轻载下限，但低于轻载上限时，AGC 以较小的数值提高增益。同样，当信号电平高于过载上限时，AGC 以较大的数值降低增益。当信号电平介于过载上限和过载下限之间时，AGC 以较小的数值降低增益。

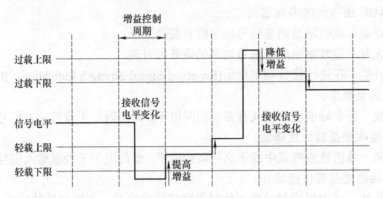

图 2-194　功率检测门限和增益自动调整示意

在 AGC 后端，可启动增益补偿。在增益补偿模式中，利用数字增益块补偿模拟前端衰减，使得整个器件的累积增益为 0dB。例如，如果在设备前端应用 5dB 模拟衰减，则应补偿 5dB 数字增益，确保送给基带的信号大小与接收机输入端信号功率一致。

参考文献

[1] CARLSON A B, CRILLY P B. Communication systems: an introduction to signals and noise in electrical communication[M]. 5th ed. Boston: McGraw-Hill Higher Education, 2010.

[2] OPPENHEIM A V, WILLSKY A S, NAWAB S H. Signals & systems[M]. 2nd ed. Upper Saddle River: Prentice Hall, 1997.

[3] LEE J, SUH Y W, SEO J S. Classification of the high PAPR codes in multicarrier transmission system[C]. 2009 IEEE 20th International Symposium on Personal, Indoor and Mobile Radio Communications, 2009.

[4] CARVALHO N B, PEDRO J C. Multi-tone intermodulation distortion performance of 3rd order microwave circuits[C]. 1999 IEEE MTT-S International Microwave Symposium Digest (Cat. No.99CH36282), 1999.

[5] POZAR D M. Microwave engineering[M]. 4th ed. Hoboken: Wiley, 2012.

[6] BOWICK C, BLYLER J, AJLUNI C J. RF circuit design[M]. 2nd ed. Boston: Butterworth-Heinemann, 2008.

[7] LUDWIG R, BOGDANOV G. RF circuit design: theory and applications[M]. Upper Saddle River: Prentice-Hall, 2009.

[8] 陈邦媛. 射频通信电路[M]. 3 版. 北京: 科学出版社, 2019.

[9] KAZIMIERCZUK M K. RF power amplifiers[M]. Chichester: Wiley, 2008.

[10] CRIPPS S. RF Power Amplifiers for Wireless Communications[M]. 2nd ed. Norwood: Artech House, 2006.

[11] COLANTONIO P, GIANNINI F, LIMITI E. High efficiency RF and microwave solid state power amplifiers[M]. Chichester: J. Wiley, 2009.

[12] AWAN D A, SADIQ M U, NOSHAD M A, et al. A medium power two-stage balanced amplifier with 21.7

dB gain for S-band telemetry[C]. 6th International Bhurban Conference on Applied Sciences & Technology, 2009.

[13] 潘文生. 宽带高效线性射频关键技术研究[D]. 成都: 电子科技大学, 2015.

[14] SAYRE C W. Complete wireless design[M]. 2nd ed. New York: McGraw-Hill, 2008.

[15] Fong K L, MEYER R G. Monolithic RF active mixer design[J]. IEEE Transactions on Circuits and Systems II: Analog and Digital Signal Processing, 1999, 46(3): 231-239.

[16] CHEN F, WANG Y, LIN J L, et al. A 24-GHz High Linearity Down-conversion Mixer in 90-nm CMOS[C]. 2018 IEEE International Symposium on Radio-Frequency Integration Technology (RFIT). 2018.

[17] TERROVITIS M T, MEYER R G. Intermodulation distortion in current-commutating CMOS mixers[J]. IEEE Journal of Solid-State Circuits, 2000, 35(10): 1461-1473.

[18] YUAN Y, MU S X, GUO Y X. 6-bit step attenuators for phased-array system with temperature compensation technique[J]. IEEE Microwave and Wireless Components Letters, 2018, 28(8): 690-692.

[19] KU B H, HONG S. 6-bit CMOS Digital Attenuators With Low Phase Variations for X-Band Phased-Array Systems[J]. IEEE Transactions on Microwave Theory and Techniques, 2010, 58(7): 1651-1663.

[20] 张景乐. 宽带 GaAs 数字移相器和数字衰减器的研究与设计[D]. 杭州: 浙江工业大学, 2020.

[21] TEJA N R, VERMA P, KUMAR A, BHATTACHARYA A N. A broadband high linearity voltage variable attenuator MMIC[C]. 2015 6th International Conference on Computers and Devices for Communication (CODEC), 2015.

[22] HONG J S. Microstrip filters for RF/microwave applications[M]. 2nd ed. Hoboken: Wiley, 2011.

[23] AIGNER R. SAW and BAW technologies for RF filter applications: A review of the relative strengths and weaknesses[C]. 2008 IEEE Ultrasonics Symposium, 2008.

[24] SCRANTOM C Q, LAWSON J C. LTCC technology: where we are and where we're going. II[C]. 1999 IEEE MTT-S International Topical Symposium on Technologies for Wireless Applications (Cat. No. 99TH8390), 1999.

[25] 江平, 黄春良, 叶宝盛. 一种具有新型延时单元的鉴频鉴相器设计[J]. 电子技术应用, 2018, 44(04): 44-48.

[26] LEMON R, COULTER B, ARCHIBALD S, et al. Interface test adapter development & maintenance using a Continuity/Insulation Automatic Test Station in large scale test systems[C]. 2009 IEEE AUTOTESTCON, 2009.

[27] 姜梅, 刘三清, 李乃平, 等. 用于电荷泵锁相环的无源滤波器的设计[J]. 微电子学, 2003(04): 339-343.

[28] 聂礼通. 射频锁相环中鉴频鉴相器和电荷泵的设计[D]. 南京: 东南大学, 2016.

[29] 付宇鹏. 毫米波 CMOS 频率合成器设计与实现[D]. 南京:东南大学, 2020.

[30] LACAITA A, LEVANTINO S, SAMORI C. Integrated frequency synthesizers for wireless systems[M]. Cambridge: Cambridge University Press, 2007.

[31] 徐兴福. HFSS 射频仿真设计实例大全[M]. 北京: 电子工业出版社, 2015.

[32] CHAKRABORTY A, GUPTA B. Paradigm Phase Shift: RF MEMS Phase Shifters An Overview[J]. IEEE Microwave Magazine, 2017, 18(1): 22-41.

[33] 马文建, 陈凯, 盛瀚民, 等. 360° 低插损小型化反射式移相器设计[J]. 电子测量与仪器学报, 2022, 36(05): 21-29.

[34] KRAUS J D, MARHEFKA R J. Antennas for all applications[M]. 3rd ed. New York: McGraw-Hill, 2002.

[35] MCMICHAEL J G, KOLODZIEJ K E. Optimal tuning of analog self-interference cancellers for full-duplex wireless communication[C]. 2012 50th Annual Allerton Conference on Communication, Control and Computing (Allerton), 2012.

[36] 张承畅, 余洒, 罗元, 等. 基于 Matlab 的阵列天线方向图仿真[J]. 实验技术与管理, 2020, 37(08): 62-67.

[37] 肖清华. 载波聚合技术及系统影响研究[J]. 移动通信, 2016, 40(11): 17-20.

[38] PAWAR D S, BADODEKAR H S. Review of PAPR Reduction Techniques in Wireless Communication[C]. 2018 IEEE Global Conference on Wireless Computing and Networking (GCWCN), 2018.

[39] KATZ A, WOOD J, CHOKOLA D. The Evolution of PA Linearization: From Classic Feedforward and Feedback Through Analog and Digital Predistortion[J]. IEEE Microwave Magazine, 2016, 17(2): 32-40.

[40] 刘昕, 陈文华, 吴汇波, 等. 功放数字预失真线性化技术发展趋势与挑战[J].中国科学:信息科学, 2022, 52(04): 569-595.

[41] LIU T, YE Y, YIN S, et al. Digital Predistortion Linearization with Deep Neural Networks for 5G Power Amplifiers[C]. 2019 European Microwave Conference in Central Europe (EuMCE), 2019.

[42] HU X, LIU Z, YU X, et al. Convolutional Neural Network for Behavioral Modeling and Predistortion of Wideband Power Amplifiers[J]. IEEE Transactions on Neural Networks and Learning Systems, 2022, 33(8): 3923-3937.

第3章

射频收发机架构

学习目标

1. 熟悉超外差(Supperheterodyne)、零中频(Zero-IF)和射频直采(Direct RF Sampling)收发机架构基本工作原理，能结合性能、成本、体积、功耗、鲁棒性等因素进行架构的对比与选择。

2. 熟悉典型零中频 RFIC 和射频直采 RFIC 的结构框架和性能参数，了解其系统设计方法。

3. 了解射频收发机架构的演进诉求和演进方向。

知识框架

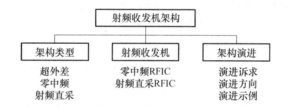

3.1 超外差架构

超外差架构是最传统、最常用的收发机架构，该架构由 Edwin Howard Armstrong 于 1917年提出。超外差架构收发机经过多年的应用与发展，目前已拥有非常成熟的技术和理论支撑，并被普遍应用于通信系统中。

3.1.1 基本原理

频分双工 FDD 模式下的典型超外差式收发机基本结构如图 3-1 所示。上半部分为接收机结构，下半部分为发射机结构，接收机和发射机共用双工器和频率综合器。

在接收方向上，天线收到的射频信号通过滤波、放大后，与本振信号混频，下变频得到固定中频信号，再经过滤波和中频放大后，送给 ADC 进行后续的信号处理。结合图 3-2 对典型超外差式接收机的频率进行分析，在接收链路分析过程中，需特别注意以下几点：

1) 双工器提供足够高的收发隔离度和接收带外抑制，防止 LNA 产生不必要的非线性失真，甚至饱和。

2) 双工器的插入损耗和 LNA 的噪声系数、增益对接收机的静态灵敏度起重要作用。为达到足够低的静态灵敏度，需要双工器提供尽可能低的插入损耗，以及 LNA 提供尽可能低的噪声系数和尽可能高的增益。但是，双工器的插入损耗和带外抑制往往存在对立关系，需折中考虑。并且 LNA 的增益越高，越容易造成后级电路的非线性失真，甚至饱和，因此也需要折中考虑。

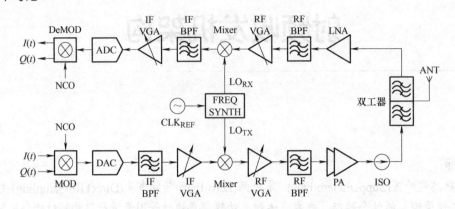

图 3-1   FDD 模式下的典型超外差式收发机基本结构

3) RF BPF 通常为 SAW 滤波器，主要用于频带选择，进一步抑制发射泄露、镜像以及其他干扰。

4) RF VGA 主要有两个作用：一是提供足够大的增益(对于使用无源混频器的接收机尤为重要)，从而尽可能降低后级电路对接收机噪声系数的影响；二是可以提供足够大的衰减，以保证接收机的动态范围。

5) IF BPF 通常也为 SAW 滤波器，主要用于信道选择(固定中频场景)，抑制邻信道干扰、下变频产生的混叠和非线性失真干扰，以及 ADC 采样过程中的混叠干扰。

6) IF VGA 一般需要具备较高的 OIP3 和增益，从而降低对前级混频器输入信号功率的需求，增加混频器的回退量，保证接收机的线性。同时，与前级 RF VGA 一起构成接收机的模拟动态范围。

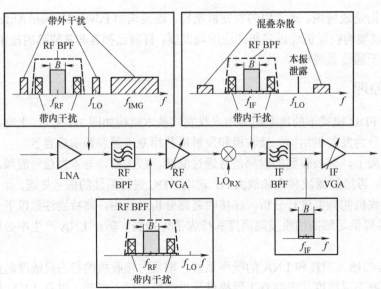

图 3-2   典型超外差式接收机频率分析

在发射方向上，将 DAC 输出的中频信号通过滤波后，与本振信号混频，上变频得到射频信号，再经过可调放大、滤波和功率放大后，由天线发射出去。结合图 3-3 对典型超外差式发射机的频率分析，在发射链路分析过程中，需特别注意以下几点。

1) IF BPF 通常为 SAW 或 LTCC 滤波器，主要用于滤除 DAC 产生的混叠杂散和谐波干扰。如果 DAC 输出杂散在可控范围内，为节约成本，常常将该 IF BPF 直接旁路。

2) 对于选择无源混频器的发射机，为保证发射机线性，需控制混频器的输入信号功率，因此一般选择增益相对较小的中频放大器，或者直接旁路。但由于在中频获得较高增益所需的功耗比在射频获得同样增益所需的功耗低很多，且更稳定。因此，在设计过程中，需根据所选混频器的性能折中考虑。

3) RF VGA 为发射机提供合适的模拟动态范围，并对输出功率进行频率补偿，以达到驱动功放的合适功率水平。在 RF VGA 设计选型中，需在保证足够动态范围的前提下，尽可能降低非线性失真，以减少对发射通道 DPD 性能的影响。

4) RF BPF 通常为 SAW 滤波器，用于选择所需的射频信号，抑制上变频中产生的其他混叠杂散信号。此滤波器对插入损耗性能要求不高，但需保证具有足够低的回损，从而降低因匹配不良对后级驱放、功放的影响。

5) PA 的增益和非线性对负载非常敏感，因此对于大功率输出的基站产品，一般都会在功放后级插入隔离器，以减少天线输入阻抗变化所产生的影响。

6) 双工器进一步抑制发射机带外噪声和杂散干扰，并且提供足够高的收发隔离度，以降低发射对接收的干扰。显然，在保证足够带外抑制的前提下，需要尽可能减小双工器的插入损耗，以降低整机功耗。

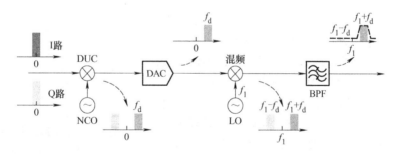

图 3-3　典型超外差式发射机频率分析

3.1.2　特性分析

组合干扰频点多是超外差式接收机最为显著的缺点。典型的干扰有镜像干扰、中频干扰以及组合副波道干扰。其中，镜像干扰尤其严重。下边带注入的镜像频率推导公式为

$$\begin{cases} f_{RF} - f_{LO} = f_{IF} \\ f_{LO} - f_{IMG} = f_{IF} \end{cases} \Rightarrow f_{IMG} = f_{RF} - 2f_{IF} \tag{3-1}$$

式中，f_{LO} 为本振频率；f_{RF} 为有用射频频率；f_{IF} 为中频频率；f_{IMG} 为镜像干扰频率。对于上边带注入的情况，镜像频率为 $f_{IMG} = f_{RF} + 2f_{IF}$。

图 3-4 为超外差式下边带注入镜像抑制分析示例，RF BPF 的频率与接收机工作带宽 B_0 近似相等。因此，可以通过提高中频和前级电路选择性两种方案来抑制镜像干扰。提高中频可使镜像干扰频率 f_{IMG} 与有用信号频率 f_{RF} 相距较远，从而加大对镜像干扰的抑制度，提高接收机灵敏度。但对于 Q 值相等的中频滤波器，更高的中频频率也意味着 3dB 带宽的增加，从而会降低接收机对邻道干扰信号的抑制度。另外，提高中频也会增加对接收 ADC 的性能要求。

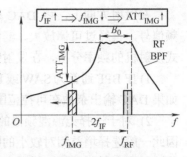

图 3-4 超外差式下边带注入镜像抑制分析示例

从上述分析可以看出，超外差式接收机的选择性与灵敏度似乎是两个矛盾的选择，但通过二次变频可以较好地解决这一矛盾。超外差式二次变频接收机基本结构如图 3-5 所示。一次混频获得的第一中频信号采用高中频，从而提高对镜像干扰的抑制。二次混频获得的第二中频信号采用低中频，从而降低信号选择的难度，提高抑制邻道干扰信号的能力。另外，在中频频率的选择上，通过选择合适中频值，尽可能减少组合干扰。

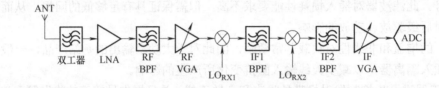

图 3-5 超外差式二次变频接收机基本结构

3.1.3 设计考虑

由于 FDD 系统收发同时工作，收发信号、非线性产物和各类干扰信号都需要在频率规划时考虑，造成其频率规划比 TDD 系统更为复杂，此处以 FDD 为例，进行中频选择分析。图 3-6 为 FDD 系统上下行链路频带结构及信道对划分。通常情况下，上下行链路的频带带宽相同，即 $B_{UL} = B_{DL} = B_{CH}$，并且两个链路的信道对间隔也相同，等于 $B_{CH} + B_{Space}$，即如果上行链路中的信道 CH_{1_UL} 用于终端发射，则对应下行链路中的信道 CH_{1_DL} 将自动分配给该终端的接收机。

图 3-6 FDD 系统上下行链路频带结构及信道对划分

部分 FDD-LTE 系统频带划分见表 3-1，Band 1 的频带间隔大于 Band 3，相应地也获得较宽的信道带宽。注意，由于中国移动的 LTE 只支持 TDD 制式，占用 Band 38/39/40/41，因此，表 3-1 没有列举中国移动。

表 3-1 部分 FDD-LTE 系统频带划分

频带/系统	上行频带/MHz	下行频带/MHz	频带间隔/MHz	信道带宽/MHz
中国电信 Band 1	1920～1940	2110～2130	190	20
中国电信 Band 3	1765～1780	1860～1875	95	15
中国联通 Band 1	1955～1980	2145～2170	190	25
中国联通 Band 3	1755～1765	1850～1860	95	10

超外差式收发机主要包括以下几种基本信号：一个或多个本振信号、参考时钟信号、两个或多个中频信号、低功率射频接收信号和高功率射频发射信号。由于大部分器件的非线性特征，造成这些信号产生各种混叠杂散和高次谐波干扰，在频率规划时，必须对这些大的干扰信号逐一进行分析。

中频选择的优劣直接决定了超外差式收发机的杂散干扰性能。接下来，主要从镜像干扰、混频杂散、半中频杂散、发射泄露与接收带内混频干扰、多频干扰和滤波器抑制度共 6 个方面对中频选择进行分析。

1. 镜像干扰

3.1.2 节对超外差式接收机的镜像频率进行了分析，对于一次变频接收机，需要尽可能提高中频频率，以增大镜像干扰频率 f_{IMG} 与有用信号频率 f_{RF} 之间的频率间隔，从而增加 RF BPF 对镜像干扰的抑制。一般来说，f_{IF} 至少需要大约 2 倍接收机工作带宽 B_0，即

$$f_{IF} > 2 \times B_0 \tag{3-2}$$

2. 混频杂散

由于收发链路的非线性特征(特别是混频器)，将产生不希望的混频产物，称为混频杂散。以接收方向为例，产生的混频杂散 f_S 可表示为

$$f_S = m \times f_{RF} - n \times f_{LO} \ \ 或 \ \ f_S = -m \times f_{RF} + n \times f_{LO} \tag{3-3}$$

式中，m 和 n 分别为 RF 和 LO 频率的整数次谐波。如果混频杂散 f_S 落入或靠近中频带内，将会导致接收机的 SNR 降低。通常情况下，这些杂散分量的幅值随 m 和 n 的增大而减小。

对于混频杂散频率规划，应注意以下几点：

1) 至少对 5 阶以下的混频杂散进行预算评估；

2) 保证进入混频的 RF 和 LO 信号失真度尽可能小；

3) 提高混频器端口匹配度，无源混频器的端口匹配度直接影响其混频杂散性能，平衡式混频器对 m 和 n 的偶次混叠杂散有较好的抑制作用，且双平衡混频器中的 IF、RF 和 LO 端口具有较高隔离度，降低本振泄露，并提供固有的 RF 至 IF 隔离。因此，双平衡混频器设计能够提供最佳的线性特性，可以适当降低每个端口的滤波器带外抑制需求。

4) 提高中频信道选择滤波器的带外抑制，特别注意靠近中频边带上的杂散。

表 3-2 为中频频率选取的杂散预算示例：接收射频频率为 5G WLAN 频段，f_{RF}=5170～5835MHz，一次混频，ADC 支持 2GHz 以下的中频采样。可以看出，选取 1100MHz 附近频点作为接收通道的中频中心频率，应尽可能减少混频杂散。

表 3-2　超外差式接收机中频频率选取的杂散预算示例

序号	f_{IF}/MHz	f_{LO}/MHz	杂散预算
1	400	5102.5	$2f_S - 2f_{LO} = f_{IF} \Rightarrow f_S = 5302.5\text{MHz}$
			$3f_S - 3f_{LO} = f_{IF} \Rightarrow f_S = 5235.8\text{MHz}$
2	500	5002.5	$2f_S - 2f_{LO} = f_{IF} \Rightarrow f_S = 5252.5\text{MHz}$
			$3f_S - 3f_{LO} = f_{IF} \Rightarrow f_S = 5169.2\text{MHz}$

（续）

序号	f_{IF}/MHz	f_{LO}/MHz	杂散预算
3	600	4902.5	$2f_S - 2f_{LO} = f_{IF} \Rightarrow f_S = 5202.5\text{MHz}$ $3f_S - 3f_{LO} = f_{IF} \Rightarrow f_S = 5102.5\text{MHz}$
4	700	4802.5	$2f_S - 2f_{LO} = f_{IF} \Rightarrow f_S = 5152.5\text{MHz}$ $3f_S - 3f_{LO} = f_{IF} \Rightarrow f_S = 5035.8\text{MHz}$
5	800	4702.5	$2f_S - 2f_{LO} = f_{IF} \Rightarrow f_S = 5102.5\text{MHz}$
6	900	4602.5	$2f_S - 2f_{LO} = f_{IF} \Rightarrow f_S = 5052.5\text{MHz}$
7	1000	4502.5	$2f_S - 2f_{LO} = f_{IF} \Rightarrow f_S = 5002.5\text{MHz}$
8	1100	4402.5	低阶混频无带内杂散
9	1200	4302.5	$3f_{LO} - 2f_S = f_{IF} \Rightarrow f_S = 5853.8\text{MHz}$
10	1300	4202.5	$3f_{LO} - 2f_S = f_{IF} \Rightarrow f_S = 5353.8\text{MHz}$ $3f_{LO} - 2f_{RF} = 1602.5\text{MHz}$
11	1400	4102.5	$3f_{LO} - 2f_S = f_{IF} \Rightarrow f_S = 5453.8\text{MHz}$ $3f_{LO} - 2f_{RF} = 1302.5\text{MHz}$
12	1500	4002.5	$3f_{LO} - 2f_S = f_{IF} \Rightarrow f_S = 5253.8\text{MHz}$
13	1600	3902.5	$3f_{LO} - 2f_S = f_{IF} \Rightarrow f_S = 5053.8\text{MHz}$
14	1700	3802.5	$2f_{LO} - f_S = f_{IF} \Rightarrow f_S = 5905\text{MHz}$
15	1800	3702.5	$2f_{LO} - f_S = f_{IF} \Rightarrow f_S = 5605\text{MHz}$ $2f_{LO} - f_{RF} = 1902.5\text{MHz}$
16	1900	3602.5	$2f_{LO} - f_S = f_{IF} \Rightarrow f_S = 5305\text{MHz}$ $2f_{LO} - f_{RF} = 1702.5\text{MHz}$
17	2000	3502.5	$2f_{LO} - f_S = f_{IF} \Rightarrow f_S = 5005\text{MHz}$

164

3. 半中频杂散

半中频(Half-IF)杂散是一种非常棘手的特殊混频杂散信号，半中频杂散 f_{HIF} 有如下定义：

下边带注入：
$$\begin{cases} f_{HIF} = f_{RF} - \dfrac{1}{2}f_{IF} \Rightarrow 2f_{HIF} - 2f_{LO} = f_{IF} \\ f_{LO} = f_{RF} - f_{IF} \end{cases} \tag{3-4}$$

上边带注入：
$$\begin{cases} f_{HIF} = f_{RF} + \dfrac{1}{2}f_{IF} \Rightarrow 2f_{LO} - 2f_{HIF} = f_{IF} \\ f_{LO} = f_{RF} + f_{IF} \end{cases}$$

图 3-7 为超外差式接收机下边带注入半中频杂散抑制分析示例，$f_{RF} = 2510\text{MHz}$，$f_{LO} = 2160\text{MHz}$，$f_{IF} = f_{RF} - f_{LO} = 350\text{MHz}$，$f_{HIF} = f_{RF} - f_{IF}/2 = 2335\text{MHz}$，$2f_{HIF} - 2f_{LO} = 350\text{MHz} = f_{IF}$，造

成的半中频杂散信号产生了不希望的 IF 杂散。

对于半中频杂散干扰，主要来源于接收通道第一级混频器。如果《混频器器件数据手册》没有直接给出其 2×2 杂散响应抑制度，则可由其 IP2 指标导出。由于 RF 通道中混频器前的 RF BPF 基本可抑制前端放大产生的大部分谐波，LO 通路中的滤波器也基本可抑制掉频综部分产生的谐波成分，因此，一般假定仅 RF 和 LO 的基波成分注入混频器端口，且谐波失真仅由混频器自身产生。输入交调计算时，假定有用信号的幅值与干扰信号分量的输入幅值相同，这种情况下混频器的 LO 输入端幅值保持恒定，仅考虑 RF 端口信号失真变化，交调点的阶数仅由 RF 的乘数决定。

同样以图 3-7 的频率点为例，给出混频器的 $\text{IIP2} = 65\text{dBm}$，半中频杂散功率 $P_{\text{IN}} = -5\text{dBm}$，如图 3-8 所示，则产生的中频杂散功率 P_{SPUR} 和杂散抑制 IMD2 分别为

$$P_{\text{SPUR}} = \text{IM2} = 2P_{\text{IN}} - \text{IIP2} = \left[2 \times (-5) - 65\right]\text{dBm} = -75\text{dBm}$$
$$\text{IMD2} = P_{\text{IN}} - P_{\text{SPUR}} = \left[-5 - (-75)\right]\text{dBc} = 70\text{dBc} \tag{3-5}$$

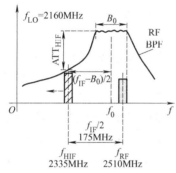

图 3-7　超外差式接收机下边带
注入半中频杂散抑制分析示例

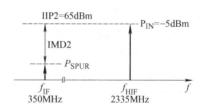

图 3-8　混频器半中频杂散计算

再次回到图 3-7，通过提高超外差式接收机中频频率 f_{IF}，可以增加接收前端 RF BPF 对半中频杂散 f_{HIF} 的抑制度，降低混频器射频输入端半中频杂散功率，从而减少半中频杂散造成的接收 SNR 损失。

4. 发射泄露与接收带内混频干扰

由于 FDD 系统收发通道共用双工器，受限双工器发射端口到接收端口的隔离度和天线回损，发射信号会泄露到接收端，与接收端信号(或带内干扰信号)的混频结果可能落入接收中频带内，影响接收 SNR 甚至阻塞整个接收机。

图 3-9 对发射泄露与接收带内混频干扰进行了图例解释，发射频带 B_{UL} 中的 Δf_{T1} 信道泄露到接收端，与接收频带 B_{DL} 中 Δf_{Rn} 之内的下行信号或干扰信号发生混合，二者之间的频率差 Δf_{Rn} 接近 $B_{\text{UL}} + B_{\text{DL}} + B_{\text{Space}}$，如果中频频率 f_{IF} 同样与此频率差 Δf_{Rn} 接近，则接收机就会被其干扰。因此，为了避免发射泄露与接收带内混频出现带内干扰，选择接收机 IF 时应满足如下不等式：

$$\text{IF}_{\text{RX}} > B_{\text{UL}} + B_{\text{DL}} + B_{\text{Space}} = 2B_O + B_{\text{Space}} \tag{3-6}$$

以中国电信 Band1 频段为例，其接收中频 IF_{RX} 就应大于 $2B_O + B_{\text{Space}} = (2 \times 20 + 190)\text{MHz} = 230\text{MHz}$。

165

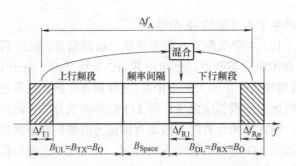

图 3-9 发射泄露与接收带内混频干扰解释

5. 多频干扰

一个移动通信设备可能支持多个无线频段，比如对于一个双卡双待的手机，可能包括中国移动、电信、联通、北斗/GPS、蓝牙、2.4G/5G Wi-Fi 等多个频段。为避免多频之间相互干扰，收发机的中频选择还有一些限制。

以中国联通 Band 1 频段(上行频率为 1955～1980MHz)收发机中频选择为例，考虑北斗 B1 和 2.4G Wi-Fi 频段的多频干扰。

(1) 北斗干扰 北斗 B1 频段为(1561.098±2.046)MHz，终端发射频段与北斗 B1 中心频率之间频率差为 393.902～418.902MHz，如果选择此频段范围内频率作为发射中频，则会存在一定的多频干扰问题，因为此频段内发射中频信号泄露到混频器发射端，与发射信号发生混频，产生落到北斗 B1 频段的干扰信号。因此，发射中频 IF_{TX} 应当小于 393.902MHz 或大于 418.902MHz。

(2) 2.4G Wi-Fi 干扰 2.4G Wi-Fi 收发机工作频率为 2402～2494MHz，为避免使用高本振时，2.4G Wi-Fi 频段成为其镜像干扰，接收中频 IF_{RX} 应小于 $(2402-1980)/2MHz = 211MHz$，与前面 $IF_{RX} > 2B_O + B_{Space} = (2×25+190)MHz = 240MHz$ 产生冲突，此种情况下，选择低本振接收机则是一个较好的解决方案。

6. 滤波器抑制度

一般情况下，接收中频频率越低，接收机信道选择中频滤波器所能达到的选择性越高。在窄带无线系统中尤为明显，比如中心频率大于 150MHz、带宽小于 100kHz 的高性能 SAW 滤波器是很难制成的。

对于接收机镜像抑制射频滤波器，可根据滤波器在单位圆上的共轭零点对某些特定频率提供更高的抑制度，而这些高抑制度的频率点也可进一步作为中频选择的依据。

3.2 零中频架构

零中频收发机又称为直接变频收发机，直接变频意味着射频信号不经过传统中频阶段，直接下变频到基带信号，或由基带信号直接上变频至射频信号。随着半导体工艺的发展，集成电路技术的进步，数字处理能力的增强，零中频收发机因其结构简单、集成度高等优点，在通信系统中应用得越来越广泛，已逐渐成为传统外差架构的替代品。

3.2.1 基本原理

FDD 模式下的典型零中频收发机基本结构如图 3-10 所示。与超外差式收发机基本架构类似，上半部分为接收机结构，下半部分为发射机结构，接收机和发射机共用双工器和频率综合器。

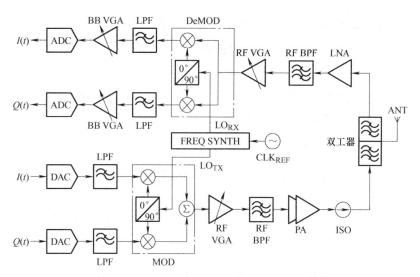

图 3-10　FDD 模式下的典型零中频收发机基本结构

在接收方向上，天线收到射频信号通过双工器预选和较高增益的 LNA 后，再经过一级 BPF 进一步滤波。零中频接收机对此 BPF 的传输泄露抑制度要求高于超外差式接收机，以控制传输泄露的自混频问题，同时降低对 I/Q 解调器二阶失真性能的需求(3.2.2.2 节中会进一步讨论)。滤波后的射频信号直接通过 I/Q 解调器下变频至基带信号。不同于超外差式接收机，零中频接收机的信道选择主要依赖于 LPF 的阻带抑制。I/Q 信号经过滤波和放大后，由 ADC 转为数字信号，然后数字信号由数字滤波器进一步抑制干扰，增加信道选择性。

在发射方向上，DAC 输出的 I/Q 基带信号首先通过 LPF，以抑制邻道和隔道的发射干扰信号，并减低混叠杂散。经过滤波后的 I/Q 基带信号经过 I/Q 调制器后直接上变频至射频信号，并相加混合。混合后的射频信号再经过可调放大、滤波和功率放大后，通过天线发射出去。为了降低对 I/Q 调制器非线性指标要求，零中频发射机有大约 90%的通道增益都在射频段完成。另外，在 VGA 和 PA 之间插入的 BPF 主要用于抑制发射杂散和接收频带的带外噪声。

3.2.2　特性分析

虽然零中频架构比超外差架构看起来简单，但由于零中频架构的一些固有的技术问题，导致其实现过程比超外差架构更加困难。本节将梳理零中频架构的相关技术问题，并分析可能的解决方案。

3.2.2.1　I/Q 幅相不平衡

零中频架构在发射和接收方向上均可能呈现明显的 I/Q 幅相不平衡性，下面分别介绍说明。

1. 发射方向

在发射方向上，假定本振信号 $f_{LO\_I}(t)$ 和 $f_{LO\_Q}(t)$ 的幅度和相位完全平衡，表示为

167

$$\begin{cases} f_{\text{LO\_I}}(t) = \cos(\omega_c t) \\ f_{\text{LO\_Q}}(t) = \sin(\omega_c t) \end{cases} \tag{3-7}$$

基带信号 $I(t)$ 和 $Q(t)$ 存在一定的幅度和相位不平衡，表示为

$$\begin{cases} I(t) = A\cos(\omega t + \varphi) + D \\ Q(t) = \sin(\omega t) \end{cases} \tag{3-8}$$

式中，A，φ，D 分别表示基带信号 $I(t)$ 和 $Q(t)$ 幅度误差、正交相位误差以及直流偏移。

相应地，零中频发射机调制器输出信号 $f_{\text{RF}}(t)$ 可表示为

$$\begin{aligned} f_{\text{RF}}(t) &= I(t)f_{\text{LO\_I}} + Q(t)f_{\text{LO\_Q}}(t) \\ &= \left(\frac{A}{2}\cos\varphi + \frac{1}{2}\right)\cos(\omega_c - \omega)t + \frac{A}{2}\sin\varphi\sin(\omega_c - \omega)t + \\ &\quad \left(\frac{A}{2}\cos\varphi - \frac{1}{2}\right)\cos(\omega_c + \omega)t - \frac{A}{2}\sin\varphi\sin(\omega_c + \omega)t + \\ &\quad D\cos(\omega_c t) + E\cos(\omega_c t + \theta) \end{aligned} \tag{3-9}$$

式中，$f_{\text{RF}}(t)$ 包含下边带有用信号 $f_{\text{RF\_U}}(t)$、上边带镜频干扰信号 $f_{\text{RF\_L}}(t)$ 和本振泄露信号 $f_{\text{RF\_LO}}(t)$，且分别表示为

$$\begin{cases} f_{\text{RF\_U}}(t) = \left(\frac{A}{2}\cos\varphi + \frac{1}{2}\right)\cos(\omega_c - \omega)t + \frac{A}{2}\sin\varphi\sin(\omega_c - \omega)t \\ f_{\text{RF\_L}}(t) = \left(\frac{A}{2}\cos\varphi - \frac{1}{2}\right)\cos(\omega_c + \omega)t - \frac{A}{2}\sin\varphi\sin(\omega_c + \omega)t \\ f_{\text{RF\_LO}}(t) = D\cos(\omega_c t) + E\cos(\omega_c t + \theta) = A_{\text{L}}\cos(\omega_c t + \Delta\theta) \end{cases} \tag{3-10}$$

式中，$E\cos(\omega_c t + \theta)$ 是由于电路串扰和辐射等原因引起的等效本振泄露；$A_{\text{L}}^2 = D^2 + E^2$。

因此，零中频发射机的本振泄露 $R_{\text{LO\_L}}$ 和镜像抑制 R_{ACPR} 可分别表示为

$$\begin{cases} R_{\text{LO\_L}} = 10\lg\left(\dfrac{P_{\text{RF\_LO}}(t)}{P_{\text{RF\_U}}(t)}\right) = 10\lg\dfrac{4A_{\text{L}}^2}{A^2 + 2A\cos\varphi + 1}(\text{dBc}) \\ R_{\text{ACPR}} = 10\lg\left(\dfrac{P_{\text{RF\_L}}(t)}{P_{\text{RF\_U}}(t)}\right) = 10\lg\dfrac{A^2 - 2A\cos\varphi + 1}{A^2 + 2A\cos\varphi + 1}(\text{dBc}) \end{cases} \tag{3-11}$$

可以看出，零中频发射机 I/Q 信号的直流偏移、电路的串扰和辐射引起本振泄露，I/Q 信号的幅相不平衡引起镜像抑制能力的下降。

2. 接收方向

中频接收机的 I/Q 不平衡主要是由解调器、基带低通滤波器和放大器的幅相不平衡造成的。I/Q 不平衡会导致接收机镜像抑制能力下降以及增加信号带宽。

假定接收射频信号 $f_{\text{RF}}(t) = a\cos(\omega_c t) + b\sin(\omega_c t)$，其中，$a$ 和 b 为 +1 或者 -1。本振信号为

$$\begin{cases} f_{\text{LO\_I}}(t) = 2\cos(\omega_c t) \\ f_{\text{LO\_Q}}(t) = 2(1 + \varepsilon)\cos(\omega_c t + \theta) \end{cases} \tag{3-12}$$

式中，ε 和 θ 分别表示增益和相位的失配程度。射频信号 $f_{\mathrm{RF}}(t)$ 与本振信号 $f_{\mathrm{LO\_I}}(t)$、$f_{\mathrm{LO\_Q}}(t)$ 分别相乘，得到的基带信号为

$$\begin{cases} f_{\mathrm{BB\_I}}(t) = a \\ f_{\mathrm{BB\_Q}}(t) = (1+\varepsilon)b\cos\theta - (1+\varepsilon)a\sin\theta \end{cases} \tag{3-13}$$

图 3-11 为增益和相位误差星座图和时域波形。增益误差只作为幅度中的非单位比例因子出现，而相位不平衡则造成一个信道数据脉冲的一部分去破坏另一个信道，如果 I/Q 两路数据流不相关，则本质上都会降低接收机信噪比。

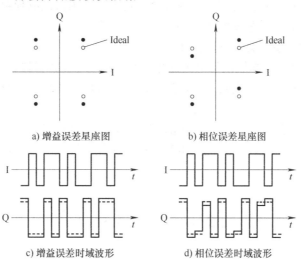

图 3-11　零中频接收机 I/Q 不平衡影响

在实际工程应用中，通常会采用正交误差校正(Quadrature Error Correction, QEC)方案对 I/Q 幅相一致性进行离线或在线校正。

3.2.2.2　偶次谐波失真

典型的接收机基本仅受奇次失真的影响，但在零中频接收机中，偶次失真也成了一个严重的问题。图 3-12 为零中频接收机偶次谐波失真干扰示意图，两个频率靠得很近的强邻道干扰信号 $x(t) = A_1\cos(\omega_1 t) + A_2\cos(\omega_2 t)$ 在送入 LNA 等非线性器件后，由于非线性失真 $y(t) = a_1 x(t) + a_2 x^2(t)$，偶次失真项产生差频信号 $a_2 A_1 A_2 \cos(\omega_1 - \omega_2)t$。而解调器 RF 端口和 IF 端口的隔离度有限，且此差频信号落在接收带内，导致泄露到 ADC 端口，形成干扰。

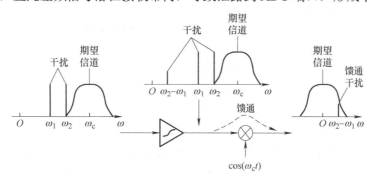

图 3-12　零中频接收机偶次谐波失真干扰示意图

同时，由于非线性因素，射频信号和本振信号的二次谐波经过解调器混频后，输出信号与基带信号在频谱上重叠，同样也会形成干扰。

通常导致偶次谐波失真的干扰主要是由零中频接收机 I/Q 解调器的二阶非线性导致。二阶失真结构的阶数与非线性表达式(2-35)中的 a_2 成正比，由器件的二阶截点 IP2 决定，与 2.2.3.6 节所描述的三阶截点 IP3 类似。为了最小化二阶失真对零中频接收机的影响，需使用具有高 IP2 的 I/Q 解调器，如大于 55dBm 的 IIP2。

3.2.2.3 直流偏移

直流偏移是零中频接收机特有的一种现象，其主要是由自混频导致。零中频接收机本振信号和强干扰信号自混频示意图如图 3-13 所示。

可以看出，自混频主要有以下两条途径：

(1) 本振泄露自混频　本振信号泄露到滤波器、LNA 和调制器输入端，或者发射机泄露的本振信号经过空间辐射送到接收天线，然后进入解调器 RF 端与自身混频，从而产生直流信号。

(2) 强干扰信号自混频　由于解调器 RF 端口和 LO 端口隔离度有限导致进入解调器 RF 口的强干扰信号会泄露到 LO 口，然后再和 RF 口的强干扰信号发生自混频，从而产生直流信号。

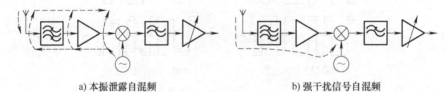

a) 本振泄露自混频　　　　　　　　　　b) 强干扰信号自混频

图 3-13　零中频接收机本振信号和强干扰信号自混频

通过自混频产生的直流信号无法通过低通滤波器滤除，且其一般比射频部分的噪声大，造成 FFT 饱和，并影响基带动态范围和不平衡校正的计算，降低接收机灵敏度。

虽然干扰自混频成分和传输泄露与二阶失真的结果相同，比如两个相同信号混频叉乘(为自混频)，与信号的二次方(二阶失真项)是相同的，但产生机理却不同。自混频低频电平和直流偏移主要依赖 I/Q 解调器的 RF 和 LO 端口隔离度，而二阶失真结果的电平是由非线性系数决定。为了最小化自混频低频成分和直流成分，应保证器件以及电路的隔离度尽可能高。

3.2.2.4 闪烁噪声

闪烁噪声也称为 $1/f$ 噪声，有源器件内存在的闪烁噪声随频率的降低而增大，对解调后的基带信号产生较大干扰，从而降低接收机的动态范围和灵敏度。

常见减小闪烁噪声主要有如下两种方法：

1) 使用 SiGe 或 BiCMOS 技术降低芯片的闪烁噪声。

2) 通过相关双采样技术周期性偏移消除来抑制低频噪声分量。

3.2.3　设计考虑

根据 3.2.2 节对零中频架构的特性分析，并结合实际工程应用，下面主要对零中频架构的 QEC 校正、IIP2 估计，以及传输泄露自混频和隔离度要求进行分析。

3.2.3.1 QEC 校正

为了抑制零中频收发机 I/Q 幅相不平衡和直流偏移等引起的镜像干扰、偶次谐波失真和本振泄露等问题，图 3-14 以发射方向为例，给出了一种正交误差校正补偿方案，该方案通过耦合器采集射频已调信号，并经过正交相干解调、低通滤波、A/D 转换后，在幅相不平衡、本振泄露信号采集部分，提取正交基带调制信号的幅相不平衡畸变(或星座图畸变)、本振泄露等参数，控制正交误差校正预失真补偿电路，实现对正交基带信号数字预失真处理，输出的 $I'(t)$ 和 $Q'(t)$ 在幅度、相位和直流偏移上存在一定的不平衡度，然后该预失真后的信号经过 D/A 变换、低通滤波后，逆向对消原基带信号的正交畸变，实现良好的正交性。

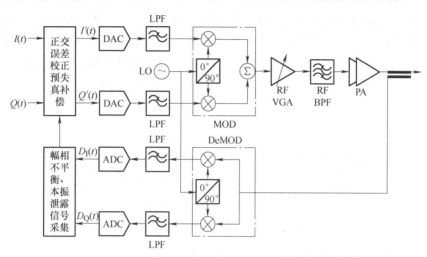

图 3-14　正交误差校正补偿方案框图

3.2.3.2 IIP2 估计

为避免二阶失真导致的问题，零中频接收机通常需要一个很高的 IIP2 指标，而引起二阶失真的主要器件是 I/Q 解调器。假定有用信号由于二阶失真成分导致的信噪比 SNR 下降了 Δ dB，下降的 SNR 可表示为

$$\text{SNR} - \Delta = 10\lg\frac{P_S}{P_N + \Delta P_N} \tag{3-14}$$

式中，P_S 为有用载波信号功率；P_N 为接收机频带内的噪声和干扰信号功率；ΔP_N 为接收机频带内的二阶失真成分。

考虑最初的 $\text{SNR} = 10\lg(P_S/P_N)$，结合式(3-14)推导出的 Δ 可表示为

$$\Delta = 10\lg\left(1 + \frac{\Delta P_N}{P_N}\right) \tag{3-15}$$

整理式(3-15)，可以得到相应的噪声和干扰信号的增量 $R_{\Delta N}$，即

$$R_{\Delta N} = 10\lg\left(\frac{\Delta P_N}{P_N}\right) = 10\lg\left(10^{\frac{\Delta}{10}} - 1\right) \tag{3-16}$$

表 3-3 为一些根据 SNR 恶化计算的增量 $R_{\Delta N}$，与两个同相信号叠加类似。

表3-3 相对噪声和干扰的增量计算

SNR 恶化 Δ/dB	相对噪声和干扰的增量 $R_{\Delta N}$/dB
0.1	−16.33
0.5	−9.14
1.0	−5.87
2.0	−2.33
3.0	−0.02

下面从允许的 SNR 恶化量来推导 I/Q 解调器的 IIP2 指标。如图 3-15 所示，假定接收链路总的噪声系数为 NF_{RX}，前端模块的噪声系数和增益分别为 NF_{FE} 和 G_{FE}，结合链路噪声系数级联公式(2-29)，可以得到去除前端模块的后级接收链路的噪声系数 NF_{DEM+BB} 为

$$NF_{DEM+BB} = 10\lg\left(1 + 10^{\frac{G_{FE}+NF_{RX}}{10}} - 10^{\frac{G_{FE}+NF_{FE}}{10}}\right) \tag{3-17}$$

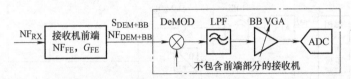

图 3-15 零中频接收机简化结构

结合式(2-30)，可以得到 I/Q 解调器输入端的噪声 N_{DEM_i} 为

$$N_{DEM\_i} = 10\lg\left\{\left[10^{\frac{G_{FE}+NF_{FE}}{10}} + \left(10^{\frac{NF_{DEM+BB}}{10}} - 1\right)\right] \times 10^{\frac{-174+10\lg(BW_{RX})}{10}}\right\} \tag{3-18}$$

式中，BW_{RX} 为接收带宽。

由 I/Q 解调器产生的最大允许二阶失真分量 $IM2_{max}$ 可通过 N_{DEM_i} 以及相对噪声和干扰的增量 $R_{\Delta N}$ 来计算，即

$$IM2_{max} = N_{DEM\_i} + R_{\Delta N} \tag{3-19}$$

结合输入二阶截点 IIP2、输入信号功率 P_{in} 与二阶失真分量 IM2 的关系，可计算得出 I/Q 解调器 IIP2 的最小要求为

$$IIP2_{DEM} = 2I_{DEM\_i} - IM2_{max} \tag{3-20}$$

式中，I/Q 解调器输入干扰信号电平 I_{DEM_i} 可表示为

$$I_{DEM\_i} = I_{RX\_i} + G_{FE} \tag{3-21}$$

式中，I_{RX_i} 为接收机天馈口的干扰信号电平。

3.2.3.3 传输泄露自混频和隔离度要求

传输泄露自混频是导致 SNR 恶化的另一个主要来源。参考 3.2.2.3 节，传输泄露自混频主要包括本振自混频和强干扰信号自混频两类，产生的自混频干扰电平 I_{SM} 可通过以下式子

估计，即

$$I_{\text{SM}} = I_{\text{Path1}} + I_{\text{Path2}} - G_{\text{DEM}} + \Delta G_{\text{DEM}} \tag{3-22}$$

式中，I_{Path1} 和 I_{Path2} 分别为通过图 3-13a 和图 3-13b 到达 I/Q 解调器的传输泄露；G_{DEM} 为 I/Q 解调器的增益；ΔG_{DEM} 为传输泄露自混频的转换增益。

根据允许到的自混频干扰电平 I_{SM}，结合式(3-22)，分配容许的 I_{Path1} 和 I_{Path2}，进而得到本振自混频和强干扰自混频的隔离度要求。

3.3　射频直采架构

在转换器技术得到快速发展之前，由于转换器采样率和分辨率的限制，直接采样架构并不实用。半导体公司利用新技术在更高的采样频率下提高分辨率，以降低转换器内的噪声。随着具有更高分辨率的超高速转换器的出现，转换器可以直接转换数千兆赫兹的信号。

3.3.1　基本原理

FDD 模式下的典型射频直采收发机基本结构如图 3-16 所示，上半部分为接收机结构，下半部分为发射机结构，接收机和发射机共用双工器。相比超外差架构，射频直采省去了复杂的混频器和本振源。接收方向上，有用信号通过 ADC 射频直采转换为数字信号；发射方向上，数字信号通过 DAC 射频直采转换为射频信号。整体属于一种全数字架构。

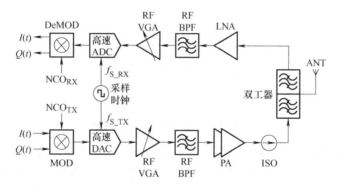

图 3-16　FDD 模式下的典型射频直采收发机基本结构

射频直采的主要优点是简化了射频信号链，降低了每个通道的成本以及通道密度。常规的采样需要满足奈奎斯特采样定理，即要求工作的射频采样频率大于 2 倍最大载波频率，比如要对 6GHz 载频信号采样，就需要 12GHz 以上的采样率，工程中一般称为过采样。这就会带来一个问题，没有足够成熟的技术或者需要花很大代价来提供这么高的采样处理器件，一种解决方案就是使用带通采样结构。

带通采样也称为谐波采样或欠采样，是一种采样频率低于 2 倍最高信号频率的采样技术，采样频率要求不是基于射频载波，而是基于信号带宽，要求采样频率大于 2 倍信号带宽即可。

3.3.2　特性分析

假定一个带通信号的频率下限为 f_{L}，频率上限为 f_{H}，则其带宽 $\text{BW} = f_{\text{H}} - f_{\text{L}}$。为保证

173

准确的确定原信号，采样率 f_S 需满足

$$\frac{2f_H}{n} \leqslant f_S \leqslant \frac{2f_L}{n-1} \tag{3-23}$$

式中，$1 \leqslant n \leqslant \lfloor f_H/BW \rfloor$，$\lfloor O \rfloor$ 表示取最大整数。

如图 3-17 所示，满足式(3-23)的采样率 f_S 也意味着其生成的采样信号频谱没有重合或混叠。值得注意的是，带通采样适用的前提条件是：只允许一个频带内出现带通信号，其余频段不能出现任何信号，否则势必造成频谱混叠。因此，需要在采样前加入中心频率为 $f_C = (f_L + f_H)/2$ 的带通滤波器，选出有用信号后，再进行带通采样。由于该滤波器的功能是为了避免频谱混叠，所以也称为抗混叠滤波器。如果对于 DAC 方向，滤除各混叠杂散的滤波器称为重构滤波器。

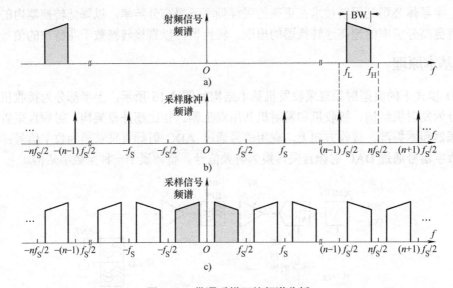

图 3-17 带通采样下的频谱分析

理想抗混叠滤波器的频率响应是矩形窗，但实际却无法实现，因为在频谱上越陡峭，在时域上就越趋近于无限长响应，所以实际的滤波器存在截止频率和过渡带，频率响应如图 3-18 所示，图 3-18a 为理想滤波器，图 3-18b 为工程上可实现的矩形系数 $r = BW_r/BW$ 的梯形滤波器。

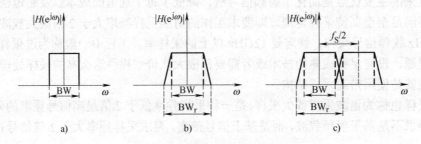

图 3-18 抗混叠滤波器过渡带混叠的带通采样

由于实际滤波器过渡带的存在，采样率则需满足 $f_S \geqslant BW_r$，而并不是信号的实际带宽

BW，所以势必造成采样率的增加。在设计抗混叠滤波器时，往往过渡带并不包括所需的信号，则可认为过渡带是可以允许混叠的，如图 3-18c 所示，由滤波器矩形系数计算新的过渡带 BW′ 为

$$BW' = \frac{r-1}{2}BW \tag{3-24}$$

则采样率必须满足

$$\frac{f_{S}}{2} \geqslant BW + BW' \Rightarrow f_{S} \geqslant (r+1)BW \tag{3-25}$$

换算为式(3-23)的形式，可表示为

$$\frac{2f_{C} + \frac{1}{2}(BW + BW_{r})}{n} \leqslant f_{S} \leqslant \frac{2f_{C} - \frac{1}{2}(BW + BW_{r})}{n-1} \tag{3-26}$$

由于带通采样将射频带通信号重定位于低通位置，存在各种混叠杂散，存在底噪抬升，导致生成的 SNR 要比采用过采样方式的差。带通采样来自直流和射频通带之间的噪声混叠，会降低采样信号的 SNR(用 SNR_{S} 表示)，其值为

$$SNR_{S} = \frac{P_{S}}{P_{Nin} + (n-1)P_{Nout}} \tag{3-27}$$

式中，P_{S} 为带通信号的功率谱密度；P_{Nin} 和 P_{Nout} 分别为带内和带外功率密度；n 为小于等于式(3-23)中 n 的最大正整数。接收信号在进入 ADC 前一般会经过滤波和放大，则带内噪声功率密度通常远高于带外噪声功率密度，即 $P_{Nin} \gg P_{Nout}$，因此 SNR_{S} 主要由 P_{S}/P_{Nin} 决定。如果 $P_{Nin} \approx P_{Nout}$，且 $n \gg 1$，则 SNR 的下降可近似表示为

$$D_{SNR} \approx 10\lg(n) \tag{3-28}$$

另外，时钟抖动和量化噪声也会导致 SNR 的下降，在 2.2.5 节可以找到关于时钟抖动和量化噪声导致的 SNR 下降估计。

3.3.3 设计考虑

射频直采收发机的性能主要依赖于转换器的性能，在设计过程中，需结合其工作环境相关的系统技术问题重点考虑。

3.3.3.1 采样率

为了得到没有混叠失真的带通采样，采样率 f_{S} 应满足式(3-23)或式(3-26)，使用更加通俗的表达式为 $f_{S} > 2 \times B$，即采样率高于 2 倍发射机/接收机工作带宽 B，但实际设计中往往需要进一步提高采样率。例如，对于 Band n2 FDD 频段的基站收发机，从 1930～1990MHz 的 60MHz 带宽分配给发射机，从 1850～1910MHz 的 60MHz 带宽分配给接收机。参考式(3-6)，对于工作在此频段的频分双工收发机来说，最小采样率应大于 2 倍发射机与接收机工作频率间隔加上期望信号带宽，即

$$f_{S} > 2(B_{a} + B_{s} + BW_{I}) \tag{3-29}$$

式中，B_{a} 为发射机/接收机工作带宽；B_{s} 为发射机和接收机频带间隔；BW_{I} 为发射机/接收机

瞬时带宽。

对于上述工作于 Band n2 频段的带通采样接收机，瞬时带宽为 20MHz，则 ADC 采样率应高于 $2 \times (60 + 20 + 20)$MSa/s $= 200$MSa/s。

3.3.3.2 转换器噪声系数和接收灵敏度

由于存在混叠，总体来说带通采样架构的噪声相对较差。混叠噪声是带通采样结构中最严重的问题之一，尤其是在高阶谐波采样中。在射频中，器件的噪声性能用噪声系数来表示。图 3-19 为定义转换器噪声系数的基本模型。结合 2.2.1.2 节对噪声系数概念的介绍，噪声因子 F 是指转换器总的有效输入噪声功率与由源电阻产生的噪声功率之比。该模型假设转换器的输入来自一个电阻为 R 的信号源，输入端有一个噪声带宽 $B = f_S/2$ 的滤波器。假设转换器输入阻抗等于源阻抗，而一般转换器都具有较高输入阻抗，因此需要一个端接电阻 R 进行阻抗匹配，该电阻可能位于转换器内部或者外部，与内部电阻并联使用，产生电阻值为 R 的等效端接电阻。

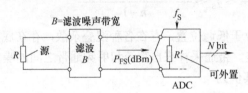

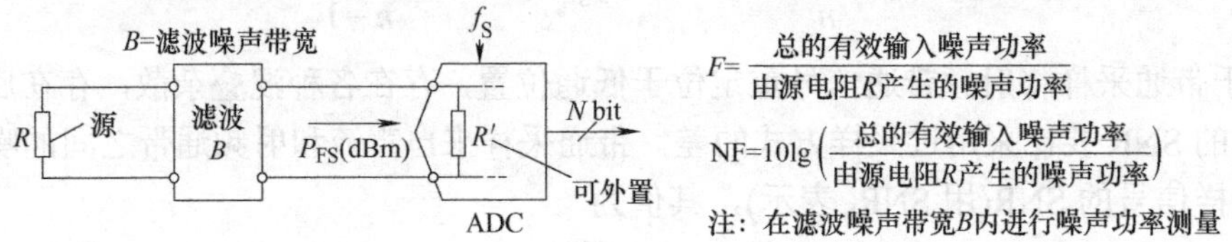

$$F = \frac{\text{总的有效输入噪声功率}}{\text{由源电阻} R \text{产生的噪声功率}}$$

$$NF = 10\lg\left(\frac{\text{总的有效输入噪声功率}}{\text{由源电阻} R \text{产生的噪声功率}}\right)$$

注：在滤波噪声带宽 B 内进行噪声功率测量

图 3-19　定义转换器噪声系数基本模型

下面进行转换器噪声系数的推导。先通过满量程输入正弦波得到其满量程功率值：

$$v(t) = V_o \sin(2\pi f t) \quad \Rightarrow \quad P_{FS} = \frac{(V_o/\sqrt{2})^2}{R} = \frac{V_o^2}{2R} \tag{3-30}$$

然后根据转换器的 SNR 计算其有效输入噪声，即等效的输入方均根电压噪声：

$$SNR = 20\lg\left(\frac{V_{FS\_rms}}{V_{Noise\_rms}}\right) \quad \Rightarrow \quad V_{Noise\_rms} = V_{FS\_rms} \times 10^{-SNR/20} \tag{3-31}$$

此噪声为整个奈奎斯特带宽(即直流至 $f_S/2$)测得的总的有效输入方均根噪声电压。

接着计算噪声系数。由于图 3-19 中转换器输入端接电阻 R 形成了一个 2:1 的衰减器，则源电阻 R 引起的输入电压噪声量等于源电阻 $\sqrt{4kTBR}$ 的电压噪声除以 2，即 $\sqrt{kTBR}$，从而得到转换器噪声因子 F 和噪声系数 NF 的表达式为

$$\begin{cases} F = \dfrac{V_{Noise\_rms}^2}{kTRB} = \dfrac{V_{Noise\_rms}^2}{R} \times \dfrac{1}{KT} \times 10^{-SNR/10} \times \dfrac{1}{B} \\ NF = 10\lg F = P_{FS} + 174 - SNR - 10\lg B \end{cases} \tag{3-32}$$

式中，k 为玻耳兹曼常数，等于 1.38×10^{-23}J/K；T 为温度，取值 290K；B 为滤波噪声带宽；SNR 为输入功率为 P_{FS} 下的信噪比。

过采样和数字滤波能产生处理增益，从而降低噪声系数。对于过采样，式(3-32)可进一步改写为

$$NF = 10\lg F = P_{FS} + 174 - SNR - 10\lg\left(\frac{f_S}{2 \times B}\right) - 10\lg B \tag{3-33}$$

图 3-20 以 16bit、80/100MSPS ADC AD9446 为例，计算其噪声系数。AD9446 在 $3.2V_{PP}$

满幅输入信号、80MSPS 下的 SNR 为 82dB，$3.2V_{PP}$ 在 50Ω 负载下对应的功率为 14.1dBm，代入式(3-33)得到等效噪声系数为 30.1dB。

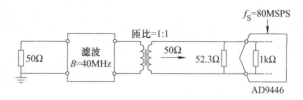

图 3-20　转换器噪声系数计算示例

由于带通采样结构的转换器等效噪声系数较高，在设计接收机时，在 ADC 之前需要一个低噪声系数且高增益的射频前端，以获得良好的接收灵敏度。在实际设计中，根据可能的干扰电平、系统线性度要求、功率供给电压和允许的电流消耗，射频前端增益一般需要设置在 30dB 以上。

3.3.3.3　动态范围和线性度

射频直采接收机中的 ADC 动态范围依赖于所需应对干扰的电平和接收灵敏度要求。假定接收机工作在强度为 P_{int}(dBm)的带内阻塞干扰之下，而期望有用信号的电平为 P_S(dBm)，则要求 ADC 的动态范围 DR_{ADC} 应满足

$$DR_{ADC} \geqslant P_{int} - P_S + PAPR + \Delta G \tag{3-34}$$

式中，PAPR 为接收信号峰均比；ΔG 为带内增益不平坦度。

例如，对于 5G NR 广域基站带内阻塞 3GPP 要求来说，接收机工作在-43dBm 的阻塞干扰下，灵敏度恶化量小于 6dB，即有用信号电平大约为-95.7dBm。考虑到保留 3dB 余量，使用-40dBm 来替代-43dBm。干扰信号峰均比约为 8dB，且带内增益不平坦度大约为 2dB。则要求 ADC 的最小动态范围 $DR_{ADC} = (-40+95.7+8+2)dB = 65.7dB$。

射频直采接收机的线性度和其他接收机类似，可以基于三阶截点 IP3 计算。无论是超外差式接收机还是零中频接收机，ADC 之前都有信道滤波器，但由于射频直采接收机中 ADC 和射频前端直接相连，因此射频直采架构中 ADC 的线性度比其他架构高。参考式(2-58)输入三阶截点 IIP3 级联公式，接收机总的 $IIP3_{RX}$ 可表示为

$$IIP3_{RX} = \left(\frac{1}{IIP3_{FE}} + \frac{G_{FE}}{IIP3_{ADC}} \right)^{-1} \tag{3-35}$$

式中，$IIP3_{FE}$ 和 $IIP3_{ADC}$ 分别为射频前端和 ADC 的输入三阶截点；G_{FE} 为射频前端增益。

3.3.3.2 节分析得到射频直采接收机，为了降低噪声系数，需要更高的通道增益，结合式(3-35)可以得出，为了满足相同的 $IIP3_{RX}$，射频直采接收机需要更高的 $IIP3_{FE}$ 和(或)$IIP3_{ADC}$。因此，从无信道滤波器干扰抑制和接收灵敏度两个方面，都促使射频直采接收机需要更高的线性度。

3.4　架构对比与选择

超外差、零中频和射频直采收发机架构对比见表 3-4。总的来说，在不考虑体积和成本的前提下，超外差架构可以提供最优质的性能。

表 3-4 射频直采收发机架构对比

项	超外差	零中频	射频直采
整体架构	通过合理规划中频或采用二次变频，可以获得最优越的杂散性能 高性能是建立在链路复杂度、成本、功耗、尺寸的损失下实现的，特别是二次变频，不适合集成度较高的场景	链路复杂度、功耗、尺寸都低于超外差架构，适合于集成度较高的场景 受限调制器/解调器的工作频段，一般应用于 Sub 6G 频段，对于更高频段，一般需要在射频前端添加变频模块	得益于采样架构，可应用于带宽非常宽的场景，以及集成度较高的场景 受限转换器的采样频率，一般应用于 Sub 6G 频段，对于更高频段，一般需要在射频前端添加变频模块
频率转换	采用混频器+本振，本振信号源会产生很大功耗，混频器也会产生固有的镜像干扰	采用调制器/解调器，低功耗，但存在镜像杂散、本振泄露、直流偏移等干扰	采用数/模或(和)模/数转换器，没有模拟频率变换器件，架构简单，但功耗较高，容易产生混叠
杂散干扰	杂散相对比较明确，即固有的镜像干扰，包括射频镜像和中频镜像	射频谐波和转换器混叠位于带外，但镜像杂散、本振泄露、直流偏移等干扰会严重限制该架构的信噪比	没有镜像杂散、本振泄露、直流偏移，但转换器的混叠杂散较多，且容易受射频谐波和时钟相位噪声影响
滤波抑制	包括射频滤波和中频滤波，滤波性能要求高，结构复杂	集成混叠抑制，集成滤波结构减少外部滤波需求	只有射频滤波，较多的混叠杂散需要高复杂度滤波器

随着多模、多天线等应用推广，单路射频收发通道需要有更小的体积，而零中频和射频直采架构都能提供出色的小体积能力。从功耗角度看，集成了大部分模拟增益的零中频架构具有令人信服的节能效果。同样，当考虑滤波影响时，零中频也有显著降低滤波要求的潜力。虽然滤波器的成本差异可能很小，但根据所需腔体的数量，这些滤波器的尺寸和重量减少会超过 50%。

由于宽带化是 5G 和 6G 网络一大显著特征，这使得射频直采架构的优势进一步突显。新一代高速转换器打造的解决方案可以提供更高的瞬时带宽而不牺牲系统灵敏度，同时还能在频率规划方面提供更大的灵活性，消除前端射频带上的下混频级的必要性。

3.5 射频收发机

随着软件定义无线电和大规模数/模混合集成电路的发展，以及射频电路小型化的演进需求，集成 AD/DA 转换器、调制器/解调器等电路的单芯片射频收发器(RF Transceiver，也称为 RFIC)逐渐取代了传统的分立收发模块，在整个射频电路中处于绝对核心地位。得益于协议的稳定和市场的庞大，Wi-Fi、蓝牙、GPS 等消费类 RFIC 芯片已非常成熟。但对于通信设备领域，由于性能要求高、协议标准众多、频段规划复杂，特别是基站类 RFIC，近几年才崭露头角。

依据 3.2 节和 3.3 节对零中频和射频直采架构的分析，RFIC 主要也分为零中频和射频直采两大阵营。表 3-5 是近几年 ADI、TI 和华为海思的主流规格 RFIC 芯片列表。其中，ADI 最早开始研发，2013 年推出的全球第一款 RFIC AD9361，标志着射频收发器正式进入 RFIC 时代。基于近几年带宽需求的增加，ADI 的研发重心也由早期零中频架构逐步转向射频直采架构。TI 在 RFIC 的研发上虽然起步稍晚，但研发重心主要放在射频直采架构上，当前产品的规格指标略高于 ADI。华为海思也有自己的 RFIC，在其室外宏站和室内小基站等产品上都有使用，由于华为海思并未正式发布其 RFIC，此处未列出相关 RFIC 型号。

表 3-5　近几年主流规格 RFIC 芯片列表

厂商	系列型号	通道数	频率范围	最大带宽/Hz	发布时间	架构
ADI	AD9361	2T2R	70MHz～6GHz	56M	2013 年	零中频
	AD9371	2T2R2F	300MHz～6GHz	100M	2016 年	零中频
	ADRV9009	2T2R2F	75MHz～6GHz	200M	2018 年	零中频
	ADRV9026	4T4R4F	650MHz～6GHz	200M	2019 年	零中频
	AD9988	4T4R	7.5GHz	1.2G	2021 年	射频直采
TI	AFE7422	2T2R	10MHz～6GHz	1.2G	2018 年	射频直采
	AFE7686	4T4R	5.2GHz	800M	2018 年	射频直采
	AFE7799	4T4R2F	600MHz～6GHz	200M	2019 年	零中频+射频直采
	AD7950	4T4R2F	600MHz～12GHz	1.2G	2021 年	射频直采
	AFE8092	8T8R2F	6GHz	400M	2021 年	射频直采
华为海思	××	××	××	××	××	射频直采+零中频

3.5.1　零中频 RFIC

下面以高性能 RFIC ADRV9026 为例，进行零中频 RFIC 的介绍。ADRV9026 提供了 4 个独立控制的发射通道、4 个独立控制的接收通道、用于监控每个发射通道的反馈通道、频率综合单元和数字信号处理单元,可提供完整的收发器解决方案,其结构框图如图 3-21 所示。该器件采用零中频收发架构,具有低功耗、低噪声等优点,提供小基站、宏基站、Massive MIMO 等移动通信设备应用所需的性能。

ADRV9026 具有完整的收发器子系统,包括自动/手动衰减控制,直流偏移校正、QEC 和数字滤波等功能。另外, ADRV9026 也集成了一些其他辅助功能,比如通用 ADC、DAC、GPIO 等接口。

为实现高性能射频指标, ADRV9026 集成了 5 个完整的 PLL。其中, 前 3 个 PLL 分别为发射通道、接收通道和反馈通道提供低噪声、低功耗的本振信号;第 4 个为信号转换器和数字电路提供时钟;第 5 个为高速串行数据接口提供时钟。同时, 集成的各 PLL 电路中的 VCO 和环路滤波器支持数字可调。

为满足多通道同步需求, ADRV9026 提供了多芯片同步机制,保证芯片间的所有本振和数字时钟同步。

为满足高速数据传输需求, ADRV9026 支持 JESD204B 和 JESD204C 标准,提供最高 24.33Gbit/s 的数据速率。同时, 该接口也支持在低带宽下降低接口 Lane 数的交错模式。

1. 发射性能

ADRV9026 的典型发射性能规格见表 3-6,需要重点关注以下几点:

(1) 工作频率　中心频率和信号带宽分别决定了芯片的使用频段和最大数据速率。当前移动通信主要集中在 Sub 6G 频段(毫米波频段可通过外接混频器实现),因此大多数 RFIC 都以 6GHz 作为其最大工作频率。除 5G 毫米波频段的 400MHz 带宽无法满足外, ADRV9026 的 200MHz 带宽可满足大部分 5G 带宽协议。另外, 450MHz 的校正带宽与 200MHz 信号带宽达到 2.25 倍关系,基本满足 DPD 校正需求。

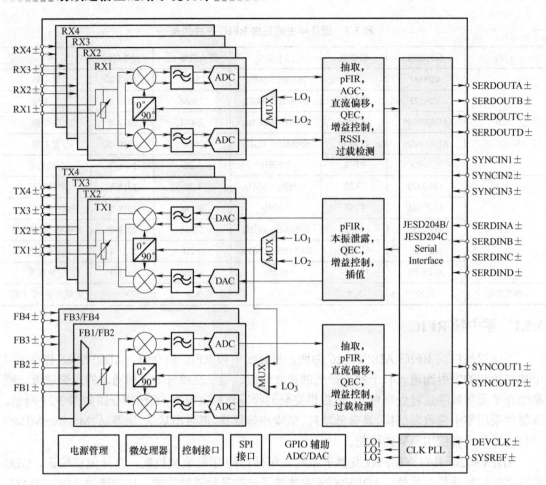

图 3-21　ADRV9026 结构框图

表 3-6　ADRV9026 典型发射性能规格

参数	最小值	典型值	最大值	单位	测试条件/备注
中心频率	75		6000	MHz	
信号带宽			200	MHz	零中频模式
校正带宽			450	MHz	
增益控制范围		32		dB	
增益控制精度		0.05			
增益波动		1.0		dB	450 MHz 带宽内
最大输出功率	6.4		7.0	dBm	75～5700MHz 频率范围内的典型值，频率越高，输出功率越低
输出功率温度斜率		-4.5		mdB/℃	全功率控制范围有效
ACLR	64		65	dB	LTE 20MHz-12dBFS，75～5700MHz 频率范围内的典型值
输出 OIP3	27		30	dBm	75～5700MHz 频率范围内的典型值
带内底噪		-154.5		dBFS/Hz	0dB 衰减；0～20dB 衰减范围内，每衰减1dB，带内底噪下降 1dB

180

（续）

参数	最小值	典型值	最大值	单位	测试条件/备注
镜像抑制	61		80	dB	200MHz 信号带宽，75～5700MHz 频率范围内的典型值，频率越高，抑制越差
载波泄露	−84		−83	dBFS	0dB 衰减，载波泄露校正使能，75～5700MHz 频率范围内的典型值
EVM	0.25		0.84	%	PLL 窄带模式，20MHz LTE 信号在 75～5700MHz 频率范围内的典型值
TX 通道间隔离度	65		78	dB	800～5700MHz 频率范围内的典型值，频率越高，隔离度越差
输出阻抗		50		Ω	差分
输出回波损耗		10		dB	

（2）功率控制　32 dB 的增益控制范围，并配合适当的外部模拟衰减和内部数字衰减，用于满足发射动态指标。增益波动和输出功率温度斜率指标越小，越能减轻链路频率补偿和温度补偿的压力。

（3）非线性　RFIC 的 ACLR 指标必须尽可能高，减轻后级 DPD 算法的压力，保证整体发射链路的 ACLR 指标。

（4）干扰噪声　带内底噪主要取决于 DAC 性能，底噪越低，越能保证功率回退下的 SNR。镜像抑制和载波泄露作为零中频架构特有的杂散干扰，一般结合 RFIC 内外环本振泄露和 QEC 校正进行优化处理。如图 3-22 所示，在使用内环初始化校正时，遍历不同衰减档位创建衰减初始校正表。另外，需保证外部 PA 处于关断模式，防止 PA 大功率信号对 RFIC 内环小信号造成干扰，以及 RFIC 输出大信号对 PA 造成潜在损坏。外环校正主要对外部环路通道的增益和相位等进行评估校正和本振泄露抑制，在保证反馈不饱和的情况下，尽可能提高反馈接收信号的 SNR，保证校正精度。

181

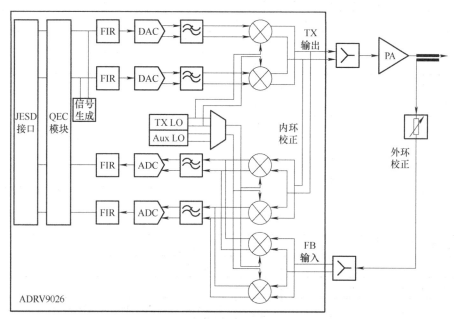

图 3-22　ADRV9026 发射本振泄露和 QEC 内外环校正框图

(5) 调制精度　EVM 作为衡量射频通信系统的总体性能指标，必须尽可能低，保证整体发射链路的 EVM 指标。EVM 指标详细介绍可参见 5.6 节。

(6) 隔离度　多频多扇区场景下，需要重点分析通道间隔离度指标。

(7) 端口匹配　在 75～6000 MHz 全频段范围内，端口阻抗会呈现差异化特性。较差的匹配会影响端口的共模抑制比(CMRR)和载波泄露等性能，实际应用中，需根据具体频段进行匹配优化，具体可参考 2.2.4 节中的端口匹配应用举例。

2. 接收性能

ADRV9026 的典型接收性能规格见表 3-7，需要重点关注以下几点：

(1) 工作频率　相关分析与前面发射性能中的工作频率保持一致。

(2) 增益控制　30 dB 的增益控制范围，并配合增益控制环路和适当的外部模拟衰减，实现更大的动态范围指标。图 3-23 为 ADRV9026 接收通道增益控制框图，结合模拟过载检测、HB2 数字过载检测和功率测量模块多个测量点，防止接收通道被瞬态干扰信号阻塞，并提供较高的 SNR，保证信道容量。

(3) 噪声系数　12dB 左右的噪声系数，RFIC 外部前端需提供足够的增益(30dB 左右)，以降低 RFIC 噪声系统对链路级联噪声的影响，保证链路接收灵敏度。

(4) 非线性　RFIC 对抗干扰信号的能力，特别是对于多频多模系统中的 $M \times N$ 杂散，要进行详细预算。

(5) 接收杂散　镜像抑制和直流偏移作为零中频架构特有的杂散干扰，一般通过 RFIC 内部的 QEC 校正进行优化处理。

(6) 通道间隔离度　除了关注接收通道间隔离度外，还需对 TX-RX 隔离度指标进行分析，特别是在 FDD 系统。

表 3-7　ADRV9026 典型接收性能规格

参数	最小值	典型值	最大值	单位	测试条件/备注
中心频率	75		6000	MHz	
信号带宽		200		MHz	零中频模式
增益范围		30		dB	
增益波动		1		dB	200MHz 带宽内
增益控制精度		0.1		dB	
衰减步进		0.5		dB	0～6dB 衰减范围内
		1.0		dB	6～30dB 衰减范围内
增益温度斜率		-6.4		mdB/℃	
最大输入信号功率	-12.7		-11	dBm	单音信号，0dB 衰减，-2dBFS 数字功率，75～5700MHz 频率范围内的典型值
噪声系数	11		14.5	dB	0dB 衰减，75～5700MHz 频率范围内的典型值
噪声系数波动		1.5		dB	频带边缘
输入阻抗		100		Ω	差分
输入回波损耗		10		dB	
IIP2	58		70	dBm	0dB 衰减，75～5700MHz 频率范围内的典型值，频率越高，IIP2 越差

（续）

参数	最小值	典型值	最大值	单位	测试条件/备注
IIP3	14		18	dBm	双音边频带，单音信号功率为 P_{HIGH}-9dB，75～5700MHz 频率范围内的典型值，频率越低，IIP3 越差
二次谐波失真		-75		dBc	信号功率为 P_{HIGH}-3dB
三次谐波失真		-72		dBc	信号功率为 P_{HIGH}-3dB
镜像抑制		75		dB	200MHz 接收带宽，QEC 校正使能
本振泄露	-68		-54	dBm	最大增益下，75～5700MHz 频率范围内的典型值；在前 12dB 衰减档位内，本振泄露 dB by dB 降低
无杂散动态范围		81		dBc	0dB 衰减，±20MHz 带宽范围内
RX 通道间隔离度	60		80	dB	75～5700MHz 频率范围内的典型值，频率越高，隔离度越差
TX 到 RX 通道隔离度	65		80	dB	75～5700MHz 频率范围内的典型值，频率越高，隔离度越差

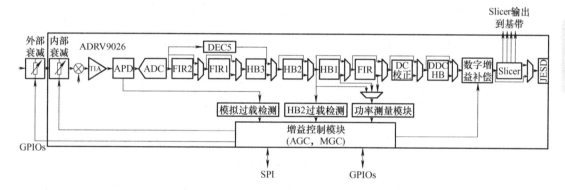

图 3-23　ADRV9026 接收通道增益控制框图

3.5.2　射频直采 RFIC

　　下面以高性能 RFIC AFE8092 为例，进行射频直采 RFIC 的介绍。AFE8092 是一款高性能、宽带宽、多通道收发器，集成了 8 个 RF 采样发送器链、8 个 RF 采样接收器链和两个用于辅助链(反馈路径)的 RF 前端，其结构框图如图 3-24 所示。AFE8092 在 AFE7920 的基础上进一步的通过架构革新，在集成度提高的同时，再次实现了同等场景下功耗的 30%下降。相比于 4T4R 的产品，可以更好地满足 Massive MIMO 所需。

　　每个接收器链包括一个 31dB 范围的 DSA，后跟一个 4 GSPS ADC。每个接收器通道都有模拟峰值功率检测器、数字峰值和功率检测器以辅助外部或内部自主自动增益控制器，以及用于设备可靠性保护的 RF 过载检测器。数字下变频器(DDC)提供高达 400MHz 的组合信号带宽。在 TDD 模式下，接收器通道可以配置为在宽带接收机和宽带反馈接收机之间动态切换，并且这两种模式能够重复使用相同的模拟输入。

　　每个发射器链都包括一个数字上变频器(DUC)，支持高达 800MHz 的组合信号带宽。DUC 的输出驱动具有混合模式输出选项的 12 GSPS DAC，以增强第二奈奎斯特域的性能。DAC

输出包括一个可变增益放大器(TX DSA)，其范围为 40dB，模拟步长为 1dB，数字步长为 0.125dB。

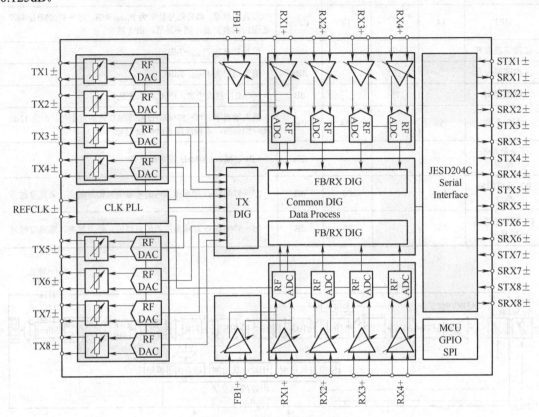

图 3-24　AFE8092 结构框图

反馈路径包括一个 25dB 衰减范围的 DSA，一个 4 GSPS RF 采样 ADC 和一个带宽高达 800MHz 的 DDC，与接收链路共享。

AFE8092 关键特性总结如下：

1) 8 路射频直采 12 GSPS 发射 DAC。

2) 8 路射频直采 4 GSPS 接收 ADC。

3) 最大射频信号带宽：TX/FB 800MHz，RX 400MHz。

4) 射频频率范围：高达 6GHz。

5) 数字步进衰减器(DSA)：TX 40dB 衰减范围，1dB 模拟和 0.125dB 数字步长；RX/FB 31/25dB 衰减范围，1dB 步进。

6) 每条链具有单独的 DUC/DDC。

7) 每条链具有双 NCO，可用于快速频率切换。

8) 支持 TDD 操作，在 TX 和 RX 之间快速切换。

9) 内部 PLL/VCO，用于生成 DAC/ADC 时钟。

10) DAC 和 ADC 速率的可选外部 CLK。

11) SerDes 数据接口：支持 JESD204B 和 JESD204C，8 个 SerDes 收发器，速率高 32.5Gbit/s。

3.6　架构演进

移动通信网络的持续演进对射频通信的性能和设计不断提出更高的新要求，再加上周边领域的突破，促使射频通信架构必须持续向前演进。

3.6.1　演进诉求

演进诉求作为演进迭代的驱动力，表 3-8 分别从覆盖范围、频率带宽、速率容量性能，以及成本、尺寸、功耗、散热设计的角度，对数字中频、RFIC 收发器、PA、LNA、滤波器、天线、电源、时钟和整机结构各个领域提出了射频通信链路架构的演进诉求。

表 3-8　射频通信链路架构演进的主要诉求与驱动力

演进项	数字中频	RFIC 收发器	PA 和 LNA	滤波器	天线	电源	时钟	整机结构
覆盖范围	√	—	√	—	√	—	—	—
频率带宽	√	√	√	√	√	—	—	—
速率容量	√	√	√	√	√	—	√	—
成本	√	√	√	√	√	√	√	√
尺寸	—	√	√	√	√	√	—	√
功耗	√	√	√	√	√	√	—	—
散热	√	√	—	√	—	—	√	√

注："√"表示有较强的诉求与驱动；"—"表示没有较强的诉求与驱动。

1．覆盖范围

通过提升数字中频的算法处理能力，特别是 Massive MIMO 的 ABF 算法，并结合 PA 输出能力的提升和大规模移相天线的设计，保证机顶口功率，提高天线增益，增强设备覆盖性能。

2．频率带宽

5G 网络的 FR2 频段(24250～52600MHz)，正式将毫米波纳入移动通信，标志着移动通信设备需要支持更宽的频率范围。大带宽作为 5G 网络的主要应用场景，相比 4G 网络频率带宽提升了数倍甚至数十倍。首先，对数字中频来说，不仅需要极大提升像 DPD 之类算法的处理性能，而且还需要考虑高速接口的速率突破。然后，对 RFIC 收发器来说，主要需要考虑大带宽带来的反馈校正带宽的倍增。最后，就是 PA、滤波器和天线等模拟器件，必须一并提高它们的宽带性能。

3．速率容量

信道的最大数据传输速率即为信道容量，属于信道传输数据能力的极限。根据香农定理 $C = B \times \log_2(1 + S/N)$，即信道容量由信号带宽和其信噪比决定。在满足上述第 2 条频率带宽需求的基础上，还需要尽可能保证信号的信噪比。比如，数字中频算法的 CFR 和 DPD、RFIC 收发器的动态范围、PA 的线性度、滤波器的抑制比、移相阵列天线的空域滤波，另外，还需要重点关注由时钟贡献的载波相位噪声，会影响发射信号的调制矢量误差(EVM，5.4 节会详

185

细分析)和调制阶数,进而限制信道容量。

4. 成本

成本是设备产品化的一个重点关注项,尤其对于当前 5G 网络的 Massive MIMO 的 TRX 多通道设计,必须尽可能降低所有部件的成本。

5. 尺寸

对于当前 5G 网络的 Massive MIMO 系统,需要在 TRX 通道数翻倍增长的情况下,尽可能维持模块尺寸的不变,这对 RFIC 收发器和电源的通道数、PA 和滤波器小型化、天线阵列化等提出了更高的要求。另外,天线和 RU 模块的一体化设计也需要整机结构的不断迭代和优化。

6. 功耗

5G 网络在拥有大带宽、高速率等优异性能的同时,也带来了设备功耗的剧增。表 3-9 为 2019 年发布的某通信设备供应商 4G 和 5G 基站功耗对比数据,可以看出,仅考虑 RRU 设备, 5G 单站功耗约为 4G 单站的 2~3 倍。而 5G RU 设备功耗的主要贡献单元就是 PA 和由滤波器等无源器件带来的后端插入损耗,提高 PA 效率和降低后端插入损耗是降低 5G 设备功耗的关键。另外,提高数字中频、RFIC 收发器集成度和整机电源效率也是功耗的重要举措。

表 3-9　4G 和 5G 基站功耗对比数据

业务负载	RU 平均功耗/W		功耗提升
	4G 网络	5G 网络	
100%	289.68	1127.28	289%
50%	273.58	892.32	226%
30%	259.1	762.43	194%
空载	222.59	633	184%

7. 散热

5G 网络功耗的剧增,对设备的散热也带来了严峻挑战。除了尽可能优化整机结构外,还需要采用更高结温的芯片,引进更科学的散热方法(比如液冷),以及通过 AI 等技术对设备功率进行动态控制。

3.6.2　演进方向

根据上一节对演进诉求的介绍,可以推导出当前射频通信架构演进的关键技术指标,主要包括器件集成度、前端功耗、RFIC 通道数、单位电路面积尺寸。

如图 3-25a 所示,半导体器件的工艺逐步提升。相比数字器件,模拟器件受工作原理、功能集成度、隔离度和应用需求等限制,工艺的提升速度相对比较缓慢。

如图 3-25b 所示,单个 TRX 通道的功耗逐步降低。随着半导体工艺和材料的发展,各个架构的通道功耗均有所降低,但从近几年的发展趋势来看,基本都趋于一个极值点,需要考虑从基础科学角度,寻求进一步的革新。

如图 3-25c 所示,单个 RFIC 上集成的 TRX 通道数逐步增加。从起初的分立器件,到收发集成,然后通道数再逐渐增加,到当前正在研发的 16T16R。从应用场景和工艺设计来说,当前单片 16 通道的 RFIC 基本属于一个极限参数,近几年基本不会增加,而主要在此基础上,优化其带宽等射频性能。

如图 3-25d 所示,单位电路的面积尺寸逐步缩小。得益于尺寸的大幅降低,使得 5G Massive MIMO 的商用基本变成可能,后续还需要在各器件的功能集成度上进一步发力。

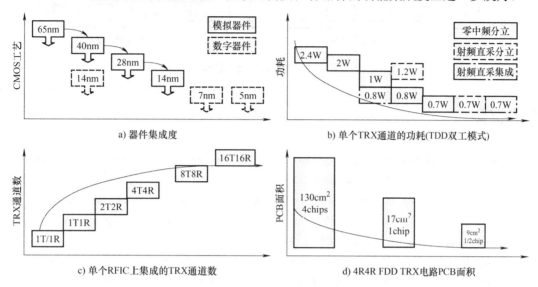

a) 器件集成度　　　　　　　　b) 单个TRX通道的功耗(TDD双工模式)

c) 单个RFIC上集成的TRX通道数　　　　d) 4R4R FDD TRX电路PCB面积

图 3-25　关键技术指标演进趋势

3.6.3　演进示例

基于 5G 网络大带宽的应用诉求,RFIC 架构逐步由传统的零中频向射频直采发展,如图 3-26 所示。依据 3.2 节和 3.3 节对零中频和射频直采架构的分析,零中频架构主要用于单频带和虚拟双频带(4G+5G 共 RF 前端)场景,最大带宽基本只能达到 600MHz;而射频直采架构可以应用在双频带或多频带场景,支持的带宽可以达到 1GHz 以上,这对 5G 毫米波频段的应用尤其重要。

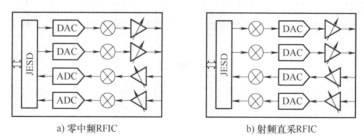

a) 零中频RFIC　　　　　　　　b) 射频直采RFIC

图 3-26　RFIC 演进趋势

5G 网络大带宽导致 DFE 和 RFIC 之间需要上百 Gbit/s 的高速接口,对接口设计和 PCB 布线提出了极其苛刻的需求,并且此高速接口也带来了额外的功率损耗。基于此,将 DFE 和 RFIC 集成在一个数字+模拟的混合 SoC 芯片成为当前基站设备的一种趋势(在终端设备中已经普遍实现),如图 3-27 所示,这种集成架构具有更低的功耗、更小的体积和更高的抗干扰能力。

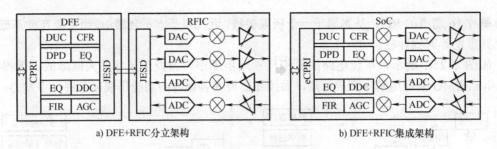

a) DFE+RFIC分立架构　　　　　b) DFE+RFIC集成架构

图 3-27　数字前端演进趋势

参考文献

[1] LASKAR J, MATINPOUR B, CHAKRABORTY S. Modern receiver front-ends: systems, circuits, and integration[M]. Hoboken: Wiley-Interscience, 2004.

[2] GU Q. RF system design of transceivers for wireless communications[M]. New York: Springer, 2005.

[3] LUZZATTO A, HARIDIM M. Wireless transceiver design: mastering the design of modern wireless equipment and systems[M]. 2nd ed. Chichester Wiley, 2017.

[4] 马文建. 宽载波频率大带宽超短波射频电路关键技术研究与验证[D]. 成都: 电子科技大学, 2017.

[5] 钮心忻, 杨义先. 软件无线电技术与应用[M]. 北京: 北京邮电大学出版社, 2000.

[6] GOMEZ R. Theoretical Comparison of Direct-Sampling Versus Heterodyne RF Receivers[J]. IEEE Transactions on Circuits and Systems I: Regular Papers, 2016, 63(8): 1276-1282.

[7] ZHAO N, DENG J, LI X, et al. Zero-IF for GSM transmitter applications[C]. 2008 International Conference on Microwave and Millimeter Wave Technology, 2008.

[8] 曹鹏, 王明飞, 费元春. 直接正交上变频调制器的镜频抑制与本振泄漏对消技术研究[J]. 电子学报, 2010, 38(2A): 6-9.

[9] MACHADO R G, WYGLINSKI A M. Software-Defined Radio: Bridging the Analog–Digital Divide[J]. Proceedings of the IEEE, 2015, 103(3): 409-423.

[10] SKLIVANITIS G, GANNON A, BATALAMA S N, et al. Addressing next-generation wireless challenges with commercial software-defined radio platforms[J]. IEEE Communications Magazine, 2016, 54(1): 59-67.

第4章

射频通信接收机设计

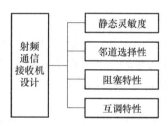
4.1 指标体系

射频通信接收机指标体系如图 4-1 所示，主要包括静态灵敏度、邻道选择性、阻塞特性和互调特性 4 大指标。其中，静态灵敏度决定了接收机能收到的最小信号电平，限制了设备的通信覆盖范围。邻道干扰信号制约着接收机的邻道选择性，带内/带外阻塞制约着接收机的阻塞特性，而邻道选择性和阻塞特性决定了接收机能收到的最大信号电平。最大信号电平和最小信号电平之间的差值为接收机的动态范围。另外，邻道选择性、阻塞特性和互调特性共同限制着接收机的线性水平。

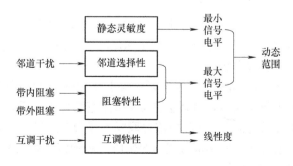

图 4-1 射频通信接收机指标体系

4.2　静态灵敏度

4.2.1　指标定义

　　静态灵敏度也称为参考灵敏度，是指接收机在满足吞吐量要求(通常不小于参考测量信道最大吞吐量的95%)的条件下，天线口能够收到的最小信号电平。如果接收信号在经过数字抽取、滤波等处理后，不会产生额外的信噪比下降或对信噪比的影响可忽略，则静态灵敏度计算公式可表示为

$$
\begin{aligned}
P_{\text{Ref}} &= P_{\text{noise}} + \text{NF} + \text{SNR}_{\min} \\
&= -174\text{dBm/Hz} + 10\lg(\text{BW}) + \text{NF} + \text{SNR}_{\min}
\end{aligned}
\tag{4-1}
$$

式中，P_{noise} 为接收机热噪声，由信道带宽 BW 决定；NF 为接收电路级联噪声系数；$\text{SNR}_{\min}$ 为基带能够正确解调所要求的最低信噪比，也就是所谓的解调门限，比如 QPSK 和 256QAM 的解调门限分别大约为-1dB 和 32dB。

4.2.2　需求分析

　　对比 5G NR 基站协议(3GPP 38.104)和终端协议(3GPP 38.101)，广域基站(Wide Area Base Stations)的静态灵敏度指标要求最为苛刻。此处以 5G NR 广域基站在 5MHz 带宽、15kHz 子载波间隔(SCS)、QPSK 调制方式下，-101.7dBm 静态灵敏度指标为例，进行该指标的需求分析：

　　1) 参考 3GPP 38.104，对于 FR1 频段信号带宽 RB 数配置表，5MHz 带宽、15kHz 子载波间隔下的 RB 数 N_{RB} 为 25 个，每个 RB 下的子载波数 N_{SCS} 为 12 个，则 RB 信号带宽 BW 为

$$
\text{BW} = \text{SCS}N_{\text{SCS}}N_{\text{RB}} = 15 \times 12 \times 25\text{kHz} = 4500\text{kHz} = 4.5\text{MHz}
\tag{4-2}
$$

　　2) QPSK 调制方式下的解调门限大约为-1dB，结合式(4-1)，则接收电路级联噪声系数 NF 需满足

$$
\begin{aligned}
\text{NF} &\leqslant P_{\text{Ref}} - \left[-174 + 10\lg(\text{BW}) + \text{SNR}_{\min} \right] \\
&= \left\{ -101.7 - \left[-174 + 10\lg(4.5 \times 10^6) + (-1) \right] \right\}\text{dB} \approx 6.7\text{dB}
\end{aligned}
\tag{4-3}
$$

　　3) 如果是 FDD 系统，则还需考虑发射底噪的泄露。发射底噪泄露对静态灵敏度的影响主要受限于发射底噪水平和双工器隔离度，且单 RB 场景下指标需求更加苛刻。在系统设计中，需根据实际电路进行预算分析。

　　4) 另外，落到接收带内的混叠噪声也会影响静态灵敏度。该混叠噪声主要受限于 ADC 采样率、频率规划、滤波器抑制等，具体会在 4.4 节阻塞特性中分析。

　　综上，为满足静态灵敏度需求，接收电路级联噪声系数 NF 应不大于 6.7dB。为防止批次波动、高低温场景、发射底噪泄露和混叠噪声等影响，需预留大约 2dB 的设计余量，即系统按照 4.7dB NF 内控指标进行设计。

4.2.3 设计分解

根据式(2-29)中 N 级级联计算方法，接收机 NF 主要由前端 ADC 底噪、通道增益和无源插入损耗决定，下面分别进行分析，并对静态灵敏度指标进行链路预算。

1. ADC 底噪

为满足 5G NR FR1 频段最大 100MHz 带宽需求，并保证足够的混叠杂散抑制，结合奈奎斯特带通采样定理，所选用 ADC 的采样率一般在 100/0.33MSPS=303MSPS 以上。为了便于逻辑抽取/插值等处理，节约逻辑资源，ADC 采样率最好为 3.84MSPS 的整数倍。因此，ADC 采样率应选择 368.64MSPS 或更高。基于当前工艺技术水平和成本因素，满足此需求的高速 ADC，其小信号下的底噪水平一般能达到-155dBFS/Hz。在 ADC 满刻度电平为 4dBm 下，折算到 4.5MHz 带宽内，其底噪 N_Δ 可表示为

$$N_\Delta(\text{dBm}) = N_\Delta(\text{dBFS/Hz}) + \text{FS} + 10\lg(\text{BW})$$
$$= \left[-155 + 4 + 10\lg(4.5 \times 10^6)\right]\text{dBm} \approx -84.5\text{dBm@4.5MHz} \tag{4-4}$$

而等效到天线口的热噪声 N_{ANT} 为

$$N_{\text{ANT}} = -174 + 10\lg(\text{BW}) + \text{NF}$$
$$= \left[-174 + 10\lg(4.5 \times 10^6) + 4.7\right]\text{dBm} \approx -102.8\text{dBm@4.5MHz} \tag{4-5}$$

显然，ADC 底噪 N_Δ 明显高于等效到天线口的热噪声 N_{ANT}，对整体接收链路的静态灵敏度指标影响很大。为降低 ADC 底噪对整体接收链路静态灵敏度指标的影响，结合噪声系数级联公式(2-29)，前端射频通道必须提供足够高的通道增益。

2. 通道增益

当射频前端未与 ADC 级联时，射频前端输出的底噪 N_R 为

$$N_R = -174 + 10\lg(\text{BW}) + \text{Gain} + \text{NF} = N_{\text{ANT}} + \text{Gain} \tag{4-6}$$

式中，Gain 为射频前端增益。

级联 ADC 后，噪声功率由原来的 N_R 增加到 $N_R + N_\Delta$，则 NF 损失程度 L_{NF} 为

$$L_{\text{NF}} = \frac{N_R + N_\Delta}{N_R} = 1 + \frac{N_\Delta}{N_R} \tag{4-7}$$

可以看出，L_{NF} 越小，ADC 底噪影响就越小。但在 N_Δ 一定的条件下，N_R 越大，意味着射频前端增益越高，接收通道动态范围越小，越容易被阻塞，具体会在 4.4 节阻塞特性中继续分析通道最大增益。因此，为保证 NF 损失程度与接收动态范围的折中，L_{NF} 一般取 0.1～0.2dB 之间。由于广域基站阻塞性能要求相对较低，此处选择 $L_{\text{NF}} = 0.1\text{dB}$，则

$$N_R - N_\Delta = 16\text{dB} \tag{4-8}$$

由此得到，通道增益为

$$\text{Gain} = N_\Delta - N_{\text{ANT}} + 16\text{dB} = 34.3\text{dB} \tag{4-9}$$

3. 无源插入损耗

前端无源部分主要包括射频连接器、腔体滤波器(双工器)和 PCB 走线。

考虑到 NF 设计指标为 4.7dB，最前端 LNA 贡献大约 1.4dB，ADC 贡献 0.1dB，通道上其他电路(比如：π 衰、变频、放大、滤波、VGA 等)贡献大约 0.4dB，则留给前端无源插入损耗大约为 2.8dB。结合当前常规设计要求和工艺能力水平，前端无源插入损耗分解如下：

1) 射频连接器损耗≤0.8dB，包括天馈接口、腔体滤波器与射频模块桥接接口。

2) 腔体滤波器损耗≤1.8dB。腔体滤波器在满足损耗的同时，需要具有足够的带外抑制、收发隔离度和工作带宽指标。

3) PCB 走线损耗≤0.2dB。在 PCB 布局时，前端 LNA 需尽可能靠近连接器，保证尽可能短的 PCB 走线。

综上分析，要满足 4.2 节的静态灵敏度指标，在设计过程中，有表 4-1 的设计分解总结。

表 4-1　静态灵敏度设计分解总结

影响因素	设计指标
ADC 底噪	尽可能满足-155dBFS/Hz 底噪指标，降低对接收前端底噪的抬升
通道增益	接收通道增益≥34.3dB，以降低 ADC 底噪对整体链路噪声的影响
无源插入损耗	射频连接器、滤波器、PCB 走线总体无源插入损耗小于 2.8dB

4.3　邻道选择性

4.3.1　指标定义

邻道选择性(Adjacent Channel Selectivity, ACS)是指在相邻信道存在干扰情况下，接收机在指定信道频率上正确解调有用信号的能力。图 4-2 为邻道选择性指标定义示例，带内有用信号带宽为 BW_S，静态灵敏度为 P_{Ref}，邻道干扰信号带宽为 BW_{int}，干扰信号功率为 P_{int}。在邻道干扰信号存在情况下，其灵敏度恶化至 P_S (也称为 ACS 灵敏度)。邻道干扰信号与带内有用信号之间的功率差为邻道选择性，即 $ACS = P_{int} - P_S$。根据设备类型差异，邻道干扰信号与带内有用信号频带间距一般有两种定义方式：

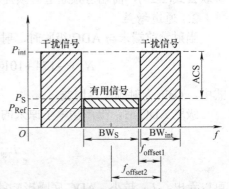

图 4-2　邻道选择性指标定义示例

(1) 基站　邻道干扰信号中心频点与带内有用信号上边缘频点或下边缘频点之间的距离，即图 4-2 中的 $f_{offset1}$。

(2) 终端　邻道干扰信号中心频点偏离带内有用信号中心频点的距离，即图 4-2 中的 $f_{offset2}$。

邻道选择性指标要求接收机在接收有用信号的同时，对邻道干扰信号提供足够高的抑制度，其抑制度主要取决于固定中频的信道选择滤波器和数字滤波器。而对于采用零中频或射频直采架构的集成 RFIC 芯片，没有中频信道选择滤波器，主要靠数字滤波器对邻道干扰信号进行抑制。

4.3.2　需求分析

对比 5G NR 基站协议(3GPP 38.104)和终端协议(3GPP 38.101)，广域基站的邻道选择性指标要求相对更为苛刻。此处以 5G NR 广域基站在 5MHz 带宽、-52dBm 干扰信号功率、$f_{\text{offset1}}=\pm2.5025\text{MHz}$、带内有用信号功率指标为($P_{\text{Ref}}+6\text{dB}$)为例，进行邻道选择性指标的需求分析：

1) 参考 3GPP 38.104，5G NR 广域基站在 5MHz 带宽、15kHz 子载波间隔(SCS)、QPSK 调制方式下的静态灵敏度 P_{Ref} 为-101.7dBm，则带内有用信号功率 ACS 灵敏度 P_{S} 为-95.7dBm。

2) QPSK 下解调门限为-1dB，则等效总噪声功率 $P_{\text{N}}\le$-94.7dBm/5MHz。为防止批次波动等影响，预留 3dB 设计余量，即系统按照 $P_{\text{N}}\le$-97.7dBm/5MHz 内控指标进行设计。

3) 邻道选择性分析的噪声主要包括接收机热噪声、ADC 底噪、本振倒易混频噪声、非线性产物噪声、数字滤波器抑制残余噪声共 5 个部分。在通道增益不变情况下，可认为 ADC 等效到天线口的底噪基本不变，即 ADC 底噪的影响基本可忽略。

4) 结合工程经验和接收链路设计实现，上一条中 4 个部分的噪声贡献比例和具体噪声指标见表 4-2，按照此噪声贡献项指标分别进行设计。

表 4-2　邻道选择性噪声贡献项

贡献项	贡献比例	噪声指标/dBm
接收机热噪声	30%	-102.9
本振倒易混频噪声	30%	-102.9
非线性产物噪声	20%	-104.7
数字滤波器抑制残余噪声	20%	-104.7

4.3.3　设计分解

根据表 4-2，接收邻道选择性主要由接收机热噪声、本振倒易混频噪声、非线性产物噪声和数字滤波器抑制残余噪声决定，下面分别进行分析。

1. 接收机热噪声

根据表 4-2，接收机热噪声需控制在-102.9dBm 以内，而在-52dBm 邻道信号输入情况下，AGC 还未起控，通道增益基本不变，通道 NF 与静态时基本一致，参考式(4-3)得出

$$\begin{aligned}\text{NF}&\le P_{\text{N1}}-\left[-174+10\lg(\text{BW})\right]\\&=\left\{-102.9-\left[-174+10\lg(4.5\times10^6)\right]\right\}\text{dB}\approx4.6\text{dB}\end{aligned}\tag{4-10}$$

小于 4.2 节中 NF 设计指标，满足设计需求。

由于 AGC 未起控，为尽可能削弱由于大信号导致 ADC 底噪的抬升，应限制接收机的通道增益。5MHz DFT-s-OFDM NR 邻道测试信号峰均比 PAPR 在 8dB 左右，接收信号强度指示 RSSI 误差 2dB，5MHz 带宽内增益波动 1dB，预留 2dB 余量，因此要求 ADC 输入口最大信号不要超过-13dBFS，假定 ADC 满刻度电平在 4dBm，则 ADC 最大输入电平应控制在

-9dBm 以内，链路增益应满足

$$\text{Gain} \leqslant P_{\text{ADCmax}} - P_{\text{int}} = \left[(-9)-(-52)\right]\text{dB} = 43\text{dB} \tag{4-11}$$

远大于 4.2.3 节静态灵敏度对通道增益(34.3dB)的设计条件，此处满足需求。

2. 本振倒易混频噪声

接收链路本振倒易混频产生过程如图 4-3 所示，由于实际本振信号的能量不是集中在一个频点上，而是连续分布在频谱上，存在杂散和噪声，即本振相位噪声。若混频器输入端在偏离有用信号 Δf 处存在较强干扰信号，此强干扰信号与偏离本振信号 Δf 处的杂散和噪声进行混频，产生的频率分量正好落入中频有用信号带内，形成中频噪声，进而影响接收灵敏度。

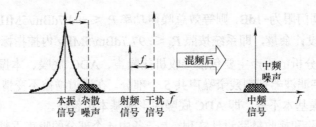

图 4-3　接收链路本振倒易混频产生过程

图 4-4 为接收链路倒易混频本振相位噪声模型，假设偏离本振 2.5～7.5MHz 区域内的相位噪声服从均匀分布，则此区域内的总噪声功率近似为

$$\begin{aligned}
\text{PN}_{\text{integrated}} &= P_{\text{N2}}(\text{dBc/Hz}) + 10\lg(\text{BW}) \\
&= P_{\text{N2}}(\text{dBc/Hz}) + 10\lg(4.5\times10^{6}) \approx P_{\text{N2}} + 66.5\text{dBc}
\end{aligned} \tag{4-12}$$

倒易混频噪声为

$$\begin{aligned}
\text{Noise}_{\text{RevMix}} &= \text{PN}_{\text{Integrated}} + P_{\text{int}} \\
&= (P_{\text{N2}}+66.5\text{dBc}) + (-52\text{dBm}) = (P_{\text{N2}}+14.5)\text{dBm}
\end{aligned} \tag{4-13}$$

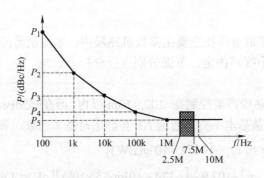

图 4-4　接收链路倒易混频本振相位噪声模型

根据表 4-2，本振倒易混频噪声需控制在-102.9dBm 以内，则偏离载波 2.5～7.5MHz 区域内的平均相位噪声应小于-117.4dBc/Hz。Sub 6G 频段的基站本振在偏离 1MHz 以外的相位噪声基本可维持在-140dBc/Hz 以下，对于此-117.4dBc/Hz 相对比较容易满足。

3. 非线性产物噪声

根据表 4-2，非线性产物噪声需控制在-104.7dBm 以内，则要求接收通道链路邻道功率

泄露比 ACLR 满足

$$ACLR \geqslant P_{\text{int}} - P_{\text{N3}} = [-52 - (-104.7)]\text{dBc} = 52.7\text{dBc} \tag{4-14}$$

根据式(2-67)ACLR 与 OIP3 的关系表达式，并结合 8dB 左右信号峰均比，可以得出接收通道链路 IIP3 需满足

$$IIP3 = P_{\text{int}} + \frac{ACLR - 9 + 0.85 \times (PAPR - 3)}{2} \geqslant -28\text{dBm} \tag{4-15}$$

结合通常设计的接收通道链路 IIP3 一般都可达到-10dBm，因此，对于此 IIP3≥-28dBm 相对比较容易满足。

4．数字滤波器抑制残余噪声

根据表 4-2，数字滤波器抑制残余噪声需控制在-104.7dBm 以内，则要求没有信道选择滤波器架构的数字滤波器提供至少[-52 - (-104.7)]dB = 52.7dB 邻道抑制比，像 RRC 这样的数字滤波器实现此指标相对容易。

综上分析，要满足 4.3.2 节的邻道选择性指标，在设计过程中，有表 4-3 的设计分解总结。

表 4-3　邻道选择性设计分解总结

影响因素	设计指标
接收机热噪声	(1) 接收通道 AGC 起控电平高于-52dBm (2) 接收通道链路最大增益小于 43dB
本振倒易混频噪声	本振偏离载波 2.5～7.5MHz 区域内的平均单边带相位噪声小于-117.4dBc/Hz
非线性产物噪声	接收通道链路 IIP3 大于-28dBm
数字滤波器抑制残余噪声	接收通道数字滤波器邻道抑制比大于 52.7dB

195

4.4　阻塞特性

4.4.1　指标定义

各移动通信频段共站共址、Wi-Fi、蓝牙、雷达、电视、广播等其他通信系统，导致各无线设备接收机往往工作在复杂多变的电磁频谱干扰环境中，这就是所谓的阻塞(Blocking)场景。阻塞是接收机存在干扰信号时，在满足一定误码率情况下，能够解调出特定频带内最小有用信号的能力，即通过阻塞灵敏度指标来衡量接收机的抗阻塞性能。

阻塞分为带内阻塞(in-Band Blocking)和带外阻塞(out-of-Band Blocking)两种类型，而邻道选择性属于一种特殊的带内阻塞，在 4.3 节已进行了详细介绍分析。由于基站和终端应用场景和链路器件的差异，其阻塞指标的需求定义也有所不同。

4.4.1.1　带内阻塞

如图 4-5a 所示，基站带内阻塞定义为在偏移有用信号上/下频带边缘 f_{offset} 处存在带宽 BW_{int}、功率 P_{int} 的干扰信号时，有用信号灵敏度恶化 $(P_S - P_{\text{Ref}})\text{dB}$，且由于基站物理高度差异，本地基站(Local Area BS)比广域基站有着更高的阻塞性能需求。

由于终端的用户单一性和链路器件的低成本特性，其阻塞性能远低于基站，即在干扰信

号偏离有用信号频段和灵敏度恶化相同数值情况下，终端的干扰信号功率远低于基站的干扰信号功率。图 4-5b 为终端带内阻塞指标定义，与基站类似，只是终端定义了两级 f_{offset}，随着 f_{offset} 的增大，阻塞电平 P_{int} 也随之提高。

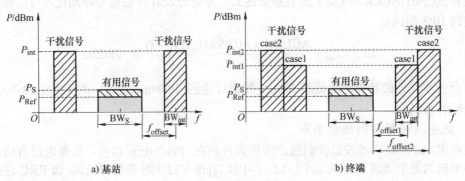

a) 基站　　　　　　　　　　　　　b) 终端

图 4-5　带内阻塞指标定义示例

4.4.1.2　带外阻塞

如图 4-6a 所示，基站带外阻塞定义为在偏移有用信号上/下频带边缘 Δf_{OOB} 以外存在功率 P_{int} 的单音干扰信号时，有用信号灵敏度恶化 $(P_S - P_{\text{Ref}})$ dB。

同样，由于终端的用户单一性和链路器件的低成本特性，其阻塞性能远低于基站。图 4-6b 为终端带外阻塞指标定义，终端定义了三个 Range 区间，越远离有用信号的区间，阻塞电平 P_{int} 也就越大。

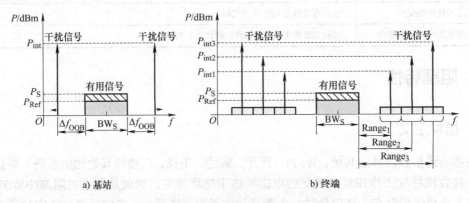

a) 基站　　　　　　　　　　　　　b) 终端

图 4-6　带外阻塞指标定义示例

4.4.2　需求分析

对比 5G NR 基站协议(3GPP 38.104)和终端协议(3GPP 38.101)，终端阻塞性能明显低于基站，且本地基站的带内阻塞电平虽然比广域基站高 8dB，但由于同等约束条件下本地基站的静态灵敏度指标比广域基站低 8dB，所以此处仍以 5G NR 广域基站 5MHz 有用信号带宽为例，分别进行带内和带外阻塞指标需求分析。

4.4.2.1　带内阻塞

基站带内阻塞典型指标需求见表 4-4。参考 4.3.2 节中的需求分析，同样预留 3dB 设计余量。系统在 -43dBm 带内阻塞干扰信号功率下，按照等效总噪声功率 $P_N \leqslant -97.7$dBm/5MHz 内控指标进行设计。

表 4-4　基站带内阻塞典型指标需求

有用信号带宽/MHz	带内阻塞灵敏度 P_S/dBm	干扰信号功率 P_{int}/dBm		信号间隔 f_{offset}/MHz	干扰信号类型
5, 10, 15, 20		广域基站：-43		±7.5	5MHz DFT-s-OFDM NR, 15kHz SCS, 25RBs
25, 30, 40, 50, 60, 70, 80, 90, 100	P_{Ref}+ 6dB	中程基站：-38		±30	20MHz DFT-s-OFDM NR, 15kHz SCS, 100RBs
		本地基站：-35			

影响带内阻塞指标的因素除了 4.3.2 节邻道选择性分析项以外，还需要重点考虑 AGC 起控引起的接收链路噪声系数恶化，以及大信号条件下的 ADC SFDR 恶化。结合工程经验，带内阻塞灵敏度恶化的噪声贡献比例和具体噪声指标见表 4-5，按照此噪声贡献项指标分别进行设计。

表 4-5　带内阻塞噪声贡献项

贡献项	贡献比例	噪声指标/dBm
接收机热噪声	35%	-102.3
ADC SFDR 杂散	20%	-104.7
本振倒易混频噪声	20%	-104.7
通道非线性产物噪声	15%	-105.9
数字滤波器抑制残余噪声	10%	-107.7

4.4.2.2　带外阻塞

基站带外阻塞一般分为通用带外阻塞和共址带外阻塞两种类型，其典型指标需求分别见表 4-6 和表 4-7。

表 4-6　基站通用带外阻塞典型指标需求

带外阻塞灵敏度 P_S/dBm	干扰信号功率 P_{int}/dBm	信号间隔 Δf_{OOB}/MHz	干扰信号类型
P_{Ref}+ 6dB	-15	频带宽度≤200MHz: 20 频带宽度>200MHz: 60	单音信号

表 4-7　宏基站共址带外阻塞典型指标需求

干扰信号频率范围	带外阻塞灵敏度 P_S/dBm	宏基站干扰信号功率 P_{int}/dBm	干扰信号类型
下行共址工作频段	P_{Ref}+ 6dB	16	单音信号

一般来说，带外阻塞除了需要满足上述带内阻塞影响因素外，还需重点分析滤波器抑制度、镜像干扰、混频器 $M×N$ 杂散响应、射频混叠干扰、收发隔离等因素。由于接收机应用频段、场景架构的不同，导致上述分析项的影响因素贡献比重存在较大差异，后面将以 Band n3 频段(UL: 1710~1785MHz，DL: 1805~1880MHz)超外差式架构为例，进行带外阻塞指标的设计分解。

4.4.3　设计分解

下面分别对带内和带外阻塞特性进行设计分解。另外，在分析带内阻塞过程中，涉及动态范围指标，所以此处有必要先将动态范围指标单独进行分析。

4.4.3.1　动态范围

由于接收通道器件饱和电平和 ADC 满刻度电平的限制，在大信号阻塞下，如果通道增益过大，则会导致 ADC 饱和，接收灵敏度恶化，因此接收机需要在收到大信号时自动降低通道增益。而当接收机在收到小信号时，为了尽可能降低链路噪声系数，需要提高通道增益，保证足够的信噪比。因此，接收机不管在收到小信号，还是大信号时，送入 ADC 的电平都基本恒定。在工程设计中，一般将通道的最大增益和最小增益之差定义为接收机的动态范围。

(1) 最大增益 G_{max}　结合 4.2 节静态灵敏度分析结论，为满足 ADC 底噪对静态灵敏度影响小于 0.1dB，接收通道增益需要大于 34.3dB，即 $G_{max}=34.3dB$。

(2) 最小增益 G_{min}　结合 4.3.3 节接收机热噪声的分析结论，ADC 最大输入电平应控制在-9dBm 以内。为满足广域基站天线口带内阻塞为-43dBm 时，接收链路不饱和，并考虑接收通道器件批次波动、频率补偿和高低温补偿±5dB，且预留 3dB 余量，则要求此场景下的通道增益小于 $[-9-(-43)-10-3]dB=21dB$，即 $G_{min}=21dB$。

(3) 接收机动态范围为 $G_{max}-G_{min}=13.3dB$　结合 3GPP 和应用场景，基站的覆盖区域越小，基站的带内阻塞信号越大，则要求的接收机动态范围越高。特别对于移动终端设备和无线回传设备(Remote Relay Node, RRN)，其最大输入电平和带内阻塞干扰电平更高，一般需要高达 50dB 的动态范围。

为了满足动态范围需求，在接收链路上需要设置可变增益放大器或可调衰减器(统称为 VGA)来调整通道增益，而此 VGA 在接收链路中的位置，需要综合阻塞灵敏度和互调特性(4.5 节会详细分析)两个指标进行设计。当通道增益衰减较小时，为尽可能降低通道衰减对阻塞灵敏度的影响，VGA 一般放到混频器后，即靠近 ADC，称为中频 VGA(IF VGA)；当通道增益衰减较大时，即接收机处于大信号阻塞场景，为提高接收机线性改善其互调特性，除 IF VGA 外，还需要 RF VGA，即衰减器放置在 LNA 后级、混频器前级。一般情况下，当阻塞信号电平大于-35dBm 时，启动 RF VGA，既保证互调特性有较大改善，又尽可能降低了对阻塞灵敏度的影响。对于上述 13.3dB 的动态范围，只需设置 IF VGA 即可满足设计需求。

4.4.3.2　带内阻塞

参考 4.3.3 节邻道选择性的设计分解，结合表 4-5 带内阻塞噪声贡献项，下面分别从接收机热噪声、ADC SFDR 杂散、本振倒易混频噪声、通道非线性产物噪声和数字滤波器抑制残余噪声 5 个方面，进行带内阻塞设计分析。

1. 接收机热噪声

结合 4.2.3 节静态灵敏度对通道增益(-34.3dB)的需求，以及 4.3.3 节 ADC 最大输入电平(-9dBm)的分析，得出接收通道 AGC 起控电平大约为-44dBm。在-43dBm 带内阻塞电平下，假设前端滤波器对带内阻塞干扰信号几乎没有抑制，则在带内阻塞场景下，AGC 起控将引起接收机噪声系数恶化。而对于此处 1dB 的 AGC 衰减，接收通道 NF 恶化基本能控制在 0.1dB 以内。

另外，在带内阻塞场景下，由于大信号造成 ADC 底噪的恶化一般在 3dB 以内，对整体接收通道 NF 恶化基本可控制在 0.1dB 以内。

根据表 4-5，接收机热噪声需控制在-102.3dBm 以内，参考式(4-3)得出

$$
\begin{aligned}
\text{NF} &\leqslant P_{N1} - \left[-174 + 10\lg(\text{BW})\right] - 0.1 - 0.1 \\
&= \left\{-102.3 - \left[-174 + 10\lg(4.5 \times 10^6)\right]\right\}\text{dB} \approx 5\text{dB}
\end{aligned}
\tag{4-16}
$$

小于 4.2 节中 NF 设计指标，满足设计需求。

同样，为了尽可能降低 AGC 起控的衰减值，接收通道增益值应尽可能贴近满足静态灵敏度指标对应通道增益的下限值，即 34.3dB。

2. ADC SFDR 杂散

在阻塞场景下，大信号进入 ADC 产生谐波杂散，引起 SFDR 恶化。如果此 SFDR 噪声功率高于有用信号，且击中有用信号，则会导致阻塞灵敏度指标不满足需求。因此，在 ADC 选型中，应对重点测试分析其 SFDR 指标，避免 SFDR 杂散点影响有用信号的正确解调。

另外，如果接收机热噪声影响因素余量较大，可尝试适当降低 AGC 起控电平，降低 ADC 输入功率，减少 SFDR 恶化量。

3. 本振倒易混频噪声

参考 4.3.3 节，假设偏离本振 7.5~12.5MHz 区域内的相位噪声服从均匀分布，结合式 (4-12)，此区域内的总噪声功率为 $P_{N3} + 66.5$dBc。倒易混频噪声为

$$
\begin{aligned}
\text{Noise}_{\text{RevMix}} &= \text{PN}_{\text{integrated}} + P_{\text{int}} - \text{ATT} \\
&= (P_5 + 66.5) + (-43) - 1\text{dB} = P_{N3} + 22.5\text{dBm}
\end{aligned}
\tag{4-17}
$$

式中，ATT 为接收 AGC 起控产生的 1dB 增益衰减。

根据表 4-5，本振倒易混频噪声需控制在-104.7dBm 以内，则偏离载波 7.5~12.5MHz 区域内的平均相位噪声应小于-127.2dBc/Hz。Sub 6G 频段的基站本振在偏离 1MHz 以外的相位噪声基本可维持在-140dBc/Hz 以下，对于此-127.2dBc/Hz 相对比较容易满足。

4. 通道非线性产物噪声

与邻道选择性不同，有用信号位于带内阻塞信号的隔道上，则由带内阻塞引起的通道非线性产物噪声主要通过五阶互调截点(IIP5)来近似度量，IIP5 与 IIP3 定义类似，主要由五阶互调分量 IM5 决定，且有

$$
\text{IIP5} = P_I + \frac{\text{IMD5}}{4} = P_I + \frac{P_I - \text{IM5}}{4} = 1.25P_I - \frac{1}{4} \times \text{IM5}
\tag{4-18}
$$

式中，P_I 为干扰信号功率，单位 dBm；IMD5 为干扰信号与五阶互调分量 IM5 之间的功率差，单位 dB。

根据表 4-5，由非线性引起的干扰噪声需控制在-105.9dBm 以内，结合-43dBm 的干扰信号功率，由式(4-18)可计算得到接收通道的 IIP5 应大于-43dBm。

5. 数字滤波器抑制残余噪声

根据表 4-5，数字滤波器抑制残余噪声需控制在-107.7dBm 以内，则要求没有信道选择

滤波器架构的数字滤波器提供至少 $[-43-(-107.7)]dB=64.7dB$ 邻道抑制比，像 RRC 这样的数字滤波器实现此指标相对容易。

4.4.3.3 带外阻塞

根据前面需求分析，带外阻塞指标主要基于 Band n3 频段(UL: 1710~1785MHz, DL: 1805~1880MHz)超外差架构进行分解。结合器件选型和成本控制等条件，接收机变频结构如图 4-7 所示，采用 1 次混频，本振频率 f_{LO} 为 1470MHz，接收中频频率 f_{IF} 为 240~315MHz，ADC 采样率 f_S 为 368.64MSPS，满足 65MHz 带宽带通采样要求。

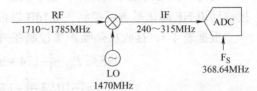

图 4-7 基站 Band n3 频段接收机变频结构

由于协议规定的带外阻塞为单音干扰信号，而测试的有用信号为宽带信号，单音信号落到宽带信号中，击中 RB，导致接收误码。此处仍以 5MHz 带宽、15kHz 子载波为例，5MHz 带宽包含 25 个 RB，每个 RB 180kHz。参考 4.4.2.1 节带内阻塞需求分析，同样预留 3dB 设计余量，系统按照 $P_N \leqslant -97.7dBm/5MHz$ 内控指标进行设计，即 $-112dBm/180kHz$。干扰信号功率为 $-15dBm$，对于混到有用信号频带内的情况，要求总的抑制度 $\geqslant 97dB$。

下面重点分析滤波器抑制度、镜像干扰、混频器 $M \times N$ 杂散响应、射频混叠干扰、收发隔离带来的影响。

1. 滤波器抑制度

为了防止 LNA 饱和，前端双工器需要将带外干扰进行抑制。一般来说，需要将带外阻塞干扰电平至少抑制到带内阻塞干扰电平，即大约提供 30dB 以上的抑制度。另外，对于共址带外阻塞干扰，需要大约提供 60dB 以上的抑制度。

2. 镜像干扰

根据射频、中频频段和本振频率，计算出镜像干扰频段如图 4-8 所示。参考上述带外阻塞干扰混频击中有用频段的分析，镜像干扰需要考虑击中单个 RB 的情况，即需要提供 97dB 以上的抑制度。

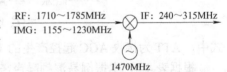

图 4-8 基站 Band n3 频段超外差接收机架构镜像干扰分析

接收链路上，双工器、两级 SAW 滤波器、带选频网络的放大器对镜像干扰频段分别可提供 43dB、40dB、15dB，合计 98dB 的抑制度，仅有 1dB 设计余量，存在风险。在器件选型中，应兼容考虑对镜像干扰频段抑制度更高的双工器和 SAW 滤波器。

3. 混频器 $M \times N$ 杂散响应

参考上述带外阻塞干扰混频击中有用频段的分析，混频器 $M \times N$ 杂散也需要考虑击中单个 RB 的情况，即需要提供 97dB 以上的抑制度。混频器 $M \times N$ 杂散主要为混叠杂散直接落入带内和落入 ADC 混叠区两种情况：

(1) 对于直接落入带内的情况 混频器 $M \times N$ 杂散直接落入带内情况一般需要分析到 5×5 阶以内的影响，其抑制预算见表 4-8。注意，对于 $-4 \times f_{RF} + 5 \times f_{LO}$ 混叠杂散，射频端干扰频段刚好落在接收带内，属于带内阻塞干扰，虽然只有混频器提供 79dB 抑制，但完全满足需求。除此之外，其他干扰阻塞频段均属于带外阻塞，均满足 97dB 以上的抑制度，且余量充足。

表 4-8　混频器 $M \times N$ 杂散直接落入带内情况预算

系数 M	系数 N	干扰阻塞频段/MHz	抑制度/(-dBc)					是否满足
			双工器	SAW×2	放大器×2	混频器	合计	
-2	1	577.5~615	28	40	20	41	129	OK
-2	2	1312.5~1350	28	40	10	51	129	OK
-2	3	2047.5~2085	25	60	2	41	128	OK
-2	4	2782.5~2820	20	50	10	61	141	OK
-2	5	3517.5~3555	20	54	15	49	138	OK
-3	1	385~410	28	40	20	66	154	OK
-3	2	875~900	28	40	15	64	147	OK
-3	3	1365~1390	33	40	10	69	152	OK
-3	4	1855~1880	40	40	0	71	151	OK
-3	5	2345~2370	24	50	5	75	154	OK
-4	1	288.75~307.5	28	40	20	82	170	OK
-4	2	656.25~675	28	40	20	111	199	OK
-4	3	1023.75~1042.5	36	40	15	80	171	OK
-4	4	1391.25~1410	28	40	10	86	164	OK
-4	5	1758.75~1777.5	0	0	0	79	79	OK
-5	1	231~246	28	40	20	112	200	OK
-5	2	525~540	28	40	20	96	184	OK
-5	3	819~834	28	40	20	102	190	OK
-5	4	1113~1128	38	40	15	98	191	OK
-5	5	1407~1422	28	40	10	92	170	OK
1	-2	3180~3255	20	50	15	30	115	OK
1	-3	4650~4725	20	50	20	22	112	OK
1	-4	6120~6195	15	30	30	34	109	OK
1	-5	7590~7665	12	20	40	42	114	OK
2	-1	8955~892.5	28	40	20	41	129	OK
2	-2	1590~1627.5	40	24	5	51	120	OK
2	-3	2325~2362.5	24	50	5	41	120	OK
2	-4	3060~3097.5	20	50	15	61	146	OK
2	-5	3795~3832.5	20	50	20	49	139	OK
3	-1	570~595	28	40	20	66	154	OK
3	-2	1060~1085	36	40	15	64	155	OK
3	-3	1550~1575	28	40	5	69	142	OK
3	-4	2040~2065	25	60	2	71	158	OK
3	-5	2530~2555	28	50	5	75	158	OK
4	-1	427.5~446.25	28	40	20	82	170	OK

(续)

系数 M	系数 N	干扰阻塞频段/MHz	抑制度/(-dBc)					是否满足
			双工器	SAW×2	放大器×2	混频器	合计	
4	-2	795~813.75	28	40	20	111	199	OK
4	-3	1162.5~1181.25	43	40	15	80	178	OK
4	-4	1530~1548.75	28	40	5	86	159	OK
4	-5	1897.5~1961.25	50	40	0	79	169	OK
5	-1	342~357	28	40	20	112	200	OK
5	-2	636~651	28	40	20	96	184	OK
5	-3	930~945	28	40	20	102	190	OK
5	-4	1224~1239	43	40	15	98	196	OK
5	-5	1518~1533	28	40	5	92	165	OK

(2) 对于落入 ADC 混叠区的情况　如图 4-9 所示，接收中频频率 f_{IF} 为 240~315MHz，ADC 采样率 $f_S = 368.64$MSPS，需考虑的低阶混叠区包括数 $f_S - f_{IF}$ 低端混叠区(53.64~128.64MHz)和 $2f_S + f_{IF}$ 高端混叠区(422.28~497.28MHz)，重点分析 $-1 \times N$ ($N \leqslant 5$)阶情况，其抑制预算分别见表 4-9 和表 4-10。通过 7 阶带通 LC 滤波器实现抗混叠滤波，在低端混叠区和高端混叠区分别可提供 40dB 和 38dB 以上的抑制度，级联抑制度均满足 97dB 以上的需求，且余量充足。

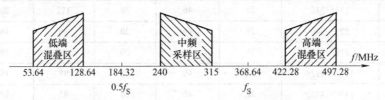

图 4-9　混频器 $M \times N$ 杂散落入 ADC 混叠区示意

表 4-9　混频器 $M \times N$ 杂散落入 ADC 低端混叠区情况预算

系数 M	系数 N	干扰阻塞频段/MHz	抑制度/(-dBc)						是否满足
			双工器	SAW×2	放大器×2	混频器	抗混叠滤波	合计	
-1	2	2811.36~2886.36	20	50	10	30	40	150	OK
-1	3	4281.36~4356.36	20	54	20	22	40	156	OK
-1	4	5751.36~5826.36	16	40	25	34	40	155	OK
-1	5	7221.36~7296.36	12	32	30	42	40	156	OK

表 4-10　混频器 $M \times N$ 杂散落入 ADC 高端混叠区情况预算

系数 M	系数 N	干扰阻塞频段/MHz	抑制度/(-dBc)						是否满足
			双工器	SAW×2	放大器×2	混频器	抗混叠滤波	合计	
-1	2	2442.72~2517.72	24	50	5	30	38	147	OK
-1	3	3912.72~3987.72	20	50	20	22	38	150	OK

(续)

系数 M	系数 N	干扰阻塞频段/MHz	抑制度/(-dBc)						是否满足
			双工器	SAW×2	放大器×2	混频器	抗混叠滤波	合计	
-1	4	5382.72～5457.72	16	40	25	34	38	153	OK
-1	5	6852.72～6927.72	12	32	30	42	38	154	OK

4. 射频混叠干扰

射频混叠干扰主要考虑通道混叠和镜像混叠两个方面，相关混叠区域分析和预算分别如图 4-10 所示和见表 4-11。

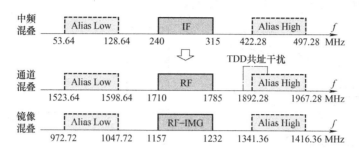

图 4-10　Band n3 频段超外差接收机架构射频混叠干扰分析

表 4-11　射频混叠干扰落入 ADC 混叠区情况预算

混叠干扰类型	干扰阻塞频段/MHz	抑制度/(-dBc)					是否满足
		双工器	SAW×2	放大器×2	抗混叠滤波	合计	
通道低端混叠区	1523.64～1598.64	28	40	5	40	113	OK
通道高端混叠区	1892.28～1967.28	40	40	5	38	123	OK
TDD 共址干扰	1892.28～1920	50	40	5	38	133	OK
镜像低端混叠区	972.72～1047.72	36	40	15	40	131	OK
镜像高端混叠区	1341.36～1416.36	28	40	10	38	116	OK

(1) 通道混叠　低端混叠区为 1523.64～1598.64MHz，高端混叠区为 1892.28～1967.28MHz，预算的整体抑制度分别为 113dB 和 123dB，远大于 97dB，满足设计需求。假设此处还需要进一步考虑靠近 Band n3 FDD 频段旁边的 n39(1880～1920MHz) TDD 共址混叠干扰：1892.28～1920MHz 刚好落入高端混叠区，阻塞电平参考表 4-7 按照 16dBm CW 信号分析，需要提供至少 $[16-(-112)]$dB = 128dB 抑制，通过双工器在该频段的优化设计，进一步提高抑制度，整体满足设计需求。

(2) 镜像混叠　低端混叠区为 972.72～1047.72MHz，高端混叠区为 1341.36～1416.36MHz，预算的整体抑制度分别为 131dB 和 116dB，远大于 97dB，满足设计需求。

5. 收发隔离

对于 FDD 双工系统，发射频带属于接收频带的带外，会对接收信号产生干扰，主要考虑以下两个因素的影响：

(1) 发射泄露到接收前端的残余信号导致接收前端饱和　为降低接收 LNA 的非线性失

真，防止接收 LNA 饱和，发射泄露到接收前端的残余信号功率至少需要在接收 LNA OP1dB 点回退 10dB 以上。例如：所选用接收 LNA OP1dB 为 20dBm，增益 Gain 为 20dB，则要求接收 LNA 的输入功率低于 -10dBm。如果发射最大功率为 100W(50dBm)，则要求双工器的发射到接收隔离度控制在 60dB 以上。

(2) 发射泄露到接收前端的残余信号与阻塞信号互调干扰   发射泄露到接收前端的残余信号与带外阻塞信号的互调产物有可能击中接收频段信号。图 4-11 为基站设备 Band n3 频段接收机发射残余信号与阻塞信号互调干扰示意，下行发射频段工作在 1805～1825MHz，上行接收频段工作在 1710～1730MHz，带外阻塞干扰频率为 1767.5MHz，下行发射信号与带外阻塞信号的互调产物刚好完全击中上行接收频段。

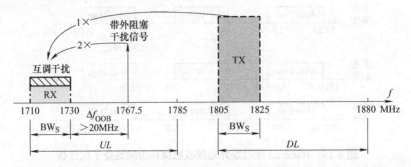

图 4-11　基站 Band n3 频段接收机发射残余信号与阻塞信号互调干扰示意

在设计过程中，需主要保证接收 LNA 互调产物满足阻塞灵敏度要求，即 $P_N \leq -112\text{dBm}/180\text{kHz}$(按照单 RB 进行预算)。按照前面第 1 个因素分析结果，为保证发射泄露到接收前端的残余信号不会导致接收前端饱和，则要求发射泄露到接收 LNA 前端的功率小于 -10dBm。前端双工器为带外阻塞干扰信号提供至少 30dB 抑制度，使到达接收 LNA 前端的带外阻塞干扰功率小于 -45dBm(大约等于带内阻塞电平)。假定所选用接收 LNA 的 OIP3 为 30dBm，增益 Gain 为 20dB，则要求 LNA 输出的互调产物小于 -92dBm/180kHz。左频点功率 $P_1 = -45\text{dBm}$ 与右频点功率 $P_2 = -10\text{dBm}$ 进行互调，参考式(2-52)，落到左侧的互调产物功率为

$$\text{IM3}_1 = 3P_1 - 2\text{OIP3} + 2(P_2 - P_1) \tag{4-19}$$

式中，$2(P_2 - P_1)$ 为两个功率不等的信号进行互调产物计算的修整系数。代入参数计算落到左侧的互调产物功率为 -125dBm 远小于 -92dBm，满足设计要求。

4.4.3.4　设计总结

综上分析，要满足 4.4.2 节的带内和带外阻塞指标，在设计过程中，有表 4-12 和表 4-13 设计分解总结。

表 4-12　带内阻塞设计分解总结

影响因素	设计指标
接收机热噪声	(1) 接收通道 1dB 的 AGC 衰减，级联 NF 恶化控制在 0.1dB 以内 (2) 大信号造成 ADC 底噪的恶化控制在 3dB 以内 (3) 接收通道增益值尽可能贴近满足静态灵敏度指标对应通道增益的下限值
ADC SFDR 杂散	(1) 避免 ADC SFDR 杂散点影响有用信号的正确调制 (2) 适当降低 AGC 起控电平，降低 ADC 输入功率，减少 SFDR 恶化量

(续)

影响因素	设计指标
本振倒易混频噪声	本振偏离载波 7.5～12.5MHz 区域内的平均相位噪声小于−127.2dBc/Hz
通道非线性产物噪声	接收通道链路 IIP5 大于−43dBm
数字滤波器抑制残余噪声	接收通道数字滤波器隔道抑制比大于 64.7dB
动态范围	IF VGA 可调节范围大于 13.3dB

表 4-13　带外阻塞设计分解总结

影响因素	设计指标
滤波器抑制度	(1) 整个带外全频段，前端双工器提供至少 30dB 的抑制度 (2) 特殊共址带外阻塞干扰，需要提供至少 60dB 的抑制度
镜像干扰	镜像干扰频段为 1157～1232MHz，通过双工器、两级 SAW 滤波器和带选频网络的放大器对镜像干扰频段提供至少 97dB 的抑制度。在双工器的设计或选型上，着重分析此镜像干扰频段
混频器 $M \times N$ 杂散响应	重点分析混频杂散直接落入带内和落入 ADC 混叠区两种情况，通过双工器、两级 SAW 滤波器、带选频网络的放大器、混频器和抗混叠滤波器提供至少 97dB 的抑制度。所选用的混频器需提供尽可能高的高次混叠抑制度，另外通过设计高阶抗混叠滤波器进一步抑制混叠杂散
射频混叠干扰	主要包括通道混叠和镜像混叠两种情况，在通道混叠中，重点分析 TDD 共址混叠干扰，对双工器在该共址频段的抑制度进行优化设计
收发隔离	(1) 双工器抑制后的发射残余信号，通过双工器发射到接收的隔离，保证发射泄露的残余信号在 LNA OP1dB 点回退 10dB 以上 (2) 发射泄露到接收前端的残余信号与阻塞信号互调产物可能落入 FDD 接收带内，通过双工器隔离度对发射泄露信号抑制，以及双工器对带外阻塞干扰的抑制，使得抑制后的干扰信号经过互调后产生的干扰产物不影响接收阻塞灵敏度

4.5　互调特性

4.5.1　指标定义

2 个射频干扰信号的 3 阶互调或高阶互调产物，可能会落入有用信号带宽内，形成干扰。互调灵敏度是评价接收机在存在与有用信号有一定关系的 2 个干扰信号情况下，接收有用信号的能力。在接收机设计过程中，往往使用互调灵敏度指标来衡量接收机的线性性能。

图 4-12 为互调特性指标示意，有用信号带宽为 BW_S，静态灵敏度为 P_{Ref}，存在给定的互调干扰时，其灵敏度恶化至 P_S(即互调灵敏度)。互调干扰包含 1 个 CW 信号和 1 个调制信号，功率分别为 P_{int1} 和 P_{int2}。与邻道选择性类似，互调干扰信号与有用信号频带间距也有 2 种定义：

(1) 基站　频带间距是以有用信号上下边缘频点来定义的，即图 4-12 中的 $f_{offset1}$ 和 $f_{offset2}$。

(2) 终端　频带间距是以有用信号中心频点来定义的，即图 4-12 中的 $BW_S/2+f_{offset1}$ 和 $BW_S/2+f_{offset2}$。

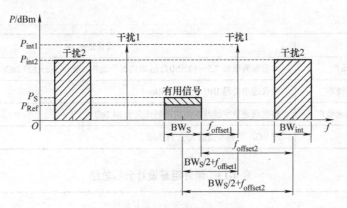

图 4-12　互调特性指标示意图

4.5.2　需求分析

对比 5G NR 基站协议(3GPP 38.104)和终端协议(3GPP 38.101)，二者指标相对比较接近，此处仍以基站协议进行设计分析，其典型互调指标见表 4-14 和表 4-15。

表 4-14　基站互调指标需求

基站类型	互调灵敏度 P_S/dBm	干扰信号功率 P_{int}/dBm	干扰信号类型
广域		−52	
中程	P_{Ref} + 6dB	−47	见表 4-15
本地		−44	

表 4-15　基站互调指标典型干扰信号参数

有用信号带宽/MHz	干扰信号中心频点距离有用信号上下边缘频点间距/MHz	干扰信号类型
5	±7.5	CW
	±17.5	5MHz DFT-s-OFDM NR, 15kHz SCS, 25RBs
10	±7.465	CW
	±17.5	5MHz DFT-s-OFDM NR, 15kHz SCS, 25RBs
20	±7.395	CW
	±17.5	5MHz DFT-s-OFDM NR, 15kHz SCS, 25RBs
50	±7.35	CW
	±25	20MHz DFT-s-OFDM NR, 15kHz SCS, 100RBs
100	±7.48	CW
	±25	20MHz DFT-s-OFDM NR, 15kHz SCS, 100RBs

以广域基站 5MHz 带宽为例，带内有用信号功率指标为 P_{Ref} +6dB，单音干扰信号功率 P_{int1} 和调制干扰信号积分功率 P_{int2} 相等，均为−52dBm。单音干扰信号和调制干扰信号(5MHz 带宽)中心频点距离有用信号上下边缘频点间距分别为±7.5MHz 和±17.5MHz。

参考 4.3.2 节邻道选择性需求，互调特性指标有如下分析：

1) 静态灵敏度 $P_{Ref} = -101.7\,dBm$，则带内有用信号功率互调灵敏度 $P_S = -95.7\,dBm$。

2) QPSK 下解调门限为-1dB，预留 3dB 设计余量，系统按照 $P_N \leqslant -97.7dBm/5MHz$ 内控指标进行设计。

3) 与邻道选择性类似，互调干扰引起的噪声主要包括接收机热噪声、本振倒易混频噪声、非线性互调产物、数字滤波器抑制残余噪声。

4) 结合工程经验和接收链路设计实现，上一条中 4 个部分的噪声贡献比例和具体噪声指标见表 4-16，按照此贡献项噪声指标分别进行设计。

表 4-16　互调干扰噪声贡献项

贡献项	贡献比例	噪声指标/dBm
接收机热噪声	20%	-104.7
本振倒易混频噪声	20%	-104.7
非线性互调产物	50%	-100.7
数字滤波器抑制残余噪声	10%	-107.7

4.5.3　设计分解

下面分别对接收机热噪声、本振倒易混频噪声、非线性互调产物、数字滤波器抑制残余噪声进行分析。

1. 接收机热噪声

互调干扰信号可能落入整个接收工作带宽(大于 5MHz)内，则中频信道选择滤波器对其抑制度可忽略。根据表 4-16，接收机热噪声需控制在-104.7dBm 以内，而在-49dBm(2 个-52dBm 信号叠加)带内信号输入情况下，AGC 还未起控，通道增益基本不变，通道 NF 与静态时基本一致，参考式(4-3)得出

$$NF \leqslant P_{N1} - \left[-174 + 10\lg(BW) \right]$$
$$= \left\{ -104.7 - \left[-174 + 10\lg(4.5 \times 10^6) \right] \right\} dB \approx 1.35dB \tag{4-20}$$

小于 4.2 节中 NF 设计指标，满足设计需求。

由于 AGC 未起控，为保证 ADC 输入不削顶，应限制接收机的通道增益。参考 4.3.3 节，ADC 输入口最大信号不要超过-13dBFS，假定 ADC 满刻度电平在 4dBm，则接收通道的链路增益应满足

$$Gain \leqslant P_{ADCmax} - P_{int} = \left[(4-13) - (-49) \right] dB = 40dB \tag{4-21}$$

对比 4.2.3 节静态灵敏度对通道增益＞34.3dB 的需求，此处满足需求。

2. 本振倒易混频噪声

由于互调干扰包括 CW 和调制宽带两类信号，本振倒易混频噪声按理应拆分成两段进行分析，但由于此两类干扰信号偏离有用信号中心频点较远，且两类干扰信号的功率相等，因此可假设两类干扰信号处的本振相位噪声基本一致，且对本振倒易混频噪声的贡献也一样(均为-104.7dBm)。那么，此处分析其中一种干扰信号即可。以偏离中心频点±20MHz 的宽带干扰信号为例，参考 4.3.3 节，倒易混频噪声为

$$\text{Noise}_{\text{RevMix}} = \text{PN}_{\text{Integrated}} + P_{\text{int}}$$
$$= (P_{\text{N2}} + 66.5\text{dBc}) + (-52\text{dBm}) = P_{\text{N2}} + 14.5\text{dBm} \tag{4-22}$$

则偏离载波 10MHz 和 17.5～22.5MHz 区域内的平均相位噪声应小于-119.2dBc/Hz。Sub 6G 频段的基站本振在偏离 1MHz 以外的相位噪声基本可维持在-140dBc/Hz 以下，对于小于 -119.2dBc/Hz 的要求相对比较容易满足。

3. 非线性互调产物

根据表 4-16，非线性互调产物需控制在-100.7dBm 以内，参考式(2-52)，得到 3 阶互调分量 IM3 可表示为

$$\text{IM3} = 3P_{\text{in}} - 2\text{IIP3} + \text{Gain} \tag{4-23}$$

式中，P_{in} 为输入的单个干扰信号功率(-52dBm)；Gain 为接收通道增益(34.3dB)。

代入 IM3 ≤ -100.7 dBm，计算得到接收通道 IIP3 ≥ -10.5 dBm。结合通常设计的接收通道链路 IIP3 一般都可达到-10dBm 以上，此处相对比较临界。

4. 数字滤波器抑制残余噪声

根据表 4-5，数字滤波器抑制残余噪声需控制在-107.7dBm 以内，则要求没有信道选择滤波器架构的数字滤波器提供至少 $[-43 - (-107.7)]\text{dB} = 64.7\text{dB}$ 邻道抑制比，像 RRC 这样的数字滤波器实现此指标相对容易。

综上分析，要满足 4.3.2 节的互调灵敏度指标，在设计过程中，有表 4-17 的设计分解总结，重点考虑非线性引起的互调干扰产物对互调灵敏度的影响。

表 4-17 互调灵敏度设计分解总结

影响因素	设计指标
接收机热噪声	(1) 接收通道 AGC 起控电平高于-49dBm (2) 接收通道链路最大增益小于 43dB
本振倒易混频噪声	本振偏离载波 10～22.5MHz 区域内的平均单边带相位噪声小于-119.2dBc/Hz
非线性互调产物	接收通道链路 IIP3 大于-10.5dBm
数字滤波器抑制残余噪声	接收通道数字滤波器邻道抑制比大于 64.7dB

4.6 综合设计

结合前面几节的设计分析，图 4-13 为传统 4T4R 广域基站类设备的典型接收架构，相关分析如下：

(1) **整体架构** 采用超外差架构，FDD 双工模式，通过腔体双工器实现收发共天线，链路中通过两个射频集成前端模块(Front-End Module, FEM)来简化接收链路结构，缩小设备尺寸。信号经过双工器频带选择后直接送入 LNA，降低前端插入损耗；然后经过两级 SAW 带通滤波器进一步抑制带外干扰信号，两级滤波器之间设置有数控衰减器 DSA 和放大器，预留接收通道的射频衰减(大信号干扰)，保证通道增益，以及降低第二级滤波器插入损耗对通道级联 NF 的影响；滤波后的射频信号送入混频器，变换到中频，进入中频 VGA，与射频 DSA 共同构成接收 AGC 被控对象，保证接收通道动态范围；中频信号经过低通滤波和中频 VGA

控制后，直接送入 ADC 采样，没有固定中频的模拟信道选择滤波器，依靠数字滤波器进行信道选择。另外，由于链路中两个集成 FEM 都是双通道的，需要注意 FEM 内部两通道间的隔离度指标，减轻天线扇区间的干扰。

(2) 静态灵敏度　信号经过双工器后以最短的 PCB 走线路径送入 LNA，尽可能减小前端无源插入损耗，将其控制在 2.8dB 以内；通过两级放大，保证整体接收通道具有 34.3dB 以上的通道增益，并尽可能保证 ADC 底噪在-155dBFS/Hz 以下，以降低 ADC 底噪对前端链路噪声的抬升。

(3) 邻道选择性　主要考虑本振倒易混频、非线性失真产物和数字滤波这 3 个影响因素。通道链路上的 FEM2 内部集成了 PLL，参考表 2-16 中的方法对本振特定频偏上的相位噪声进行优化，降低本振倒易混频噪声；提高整条接收链路的 IIP3，保证邻道产生的互调干扰远低于 ACS 灵敏度要求；数字滤波器进行信道选择，提供足够抑制度，保证数字解调门限。

(4) 阻塞特性　包含带内阻塞和带外阻塞两种类型。对于带内阻塞，与邻道选择性类似，但需要额外注意带内阻塞会引起接收 AGC 起控，降低接收通道增益(先降中频增益、再降射频增益)，一定程度上恶化链路底噪。通过增大通道增益或提高 AGC 起控电平可以降低底噪抬升量，但较高的增益又会导致通道非线性产物和 ADC SFDR 指标恶化。因此，需要在通道增益和非线性两方面折中考虑。对于带外阻塞，除了考虑滤波器对通用带外干扰和特殊共址带外干扰抑制外，还需要考虑超外差架构的镜像、射频混叠，以及混频器 $M \times N$ 杂散等干扰，逐一进行预算分析，并对滤波器在特定干扰频段的抑制度单独进行设计分析。另外，对于 FDD 双工模式，还需要考虑发射泄露到接收的干扰，在保证接收前端不饱和的前提条件下，分析发射泄露到接收前端的残余信号与阻塞信号的互调落在接收带内的干扰产物。

(5) 互调特性　与邻道选择性分析因素类似，需重点分析并提高接收通道级联的 IIP3，考虑非线性引起的互调产物对互调灵敏度的影响。

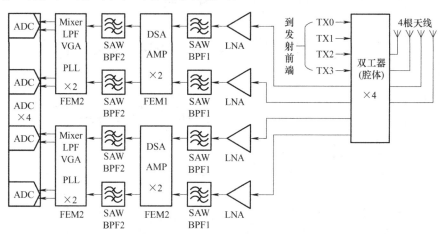

图 4-13　传统 4T4R 广域基站类设备典型接收架构

同时，图 4-14 为传统 2T4R 终端类设备典型接收架构。下面针对与图 4-13 传统 4T4R 广域基站类设备典型接收架构的主要差异点进行说明：

(1) 整体架构　TDD 双工模式，零中频架构，终端小功率信号，通过介质滤波器代替腔体滤波器完成带外抑制，2 路接收(RX0 和 RX1)与 2 路发射共用前端器件，通过环形器和 TDD

开关来共同实现收发共天线,另外 2 路(RX2 和 RX3)单纯用作接收。以收发共前端的接收通道为例,信号通过天线选发开关进入接收通道,首先经过介质滤波器进行频带选择,抑制带外干扰;滤波后的接收信号送入环形器和 TDD 开关,TDD 开关实现发射和接收时隙切换,在发射时隙切断开关,防止发射经过环形器泄露以及反射回来的信号导致接收 LNA 饱和甚至烧毁;TDD 开关输出信号经过放大、数控衰减 DSA、介质滤波和再次放大后送入零中频 RFIC。相比基站类设备,终端类设备具有更高的最大输入电平(-25~-20dBm),因此需要更大的接收动态范围,RFIC 外部的数控衰减和 RFIC 内部的输入衰减共同构成大约 50dB 的可调范围,以便接收 AGC 控制。另外,由于收发共前端的接收通道前端插入损耗器件包括天线选发开关、校正耦合器、介质滤波器、环形器和 TDD 开关,整体损耗明显大于单纯用作接收的通道,在设计中,需尽可能优化前端插入损耗,使得收发共前端的接收通道的静态灵敏度满足指标。

(2) 天线选发 通常情况下,终端的上行业务明显整体少于下行业务,当前 5G 终端最常用的是 2T4R 架构,即 4 个接收通道和 2 个发射通道。通过天线选发(或天线轮发)可以让终端选择最优的天线与基站建立上行业务,并通过探测参考信号(Sounding Reference Signal, SRS)在 4 根天线上轮流上报信息,让基站获取更全面的信道信息,进行更为精准的数据传输,利用上、下行互易性提升下行性能,获取更优的用户体验。虽然天线选发具有上述两点显著优势,但也会产生更高的前端损耗,恶化接收静态灵敏度,以及产生更大的发射功率损耗。在天线选发开关选型上,需要综合考虑其功率容量、线性度和插入损耗指标。

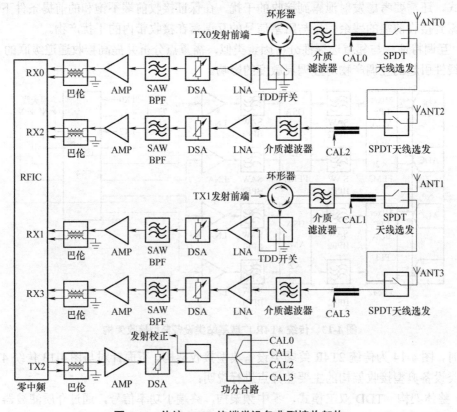

图 4-14 传统 2T4R 终端类设备典型接收架构

(3) 通道校正 收发通道间的幅相一致性制约着 5G Massive MIMO 的通信容量提升性能，因此需要对各通道间的幅度和相位进行补偿校准(特别是相位补偿)。器件(特别是滤波器)批次波动和高低温波动会导致收发通道的通道增益和传输时延发生变化，图 4-14 中依靠校正耦合器将 4 路同幅同相的校正信号耦合进 4 路接收通道，ADC 收到的 4 路信号会存在一定的幅度和相位差，利用该差值即可完成各通道间的幅相一致性补偿。

参考文献

[1] TSUI J B Y. Digital techniques for wideband receivers[M]. 2nd ed. Boston: Artech House, 2001.

[2] ROHDE U. Communications receivers: principles and design[M]. 4th ed. New York: McGraw-Hill Education, 2017.

[3] CHEN X, ZHU X, GUO G, et al. Interference Analysis on Blocking and Adjacent Channel Selectivity in LTE Down-Link Performances[C]. 2010 6th International Conference on Wireless Communications Networking and Mobile Computing (WiCOM), 2010.

[4] MARTTILA J, ALLÉN M, KOSUNEN M, et al. Reference receiver enabled digital cancellation of nonlinear out-of-band blocker distortion in wideband receivers[C]. 2016 IEEE Global Conference on Signal and Information Processing (GlobalSIP), 2016.

[5] GU Q. 无线通信中的射频收发系统设计[M]. 杨国敏, 译. 北京: 清华大学出版社, 2016.

[6] LUZZATTO A, HARIDIM M. 无线收发器设计指南: 现代无线设备与系统篇(原书第 2 版)[M]. 闫娜, 程加力, 陈波, 等译. 北京: 清华大学出版社, 2019.

[7] 韦兆碧, 侯建平, 宋滨, 等. RRU 设计原理与实现[M]. 北京: 机械工业出版社, 2018.

第 5 章

射频通信发射机设计

学习目标

1. 熟悉射频通信发射机指标体系，包括发射功率、频谱带宽、发射杂散、发射互调、调制精度、反馈校正等。

2. 掌握射频通信发射机设计方法，能根据特定需求对指标进行预算和相关设计分解。

知识框架

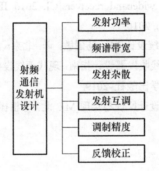

5.1 指标体系

射频通信发射机指标体系如图 5-1 所示，主要包括发射功率、频谱带宽、调制精度、发射杂散、内外互调 5 大指标。其中，发射功率决定了设备的通信覆盖范围，基站通过设置不同功率等级调整发射功率，而终端则是通过与基站通信链路组成的大环功控动态调整其发射功率，这样就保证各设备发射功率都具有一定的动态范围，达到控制干扰和节约功耗的目的。频谱带宽的剧增是 5G NR 最为明显的一大特点，极大提升

图 5-1　射频通信发射机指标体系

了通信信道容量，即信道传输速率。调制精度体现了发射信号质量，决定了系统的最高调制阶数，也进一步限制了信道容量。发射杂散包括带内干扰和带外干扰，内外互调则包括内互调和外互调，均主要用于频谱限制，也就是保证发射信号的 SNR，防止对其他频段通信设备造成干扰。另外，发射通道通常还附带有专门的反馈校正通道，用于发射前向信号 ACLR、本振泄露、镜像干扰等杂散的校正，以及发射功率的闭环控制和天线反向驻波检测。

5.2 发射功率

5.2.1 指标定义

发射功率主要用于衡量发射机在特定带宽内的最大发射功率,限制设备之间的通信距离。同时,也需要分析对应的功率精度、动态范围和功率步进等指标。

5.2.1.1 机顶口功率和有效全向辐射功率

一台设备的发射功率通常有机顶口功率和有效全向辐射功率(Effective Isotropic Radiated Power, EIRP)两项指标。

(1) 机顶口功率 指发射机天线端口的发射功率 TX_{PWR_OUT} (单位为 dBm)。对于基站设备来说,也就是 RRU 发射通道的输出功率。

(2) 有效全向辐射功率 指发射机天线端口的发射功率 TX_{PWR_OUT} 与给定方向上天线绝对增益 G_{ANT} (以各方向具有相同单位增益的理想全向天线作为参考,单位为 dB)的叠加,即

$$EIRP = TX_{PWR\_OUT} + G_{ANT} \tag{5-1}$$

不同类型的通信设备在发射功率指标上有着不同的表达和测试方式,参考 3GPP,基站设备分为 BS type 1-C、BS type 1-H、BS type 1-O 和 BS type 2-O 四种方式。

(1) BS type 1-C 基站在 FR1(450MHz~7.15GHz)频段下的纯传导发射接口方式,如图 5-2 所示,即传统 RRU 或 RFU 设备的连接方式。对于单个完整的发射通道,在天线连接器端口 A 处测量该基站设备的发射功率。如果有使用任何外部设备,比如功率放大器、滤波器或此类设备的组合,则需要在远端天线连接器端口 B 处测量该基站设备的发射功率。因此,此类设备重点测试机顶口功率指标。

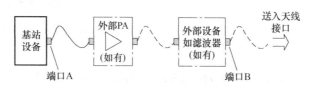

图 5-2 BS type 1-C 发射接口方式

(2) BS type 1-H 基站在 FR1 频段下的传导与辐射混合接口方式,如图 5-3 所示,整体结构包括收发器单元阵列(TRXUA,即传统的 RU 或 DU+RU 设备)、射频分配网络(RDN)和天线阵列(AA)三部分,即 5G 设备的主角——有源天线单元(Active Antenna Unit, AAU)。测试节点包括收发器阵列边界和辐射空口边界两部分。

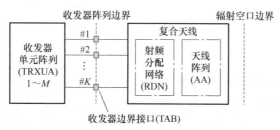

图 5-3 BS type 1-H 传导与辐射混合接口方式

BS type1-H 结构存在收发器边界接口(TAB)，也就说明收发器单元阵列与射频分配网络之间是通过连接器(即有线方式)连接的，其信号传导(Conduct)指标是标准化的，必须满足协议要求。另外，由于 BS type1-H 结构集成了天线，则必须同时定义其空口信号辐射(Over The Air, OTA)指标。因此，BS type1-H 结构包含信号传导和信号辐射，需同时测试机顶口功率和有效全向辐射功率两项指标。

(3) BS type 1-O 和 BS type 2-O　相比 BS type1-H，BS type 1-O 和 BS type 2-O 同样包含 TRXUA、RDN 和 AA 三部分，但此类设备的内部将这三部分紧密融合成一个不可分割的整体，如图 5-4 所示，即各部分之间没有定义任何内部接口，从而导致此类设备只能定义 OTA，即重点测试有效全向辐射功率指标。FR1 和 FR2(24250～52600MHz)频段都有可能出现此类设备，当前 FR2 频段更为普遍，5G 毫米波设备就是一个很典型的例子。

图 5-4　BS type1-O 和 BS type 2-O 空口辐射接口方式

由于本章主要介绍发射机的设计，因此后面重点分析设备机顶口功率。

5.2.1.2　最大发射功率与功率精度

表 5-1 为 3GPP 对传统基站和终端设备的发射功率限额。由于广域基站应用场景的多样性，协议没有对其最大发射功率进行限制，在实际应用中，主要以单通道 60W(47.8dBm)和 80W(49dBm)为主。虽然协议对基站发射功率精度约束在±2dB，但由于大功率场景下的功耗限制和设备集采性能比拼等因素，一般厂家会把广域基站的功率精度控制在±1dB 以内。

对于终端，大多数频段的最大发射功率都限制在等级 3，即 23dBm，个别频段(比如 n40/n41/n77/n78/n79)也有等级 2，即 26dBm，在现有功率等级上提高了 3dB，主要用于增强工作于高频段的上行网络覆盖性能。终端的功率精度一般都控制在±2dB，但由于频段应用场景和频段器件可实现性的差异，个别频段将功率精度放宽至+2dB/-2.5dB，甚至+2dB/-3dB。

需要注意的是，表 5-1 中的功率精度对应的是最大发射功率，当发射功率降低时，允许功率精度的适当降低。

表 5-1　3GPP 对传统基站和终端设备发射功率限额

设备类型	最大发射功率/dBm	功率精度/dB
广域基站	无上限	协议±2
		内控±1
中程基站	≤38	±2
本地基站	≤24	±2
终端 (绝大多数)	23 (Class 3)	±2

5.2.1.3　动态范围

基站的发射功率动态范围主要用于设置不同的功率等级，适配不同用户的覆盖范围，无须快速动态调整，因此也称为静态功率等级调整范围。终端根据接收到的参考信号强度完成路径损耗计算，确定其上行发射功率，保证干扰和功耗的控制，需要快速动态调整。表 5-2

为不同工作带宽下的基站和终端发射功率动态范围指标,终端的动态范围远大于基站。基站的发射动态范围由其工作带宽和子载波间隔两个方面决定,小的工作带宽一般用于广覆盖场景,为保证足够的信噪比,其动态范围要求较小。同理,子载波间隔越大,一般调制阶数越高,要求的信噪比也就越大,动态范围要求较小。对于基站来说,在大带宽场景下,同样为了保证足够的信噪比,其动态范围也会缩小。

表 5-2　不同工作带宽下的基站和终端发射功率动态范围指标

工作带宽/MHz	基站发射功率动态范围/dB			终端最小输出功率/dBm
	15kHz SCS	30kHz SCS	60kHz SCS	
5	13.9	10.4	—	−40
10	17.1	13.8	10.4	−40
15	18.9	15.7	12.5	−40
20	20.2	17	13.8	−40
25	21.2	18.1	14.9	−39
30	22	18.9	15.7	−38.2
40	23.3	20.2	17	−37
50	24.3	21.2	18.1	−36
60	—	22	18.9	−35.2
70	—	22.7	19.6	−34.6
80	—	23.3	20.2	−34
90	—	23.8	20.8	−33.5
100	—	24.3	21.3	−33

5.2.1.4　功率步进

对于基站类设备,由于发射功率精度要求较高,一般会在架构上设计专门的反馈通道进行闭环功率控制(具体详见 5.7 节反馈校正部分的分析)。通过设置不同静态功率等级,并利用衰减调整步进较小(<0.1dB)的压控衰减器 VCA 和数字域衰减,实现基站的闭环功率调整。

对于终端类设备,由于发射功率精度要求较低,一般不会使用反馈通道专门进行自身闭环功率调整,而是与基站通信链路组成一个大的功率控制环路,动态控制衰减步进较大(≥0.5dB)的数控衰减器 DSA 和数字域衰减,实现终端的功率调整。

5.2.2　需求分析

对比 5G NR 基站和终端协议,终端有着更高的动态范围,而基站有着更大的发射功率和功率控制精度,实现难度较大。此处以 30kHz SCS、100MHz 带宽下,80W 基站为例,进行其发射功率指标的需求分析。

1) 80W,即天馈口单通道输出 49dBm。考虑到后级双工器大约有 1dB 插入损耗,则要求功放至少有 50dBm 的输出能力。

2) 发射功率动态范围 24.3dB。考虑到各级器件增益随温度(设备工作环境温度一般在−40~50℃)、批次、频率变化存在一定波动,需要额外增加一部分动态,用于增益补偿。

3) 发射功率精度±1dB，通过闭环功控实现。

4) 针对多用户/载波场景，需在数字域考虑多载波合路，实现各载波功率动态调整。

5.2.3 设计分解

图 5-5 以典型射频直采发射机为例(其他发射机架构类似)，给出了通道的功率控制节点，将整体链路拆分为数字增益、小信号增益、功放增益和后端衰减 4 个部分。

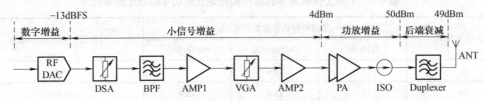

图 5-5 典型射频直采发射机通道功率控制节点

功率控制节点的设计依据主要来自以下两点：

1) 考虑到小信号放大器输出能力，一般将其固定在 4dBm 左右，则要求功放部分的增益为 46dB，通常使用驱动放大级联功率放大来实现。

2) DAC 输出功率过大会产生较大失真，影响 DPD 性能；DAC 输出功率过小会影响其动态范围，导致调制精度恶化。100MHz 带宽下的 NR 信号削波后的峰均比大约为 8dB，数字预失真 DPD 拉伸 4dB，功控误差 1dB，则要求 DAC 至少回退 13dB。为了最大限度地发挥DAC 的性能，此处将 DAC 接口电平固定在-13dBFS。

5.2.3.1 功放增益

功放模块的输入和输出电平分别为 4dBm 和 50dBm，则模块增益为 46dB。模块典型实现架构如图 5-6 所示，包括驱动放大、前级功率放大和末级功率放大共 3 级放大器；隔离器用于防止由于输出不匹配而产生的反射信号损坏放大器，以及外部干扰信号灌入产生较大的外互调失真；耦合器耦合前向发射信号，用于 DPD 校正和闭环功控。

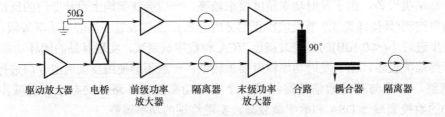

图 5-6 功放模块典型实现架构

表 5-3 为功放模块的链路增益预算过程，末级功率放大器的 1dB 压缩点为 55dBm，仅有5.4dB 的回退量，使功率放大器尽可能工作在最佳效率点上，但此回退量比信号峰均比小2.6dB，需要在数字预失真 DPD 处进行补偿。

表 5-3 功放模块链路增益预算

参数	驱动放大	耦合器	前级放大	隔离器	末级放大	合路	末级耦合器	末级隔离器
Gain/dB	17.8	−5.2	17	−1	17	0.9	−0.2	−0.3
OP1dB/dBm	36	—	46	—	55	—	—	—

(续)

参数	驱动放大	耦合器	前级放大	隔离器	末级放大	合路	未级耦合器	未级隔离器
P_{I}/dBm	4	21.8	16.6	33.6	32.6	49.6	50.5	50.3
P_{O}/dBm	21.8	16.6	33.6	32.6	49.6	50.5	50.3	50
回退量/dB	14.2	—	12.4	—	5.4	—	—	—

5.2.3.2　小信号增益

假定 DAC 满刻度输出电平为 4dBm，而小信号模块输入和输出电平分别为-13dBFS 和 4dBm，则小信号模块增益需求为 13dB，理论上一级放大器即可实现，但考虑到温频补预衰、衰减器损耗、级间匹配衰减和滤波器衰减，分别大约为 12dB、4dB、2dB 和 2dB，则要求小信号模块实际增益为$(13+12+4+2+2)\mathrm{dB}=33\mathrm{dB}$，需要两级放大器来实现。另外，为了优化杂散抑制和平坦度调整等指标，一般还需要在小信号模块上适当设计匹配和均衡等电路。

5.2.3.3　数字增益

发射通道数字中频处理链路如图 5-7 所示，基带信号通过通用公共无线接口(Common Public Radio Interface, CPRI)将多个单载波信号送入数字中频进行多载波合路；然后经过削波 CFR 处理，降低基带信号较高峰均比对功放线性的要求；接着经过数字预失真 DPD 处理，用于满足发射通道 ACLR 和频谱模板等指标；最后通过多频段均衡补偿 EQ 后，送入 DAC 进行数/模转换，得到模拟信号。

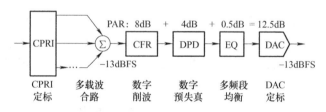

图 5-7　发射通道数字中频处理链路

下面对上述几个数字链路处理点进行简要分析：

(1) CPRI 定标　CPRI 作为 BBU 和 RRU 的唯一数据接口，当前一般按照-13dBFS 交流定标进行产品设计。

(2) 多载波合路定标　对于多载波场景，需要在合路时，对各载波的信号进行功率回退，保证合路后的功率定标为-13dBFS。

(3) 数字削波　削波只降低数字域峰值功率，数字域均值功率保持恒定，具体需削减多少 dB，一般需要考虑数字基带信号峰均比、功放回退量和 EVM 等系统参数。比如，数字基带信号峰均比为 13dB，一般将其削减至 8dB，峰值功率保持在$(-13+8)\mathrm{dBFS}=-5\mathrm{dBFS}$左右。过大的削波会引起信号 EVM 恶化，过小的削波会造成功放线性恶化，在设计时需根据系统需求和应用实现折中考虑。

(4) 数字预失真　从 3G 时代开始采用 DPD 在数字域进行反向拉伸处理来抵消校正功放 AM-AM 效应。为了充分提升功放效率，一般将其峰值功率压缩点设计在-3dB 左右，即信号峰值功率比功放 1dB 压缩点高 3dB，这样会产生较大失真，因此需要在数字预失真 DPD 处理时，将峰值功率反向拉伸 3dB。考虑到功放批次差异和高低温的影响，一般会预留 1dB 余量，将 DPD 反向拉伸量定标为 4dB，则此时的输出峰值功率为-1dBFS。

（5）多频段均衡　为了弥补滤波器边缘和通道放大器等带来的带内增益波动，需要在 DPD 后对其进行均衡补偿处理，一般设计±0.5dB 的补偿能力。

（6）DAC 定标　多载波合路后的功率定标为-13dBFS，削波后的峰均比为 8dB，DPD 峰均比拉伸 4dB，均衡功率补偿 0.5dB，则送入 DAC 的信号峰值功率为-0.5dBFS，预留 0.5dB 余量，这样在保证 DAC 输出不饱和的前提下，最大程度上利用其动态范围。

5.2.3.4　动态范围

基站发射动态主要用于发射静态功率等级调整、温度+批次+频率变化带来的增益补偿和功放调压后的增益补偿。

（1）静态功率调整　协议要求 24.3dB，此处至少按照 25dB 进行设计。

（2）温度+批次+频率带来的增益补偿　小信号部分预计-4dB/4dB；功放部分预计-5dB/7dB；功控误差预计±0.5dB，按照±1dB 预算。总共需要-10dB/12dB，即 22dB 动态范围，常温状态下预衰 10dB。

（3）功放调压后的增益补偿　在小功率输出时，可通过降低功放栅压来降低功耗，提高功放效率，但会导致功放增益降低(大约 2dB)，因此需要将常温状态下的预衰增加至 12dB。

综上，功率调整需要 25dB 动态，增益补偿需要 24dB 动态，预衰 12dB，链路结构上需要两级衰减器实现 49dB 的功率调整。

5.2.3.5　增益调整

由于数字域功率回退会降低 DAC 输出信号信噪比，一般在模拟域实现增益粗调，数字域实现增益精调，即将增益调整主要放在模拟域，保证通道功率回退场景下的 EVM 指标。结合前面对发射动态范围的分析，需要通过两级衰减器来实现总共 49dB 的动态范围，如图 5-8 所示。

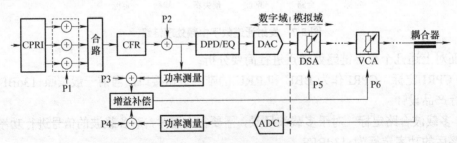

图 5-8　发射通道典型增益调整点

整个发射通道共有 6 个调整点，每个调整点的功能如下：

（1）P1　调整每个载波的数字功率。用于动态场景，在载波合路之前，通过数字域调整对各用户/载波进行增益实时补偿，保证合路后的功率定标到-13dBFS。

（2）P2　调整载波合路和削波后的数字功率。与 P1 调整点相配合，如果 P1 对某些载波进行了衰减，P2 则需要适当提高增益，保证所有载波的总功率达到 DAC 电平的最佳值。

（3）P3　补偿发射前向功率统计值。在数字域实现发射功率的精调，弥补模拟域 DSA 的大步进功率调整带来的误差。

（4）P4　补偿反馈通道功率统计值。在数字域对反馈通道随温度、批次、频率变化产生的增益误差进行补偿。

(5) P5　补偿发射通道随温度、批次、频率变化带来的增益波动。在模拟域使用 DSA 进行粗调补偿，预衰 12dB，衰减范围不小于 24dB。

(6) P6　调整发射功率等级。在模拟域使用 VCA 进行小步进增益衰减和闭环功控，衰减范围不小于 25dB。

5.2.3.6　功率精度

发射功率精度为±1dB，在设计过程中，主要结合增益做表和闭环功控来实现。

(1) 增益做表　需要对前向发射通道和反馈通道进行做表处理，包括温度、频率共两类补偿表。其中，同一型号设备的温度补偿表一般固定，在研发阶段提取，出厂时写入即可。频率补偿表需要在设备出厂时做表校准，各个设备拥有其特定的一张频率补偿表。这两类补偿表属于增益控制的基础，做表数据的可靠性是发射功率精度控制的关键所在。

(2) 闭环功控　通过反馈通道对发射功率的调整实现闭环控制，反馈通道作为发射通道的标尺，其稳定性和可靠性尤为重要，具体设计详见 5.7 节。

5.3　频谱带宽

5.3.1　指标定义

关于频谱带宽的概念，一般有工作带宽和瞬时带宽两种定义。

(1) 工作带宽　通道能正常响应的整个频率带宽，对应协议指标里的占用带宽。比如 3GPP 中的 n78 频段，其发射工作带宽为 3300～3800MHz 共 500MHz 的全带宽频段。

(2) 瞬时带宽　通道瞬时同时工作的最大带宽，对应协议指标里的通道带宽。比如 3GPP 中的 n78 频段，其发射最大瞬时带宽为 100MHz，远小于该频段的工作带宽。

在某些场景下，也可能出现瞬时带宽与工作带宽相等的情况，比如在 5G 频段分配上，中国电信和中国联通均占用 n78 中的子频段，分别为 3400～3500MHz 和 3500～3600MHz，工作带宽和最大瞬时带宽均为 100MHz。

5.3.2　设计分析

由于频率带宽具有一定的普适性，此处对相关设计要点进行梳理，不对某条协议指标专门进行设计。

1. DAC 速率

为保证重建滤波器对 DAC 输出信号镜像干扰的抑制，通常采用提高 DAC 采样率的方式进行插值操作，而在插值过程中会产生虚像杂散干扰，需要通过数字半带

图 5-9　DAC 过采样插值滤波

滤波器予以滤除，如图 5-9 所示。数字半带滤波器存在一定的过渡带，从而导致数字速率必定大于信号工作带宽，通常选择 1.2288 倍的关系，比如 122.88MHz 数字速率最大实现 100MHz 信号带宽的滤波处理。

2. DPD 校正

为了校正功放的 AM-AM 效应，通常采用数字预失真 DPD 在数字域对发射信号进行反

向拉伸处理，因此，需要发射通道带宽足够大，覆盖发射瞬时带宽的高阶分量，满足 DPD 校正需求。为了保证 DPD 算法性能，发射瞬时带宽需要覆盖三阶，甚至五阶的高阶分量。比如 3GPP n3 和 n78 频段最大瞬时带宽分别为 75MHz 和 100MHz，则发射通道带宽需分别满足 375MHz 和 500MHz，对应的数字速率分别为 460.8MHz 和 614.4MHz。显然，从功耗、成本和 DAC 实现等角度来看，很难保证 n78 频段的 500MHz 发射带宽，当前一般只覆盖二～三阶的高阶分量，这就限制了发射机在宽带下的性能，并给 DPD 算法提出了更高的性能需求。

3. 特殊校正

对于一些特殊场景，还需要考虑特殊校正的方式。以 3GPP n1 频段零中频发射机为例，一方面，DPD 校正考虑到五阶分量，则需要 300MHz 发射带宽；另一方面，对于 FDD 频段，如果收发隔离度较差，上行接收泄露到下行发射上，造成下行发射信号中带有较大的上行接收信号，为保证发射带外杂散指标，还需要对上行接收进行校正，即发射信号还需要覆盖上行接收频段 1920～1980MHz。如果发射本振设置为下行发射频段的中心频点，即 2140MHz 处，如图 5-10a 所示，则发射带宽需要达到 440MHz，对应的数字速率至少为 540.672MHz，很难选择到满足要求的 DAC。但如果将发射本振配置到 2105MHz，即整个校正频段的中心频点，如图 5-10b 所示，则发射带宽只需要达到 370MHz，对应的数字速率至少为 454.656MHz，选择 491.52MHz 即可满足，极大地降低了系统校正对 DAC 速率的需求。

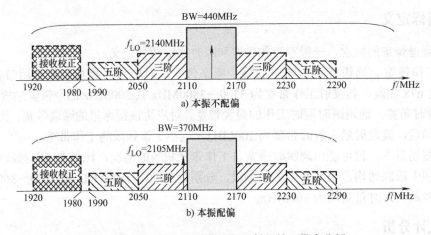

图 5-10　3GPP n1 频段零中频发射机校正带宽分析

4. 射频通道带宽

射频通道上的滤波器按照发射通道工作带宽进行设计，滤除带外杂散。对于其他器件，为预留高低温、批次等带来的波动，在器件带宽设计上，需略大于通道工作带宽，保证一定的设计余量。

5.4　发射杂散

无线频谱资源非常紧缺，每项业务、每个用户只能获得相对较窄的一段频谱，要求各类无线发射设备必须在其必要的瞬时带宽内传递信息，但客观上瞬时带宽以外也会产生一定的射频杂散分量，而这些杂散分量对信息传递来说是无用的，会影响相邻或其他频段的无线传输业务。所以，必须对瞬时带宽以外的杂散分量加以抑制。

5.4.1　指标定义

3GPP 标准和国际电信联盟(International Telecommunication Union, ITU)通过无用发射(Unwanted Emissions)这个概念对发射杂散进行表征，包括带外发射(Out-of-Band Emission)和杂散发射(Spurious Emission)两种杂散类型。

5.4.1.1　带外发射

带外发射位于紧靠信道带宽的外侧，主要由发射机采样、变频、非线性等导致的频谱扩展而引起的无用发射杂散。带外发射是由 ACLR 和工作频段无用发射(Operating Band Unwanted Emissions，OBUE)指标进行约束规定，主要用于避免对旁边信道产生较大干扰。其中，OBUE 与 3GPP 38.101 终端类设备中的频谱模板(Spectrum Emission Mask, SEM)指标相对应。

1. ACLR

ACLR 指标定义参见 2.2.3.7 节，用于限制对邻道和隔道的干扰。3GPP 中，基站的 ACLR 指标要求明显高于终端，后面主要以基站为例，对其指标进行介绍。

3GPP 中要求基站类设备的 ACLR 包括邻道和隔道，均满足 45dB 以上的抑制度，为保证产品的批次性，一般将设计指标拔高至 50dB。另外，为防止邻道或隔道存在带宽较窄的高功率杂散点，协议还规定了 ACLR 的绝对限额值，见表 5-4。广域基站包含 Category A 和 Category B 两类，主要是设备应用地域的差异，例如 n78 频段属于 Category B。根据 ACLR 相对值指标，基站邻道和隔道总干扰功率随着基站发射功率等级的降低而降低，与之对应的 ACLR 绝对值也同步降低。

表 5-4　基站类设备 ACLR 绝对限额值

基站类型/基站等级	ACLR 绝对限额值/(dBm/MHz)
Category A 广域基站	−13
Category B 广域基站	−15
中程基站	−25
本地基站	−32

2. OBUE

OBUE 用于限制基站类设备发射机工作频段上下限频点向外扩展 Δf_{OBUE} 范围内的辐射水平，如图 5-11 所示，其中 Δf_{OBUE} 由基站类型和工作频段宽度决定，相关协议见表 5-5。以 n78 频段(3300～3800MHz)中国联通占用的 3500～3600MHz，即最大 100MHz 瞬时带宽为例，其 OBUE 规定的频率范围包括 3260～3500MHz 和 3600～3840MHz，要求在这一频段范围内的带外杂散低于限定值。

3GPP 中的 OBUE 指标同样包含 Category A 和 Category B 两类，n78 频段适用于 Category B。根据基站类设备发射功率的不同，其 OBUE 指标也有不同的要求。图 5-12 为广域基站、中程基站和本地基站在 n78 频段下的 OBUE 指标，可以看出，随着基站发射功率的降低，OBUE 指标也要求更加严格，但结合表 5-1 中广域基站、中程基站和本地基站的功率限额值，具有高功率输出的广域基站的 OBUE 指标相对更为苛刻，后面主要以广域基站为例，对其 OBUE 指标进行设计分析。

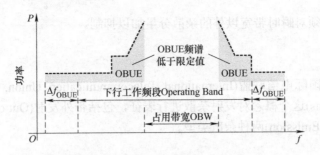

图 5-11 基站类设备工作频段无用发射 OBUE 指标定义示例

表 5-5 基站类设备 Δf_{OBUE} 协议规定

基站类型	工作频段宽度	Δf_{OBUE} /MHz
BS type 1-H	$f_{DL,high} - f_{DL,low} < 100MHz$	10
	$100MHz \leqslant f_{DL,high} - f_{DL,low} \leqslant 900MHz$	40
	$f_{DL,high} - f_{DL,low} > 900MHz$	待定义
BS type 1-C	$f_{DL,high} - f_{DL,low} \leqslant 200MHz$	10
	$200MHz < f_{DL,high} - f_{DL,low} \leqslant 900MHz$	40
	$f_{DL,high} - f_{DL,low} > 900MHz$	待定义

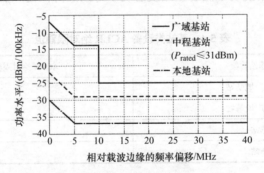

图 5-12 3GPP n78 频段 OBUE 指标

3. SEM

与 OBUE 类似，SEM 用于限制终端类设备发射机通道带宽上下限频点向外扩展一定范围内的辐射水平，如图 5-13 所示，其中 Δf_{OOB} 为向外扩展的频率宽度，由终端通道带宽(占用带宽)决定，表 5-6 为终端类设备 Δf_{OOB} 部分协议规定值。

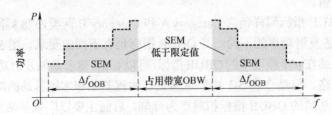

图 5-13 终端类设备频谱模板 SEM 指标定义示例

表 5-6　终端类设备 Δf_{OOB} 部分协议规定值

Δf_{OOB}/MHz	通道带宽/MHz					测试带宽
	5	10	20	50	100	
±(0~1)	-13	-13	-13	—	—	1%通道带宽
±(0~1)	—	—	—	-24	-24	30kHz
±(1~5)	-10	-10	-10	-10	-10	1MHz
±(5~6)	-13	-13				
±(6~10)	-25					
±(10~15)	—	-25	-13			
±(15~20)	—	—				
±(20~25)	—	—	-25	-13		
±(25~50)	—	—	—		-13	
±(50~55)	—	—	—	-25		
±(55~100)	—	—	—			
±(100~105)	—	—	—		-25	

5.4.1.2　杂散发射

杂散发射是在信道带宽外某个或某些频率上的杂散情况，限制在该频段上的发射电平以确保不影响其他频段的信息传递，此类杂散主要由发射谐波、寄生、互调或变频产物引起。相比带外发射指标，杂散发射约束的频谱更宽。参考 3GPP，杂散发射规定的频率范围覆盖除工作频段和 Δf_{OBUE}（终端类设备为占用带宽和 Δf_{OOB}）范围以外的杂散水平。表 5-7 为基站类设备杂散发射通用指标，有如下两点说明：

1) 低频段频谱资源相对更为紧张，用频设备种类复杂繁多，因此随着频率的降低，杂散要求也逐步提高，避免干扰。

2) Category B 的杂散发射指标要求明显高于 Category A，原因在于不同的地域拥有不同的无线电管理法规，频谱资源的分配情况也有所不同。

表 5-7　基站类设备杂散发射通用指标

杂散频率范围	指标限额值/dBm		测试带宽
	Category A	Category B	
9~150kHz	-13	-36	1kHz
150kHz~30MHz			10kHz
30MHz~1GHz			100kHz
1GHz~下行工作上限频段 5 次谐波		-30	1MHz
1~26GHz			

对于 FDD 频段的设备，还需要对接收频段上的杂散做进一步的限制，表 5-8 为基站类 FDD 频段设备杂散发射额外约束指标。相对中程基站和本地基站，广域基站的接收静态灵敏

度指标的相对更高，因此对发射在接收频带内的杂散约束也更为苛刻。

表 5-8　基站类 FDD 频段设备杂散发射额外约束指标

基站等级	频率范围	指标限额值/dBm	测试带宽
广域基站		−96	
中程基站	$F_{\text{UL, Low}}$-$F_{\text{UL, High}}$	−91	100kHz
本地基站		−88	

5.4.1.3　综合对比

ACLR、OBUE 和 SEM 三个带外发射指标都是用于限制有用参考信道对两侧近端信道的干扰水平，功能类似，但侧重点有所差异，主要包含以下几点：

1) ACLR 主要考察有用参考信道功率与邻道和(或)隔道的平均功率之比，属于相对值，单位为 dB；而 OBUE 和 SEM 是将有用参考信道旁边一定范围内的频谱杂散限制到一个或多个绝对功率值之下，属于绝对值，单位为 dBm。

2) ACLR 主要关注的是邻道和隔道带宽内的积分功率；而 OBUE 和 SEM 更关注有用参考信道旁边一定范围内的频谱杂散点。

3) OBUE 限制了整个下行工作频段，并向外扩展 Δf_{OBUE}；而 SEM 是以占用带宽为基础，向外扩展 Δf_{OOB}。相对来说，OBUE 比 SEM (即基站类设备比终端类设备)关注更宽频率范围的带外杂散。

注：由于 3GPP 是从单载波演进而来的，发射载波以外的频谱均被定义为带外(Out-of-Band)。对于当前常用的多载波系统，载波外一定范围内的频谱(OBUE 和 SEM)仍在通道内，工程中一般视为发射带内，对应的指标被称为发射带内杂散，而真正的发射通道带外杂散对应协议中的杂散发射。

图 5-14 同样以 n78 频段(3300～3800MHz)中国联通占用的 3500～3600MHz，即最大100MHz 瞬时带宽为例，用于区分基站类设备的带外发射和杂散发射指标(终端类设备与之类似)。在有用参考信道两侧近端，通过相对值 ACLR 指标和绝对值 OBUE 指标来共同限制对旁边信道的干扰。如果设备 ACLR 指标余量不足，那么 OBUE 很难达标。反之 OBUE 超标的话，并不一定意味着 ACLR 超标。举例：发射本振泄露杂散或某个时钟与本振的调制分量串入发射机链路，这些杂散点可能导致 OBUE 超标，但对 ACLR 指标的恶化贡献可能相对较少。

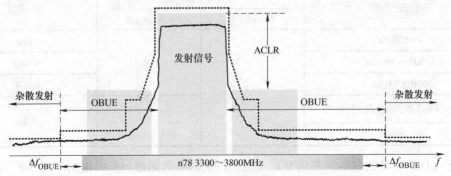

图 5-14　3GPP n78 (3.5G)频段发射杂散要求示意

224

5.4.2 需求分析

此处同样主要以基站类设备 n78 频段 100MHz 带宽为例,对带外发射和杂散发射指标进行需求分析。

5.4.2.1 带外发射

结合前面对带外发射指标的介绍,其包含的 ACLR 和 OBUE 指标主要受限于发射链路的非线性失真,其次考虑因混叠等产生的带内杂散。

1. 非线性失真

结合 IIP3 和 ACLR 换算关系,根据要求的 ACLR 指标和信号峰均比 PAPR 计算出通道链路所需的 IIP3,然后将此链路 IIP3 需求分配到 DAC、射频小信号、功放和 DPD 等个体性能上。

2. 混叠杂散

对于采用射频直采架构的发射机,VCO 频率、RFDAC 采样率与有用信号之间各次混叠产生的杂散可能击中带内,发射通道滤波器很难滤除。在进行方案设计时,需要至少对 7 阶以内的混叠杂散进行预算,根据预算结果进行 RFDAC 采样率的优化选择。

对于采用超外差架构的发射机,有用信号与本振信号各次混叠产生的杂散也可能击中带内,同样需要至少对 7 阶以内的混叠杂散进行预算,并根据预算结果进行本振频点的优化选择。

5.4.2.2 杂散发射

结合前面对杂散发射指标的介绍,杂散发射主要包括发射谐波、寄生、互调或变频等产物,主要受限功放 DPD 校正能力和发射滤波器性能。

对于落到 DPD 校正带外的近端杂散,主要是 3 阶以上的互调分量,这些杂散 DPD 无法校正,需要结合功放直通能力(一般具有-45~-60dBc 抑制度),根据最大发射功率和响应频段的杂散要求,剩余抑制度由发射滤波器提供。

对于远端杂散,考虑到发射滤波器在高频段抑制能力的下降,为简化分析,除谐波外,一般需要在发射滤波器前就满足空口的杂散发射指标,而发射滤波器需要为各次发射谐波提供 20dB 以上的抑制度。

5.4.3 设计分解

发射杂散设计分解点主要包括 DAC 输出、射频小信号、功放和 DPD 校正,如图 5-15 所示,下面按照各设计分解点进行详细分析。

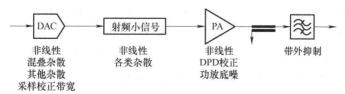

图 5-15 发射杂散设计分解

5.4.3.1 DAC 输出

由于数字域成型滤波和 DAC 热噪声、时钟抖动、非线性等因素影响,会使 DAC 输出频谱产生扩散，并存在一定杂散分量，在设计过程，主要考虑以下几点：

1. 非线性

基于 DAC 输出 55dB 以上的 ACLR 需求，根据 DAC 输出信号的带宽和峰均比，设计 DAC 的最大输出功率，并考虑发射链路载波合路、DPD 峰均比拉伸、均衡补偿、温度补偿、频率补偿、批次补偿和设计预留等因素，确定最终的 DAC 回退量。根据 5.2.3 节对发射链路各节点功率分配，一般需要将 DAC 输出功率控制在 -13dBFS 以下。结合式(2-67)三阶互调和 ACLR 预算关系，即可得出对 DAC OIP3 的指标需求。

2. 混叠杂散

混叠杂散包括超外差式发射机的 $M \times Fs \pm N \times IF$ 形式，以及射频直采发射机的 $M \times Fs \pm N \times RF$ 形式。对于落入发射带内(包括中频带内和射频带内)的混叠杂散，至少需要对 7 阶以内的混叠进行预算。由于发射通道链路无法对带内杂散提供抑制，因此需要 DAC 对带内混叠杂散自身提供 90dB 以上的抑制度。如果 DAC 自身无法满足，可尝试改变中频频点(超外差式发射机)或 DAC 采样率(射频直采发射机)进行优化设计。对于落入带外的混叠杂散，需要射频小信号上的重构滤波器和天馈口的双工器协作处理，提供合计 90dB 以上的抑制度。

3. 其他杂散

对于落入发射带内的其他杂散，同样需要提供 90dB 以上的抑制度。另外，还需要考虑各类频率的谐波是否击中发射带内。比如，对于 Band n2 频段的超外差式发射机 DAC 采样率为 983.04MHz，其二次谐波击中 n2 下行频段(1930～1990MHz)。因此，此场景下需要对 DAC 自身采样率谐波杂散泄露进行约束，并结合中频段的重构滤波器和混频器隔离度(针对超外差式发射机)进行抑制。

4. 采样带宽

由于发射通道的非线性会在信号通道的邻道和隔道上产生 3 阶和 5 阶互调产物，影响带外发射和杂散发射指标。通常采用 2.4.4 节中介绍的 DPD 闭环校正算法，来抑制互调产物，而发射 DAC 的采样带宽决定了 DPD 算法的校正带宽，DAC 采样率越宽，能抑制的互调产物阶数越高，但带来的是发射 DAC 实现难度和成本的剧增，因此，实际设计中，一般结合 DAC 成本、DPD 算法性能、互调产物抑制需求等折中考虑。

5.4.3.2 射频小信号

射频小信号主要包括重构滤波、上变频(超外差式发射机和零中频发射机)、小信号放大和衰减等电路，在设计过程，主要考虑以下两点：

1. 非线性

根据 5.2.3 节对发射链路各节点功率分配要求，射频小信号输出点的功率大约为 4dBm。虽然射频小信号互调造成的非线性失真可由 DPD 校正补偿，但会导致进一步增加 DPD 算法模型的复杂度，综合考虑，一般需要将射频小信号的 ACLR 性能控制到 50dB 以上。结合式(2-67)三阶互调和 ACLR 预算关系，即可得出对射频小信号链路以及各器件的 OIP3 指标需求。

2. 杂散

对于超外差式发射机，需要重点考虑混频器引入的 $M \times N$ 组合杂散，在设计中注意混频器自身的组合杂散响应、中频信号和本振信号的谐波抑制，以及混频器 IF/LO/RF 端口的阻抗匹配。至少需要对七阶以内的混叠进行预算，带内杂散需自身提供 90dB 以上的抑制度，带外杂散结合天馈口双工器一起满足 90dB 以上的抑制度。

对于零中频、复中频和射频直采发射机，射频小信号电路自身一般不会产生额外杂散，但仍需要考虑(包括超外差式发射机)由于电源纹波抑制、本振泄露、镜像抑制、本振自激等因素导致的杂散点。

(1) 电源纹波抑制　考虑供电电源自身纹波的频率，如果直接或间接击中有用信号带内或带外，则需根据电源芯片[一般为低压差线性稳压器(Low Dropout Regulator, LDR)]和射频小信号器件的 PSRR 进行综合预算，以达到满足需求的抑制度。

(2) 本振泄露和镜像抑制　零中频和复中频发射机的本振泄露和镜像抑制通过 QMC 校正一般能达到 70dB 以上的抑制度，但仍无法满足(主要是本振泄露)需求指标。在设计中，一般将零中频的本振"藏在"信号内，而复中频的本振和镜像处于发射带外，通过射频滤波器进行抑制。而对于超外差式发射机来说，本振泄露一般处于带外，主要考虑本振信号功率、混频器隔离度、空间隔离度和射频滤波器抑制共 4 个因素，通过设计预算和综合优化，使其满足需求指标。

(3) 本振自激　对于混频电路，为了获得较优的混频损耗和线性度，一般需要适当提升本振信号功率，但会进一步增大本振自激的风险，进而产生更多的混叠和其他杂散点。在设计中，需要适当控制本振信号功率，并优化 PCB 布局和腔体结构(主要是优化隔离和自谐振频率点)的设计，降低本振自激风险。

5.4.3.3　功放和 DPD 校正

功放和 DPD 校正属于抑制发射杂散的重点和难点，在设计过程中，主要关注以下几点。

1. 非线性

功放非线性主要考虑互调导致的邻道和隔道干扰，以及功放自身导致的谐波干扰。

结合下面对 5G NR DPD 高阶互调校正能力的分析，需要进一步提升功放自身高阶互调的抑制能力。

对于功放谐波干扰，需结合功放自身谐波输出能力和双工器对各次谐波抑制度，进行综合设计，并预留足够余量。

2. DPD 校正

对于当前常用的高功率 GaN 功放，其三阶互调直通抑制能力一般为 30dB 左右，五阶互调直通抑制能力一般为 45dB 左右，则要求 DPD 校正分别提供 20dB 和 5dB 的校正性能。

在 5G NR 之前，一般要求 DPD 至少校正到五阶互调，即校正带宽至少为信号最大瞬时带宽的 5 倍。比如对于最大瞬时带宽为 20MHz 的系统，要求校正带宽达到 $20 \times 5MHz = 100MHz$ 以上，此 100MHz 的带宽对校正通道来说相对比较容易满足。而对于当前的 5G NR 来说，FR1 频段的最大瞬时带宽提高至 100MHz，则要求校正带宽至少为 500MHz，此 500MHz 的带宽对校正通道来说很难满足，校正反馈通道一般只能提供 3 倍信道带宽的校正能力，即只能对邻道进行校正，而无法校正隔道。图 5-16 为当前 5G NR DPD 宽带校正的局限性示意，处于校正带外的隔道非线性产物无法被 DPD 校正，导致隔道 ALCR 性能很难满足。在设计中，一般需要通过提升功放高阶互调自身性能、提高 DPD 带宽，以及发射滤波器性能来综合

227

满足 DPD 校正带外的非线性杂散抑制度。

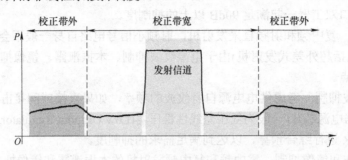

图 5-16　5G NR DPD 宽带校正局限性示意

3. 功放底噪

信号在经过功放进行功率放大后，其信号底噪会严重恶化。在设计中，需要首先对功放自身的底噪能力进行评估，图 5-17 为功放底噪测试方法。根据测试频率点、腔体滤波器损耗、功放增益和输出功率来设置信号源输出信号的频率和功率。信号源输出信号的底噪受信号源自身性能限制，需要经过高品质因数的腔体滤波器，将测试信号频率点两边的底噪降低至热噪声，然后送入功放，测试功放输出信号在腔体滤波器的带外功率即为功放自身的底噪性能。

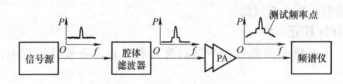

图 5-17　功放底噪测试方法

对于当前常用的高功率 GaN 功放，其底噪水平基本可控制在-40dBm/MHz 以内，可满足-30dBm/MHz 的杂散发射指标。设计中，还需要考虑由于功放电源杂散或电源自激产生的额外干扰信号。

5.5　发射互调

5.5.1　指标定义

发射互调包括外互调和内互调两个方面。

1. 发射外互调

发射外互调性能是对发射机单元抑制有用信号和干扰信号互调产生非线性产物的能力衡量，干扰信号主要通过天线、RDN 或天线阵列单元到达发射机。对于 BS type 1-C 类设备，互调干扰信号是在天线口注入，而 BS type 1-H 类设备的互调干扰信号是在收发器边界接口 TAB 处注入。BS type 1-H 类设备的互调干扰信号包括共站干扰和设备类其他发射单元的干扰。图 5-18 为发射外互调测试环境连接框图，干扰信号通过环形器注入被测发射机的天线口(或 TAB 接口)，有用信号和干扰信号在发射机链路末端产生互调失真，送入频谱仪进行标定测量。

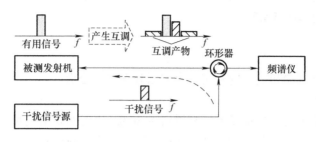

图 5-18　发射外互调测试环境连接框图

2. 发射内互调

发射内互调指标定义如图 5-19 所示，其包含单通道连续或非连续载波聚合，以及多路单载波通道通过合路器实现多频多模合路共天线两种情况。其中，单通道载波聚合产生的互调产物主要通过 DPD 进行校正，考察 DPD 校正能力；多路单载波通道合路共天线产生的互调产物大小主要依靠合路器的隔离度，以及发射通道上功放和环形器的反向隔离度予以保证。

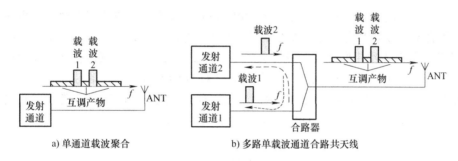

a) 单通道载波聚合　　　　　　　b) 多路单载波通道合路共天线

图 5-19　发射内互调指标定义

5.5.2　需求分析

3GPP 要求落在发射带内的互调产物满足发射杂散要求，落到接收带内的互调产物满足共站要求。

反射外互调需要在天线口(或 TAB 接口)注入干扰信号，表 5-9 以 BS type 1-C 类基站设备为例，对发射共址互调信号的要求进行了说明。值得注意的是，对于非连续载波聚合，干扰信号完全落入各载波单元之间的间隙中，干扰信号相对于载波单元的边缘进行偏移。

表 5-9　BS type 1-C 类基站设备发射共址互调信号要求

参数项	参数定义
有用信号类型	NR 单载波、多载波、连续载波聚合、非连续载波聚合
干扰信号类型	NR 信号，对应频段 15kHz 子载波间隔下的最小带宽 $BW_{Channel}$
干扰信号功率	对应共址干扰频段天线口额定输出功率减去 30dB，即 $P_{rated}-30dB$
干扰信号偏离有用信号边缘间距	$f_{offset} = \pm BW_{Channel}\left(n-\dfrac{1}{2}\right),\ n=1,\ 2 和 3$

发射内互调根据发射通道频率和功率的实际配置产生的互调产物满足发射杂散要求即可,具体需求分析可参考 5.4.2 节。

5.5.3 设计分解

同样按照发射外互调和发射内互调两个方面分别进行分析。

1. 发射外互调

由于外部注入的干扰信号幅度低于有用信号 30dB,因此对发射通道后级无源互调要求较低,而主要考虑反向灌入发射机功放输入端的情况,由于发射机功放反向隔离度有限,干扰信号和有用信号同时送入功放输入端,产生互调产物。比如,功放输出功率为 50dBm,干扰信号功率为 $(50-30)\text{dBm}=20\text{dBm}$,末级功放增益为 17dB,反向隔离度为 25dB,则末级功放输入端有用信号和干扰信号功率分别为 33dBm 和 −5dBm,根据发射杂散指标或落到接收带内的互调产物要求计算出对末级功放互调性能的指标需求。如果末级功放自身互调性能有限,无法满足需求,则可在末级功放输出端增加隔离器,以提高整个功放模块的反向隔离度,降低末级功放输入端干扰信号的幅度。

2. 发射内互调

对于单通道载波聚合场景,主要依靠 DPD 校正保证互调产物满足发射杂散指标,而不同的载波聚合配置场景产生的互调失真度有所不同,即对 DPD 校正性能需求也有所差异。图 5-20 为相同瞬时占用带宽和相同发射总功率下的 2 载波拉开、3 载波拉开和连续载波的互调失真对比。3 种场景的瞬时占用带宽都相同,则对 DPD 校正带宽的需求基本一致,但由于总功率相同,2 载波拉开下的单载波功率高于连续载波下的单载波功率,造成 2 载波拉开场景产生更大的互调失真,从而对 DPD 校正性能的需求更高。

a) 2载波拉开　　　　b) 3载波拉开　　　　c) 连续载波

图 5-20　不同载波聚合配置下的互调产物分析

对于多路单载波通道通过合路器实现多频多模共天线的应用场景,多个发射机经过多工合路器合路后发射出去,产生互调失真的因素主要有以下两点:

1) 由于合路器输入端口间的隔离度有限,且端口阻抗不完全匹配会引起信号反射,造成各发射通道载波信号会泄露到其他发射通道,与其一起送入功放,产生互调失真。图 5-19b 中发射通道 1 输出的载波 1 会泄露到发射通道 2 的功放输入端,与载波 2 一起送入功放产生互调产物。此种情况下,如果合路器两输入端口之间能提供 30dB 的隔离度,其设计场景就与发射外互调类似。如果合路器两输入端口之间的隔离度低于 30dB,则需要进一步提升对末级功放模块反向隔离度的需求。

2) 由于送入合路器的各载波信号等幅、高功率,经过后级滤波器和天线等无源器件会产生无源互调(PIM),特别是对于 FDD 双工模式,无源互调产物可能击中接收频带,影响接收灵敏度。实际设计中，应尽量使用低无源互调的器件，必要时可适当压缩发射功率，降低无源互调。

5.6 调制精度

5.6.1 指标定义

调制精度是衡量射频通信系统的总体性能指标，通常使用误差矢量幅度 EVM 来表征。理想发射机发送信号的星座点都在固定的理想位置，但是由于相位噪声、幅相误差、非线性失真、杂散干扰等多重影响，导致实际的星座点与理想位置存在一定的偏移，EVM 就是用于测量信号星座图上实际测量信号与理想信号之间的偏移量，如图 5-21 所示。

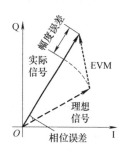

图 5-21 EVM 指标定义分解

3GPP 定义测量 EVM 的基本单元可以从时域和频域两个层面进行评估，数值上等于误差向量平均功率与参考信号平均功率之比的二次方根，即

$$\text{EVM} = \sqrt{\frac{\sum\limits_{t \in T} \sum\limits_{f \in F(t)} \left| Z'(t,f) - I(t,f) \right|^2}{\sum\limits_{t \in T} \sum\limits_{f \in F(t)} \left| I(t,f) \right|^2}} \times 100\% \tag{5-2}$$

式中，T 为 1 个 slot 的持续时间，在实际测试过程中，通常使用 10ms 无线帧的时间进行平均，降低参考信号噪声影响；$F(t)$ 为信号带宽内所有 RB 信号；$I(t,f)$ 为测试设备根据约定的发射模型重构的理想信号；$Z'(t,f)$ 为实际测量信号。

除了通过式(5-2)的计算值来衡量系统调制精度外，通常还会使用星座图上星座点的发散程度来直观表达被测信号的 EVM 大小。图 5-22 是 QPSK 调制方式在不同 SNR 的 AWGN 信道下的星座图仿真结果。可以看出，相比 SNR=20dB 的星座图，SNR=10dB 的星座图存在较为严重的发散现象，EVM 性能相对较差。

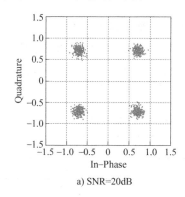

a) SNR=20dB

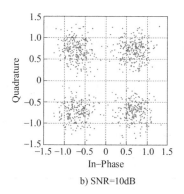

b) SNR=10dB

图 5-22 QPSK 信道传输星座仿真图

对于高斯白噪声信道环境，SNR 可表示为

231

$$\text{SNR} = \frac{\dfrac{1}{T}\sum_{t=1}^{T}(I_t^2 + Q_t^2)}{\dfrac{1}{T}\sum_{t=1}^{T}(\left| n_{\text{I},t}\right|^2 + \left| n_{\text{Q},t}\right|^2)} \tag{5-3}$$

式中，I_t 和 Q_t 分别为星座图上 I 路和 Q 路信号的振幅；$n_{\text{I},t}$ 和 $n_{\text{Q},t}$ 分别为 I 路和 Q 路上的噪声；T 为分析的采样点数。可以看出，SNR 在数值上等于 T 个采样点下的归一化平均功率比。

结合 EVM 的定义，式(5-2)可转化为

$$\text{EVM} = \sqrt{\frac{\dfrac{1}{T}\sum_{t=1}^{T}(\left| I_t - I_{\text{r},t}\right|^2 + \left| Q_t - Q_{\text{r},t}\right|^2)}{\dfrac{1}{N}\left[(I_{\text{r},t})^2 + (Q_{\text{r},t})^2\right]}} \tag{5-4}$$

式中，I_t 和 Q_t 分别为 I 路和 Q 路上所测符号的归一化比例因子；$I_{\text{r},t}$ 和 $Q_{\text{r},t}$ 分别为 I 路和 Q 路上理想符号的归一化比例因子；N 为星座图上的点数，对应调制阶数，比如 QPSK 下的 N 为 4；T 为分析的采样点数。

式(5-4)中的分母可被视为理想星座图中归一化能量，分子可被视为由高斯白噪声引起的实际信号与理想信号在星座图上的差值，则有

$$I_t - I_{\text{r},t} = n_{\text{I},t} \ \text{ 和 } \ Q_t - Q_{\text{r},t} = n_{\text{Q},t} \tag{5-5}$$

对于高斯白噪声，当 T 远大于 N 时，所测符号的星座图分布在理想符号的周围，其平均功率近似等于理想符号的功率，则有

$$\frac{1}{T}\sum_{t=1}^{T}(I_t^2 + Q_t^2) \approx \frac{1}{N}\left[(I_{\text{r},t})^2 + (Q_{\text{r},t})^2\right] \tag{5-6}$$

因此，结合式(5-3)～式(5-6)，可推导出 EVM 和 SNR 之间关系为

$$\text{SNR}_{\text{dB}} \approx -20\lg(\text{EVM}) \tag{5-7}$$

5.6.2 需求分析

表 5-10 为 3GPP 对高阶调制的 EVM 指标需求，越高的调制阶数，数据速率越高，相应的系统对 EVM 指标要求也越高。为防止批次波动、高低温等极限场景造成的影响，且保证产品的市场竞争力，一般会在 3GPP 指标基础上进行一定的拔高。比如，对于常用的 64QAM 调制方式，协议要求 8% 的 EVM，产品设计指标一般控制在 5% 以内。

表 5-10　3GPP 对高阶调制的 EVM 指标需求

PDSCH 调制方式	EVM 指标
QPSK	17.5%
16QAM	12.5%
64QAM	8%
256QAM	3.5%

5.6.3　设计分解

影响发射通道 EVM 指标的因素很多，以零中频发射机为例，主要包括相位噪声、载波泄露、I/Q 相位不平衡、通道幅度波动、通道群时延波动、数字削波、ACLR 等。这些影响因素可近似认为是独立不相关的，在 EVM 的分析计算时，可分别考虑。结合式(5-4)，总的 EVM 可表示为

$$\mathrm{EVM} = \sqrt{\sum_{i=1}^{N}(\mathrm{EVM}_i)^2} \tag{5-8}$$

式中，EVM_i 为第 i 个影响因素产生的 EVM 贡献值；N 为 EVM 主要贡献项的个数。

下面分别对各影响因素进行分析。

5.6.3.1　相位噪声

一个无噪声的符号可表示为

$$x = x_\mathrm{I} + \mathrm{j}x_\mathrm{Q} \tag{5-9}$$

对该符号引入一个随机相位误差 θ，单位为弧度，此时符号可表示为

$$x_\mathrm{phase\_error} = x\mathrm{e}^{\mathrm{j}\theta} \tag{5-10}$$

对于现代通信中收发机的本振来说，一般 θ 远小于 1，则式(5-10)可近似改写为

$$x_\mathrm{phase\_error} = x(\cos\theta + \mathrm{j}\sin\theta) \approx x(1+\mathrm{j}\theta) = (x_\mathrm{I} - \theta x_\mathrm{Q}) + \mathrm{j}(\theta x_\mathrm{I} + x_\mathrm{Q}) \tag{5-11}$$

代入式(5-4)，得到相位误差引入的 EVM 为

$$\mathrm{EVM}_\mathrm{phase\_error} = \sqrt{\frac{(x_\mathrm{I} - \theta x_\mathrm{Q} - x_\mathrm{I})^2 + (\theta x_\mathrm{I} + x_\mathrm{Q} - x_\mathrm{Q})^2}{x_\mathrm{I}^2 + x_\mathrm{Q}^2}} = \theta \tag{5-12}$$

假定相位噪声是随机时间过程，用 $\theta(t)$ 表示，则由相位噪声引起的 EVM 可简单表示为相位噪声的 RMS 值，称为积分相位噪声，即

$$\mathrm{EVM}_\mathrm{PN} = \sqrt{\overline{|\theta(t)|^2}} = \theta_\mathrm{RMS} \tag{5-13}$$

233

图 5-23 为本振相位噪声对 EVM 的影响曲线，在设计过程中，根据总的 EVM 分解给相位噪声的指标，结合后面 6.2 节时钟抖动与相位噪声的关系，将积分相位噪声角度(单位度)转换为积分相位噪声功率(单位 dBc)，并参考表 2-16 中的方法对本振相位噪声进行优化处理。通常可将积分相位噪声控制在 0.7° 以内，这样相位噪声对总的 EVM 的贡献小于 1.3%。

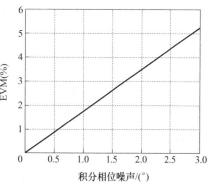

图 5-23　本振相位噪声对 EVM 影响理论分析

使用 MATLAB 工具，调用"EVM Measurement of 5G NR PUSCH Waveforms"仿真实例，对 5G NR 上行物理共享信道(Physical Uplink Shared Channel, PUSCH)波形的 EVM 进行仿真评

估，仿真框图如图 5-24 所示，引入了相位噪声和 I/Q 不平衡(包括增益和相位)两个 EVM 影响因素。

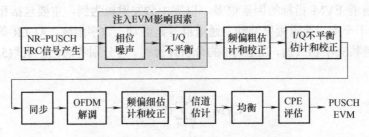

图 5-24　5G NR MATLAB EVM 仿真框图

图 5-24 基于 G-FR1-A1-7 (FR1 频段，DFT-s-OFDM NR 信号，QPSK 调制，15kHz 子载波间隔，10 个 RB，即 5MHz 带宽)固定参考信道(Fixed Reference Channels, FRC)进行 EVM 测试。在评估相位噪声对 EVM 影响时，关闭 I/Q 不平衡影响因素，得到的仿真结果如图 5-25 所示。图 5-25a 是 A、B、C 三条相位噪声曲线，显然，其积分相位噪声关系为：A>B>C。图 5-25b 为三条相位噪声曲线对应的 EVM RMS 值，对 10 个 Slot 进行了仿真评估，EVM 大小关系与积分相位噪声的大小关系相对应，验证了图 5-23 理论分析的正确性。

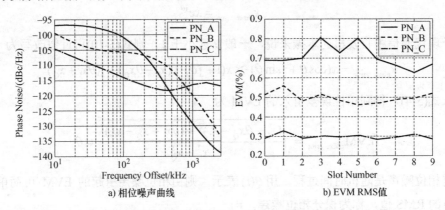

a) 相位噪声曲线　　　　　　　b) EVM RMS值

图 5-25　本振相位噪声对 EVM 影响仿真分析

随着工作频率的升高，相同时钟锁相环产生的本振相位噪声会逐渐恶化，特别是 FR2 频段，本振相位噪声对总的 EVM 的贡献占比显著增大。为此，5G NR 中引入了专门的相位跟踪参考信号 PTRS 进行相位噪声补偿，降低 FR1 高频段和 FR2 全频段对本振相位噪声的需求。

5.6.3.2　载波泄露

理想情况下，零中频 I/Q 输入端差分信号的直流偏移应为零，但实际由于电路匹配和对称等原因，两个输入端都会有直流偏移，从而导致载波泄露。假设 I/Q 直流偏移量分别为 ΔI_{DC} 和 ΔQ_{DC}，则输入到正交调制器的 I/Q 两路信号可表示为

$$\begin{cases} S_I(t) = I(t)\cos\varphi(t) + \Delta I_{DC} \\ S_Q(t) = Q(t)\sin\varphi(t) + \Delta Q_{DC} \end{cases} \quad (5\text{-}14)$$

经过一个载波频率为 ω_c 的正交调制器后，其输出信号可表示为

$$f_T(t) = S_I(t)\cos(\omega_C t) - S_Q(t)\sin(\omega_C t)$$
$$= S(t)\cos\left[\omega_C t + \phi(t)\right] + \Delta_{DC}\cos\left[\omega_C t + \Delta\theta\right] \tag{5-15}$$

式中，$S(t) = \sqrt{I^2(t)\cos^2\varphi(t) + Q^2(t)\sin^2\varphi(t)}$；$\Delta_{DC} = \sqrt{\Delta I_{DC}^2 + \Delta Q_{DC}^2}$；$\Delta\theta = \arctan\left(\dfrac{\Delta Q_{DC}}{\Delta I_{DC}}\right)$；

$\phi(t) = \arctan\left(\dfrac{Q(t)\sin\varphi(t)}{I(t)\cos\varphi(t)}\right)$。可以看出，正交调制器输出的信号中除了有用信号 $S(t)$ 外，还包含一个与载波频率相同的干扰信号，其功率值 P_{CL} 与基带 I/Q 直流偏移相关，可表示为

$$P_{CL} = \frac{1}{2}\frac{\Delta_{DC}^2}{R_0} = \frac{\Delta I_{DC}^2 + \Delta Q_{DC}^2}{2R_0} \tag{5-16}$$

当发射信号功率为 P_{TX}，定义载波泄露功率与发射信号功率的比值为载波泄露抑制 CL，即 $CL(dBc) = 10\lg(P_{CL}/P_{TX})$。转换为对 EVM 的影响可表示为

$$EVM_{CL} = 10^{\frac{CL}{20}} \tag{5-17}$$

经过发射 QEC 校正后的本振泄露一般能达到 $-45dBc$ 的抑制度，对应的 EVM 为 0.56%，远小于 5%，即校正后的本振泄露对总的 EVM 贡献很小。

5.6.3.3　I/Q 增益不平衡

由于 I/Q 两路信号分别放大，所以 I 路和 Q 路增益不平衡会在星座图上呈现 I/Q 两路的幅度不一样。设 I 路信号比 Q 路信号大 δ dB，从线性幅度上看，I 路与 Q 路信号的方均根可分别表示为 $1+x$ 和 $1-x$，则有

$$20\lg\left(\frac{1+x}{1-x}\right) = \delta \Rightarrow x = \frac{10^{\frac{\delta}{20}} - 1}{10^{\frac{\delta}{20}} + 1} \tag{5-18}$$

考虑正交调制器的输出波形与理想调制器输出波形的差，由式(5-4)可得到

$$EVM_{IQ\_A}^2 = \frac{\int_0^T \left[xI(t)\cos(\omega_C t) - xQ(t)\sin(\omega_C t)\right]^2 dt}{\int_0^T \left[I(t)\cos(\omega_C t) + Q(t)\sin(\omega_C t)\right]^2 dt} = x^2 \tag{5-19}$$

联立式(5-18)和式(5-19)，得到 I/Q 增益不平衡对总的 EVM 影响表达式为

$$EVM_{IQ\_A} = \frac{10^{\frac{\delta}{20}} - 1}{10^{\frac{\delta}{20}} + 1} \tag{5-20}$$

图 5-26a 为 I/Q 增益不平衡对 EVM 的影响分析曲线,如果将 I/Q 增益不平衡控制在 0.1dB 以内，则其对总的 EVM 的贡献小于 0.58%。

同样使用图 5-24 的仿真框图进行 I/Q 增益不平衡对 EVM 的仿真评估，关闭相位噪声和 I/Q 相位不平衡影响因素，得到 I/Q 增益不平衡度分别为 0dB、0.2dB、0.4dB 和 0.6dB 的仿真结果，如图 5-26b 所示。仿真分析和理论分析结果基本一致，验证了理论分析的正确性。

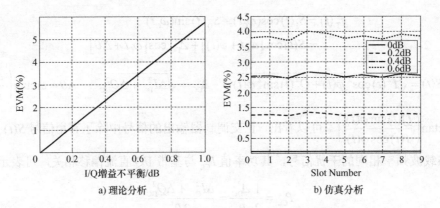

a) 理论分析　　　　　　　　　　b) 仿真分析

图 5-26　I/Q 增益不平衡对 EVM 影响分析曲线

5.6.3.4　I/Q 相位不平衡

理想情况下，I/Q 两路信号应呈 90° 正交，但如果两路信号不严格正交，则星座图上各信号点会向一侧倾斜。以正交调制器两路本振信号存在正交误差为例，假设误差为 β（$\beta \leqslant 1$），单位为弧度，则正交调制器输出波形可表示为

$$f(t) = I(t)\cos(\omega_c t + \beta/2) + Q(t)\sin(\omega_c t - \beta/2) \tag{5-21}$$

代入式(5-4)可得到

$$\mathrm{EVM}_{\mathrm{IQ\_P}}^2 = \frac{\int_0^T \left[I(t)\cos(\omega_c t + \beta/2) - \cos(\omega_c t) + Q(t)\sin(\omega_c t + \beta/2) - \sin(\omega_c t) \right]^2 \mathrm{d}t}{\int_0^T \left[I(t)\cos(\omega_c t) + Q(t)\sin(\omega_c t) \right]^2 \mathrm{d}t} \tag{5-22}$$

经化简可得

$$\mathrm{EVM}_{\mathrm{IQ\_P}} = \frac{\beta}{2} \times 100\% \tag{5-23}$$

图 5-27a 为 I/Q 相位不平衡对 EVM 的影响曲线，如果将 I/Q 相位不平衡控制在 0.5° 以内，则其对总的 EVM 的贡献小于 0.44%。

同样使用图 5-24 的仿真框图进行 I/Q 相位不平衡对 EVM 的仿真评估，关闭相位噪声和 I/Q 增益不平衡影响因素，得到 I/Q 相位不平衡度分别为 0°、0.5°、1.0° 和 1.5° 的仿真结果，如图 5-27b 所示。仿真分析和理论分析结果基本一致，验证了理论分析的正确性。

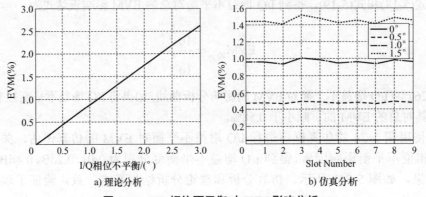

a) 理论分析　　　　　　　　　　b) 仿真分析

图 5-27　I/Q 相位不平衡对 EVM 影响分析

5.6.3.5　通道波动

通道波动包括通道幅度波动和通道群时延波动，滤波器是导致通道波动的主要因素。根据通道波动的构成，其对 EVM 的影响可量化表示为

$$\text{EVM}_{\text{ripple}} = \sqrt{\Delta\alpha_{\text{rms}}^2 + \tan^2(\Delta\varphi_{\text{rms}})} \tag{5-24}$$

式中，$\Delta\alpha_{\text{rms}}$ 为通道幅度波动，其表达式为

$$\Delta\alpha_{\text{rms}} = \sqrt{\frac{1}{\text{BW}}\int_{f_1}^{f_2}\left[\frac{\alpha(f) - \alpha_{\text{rms}}}{\alpha_{\text{rms}}}\right]^2 \mathrm{d}f} \tag{5-25}$$

式中，BW 为发射通道带宽；f_1 和 f_2 分别为发射通道的下边缘频点和上边缘频点；$\alpha(f)$ 为通道在 f 频点的增益(或衰减)量；α_{rms} 为整个发射通道增益(或衰减)量的 RMS 值。

式(5-24)中 $\Delta\varphi_{\text{rms}}$ 为通道相位波动，其表达式为

$$\Delta\varphi_{\text{rms}} = \sqrt{\frac{1}{\text{BW}}\int_{f_1}^{f_2}\left[\varphi(f) - \varphi_{\text{lin}}(f)\right]^2 \mathrm{d}f} \tag{5-26}$$

式中，$\varphi(f)$ 为通道相位展开；$\varphi_{\text{lin}}(f)$ 为最小相位误差 RMS 值。

为了简化相位波动特征，经过通道产生的群时延波动可被近似为正余弦曲线形式，如图 5-28 所示。因此，信号群时延可表示为

$$\tau_{\text{g}} = A\cos(2\pi f T_0) + B \tag{5-27}$$

式中，A 为群时延波动值；B 为群时延以正弦形式变化时的参考轴；T_0 为通带内的一个周期。

将式(5-27)和式(2-152)代入式(5-26)，可将 $\Delta\varphi_{\text{rms}}$ 进一步表示为

$$\Delta\varphi_{\text{rms}} = \sqrt{\frac{1}{\text{BW}}\frac{A^2}{8\pi T_0^3}\left[\sin(4\pi T_0 f_2) - \sin(4\pi T_0 f_1)\right] + \frac{A^2}{2T_0^2}} \tag{5-28}$$

假定群时延在通带内随频率变化的斜率恒定，则式(5-27)可改写为

$$\tau_{\text{g}} = C(f - f_1) + B \tag{5-29}$$

式中，C 是群时延相对于频率的斜率常数。图 5-29 为群时延斜率常数定义示例，某 GPS 滤波器的通带为 1559.92～1590.92MHz，通带内的群时延波动大约为 10ns，群时延斜率常数对应图中的虚线，大约为 4ns(17～21ns)。

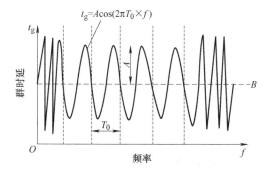

图 5-28　群时延波动简化形式

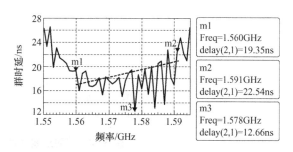

图 5-29　群时延斜率常数定义示例

结合式(2-152)，最小相位误差 RMS 值 $\varphi_{\mathrm{lin}}(f)$ 可表示为

$$\varphi_{\mathrm{lin}}(f) = -2\pi \int_{f_1}^{f} \left[C(f_2 - f_1) \times 0.3667 + B \right] \mathrm{d}f \tag{5-30}$$

式中，0.3667 是 5ns 斜率下的相位波动 RMS 最小值。

相应的，通道相位展开 $\varphi(f)$ 可表示为

$$\varphi(f) = -2\pi \int_{f_1}^{f} \left[C(f_2 - f_1) + B \right] \mathrm{d}f \tag{5-31}$$

$\varphi(f)$ 和 $\varphi_{\mathrm{lin}}(f)$ 的差值可表示为

$$\begin{aligned}
\varphi(f) - \varphi_{\mathrm{lin}}(f) &= Ff^2 + Gf + E \\
&= -\pi Cf^2 + 2\pi C(0.6337f_1 + 0.3667f_2) \times f + \\
&\quad 2\pi \left\{ (B - Cf_1)f_1 + \frac{1}{2}Cf_1^2 - \left[0.3667C(f_2 - f_1) + B \right]f_1 \right\}
\end{aligned} \tag{5-32}$$

式中，E、F 和 G 为常数，相关表达式如下：

$$\begin{cases}
E = 2\pi \left\{ (B - Cf_1)f_1 + Cf_1^2/2 - \left[0.3667C(f_2 - f_1) + B \right]f_1 \right\} \\
F = -\pi C \\
G = 2\pi C(0.6337f_1 + 0.3667f_2)
\end{cases} \tag{5-33}$$

将式(5-32)代入式(5-26)，可得到通道相位波动 $\Delta\varphi_{\mathrm{rms}}$ 的最终表达式为

$$\Delta\varphi_{\mathrm{rms}} = \sqrt{\frac{1}{\mathrm{BW}} \left[\frac{1}{5}F^2 f^5 + \frac{1}{2}FGf^4 + \frac{1}{3}(G^2 + 2FE)f^3 + GEf^2 + E^2 f \right]_{f_1}^{f_2}} \tag{5-34}$$

由式(5-34)可以看出，群时延斜率会影响相位波动，并进一步导致系统性能的下降。

下面以 16QAM 调制，30MHz 通道带宽，2MHz 群时延分析频率进行仿真，得到的仿真结果如图 5-30 所示。图 5-30a 是基于式(5-28)得到的群时延波动对 EVM 的影响。图 5-30b 是基于式(5-34)得到的群时延斜率常数对 EVM 的影响。如果群时延波动控制在 7ns 以内，且群时延斜率常数控制在 0.7ns 以内，则其对总的 EVM 的贡献小于 1%。

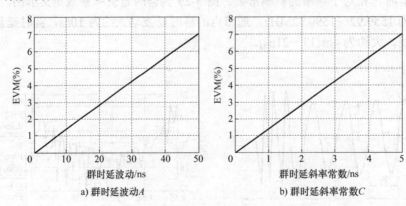

a) 群时延波动 A b) 群时延斜率常数 C

图 5-30　群时延波动对 EVM 影响仿真分析

单从图 5-30 中的仿真结果来看，系统对滤波器群时延性能要求较高，一般很难达到。事

实上，整个通道带宽内的 EVM 是取通道带宽内各资源块 RB EVM 的二次方平均，即

$$\overline{\text{EVM}} = \sqrt{\frac{1}{N}\sum_{i=1}^{N}\text{EVM}_i^2} \tag{5-35}$$

式中，N 为通道带宽内的 RB 数；EVM_i 为第 i 个 RB 的 EVM 值，由式(5-24)进行评估计算。因此，在分析群时延对 EVM 影响时，需要先分析各个 RB 的 EVM，然后将每个 RB 的 EVM 二次方后平均，最终得到整个通道带宽的 EVM。

典型例子：在频域上，每个 RB 是由 12 个子载波构成。对于 15kHz 的子载波间隔，1 个 RB 是 180kHz。10MHz 带宽有 50 个 RB，1.4MHz 带宽有 6 个 RB。如果在某一小段频率范围内存在较大群时延波动，如图 5-31 所示，1.4MHz 带宽下有 50% 的 RB 存在 EVM 恶化，而 10MHz 带宽下只有 10% 的 RB 存在 EVM 恶化，因此 10MHz 带宽下的 EVM 就明显优于 1.4MHz 带宽下的 EVM。另外，由于滤波器边缘频点一般存在较大的增益波动，导致边缘频点的群时延波动存在一定恶化，在实际工程设计中，一般将滤波器边缘频点的 EVM 单独进行评估计算。

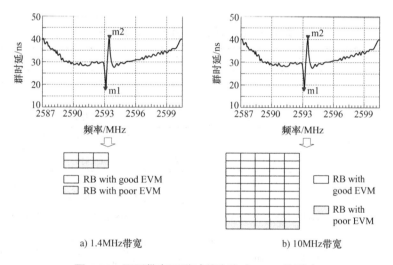

a) 1.4MHz带宽　　　　　　b) 10MHz带宽

图 5-31　不同带宽下群时延波动对 EVM 的影响

值得注意的是，在通信链路中一般会设计通道均衡器，特别是群时延均衡，很大程度上降低了滤波器群时延波动对 EVM 的影响。另外，通道上一般还会进行频率增益补偿和通道增益均衡，这样也就基本消除了通道幅度波动对 EVM 的影响。总体来说，在实际工程设计中，一般需要将通道带宽内的幅度波动控制在 1dB 以内(频率增益补偿后)，根据式(5-28)、式(5-34)和式(5-35)计算每个 RB 群时延波动的 EVM 和整个通道带内的 EVM，并控制在 1% 以内，然后结合通道均衡算法，最终基本可将通道波动对 EVM 的贡献控制在 0.8% 以内。

5.6.3.6　数字削波

根据削波算法，多载波合路后按照-13dBFS 定标，信号峰均比 PAPR 接近 13dB。通过数字削波算法，将信号峰均比 PAPR 压缩至 8dB 左右，EVM 恶化大约 3%。随着发射功率的回退，数字削波的力度将逐步减退，对 EVM 的贡献量也随之降低。

5.6.3.7 ACLR

5G 网络使用的 OFDM 信号具有较高的峰均比 PAPR,对发射链路的非线性非常敏感,其结果是由于子载波间干扰引起的带内失真会对 EVM 产生较大影响,同时由于频谱再生会引起频谱带外泄露。在 OFDM 发射机设计中,功放通常是非线性的瓶颈,功放的线性指标一般由高阶调制星座图最低的 EVM 决定,或者主要由发射机带外频谱模板决定。为降低非线性对 EVM 影响,一般要求功放相对于其 1dB 压缩点有足够的回退,并结合数字预失真技术保证 ACLR 指标。ACLR 指标可近似看作发射通道 SNR,即 EVM。

经过数字预失真 DPD 后的 ACLR 协议要求 45dB,对应的 EVM 为 0.56%,远小于 5%,即满足协议要求的 ACLR 对总的 EVM 贡献很小。

5.6.3.8 设计总结

结合上述几节对发射通道 EVM 的设计分解,得到各环节的 EVM 设计指标和总的 EVM 预算指标见表 5-11,总的 EVM 为 3.54%<5%,满足 64QAM 调制方式内控指标设计要求。在实际工程应用中,各影响因素的 EVM 贡献占比可能有所差异,可根据实际场景进行优化设计。

表 5-11 发射通道 EVM 预算指标分解

影响因素	设计指标	EVM (%)	备注说明
相位噪声	积分相位噪声小于 0.7°	1.3	通过积分相位噪声功率进行本振相位噪声曲线的优化
载波泄露	本振泄露抑制度小于-45dBc	0.56	零中频发射机一般需要 QEC 校正
I/Q 增益不平衡	I/Q 增益不平衡小于 0.1dB	0.58	零中频发射机一般需要 QEC 校正
I/Q 相位不平衡	I/Q 相位不平衡小于 0.5°	0.44	零中频发射机一般需要 QEC 校正
通道波动	通道幅度波动小于 1dB(频率增益补偿后) 每个RB合成后的EVM贡献值小于1%	0.80	结合通道均衡算法,包括增益均衡和群时延均衡,削弱通道波动对 EVM 的影响 滤波器边缘频点一般存在 EVM 恶化,需要单独计算
数字削波	PAPR 从 13dB 削至 8dB	3.0	伴随着功率回退,数字削波对 EVM 的影响会逐渐降低
ACLR	ACLR>45dB	0.56	依靠 DPD 校正,保证 ACLR 指标
合计	—	3.54	各影响因素 EVM 二次方和再开方

另外,还需注意功率回退下的 EVM。虽然功率回退会优化数字削波和 ACLR 对 EVM 的影响,但功率回退较大时也意味着发射 SNR 和载波泄露抑制比的降低,从而使得这两项对总的 EVM 贡献占比逐渐增大。因此,当功率回退超过一定的回退量时,总的 EVM 反而会恶化。

5.7 反馈校正

在设计发射通道的同时,一般需要配套反馈通道,主要应对 DPD 校正、闭环功控和天线驻波检测等场景,与之对应的反馈通道类型包括前向反馈通道和反向反馈通道,其耦合器在发射机中的位置如图 5-32 所示。

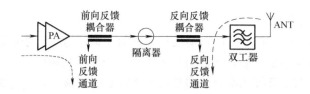

图 5-32　前向反馈耦合器和反向反馈耦合器位于发射机中的位置

前向反馈通道主要用于 DPD 校正和闭环功控。前向反馈信号是从功放输出口耦合获取，经过通道合路、衰减/放大、下变频后送入 ADC 采样，计算得到天线口的输出功率，进行功率精度校正补偿，并同步送入 DPD 算法进行非线性校正补偿。DPD 算法要求反馈通道将功放输出的宽带信号尽可能无失真地处理与采样，这就要求反馈通道具有足够大的校正带宽，以及足够高的线性度和平坦度。

反向反馈通道主要用于天线驻波检测，计算发射端口的驻波比。反向反馈是从双工器耦合天线反射回来的信号，经过通道切换开关、衰减/放大、下变频后送入 ADC 采样，计算得到天线口的反向功率，然后与天线口的输出功率(前向功率)相减即可得到天线口的回波损耗，从而得到天线口的驻波比，实现天线驻波检测。

天线驻波检测主要应用于 BS type 1-C 类设备，即传统 RRU(或 RFU)与天线分离的设备。而对于 BS type 1-H、BS type 1-O 和 BS type 2-O 类设备，采用阵列天线，且通道数较多，为简化电路，一般会舍弃天线驻波检测功能。

5.7.1　需求分析

反馈通道作为一个标定系统，本质上属于宽带接收机，用于无失真的测量功放输出口和天馈口的信号特征。下面主要根据反馈通道的应用场景进行相关需求分析。

5.7.1.1　DPD 算法校正需求

DPD 算法对前向反馈通道的要求最为严苛，主要包括通道带宽、通道失真度和信号 SNR。

1. 通道带宽

反馈通道带宽包括射频小信号通道带宽和 ADC 采样带宽。根据前面 5.4.3.3 节发射杂散对 DPD 校正算法的分析，DPD 算法的校正性能随反馈通道的带宽增加而提升，通常要求反馈通道的带宽为发射通道最大瞬时占用带宽的 3 倍及以上。

2. 通道失真度

DPD 算法要求反馈通道具备尽可能小的失真度，主要包括带内(幅度和相位)平坦度和非线性两个方面。反馈通道作为一个测量接收机，必须在整个校正带宽内具备几乎恒定的幅度响应和线性相位响应，即最优的幅度平坦度和群时延波动，以保证反馈信号经过反馈通道采样后在幅度和相位上几乎无失真。另外，DPD 算法是基于发射通道非线性器件模型进行非线性校正，因此要求反馈通道需要具有足够高的线性度，一般要求 P1dB 至少回退 15dB 以上，以确保由反馈通道的非线性失真产生的干扰不影响 DPD 算法校正性能。

3. 信号 SNR

反馈通道采样信号的 SNR 越高，DPD 校正算法性能越好。在反馈通道增益的设计上，需要分析不同发射功率等级，既要保证小功率等级下的反馈 SNR，又要降低满功率下反馈通道的非线性失真。

241

5.7.1.2 闭环功控校正需求

在实现发射通道闭环功控校正时，需要使用前向反馈通道实时测量发射功率大小，结合5.2.3.5 节对发射增益调整的分析，当测量到的功率低于目标功率时，需要减小 VGA 的衰减量；当测量到的功率高于目标功率时，需要增大 VGA 的衰减量。通过采用此种闭环控制的方式，保证发射通道的功率精度。

为满足闭环功控校正的需求，系统对前向反馈通道的要求主要体现在功率测量的稳定性、准确性和可控性上。

1. 功率测量的稳定性

为保证发射机功率精度在高低温下的性能，通常需要对前向反馈通道进行固定的温度补偿，这就要求前向反馈通道链路尽量简单，减少元件数量，并保证良好的温度一致性。另外，应尽量避免外部或内部干扰信号对前向反馈信号功率测量的影响，保证反馈通道与其他干扰源具有足够高的隔离度。

2. 功率测量的准确性

为保证发射机在整个功率等级下(或动态范围内)的发射功率精度，需要提高前向反馈信号的 SNR，保证功率测量的准确性。特别是在小功率场景下，要求反馈通道的底噪尽可能低，并适当提高反馈通道的增益，保证前向反馈信号的 SNR。

3. 功率测量的可控性

前一条强调了小功率场景下的发射功率精度，为保证前向反馈信号 SNR，需要在小功率场景下适当提高反馈通道的增益，在实际设计中，可通过可调增益衰减或开关增益切换的方式进行反馈通道增益的调整，如图 5-33 所示，以保证整个发射动态范围内的功率精度。

5.7.1.3 天线驻波检测需求

在实际设计中，为简化反馈校正电路，一般会将反向反馈与前向反馈共用一个反馈校正通道，通过射频开关实现两种反馈信号的切换。为避免前向反馈信号与反向反馈信号之间相互影响，需要保证两个信号之间具有 40dB 以上的隔离度，通常会采用如图 5-34 所示开关级联的方式，减小两个信号之间相互干扰对反馈校正性能和驻波检测精度的影响。

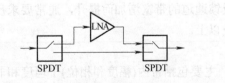

图 5-33　前向反馈通道开关增益切换　　　图 5-34　前向反馈和反向反馈共用反馈校正通道

另外，为进一步抑制天线口反灌的带外强干扰对反向反馈信号测量的影响，一般会在反向反馈通路上放置 SAW 滤波器，以避免强干扰信号引起的天线驻波告警误触发。

5.7.2 方案设计

反馈通道的方案设计主要包括反馈接收机架构的选择和反馈通道链路设计两个方面。

5.7.2.1 架构选择

反馈通道的架构与接收机类似，主要包括超外差、零中频和射频直采。根据 5.7.1 节对反馈校正的需求分析，并结合表 3-4 对几种架构的对比，分别对这几种反馈架构进行分析介绍。

1. 超外差反馈

超外差架构整理链路最为复杂，包括实中频采样和复中频采样两类。对于实中频采样，要求信号带宽不能超过 $f_s/2$，这对反馈 ADC 的采样率提出了更高的要求。为了抑制下变频产生的镜像干扰，一般都需要在中频端使用抑制度很高的 SAW 或 BAW 滤波器，这会恶化带内平坦度(包括幅度和群时延波动)。同时，为了降低镜像干扰对滤波器抑制度的需求，一般选择较高的中频，这会进一步提高对反馈 ADC 采样率的需求。复中频采样可以一定程度上释放高中频对反馈 ADC 的要求，且一定程度上抑制了镜像干扰，但复中频 I/Q 通道的幅度和相位不平衡会产生一定的镜像残留，必须进行 I/Q 校正。

2. 零中频反馈

零中频架构整体相对简洁，但零中频接收机的直流和镜像杂散是其架构的固有问题，必须加入 I/Q 校正处理算法，特别是发射小信号下的校正场景，需要保证反馈 ADC 采样信号具有足够高的 SNR。

3. 射频直采反馈

射频直采架构整体链路最为简洁，包括射频过采样和射频欠采样两类。其中，射频过采样要求 $f_s > 2f_{max}$ (有用信号位于第一奈奎斯特区域)或 $f_s > f_{max}$ (有用信号位于第二奈奎斯特区域)，这对反馈 ADC 的采样率和后级数字信号处理的速率提出了很高的挑战。而射频欠采样利用带通采样混叠原理，使用较低的采样率将处于高混叠区的有用信号频谱通过混叠搬移到第一或者第二奈奎斯特区域，释放了反馈 ADC 采样率和后级数字信号处理速率的压力，但 sinc 效应会影响带内幅度平坦度，并且需要采样率 f_s、载波频率 f_o 和信道带宽进行适配，使得信号频谱完整落到一个奈奎斯特区域。另外，不管是过采样还是欠采样，都需要重点分析采样率 f_s、载波频率 f_o、ADC 内部 VCO 频率 f_{VCO} 之间混叠关系引入的杂散。

5.7.2.2　链路设计

根据设计产品的通道数和频段数等要求，反馈通道的链路结构包括如下几类。

1. 单频单通道

单频单通道的反馈方案是指每个发射通道都有各自独立的反馈通道，可实现多个发射通道同时校正，如图 5-35 所示。对于 1T2R 或 2T4R 的设备，发射通道数少，可以每个发射通道单独配置一个反馈校正接收机。

2. 单频共通道

单频共通道的反馈方案是指多个发射通道共享一个反馈通道，通过时间切片的方式依次循环对各发射通道进行校正，如图 5-36 所示。对于 4T 以上的设备，发射通道数较多，为简化整体电路，一般都会采用共享反馈校正接收机的方案。在共通道方案中，可参考图 5-34 开关级联方式提高 SPDT 通道切换开关的隔离度，降低通道间的干扰，保证校正性能。

3. 多频单通道

多频单通道的反馈方案是指多个频段通过功分器分开，且各反馈通道完全独立，可实现多频段同时校正，如图 5-37 所示。该方案实现简单，但需要双倍的 AD 采样和数字处理资源。

4. 多频共通道

多频共通道的反馈方案是指多个频段通过功分器分开滤波后，又共享一个反馈通道，通过时间切片的方式依次循环对各频段信号进行校正，如图 5-38 所示。该方案会增大时间控制

243

复杂度，但可极大简化 AD 采样和数字处理资源。另外，同样可参考图 5-34 开关级联方式提高 SPDT 通道切换开关的隔离度，保证通道间校正干扰。

图 5-35　单频单通道反馈校正链路　　　　图 5-36　单频共通道反馈校正链路

图 5-37　多频单通道反馈校正链路

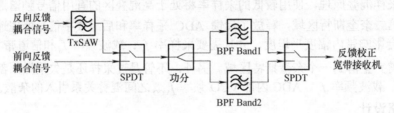

图 5-38　多频共通道反馈校正链路

5.7.3　性能分析

反馈通道的设计与宽带接收机的设计类似，但反馈通道适当弱化了噪声系数这一性能指标，而进一步强调了带宽、平坦度、线性度和信噪比指标的重要性。

5.7.3.1　带宽分析

根据 5.7.1 节的分析可知，反馈通道的带宽主要来自于 DPD 校正算法的需求，而反馈通道的带宽又主要受限于反馈 ADC 的采样率。对于 LTE 4G 及之前的应用，一般都属于窄带发射，比如早期 RFU 最大仅支持 20MHz 的瞬时带宽，100MHz 的 DPD 校正带宽即可覆盖五阶互调产物，且五阶互调产物部分会落在双工器带外，通过 DPD 算法和双工器抑制，很容易满足互调抑制需求。但对于当前的 5G NR 时代，发射通道瞬时带宽的增加加剧了对反馈通道校正带宽的需求，主要体现在两个应用场景上。

1. 单载波宽带发射

相比 4G LTE 及之前的移动通信，5G NR 在信号带宽上有了质的飞跃。3GPP 规定工作于 FR1 和 FR2 频段的信号带宽最大分别为 100MHz 和 400MHz，图 5-39 以 Band n257(26500～29500MHz)400MHz 带宽为例，给出了单载波宽带发射对反馈校正带宽的需求。如果要 DPD

反馈校正算法覆盖五阶互调产物，则反馈 ADC 需要具备 2GHz 的采样带宽，结合表 3-5 的主流 RFIC 的带宽规格，最大带宽只能到 1.2GHz，即只能覆盖三阶互调产物。因此，对于单载波宽带(200MHz 以上)发射场景，DPD 反馈校正算法一般只覆盖三阶互调产物，即只保证邻道 ACLR 性能，隔道 ACLR 性能则通过以下 3 种方案来保证。

1) 提高功放自身性能，优化高阶互调指标。
2) 限制发射工作带宽，通过射频滤波器进行抑制。
3) 提高反馈 ADC 采样带宽，覆盖高阶互调产物。

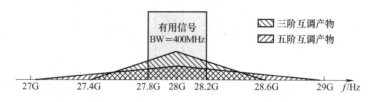

图 5-39 单载波宽带发射对反馈校正带宽的需求示意

2. 多载波拉开发射

为应对基站容量提升的需求，从 4G LTE 时代开始，基站设备要求实现发射全带宽，即发射瞬时带宽为该频段的整个工作频率范围，这对 DPD 反馈校正带宽提出了更高的要求。图 5-40 以 Band n3 FDD 频段为例，介绍了多载波拉开后，互调产物击中接收频段的场景。两个载波带宽均为 20MHz，分别配置到 Band n3 下行发射频段的最高和最低频点上，两个载波信号发生互调，其三阶和五阶互调产物均击中 Band n3 上行接收频段，从而恶化接收灵敏度。在设计中，一般可通过提高双工器 TX 到 RX 的隔离度，减小天线端口的反射，以及提高 DPD 反馈校正来保证。在多载波拉开场景下允许接收静态灵敏度适当恶化，以恶化 3dB 为例，参考 4.3.2 节的分析，落在接收频段内的互调产物需控制在-97.7dBm/5MHz 以内，如果发射通道功率为 60W(47.8dBm)，假定功放直通下的三阶互调抑制水平为 20dB，粗略计算双工器需要提供 TX 到 RX 的隔离度为 $(47.8-20)-(-97.7)=125.5$dB 。而由于双工器体积和工艺水平的限制，一般只能保证 110dB 左右的隔离度，则需要 DPD 提供 15.5dB 的校正抑制能力，校正带宽至少覆盖 1710～1920MHz 共 210MHz。

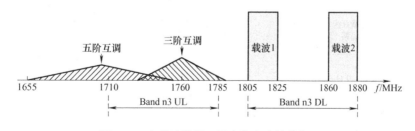

图 5-40 多载波拉开互调产物击中接收频段

5.7.3.2 杂散分析

同通用接收机杂散分析类似，反馈通道也有镜像干扰、混叠杂散、直流偏移、VCO pulling 等问题，设计分析方法与通用接收机基本一致，但反馈通道在用于前向零中频发射通道本振泄露和镜像干扰校正时，相对比较特殊，可能存在校正效果不理想的情况。在零中频直流偏移反馈校正链路设计过程中，为节约电路尺寸和成本，一般会选择发射和反馈共本振，如

图 5-41a 所示，发射和反馈使用相同的本振频率，发射通道的本振泄露在反馈通道输出端显示为直流。由于反馈电路中元件的匹配差异，反馈通道自身输出还具有一定的直流偏移。因此，反馈通道输出的直流分量包含自身链路不匹配和发射通道本振泄露两部分，从而恶化发射通道本振泄露的校正性能。在实际应用中，通常采用发射和反馈独立本振的方案，如图 5-41b 所示，反馈使用不同的本振频率进行观测，从而将反馈路径中自身的直流偏移从发射本振泄露的观测结果中分离出来。

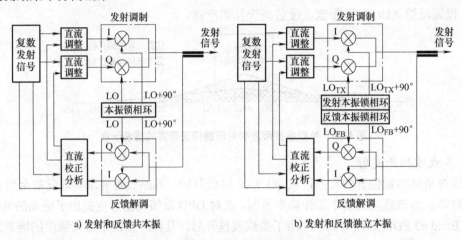

a) 发射和反馈共本振　　　　　　　　　b) 发射和反馈独立本振

图 5-41　零中频直流偏移反馈校正框图

由于反馈通道与发射通道的本振频率不同，则在反馈接收中，发射本振泄露信号不会以直流形式出现，而是等于反馈本振与发射本振的频率差值。反馈通道自身的直流偏移仍以直流形式出现，从而实现反馈直流偏移与发射本振泄露测量结果的完全分离。图 5-42 以简化的单一混频架构说明了这一实现原理，在反馈接收机之后，通过数字频移的方式，将发射本振信号移动到直流上，然后通过发射本振泄露校正算法进行校正处理。

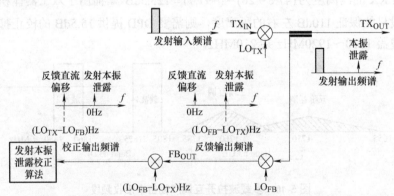

图 5-42　零中频直流偏移反馈校正频率分离实现原理

5.8　综合设计

结合前面几节的设计分析，图 5-43 为传统 4T4R 广域基站类设备的典型发射架构，与图 4-13 中的接收架构共同组成传统 4T4R 广域基站类设备的典型收发一体机架构，相关分析如下。

(1) 整体架构　发射和反馈均采用射频直采架构，FDD 双工模式，通过腔体双工器实现收发共天线，链路中通过 1 个多功能集成 FEM 来简化发射链路结构，缩小设备尺寸。发射信号由 RFDAC 直接采样输出，经过带通滤波器滤除各阶混叠杂散完成信号重构，并实现差分到单端的转换；滤波重构后的信号依次经过数控衰减 DSA、第一级预放、压控衰减 VCA、第二级预放以及第一级驱放，完成小信号部分的处理，主要包括小信号放大和提供足够大的增益调整范围；经过放大后的小信号送入功放模块进行功率放大，采用 Doherty 架构，并在功放输出端进行前向反馈耦合，实现发射信号的校正；最后将功率放大后的信号送入双工器，进行带外抑制，并通过天线完成信号发射。反馈通道包括前向反馈和反向反馈，图 5-43 为前向反馈，采用单频共通道(两路发射通道共用一路反馈通道)的链路结构。另外，由于链路中集成 FEM 是双通道的，需要注意 FEM 内部两通道间的隔离度指标，减小通道间的干扰。

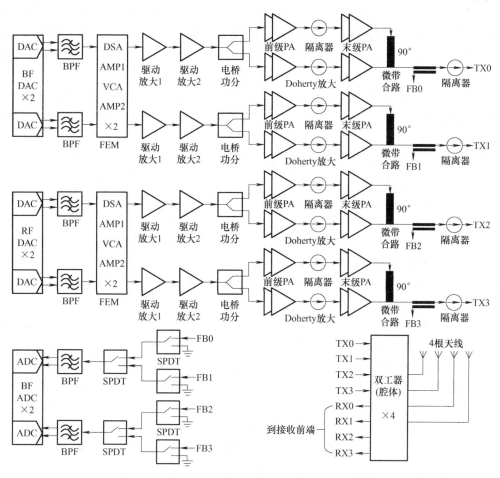

图 5-43　传统 4T4R 广域基站类设备典型发射架构

(2) 发射功率　结合前面 5.2.3 节对通道功率控制节点的分析，进行发射链路各部分增益设计，包括数字增益、小信号增益、功放增益和后端衰减 4 部分。为满足静态功率等级调整和温度、频率、批次等补偿，需要在小信号增益部分设置可控衰减器进行增益控制粗调，并结合数字域增益调整，实现发射功率的高精度控制。数字增益和小信号增益部分，需要保证尽可能高的功率回退，避免出现较大的非线性失真，影响反馈 DPD 校正。另外，后端输出双工器需要在保证抑制度的前提下，尽可能降低插入损耗，减轻对功放输出能力的需求，从而降低设备功耗。

(3) 频谱带宽　考虑 DPD 校正算法对发射带宽的需求，主要受 DAC 速率限制，一般需要覆盖三阶及以上的互调分量。另外，还需要考虑 FDD 双工模式接收泄露到发射，影响发射带外杂散指标，以及多载波拉开等一些特殊场景对发射带宽的需求。

(4) 发射杂散　包括带外发射和杂散发射两种杂散类型。其中，带外发射主要限制频谱近端杂散，由 ACLR 和 OBUE 指标进行约束；杂散发射主要限制频谱远端杂散，约束更宽的频谱范围。在设计中，主要分析混叠和混频杂散、非线性互调和谐波杂散，通过合理的频率设计、DPD 校正以及滤波器抑制等手段进行处理。

(5) 发射互调　包括内互调和外互调两种类型。其中，内互调属于常规互调场景，即多个发射载波进行聚合或者合路产生的互调，而外互调则是有用发射信号与外部侵入的干扰信号产生的互调。在设计中，内互调主要依靠 DPD 校正和降低 PIM 来保证，外互调主要依靠增加隔离度，降低外部侵入的干扰信号功率来保证。

(6) 调制精度　影响接收解调最为关键的一项指标。在设计中，根据 EVM 需求指标，依次对每个影响因素逐一进行设计分解，重点考虑相位噪声和数字削波对整体 EVM 的影响(不同架构可能有所差异)。

(7) 反馈校正　包括前向反馈通道和反向反馈通道两类。其中，前向反馈主要用于发射校正，包括增益控制、DPD 校正、本振泄露和镜像干扰校正等。反向反馈主要用于天线驻波检测(此处未显示)。在设计中，注意反馈通道的稳定性设计，前向反馈需要有足够大的校正带宽，并保证各校正通道间具有足够大的隔离度，避免相互影响。

同时，图 5-44 为传统 2T4R 终端类设备典型发射架构，以供设计参考，并与图 4-13 中的接收架构共同组成传统 2T4R 终端类设备典型收发一体机架构，下面针对它与图 5-43 传统 4T4R 广域基站类设备典型发射架构的主要差异点进行说明：

(1) 整体架构　TDD 双工模式，零中频架构，终端小功率信号，通过介质滤波器代替腔体滤波器完成带外抑制，两路接收(RX0 和 RX1)与两路发射共用前端器件，通过环形器和 TDD 开关来共同实现收发共天线。发射信号由零中频 RFIC 直接输出，带有一定的本振泄露和镜像干扰，通过 RFIC 内部和外部反馈的 QEC 实现校正；RFIC 输出信号依次经过差分转单端(注意宽带匹配)、第一级预放、第一级数控衰减 DSA、第二级预放和第二级数控衰减 DSA，完成小信号部分的处理，与图 5-43 中小信号部分类似，但由于终端的发射精度需求相对较低，考虑到控制的便捷性，此处使用数控衰减 DSA 替代了压控衰减 VCA；经过放大后的小信号送入功放模块进行功率放大，采用双管功率合成的平衡放大架构，在功放输出端进行前向反馈耦合，实现发射信号的校正。在一些设计中，可能会直接去掉此前向反馈耦合器，在出厂时通过做表写入 DPD 校正参数，采用离线校正方案，而发射功率直接采用与基站通信链路组成的大环功控进行动态调整。功率放大后的信号送入环形器，实现收发并线，然后通过介质滤波器进行带外抑制，最后经过校正耦合器、天线选发开关和收发天线完成信号发射。

(2) 天线选发　相关介绍见 4.6 节终端设备天线选发相关分析。

(3) 通道校正　与 4.6 节终端设备通道校正相关分析类似，不同点在于此处是依靠校正耦合器将分时切片或频率拉偏的两路发射信号耦合进校正通道，对比两路发射信号的幅度和相位差，利用该差值完成各通道间的幅相一致性补偿。

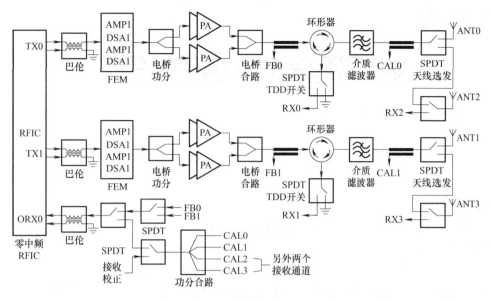

图 5-44　传统 2T4R 终端类设备典型发射架构

参考文献

[1]　TANAKA M, SAKAMOTO H, KOBAYASHI M, et al. Estimation of unwanted spurious domain emissions from a multicarrier transmitter[J]. IEEE Transactions on Aerospace and Electronic Systems, 2014, 50(3): 2293-2303.

[2]　ORDOSGOITTI J, EROGLU A. ACLR Improvement Method for RF Power Amplifiers in Wireless Communication Systems[C]. 2021 IEEE International Midwest Symposium on Circuits and Systems (MWSCAS), 2021.

[3]　GEORGIADIS A. Gain, phase imbalance, and phase noise effects on error vector magnitude[J]. IEEE Transactions on Vehicular Technology, 2004, 53(2): 443-449.

[4]　YU Q, QIU B, SHEN X, et al. Research on tunable EVM digital signal generation system[C]. 2018 Asia Communications and Photonics Conference (ACP), 2018.

[5]　LI Z, SUN L, ZHANG L, et al. Effects of RF impairments on EVM performance of 802.11ac WLAN transmitters[C]. 2014 IEEE International Conference on Electron Devices and Solid-State Circuits, 2014.

[6]　JUNG E S, JANG S H, KIM B W, et al. The impact of phase-ripple Characteristic on WPON Performance[C]. The 9th International Conference on Advanced Communication Technology, 2007.

[7]　GU Q. 无线通信中的射频收发系统设计[M]. 杨国敏, 译. 北京: 清华大学出版社, 2016.

[8]　LUZZATTO A, HARIDIM M. 无线收发器设计指南: 现代无线设备与系统篇(原书第 2 版)[M]. 闫娜, 程加力, 陈波, 等译. 北京: 清华大学出版社, 2019.

[9]　韦兆碧, 侯建平, 宋滨, 等.RRU 设计原理与实现[M]. 北京: 机械工业出版社, 2018.

第6章

射频通信时钟系统设计

学习目标

1. 了解时钟同步的概念、技术原理(包括 GNSS 同步、SyncE 同步、PTP 同步和空口同步)以及相关应用挑战。

2. 理解时钟抖动与相位噪声的指标定义，掌握两者之间的转换关系。

3. 熟悉各类时钟接口(包括 LVDS、LVPECL 和 CML)，能对各接口之间的对接进行匹配。

4. 掌握时钟架构设计方案，能根据特定需求对发射 EVM、接收倒易混频、转换器参考时钟、SerDes 参考时钟和时钟电源进行预算和分析。

知识框架

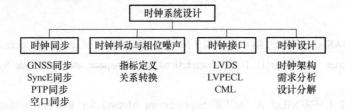

6.1 时钟同步

同步是所有无线网络正常工作的基础，收发设备之间只有达到了一定的时钟同步关系，才能将接收到的数据进行正确采样和恢复。以移动通信 TDD 双工模式为例，时间是用来区分上下行的，各基站设备之间需要保持严格的"步调"一致。如图 6-1 所示，如果相邻基站没有采用相同的时间基准，一个正在下行发射，另一个却在上行接收，则发射基站的信号会进入接收基站，产生强烈干扰，导致系统无法运转。

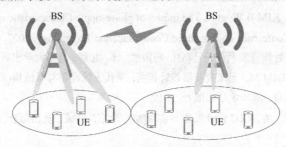

图 6-1 基站间不同步产生的互干扰

6.1.1　指标定义

时钟同步包括频率同步和时间(相位)同步两个方面。其中，频率同步是通过频率比对将分布在不同地方的频率源的频率值调整到一定的准确度或一定的符合度，即信号间的变化频率相同，相位差保持恒定；相位同步通过时刻比对将分布在不同地方的时钟值调整到一定的准确度或一定的符合度，即要求信号间的时钟有效沿(上升沿或下降沿)同步。如图 6-2 所示，CLK B 和 CLK C 频率同步，相位差恒定。而 CLK A 和 CLK B 虽然频率不同步，但 CLK A 的时钟上升沿始终与 CLK B 的时钟上升沿对齐，即两个时钟相位同步。

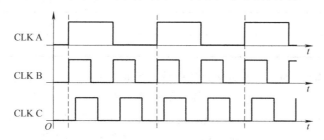

图 6-2　频率同步和相位同步示意

频率同步的指标一般使用频率稳定度来衡量，即百万分之一，无量纲。它表示在一个特定中心频率下，允许偏差的值，该值越小则同步精度越高。

时间同步指标是一个绝对值，即时间的绝对偏差，一般以 ns 和 μs 为单位。

6.1.2　需求分析

不同通信业务对时钟同步的要求不同。表 6-1 以移动通信基站为例，列出了不同制式基站对时钟同步的要求。总体来看，使用 FDD 双工模式的技术，比如 2G 中的 GSM、3G 中的 WCDMA、4G 中的 WiMax FDD 和 LTE FDD 都只需要频率同步，精度为 $\pm0.05\times10^{-6}$；而使用 TDD 双工模式的技术，比如 3G 中的 TD-SCDMA、4G 中的 LTE TDD 等，则需要更为严格的相位同步，精度一般为 $\pm1.5\mu s$。CDMA2000 则属于一个特例，其虽然采用 FDD 双工模式，但其长短码都是 m 序列，不用的 m 序列需要通过相位来区分，因此需要严格的相位同步。

表 6-1　不同制式基站对时钟同步的要求

无线制式	频率同步精度×10^{-6}	相位同步精度/μs
GSM、WCDMA、WiMax FDD、LTE FDD	±0.05	—
TD-SCDMA	±0.05	±1.5
CDMA2000	±0.05	±3
WiMax TDD	±0.05	±0.5
LTE TDD	±0.05	±1.5

对于 5G NR 来说，时钟同步指标相对比较复杂，其基本业务的同步指标需求与 4G LTE 几乎相同，但对于一些站间协同增强技术，使同一用户的通信数据可以通过不同的基站收发，在重叠覆盖区域合并多个信号，从而有效提升业务带宽。表 6-2 中，MIMO 和发射分集技术

251

的时间偏差要求为 65ns；对于带内连续载波聚合(CA)，Sub 6G 低频基站时间偏差要求为 260ns，Above 6G 高频基站时间偏差要求为 130ns。不同基站之间的信号时差必须保持更为严格的同步精度，否则无法合并。

表 6-2　5G 网络不同类型的协同增强技术对时钟同步需求

协同增强类型	时间同步精度
MIMO 和发射分集	65ns
带内连续 CA	Sub 6G 低频基站：260ns Above 6G 高频基站：130ns
带内非连续 CA	3 μs
带间 CA	3 μs

除了基站同步需求，5G 网络支撑的多种垂直行业可能需要更高精度的同步要求。从目前阶段的研究中，可以看到高精度定位业务、车联网、智能制造等应用对于时间同步的需求将达到 10ns 量级。例如基于到达时间(Time of Arrival, TOA)和到达时间差(Time Difference of Arrival, TDOA)的基站定位技术，定位精度与时间同步精度要求直接相关，要满足 3m 的定位精度，基站间的空口信号同步误差需要小于 10ns；而 m 级的定位精度则需要基站间的空口信号同步误差小于 3ns。

6.1.3　技术原理

当前应用较为广泛的同步技术包括 GNSS 同步、SyncE 同步、PTP 同步和空口同步。

6.1.3.1　GNSS 同步

1. 同步原理

每颗 GNSS 卫星上均配备有原子钟(氢钟、铷钟或铯钟)，从而使得发送的卫星信号中包含有精确的时间信息。通过专用星卡接收机或 GNSS 授时模组对这些信号加以解码，即可快速将设备与卫星实现时间同步。

图 6-3 为 GNSS 定位和授时原理示意图。4 颗卫星到达地面基站的距离可表示为

$$\begin{cases} c(T-T_1) = \sqrt{(x-x_1)^2 + (y-y_1)^2 + (z-z_1)^2} \\ c(T-T_2) = \sqrt{(x-x_2)^2 + (y-y_2)^2 + (z-z_2)^2} \\ c(T-T_3) = \sqrt{(x-x_3)^2 + (y-y_3)^2 + (z-z_3)^2} \\ c(T-T_4) = \sqrt{(x-x_4)^2 + (y-y_4)^2 + (z-z_4)^2} \end{cases} \tag{6-1}$$

式中，c 为电磁波的传播速度，近似等于光速，即 3×10^8m/s。

4 颗卫星的空间坐标 (x_i, y_i, z_i) 和星卡接收机接收到信号的时刻 T_i 均为已知量。通过式(6-1)中的 4 个方程即可解算出地面基站的空间坐标 (x, y, z)，以及卫星发射时间码信息的时刻 T，从而实现定位和授时的功能。

根据上述对 GNSS 时钟同步原理的介绍，可以看出，其同步精度主要受以下几方面的限制。

1) 各卫星上原子钟的频率准确度、漂移率和稳定度等指标。相比 GPS、Glonass 和 Galileo，

BDS 还需要在综合性能方面做进一步研究和提升。

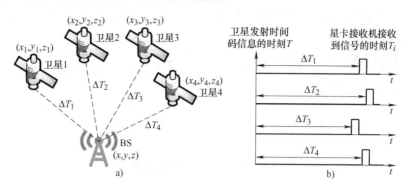

图 6-3　GNSS 定位和授时原理示意

2) 地面接收设备对卫星信号的解算能力。当前生产 GNSS 授时模组的厂商主要包括 U-blox、高通、联发科、和芯星通、北斗星通等。国内尚处于起步发展阶段，需要加大研究力度，奋力追赶超越。

3) 地面接收设备的所处环境，包括天气、遮挡等。恶劣环境导致的衰减、多径等影响因素会降低接收信噪比，增大式(6-1)中方程的解算误差。因此，在 GNSS 天线布放时，尽可能放在无遮挡的环境下，增加接收到的卫星数，提高解算精度。

GNSS 接收机通过对卫星信号的变频解调等信号处理，在本地恢复出原始时间，输出 1PPS(Pulse Per Second, 秒脉冲)信号和串口报文信息，如图 6-4 所示。输出 1PPS 信号的上升沿为时间同步点，可实现 ns 级同步精度。

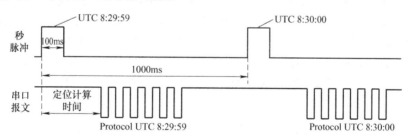

图 6-4　GNSS 同步 1PPS 和串行数据时序

2. 应用实现

图 6-5 为典型 GNSS 同步校正原理框图，GNSS 接收机产生的 1PPS 标准时频信号与本地 OCXO 时钟锁相环分频产生的 1PPS 信号进行鉴频鉴相，得到两个 1PPS 信号的相位偏移量，实现时间同步，同时根据鉴频鉴相结果进行卡尔曼滤波、PID 调整等数据处理，调整 OCXO 压控电压实现频率同步。

图 6-6 为典型 GNSS 模组接收电路，相关说明如下：

1) 为了降低较长 GNSS 天馈线插入损耗导致接收灵敏度恶化的影响，一般会采用 GNSS 有源天线，通过馈电电感 RFC 对有源天线供电。

2) 为了进一步提高 GNSS 信号带外抑制度，信号通路上预留低插入损耗高抑制的 SAW

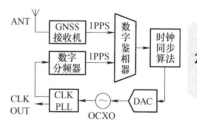

图 6-5　典型 GNSS 同步校正原理

253

滤波器，保证 GNSS 模组射频输入信号的 SNR。

3) 天线信号经过同轴天线电缆后与地连接 ESD 器件实现静电放电保护。

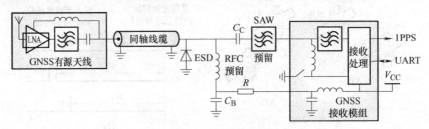

图 6-6　典型 GNSS 模组接收电路

6.1.3.2　SyncE 同步

同步以太网技术，是一种采用以太网链路码流恢复时钟频率的技术。在以太网源端使用高精度时钟，利用现有的以太网物理层接口 PHY (Physical Layer)发送数据，在接收端通过 CDR (Clock and Data Recovery)恢复并提取该时钟频率，保持高精度时钟性能。

在进行时钟同步时，系统会首先选择最优时钟，如图 6-7 所示，假设外接时钟源 1 比外接时钟源 2 更可靠，当选为最优时钟，则 Device 1 和 Device 2 均同步外接时钟源 1 的频率，同步过程如下：

(1) 发送端携带并传递同步信息　Device 1 提取外接时钟源 1 发送的时钟信号，并将时钟信号注入以太网接口卡的 PHY 芯片中，PHY 芯片将此高精度时钟信息添加至以太网的串行码流中发送出去，为下游设备 Device 2 传递时钟和数据信息。

(2) 接收端提取并同步时钟信息　Device 2 的 PHY 芯片从以太网线路收到的串行码流中提取恢复发送端的时钟信息，将提取的同步时钟分频后送入时钟单元。时钟单元将恢复出来的线路时钟信号、外接时钟源 2 输入的时钟信号和本地晶振产生的时钟信号进行比较，根据自动选源算法选出线路时钟信号作为最优时钟，并将该时钟信号发送给时钟单元的时钟 PLL。PLL 跟踪时钟参考源，同步本地系统时钟，并将本地系统时钟注入 PHY 芯片往下游继续发送，同时将本地系统时钟送给本设备的业务模块使用。

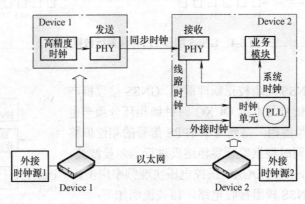

图 6-7　SyncE 时钟同步原理示意

时钟恢复电路一般采用数字 PLL 的方式实现，如图 6-8 所示。输入的"时钟+数据"数字信号和 PLL 的 VCO 进行鉴相比较，闭环调整 VCO 的输出时钟频率，使其与输入数字信号的变化频率一致，进入锁定状态。另外，锁定后的时钟信号对输入数据进行采样判别，恢复出同步数据。

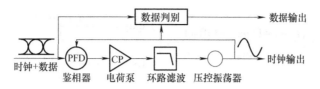

图 6-8　CDR 时钟恢复原理示意

由 SyncE 同步原理可以看出，其只支持频率信号的传送，即支持频率同步，不支持时间同步，所以单纯的 SyncE 同步方案只适用于不需要时间同步要求的场景。

6.1.3.3　PTP 同步

精确时间协议(Precision Time Protocol，PTP)是一种用于网络节点之间高精度频率同步和相位同步的时钟(时间)同步协议，时间同步精度为亚微秒级，可满足广电网络、城市轨道交通、无线接入网络等场景的高精度时间同步要求。

IEEE 1588 是 PTP 的基础协议，其规定了网络中用于高精度时钟同步的原理和报文交互处理规范，最初应用于工业自动化，现在主要用于桥接局域网。因此，PTP 也称为 IEEE 1588，简称 1588。当前 1588 分为 1588 v1 和 1588 v2 两个版本，1588 v1 只能达到亚毫秒级的时间同步精度，而 1588 v2 可达到亚微秒级的时间同步精度，可同时实现相位同步和频率同步。

1588 通过协议报文的应答实现主从时间同步，其同步实现过程如图 6-9 所示。通过记录主从设备之间时间报文交换时产生的时间戳，计算出主从设备之间平均路径延迟和时间偏差，实现主从设备之间的时间同步。具体操作步骤如下：

1) 主设备在时刻 t_1 发送 Sync 报文。如果主设备为 one-step 模式，t_1 随 Sync 报文传送给从设备；如果主设备为 two-step 模式，则 t_1 在随后的 Follow_up 报文中传送给从设备；

2) 从设备在时刻 t_2 接收到 Sync 报文，并从 Sync 报文(单步)或 Follow_up(双步)报文中获取 t_1；

3) 从设备在时刻 t_3 发送 Delay_Req 报文给主设备；

4) 主设备在时刻 t_4 接收到 Delay_Req 报文；

5) 主设备随后通过 Delay_Resp 报文将 t_4 反馈给从设备。

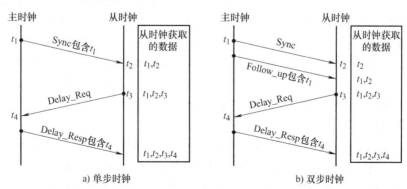

图 6-9　1588 主从设备平均路径延时原理

255

通过上述报文传递过程，从设备获取 $t_1 \sim t_4$ 共 4 个时间，并利用这 4 个时间计算主从设备之间的平均路径延迟 Delay 和主从设备之间的时间偏差 Offset，即

$$\begin{cases} t_2 - t_1 = \text{Delay} + \text{Offset} \\ t_4 - t_3 = \text{Delay} - \text{Offset} \end{cases} \Rightarrow \begin{cases} \text{Delay} = \dfrac{(t_2 - t_1) + (t_4 - t_3)}{2} \\ \text{Offset} = \dfrac{(t_2 - t_1) - (t_4 - t_3)}{2} \end{cases} \tag{6-2}$$

从设备计算出时间偏差 Offset 后即可修正本地时间，使其和主设备时间同步。频率同步方法相对简单，通过计算不同 Sync 消息的发送时间间隔和接收时间间隔，得到主从时间的频率调整因子，修正从时钟的频率，实现频率同步。

6.1.3.4 空口同步

空口同步属于无线通信特有的同步方式，比如终端与基站之间没有专用的物理连接，终端在接收端进行数据处理之前需要先完成空口同步过程，获取无线网络的时间和频率信息，确定基站发送的无线数据帧的帧头位置、OFDM 符号的起始位置和载波频偏，完成对频偏的补偿，保证终端的网络接入。

以 5G NR 为例，其同步过程主要包括以下几个步骤：

(1) 搜索主同步信号(Primary Synchronization Signal, PSS) 在时域对 PSS 信号进行互相关检测，完成时域粗同步；

(2) 搜索辅同步信号(Secondary Synchronization Signal, SSS) 根据 PSS 位置可以获取 SSS 位置，如图 6-10 所示，由于 SSS 在第 1 个 Symbol 时间内，且 SSB 频域范围内只有 PSS 信号，而 SSS 在第 3 个 Symbol 时间内还有 PBCH 信号，因此无法对 SSS 信号进行时域互相关检测，只能在频域实现互相关检测，完成频域粗同步。

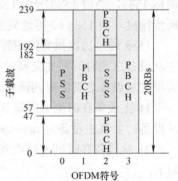

(3) 接收解调参考信号(Demodulation-Reference Signal, DM-RS) 终端利用 DM-RS 进行信道估计，解码物理广播信道(Physical Broadcast Channel, PBCH)，获取物理信道相关特征，主要包括系统帧号、半帧信息等信息。

图 6-10　5G NR PSS、SSS 和 PBCH 在时频域中的位置关系

(4) 锁定跟踪参考信号(Tracking Reference Signal, TRS) 5G NR 引入了可以根据需要配置和触发的 TRS 实现时频精同步。时频精同步需要终端持续地进行跟踪和测量同步信息，因此 TRS 以周期性传输为主，在部分特殊场景的配合下可使用非周期 TRS。

3GPP R16 版本可把同步时间分辨率由原来的 250ns 提升至 10ns，并结合同步算法的优化，达到小于 1μs 的时钟同步性能。总体来说，采用空口同步，无须布线，即可完成通信和授时的合一功能，具有应用简单、成本较低的优势。

6.1.3.5 技术对比

表 6-3 为上述几种同步技术的实现对比，总体来看，GNSS 同步的精度最高，但部署成本、天线安装等限制了其只能在部分室外场景中使用；SyncE 和 PTP 同步应用相对简单，但 SyncE 不支持时间同步，而 PTP 下的频率同步性能较差，因此通常将两种方式融合使用(详见 6.1.4.3 节)，以达到时间/频率同步的最佳性能；空口同步是无线通信最简单、最经济的同步

方式，但其同步帧结构设计相对复杂，且同步精度较差。

表 6-3　不同同步技术实现对比

同步技术方案	频率同步	时间同步	时间同步精度	实现说明
GNSS 同步	支持	支持	纳秒级	通过电磁波携带频率和时间信息，实现时钟同步。BDS 同步网络正在建设中，预计 2035 年可实现全覆盖
SyncE 同步	支持	不支持	不支持时间同步	通过物理层码流携带和恢复频率信息，实现频率同步
PTP 同步	支持	支持	亚微秒级甚至几十纳秒	通过 PTP 报文传输频率和时间信息，与硬件配合实现高精度时间同步。随着软硬件技术的进步，PTP 同步精度可达几十纳秒甚至更高
空口同步	支持	支持	微秒级	通过通信空口数据同步信号和参考信号实现频率同步和时间同步

6.1.4　应用挑战

5G 网络对于时间同步的精度和可靠性均提出新的要求，6.1.3 节中的时间同步技术可以满足 5G 无线业务基本的±1.5 μs 精度要求，但 100ns 甚至 10ns 量级的同步需求则需要新的技术和网络支撑。从时间同步网通用模型来看，要实现高精度时间同步需要从同步源到末端进行端到端的提升优化，采用多种技术手段共同提升同步精度、同步网快速部署和智能管理能力，其中的主要关键技术有高精度同步源技术、高精度同步传输技术、PTP+SyncE 同步技术、高精度同步监测技术、智能时钟运维技术等。

6.1.4.1　高精度同步源技术

高精度同步源的实现与卫星授时技术密不可分。为提升同步源精度，当前研究的技术主要有卫星双频技术和卫星共视技术。

(1) 卫星双频技术　在众多卫星授时技术中，卫星单频授时应用最为广泛，但由于受到大气环境多方面因素影响，授时精度有限，一般无法实现 100ns 量级以内的高精度同步需求。相对于单频接收机而言，双频接收机可同时接收单个卫星系统的两个频点载波信号(如 GPS 的 L1、L2 或 BDS 的 B1、B2)，由于不同频率的信号通过相同介质的折射率不同，通过相关算法可以有效消除电离层对电磁波信号的延迟误差，提升卫星授时精度至优于 30ns 量级。

(2) 卫星共视技术　如图 6-11 所示，卫星共视是利用导航卫星距离地球较远、覆盖范围广的特点，将其作为比对的中间媒介，在地面需要时间比对的两个地方分别安装接收设备，同时观测同一颗卫星，通过交换数据抵消中间源及其共有误差的影响，实现高精度比对，其时间比对不确定度可优于 10ns。卫星共视技术相对较成熟，需主从站配合使用，并配置数据通道进行数据交互，具有无法独立部署应用的缺点。

综合考虑上述两种技术的实现难易程度、成本和产业成熟程度，当前阶段可采用卫星双频技术满足高精度同步源头设备要求，卫星共视技术可以先应用于现网时间同

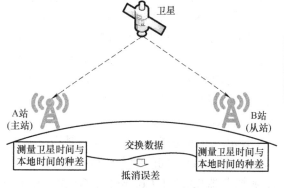

图 6-11　卫星共视技术基本原理

步源的性能集中监控，共视网络建设成熟后再考虑应用于高精度同步源头设备。

6.1.4.2 高精度同步传输技术

高精度同步传输用于组织定时链路，是 5G 高精度时间同步组网关键环节。当前 IEEE 1588v2 技术已经在 4G 承载网络中进行了规模应用部署，支持 IEEE 1588v2 的传输设备在单跳时间下的同步精度为±30ns，在远距离多跳节点传输时，同步精度显然无法满足表 6-2 中 5G 网络不同类型的协同增强技术对时钟同步的需求。

考虑到现有 IEEE 1588v2 已经规模部署，在现有配置基础上通过优化实现精度的提升，更有利于 5G 高精度时间同步网络的快速部署。为提升单节点精度，需从以下几方面对 IEEE 1588v2 进行优化。

1) 打戳位置尽量靠近物理接口，减少模块内部的半静态和动态延时误差。

2) 提升打戳时钟的频率，或者采用其他方法提升打戳分辨率。

3) 提升系统实时时钟(Real Time Clock, RTC)同步精度，保证系统内部 RTC 之间的同步对齐。

4) 选取优质晶振，提升本地时钟的稳定度。

对于采用提升单节点精度也无法满足超高同步需求的情况，可考虑同步源下沉的方案，通过减少跳数来提高同步精度。

6.1.4.3 PTP+SyncE 同步技术

根据 6.1.3.3 节对 PTP 同步原理的介绍可知，收发链路时钟频率的一致性是 PTP 同步精度的基本保证，如果收发链路时钟频率存在较大差异，时间同步的精度将大打折扣。基于此，利用 SyncE 同步技术，从设备通过以太网获取主时钟频率，恢复出精准的时钟频率，实现频率同步。同时，软件解析 1588 报文，并利用 SyncE 恢复出的精准时钟频率获取时间戳信息，与 1PPS 拉齐 1588 相位，实现时间同步。

"SyncE 频率同步＋PTP 时间同步"综合同步方案的优势在于：

(1) 更高精度　通过 SyncE 实现频率同步，精度比 PTP 频率同步精度更高；PTP 利用 SyncE 恢复出的精准时钟频率实现时间同步，同步精度可稳定在 ns 级别。

(2) 更高可靠性　SyncE 和 PTP 都具有频率同步能力，设备优先使用 SyncE 进行频率同步，如果 Sync 时钟源故障或者链路故障，导致频率同步信号丢失，设备会启用 PTP 频率同步。另外，SyncE 和 PTP 可以共用时钟源，也可以分别使用独立的时钟源。当 PTP 功能故障导致 PTP 时间信号丢失时，SyncE 仍能工作，各设备仍能保持频率同步，且在 PTP 丢失前，SyncE 的 1PPS 相位已经和 PTP 拉齐，各设备间的时间偏差仍能控制在可接受的范围内。

图 6-12 为一个 PTP+SyncE 同步方案示例，通过 TI 公司的 LMK05028 低抖动双通道网络同步时钟芯片进行实现。LMK05028 内部有两个锁相环：一个用于 SyncE，一个用于 PTP。FPGA 或 CPU 处理器管理 IEEE 1588 协议栈、时间戳、时序逻辑、伺服控制环路和抗混叠滤波器。时间戳模块可以从以太网接口上的 PTP 数据恢复 PTP 时钟，或通过 LMK05028 锁定来自外部 GNSS 同步的 1PPS 输入。

LMK05028 生成的同步系统时钟送给 FPGA 或 CPU，得到 FPGA 或 CPU 内部 PTP 时钟和反馈系统时钟之间的频率和相位误差，然后计算得到的控制字通过 I^2C 或 SPI 接口在数字控制振荡器(Digital Controlled Oscillator, DCO)模式下动态调整频率。在这种模式下，LMK05028 输出时钟始终跟踪 PTP 校正控制字或 GNSS 的 1PPS。另外，LMK05028 也可以直接锁定到输入的 1PPS，无须调整 DCO，这样可降低 FPGA 或 CPU 的资源消耗。

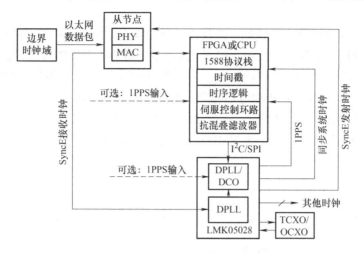

图 6-12　PTP+SyncE 同步方案示例

6.2　时钟抖动与相位噪声

时钟抖动和相位噪声是衡量时钟综合性能的最主要的指标。理想的时钟电路提供绝对稳定周期的时钟信号，但实际电路往往会有一定的相位噪声和抖动。相位噪声和抖动分别表征信号质量的频域和时域参数。严重的相位噪声和抖动可能会导致数据信号建立和保持时间不够，串行信号接收端误码率高，以及系统不稳定等现象发生。

6.2.1　指标定义

相位噪声表现为在频域上振荡频率谱线的左右出现连续的"裙边"效应，通常定义为在某一给定偏移中心频率处的 dBc/Hz 值，如图 6-13a 所示。如果没有相位噪声，信号的整个功率都应集中在频率 $f=f_0$ 处。相位噪声将信号的一部分功率扩展到相邻频率上，产生边带。一个信号在某一偏移频率处的相位噪声定义为在该频率处 1 Hz 带宽内的信号功率与信号总功率的比值。

抖动表现为时域上信号周期长度发生的一定变化，导致信号的上升沿或下降沿的不确定性，如图 6-13b 所示。任何非期望的时间变化都被看作是噪声，而噪声则是产生时钟抖动的根源。

259

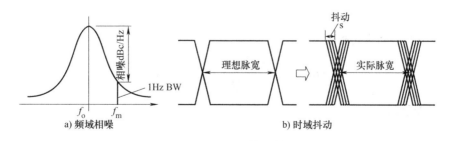

图 6-13　时钟相位噪声和抖动示意

抖动一般分为随机抖动(Random Jitter)和固有抖动(Deterministic Jitter)。

1. 随机抖动

随机抖动来源于随机噪声，比如：热噪声、散粒噪声、闪烁噪声等。随机抖动具有明显的不确定性，可使用高斯分布特性进行描述，其与电子器件的半导体特性、生产工艺等相关。

如图 6-14 所示，反相器输出端噪声 n_{out} 分别来自不同噪声源。当反相器输出高电平时，PMOS 导通，此时输出噪声由 P 沟道热噪声引起，如图 6-14 图中 A 区所示。当反相器输出低电平时，NMOS 导通，此时输出噪声主要由 N 沟道热噪声引起，如图 6-14 中 B 区所示。当输出处于阈值电压区时，PMOS 和 NMOS 均导通，输出噪声为两管沟道热噪声，如图 6-14 中 C 区所示。

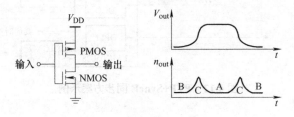

图 6-14 随机抖动机理

2. 固有抖动

固有抖动不是高斯分布，不能进行统计分析。固有抖动通常是有边际的，是由可识别的干扰信号造成的，是可重复可预测的。信号的反射、串扰、开关噪声、电源干扰、EMI 等都会产生固有抖动。

6.2.2 关系转换

下面以一个典型的正弦信号为例说明时钟相位噪声和抖动之间的转换关系。

设时钟信号为

$$V(t) = A\sin(2\pi f_0 t + \Phi(t)) \tag{6-3}$$

式中，f_0 为信号的中心频率；$\Phi(t)$ 为相位。

对于测量 N 个周期的累加抖动，时间点分别为 t_1 和 t_2，可以得出

$$V(t_1) = V(t_2) = 0 \tag{6-4}$$

将式(6-4)代入式(6-3)可得

$$\begin{cases} 2\pi f_0 t_1 + \Phi(t_1) = 0 \\ 2\pi f_0 t_2 + \Phi(t_2) = 2\pi N \end{cases} \tag{6-5}$$

将式(6-5)中两个等式相减可得

$$t_2 - t_1 = \frac{2\pi N + [\Phi(t_1) - \Phi(t_2)]}{2\pi f_0} = NT_0 + \Delta t \tag{6-6}$$

式中，Δt 可表示为

$$\Delta t = \frac{T_0}{2\pi}[\Phi(t_1) - \Phi(t_2)] \tag{6-7}$$

将式(6-7)两端二次方并取其数学期望 $E\left[\Delta t^2\right]$ 得

$$E\left[\Delta t^2\right] = \frac{T_0^2}{4\pi^2} E\left[\Phi(t_1)^2 - 2\Phi(t_1)\Phi(t_2) + \Phi(t_2)^2\right] \tag{6-8}$$

假设 $\Phi(t)$ 是一个实平稳随机过程,其功率谱密度为偶函数,则

$$E\left[\Phi(t_1)^2\right] = E\left[\Phi(t_2)^2\right] = \int_0^\infty S_\phi(f)\mathrm{d}f \tag{6-9}$$

式中,S_ϕ 是 $\Phi(t)$ 的单边带噪声功率谱密度。因此,可以推导出

$$E\left[\Phi(t_1) \times \Phi(t_2)\right] = R_\phi(t_1 - t_2) = R_\phi(\tau) = \int_0^\infty S_\phi(f)\cos(2\pi f\tau)\mathrm{d}f \tag{6-10}$$

将式(6-10)和式(6-9)代入式(6-8),得

$$\Delta t_{\mathrm{rms}}^2 = \frac{T_0^2}{\pi^2} \int_0^\infty S_\phi(f)\sin^2(\pi f\tau)\mathrm{d}f \tag{6-11}$$

式(6-11)表明信号时域抖动与频域相位噪声有着近似对应关系。在实际应用中,对于区间 $[f_1, f_2]$,此条件下的宽带相位噪声可近似为白噪声,而白噪声的自相关函数为 $A\delta(\tau)$,则

$$R_\phi(\tau) = \int_{f_1}^{f_2} S_\phi(f)\cos(2\pi f\tau)\mathrm{d}f \approx 0 \tag{6-12}$$

代入式(6-11),得

$$\Delta t_{\mathrm{rms}}^2 = \frac{T_0^2}{4\pi^2}\left[2\int_{f_1}^{f_2} S_\phi(f)\mathrm{d}f\right] \tag{6-13}$$

最后转换为 N 以 dB 为单位的相位均方抖动,可表示为

$$\text{Phase\_jitter}_{\mathrm{rms}} = 2\pi f_0\Delta t_{\mathrm{rms}} \approx \sqrt{2\times10^{N/10}} \text{ rad} \tag{6-14}$$

式中,噪声积分功率 $N \approx 10\times\lg\int_{f_1}^{f_2} S_\phi(f)\mathrm{d}f$。

以幅度为单位的相位均方抖动属于旋转矢量,需要除以角频率 $2\pi f_0$,以确定通过相位角所需要的时间,从而得到时域抖动的方均根值为

$$\text{Time\_jitter}_{\mathrm{rms}} = \frac{\text{Phase\_jitter}_{\mathrm{rms}}}{2\pi f_0} = \frac{\sqrt{2\times10^{N/10}}}{2\pi f} \tag{6-15}$$

在实际换算过程中,首先测试信号的相位噪声,对所需带宽内的噪声进行积分运算,求出总噪声功率。

如图 6-15 所示,偏移 100Hz～100MHz 区域的总噪声功率为

$$\text{Noise}_{\text{integrated}} = A_1 + A_2 + A_3$$

$$= \left[\left(\frac{-120-150}{2}\right)\mathrm{dBc/Hz} + 10\lg(1000-100)\right]_{\mathrm{dBc}} +$$

$$\left[\left(\frac{-150-165}{2}\right)\mathrm{dBc/Hz} + 10\lg(10000-1000)\right]_{\mathrm{dBc}} + \tag{6-16}$$

$$\left[\left(\frac{-165-165}{2}\right)\mathrm{dBc/Hz} + 10\lg(100\times10^6 - 10\times10^3)\right]_{\mathrm{dBc}}$$

$$= -84.9 \text{ dBc}$$

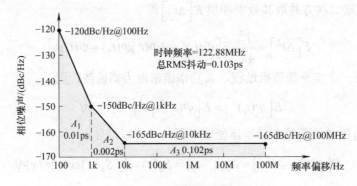

图 6-15　相位噪声功率谱

然后，利用式(6-14)，将总噪声功率转换为相位抖动，即

$$\text{Phase\_jitter}_{rms} = \sqrt{2 \times 10^{N/10}} = \sqrt{2 \times 10^{-84.9/10}}\,\text{rad} = 7.99 \times 10^{-5}\,\text{rad} \tag{6-17}$$

最后，利用式(6-15)，得到时间抖动，即

$$\text{Time\_jitter}_{rms} = \frac{\text{Phase\_jitter}_{rms}}{2\pi f_0} = 0.103\text{ps} \tag{6-18}$$

6.3　时钟接口

工程应用中比较常见的数字时钟电平类型，单端的一般是 LVCMOS，差分的比如 LVDS、LVPECL、CML。时钟发送端和接收端都有各自的电平接口类型，它们有可能不相同也可能相同，需要合适的输入/输出匹配才能保证时钟接口的性能。下面就 LVDS、LVPECL、CML 三类常见的差分时钟接口的工作原理和匹配方法进行简单介绍。

6.3.1　LVDS

LVDS (Low-Voltage Differential Signaling, 低电压差分信号)是美国国家半导体于 1994 年提出的一种信号传输模式的电平标准，其采用极低的电压摆幅高速差动传输数据，可以实现点对点或者一点对多点的连接。

LVDS 接口典型电路结构如图 6-16 所示，连接到 NMOS 晶体管漏极的电流源用于控制输出电流，输出电流通常为 3.5mA，为接收器的典型 100Ω 终端电阻上提供 350 mV 的摆幅。LVDS 典型输入级由一个使用 NMOS 晶体管的差分对组成,输入端(IN+和 IN-)需要一个 100Ω 的端接电阻，共模电压约为 1.2V。如果芯片内部不包含此 100Ω 端接电阻，则需要在尽可能靠近芯片输入端引脚处外置此电阻。

LVDS 接口信号电平在 0.85～1.55V 之间变化，其由逻辑低电平到逻辑高电平变化的时间比 TTL 电平要快得多，所以相比 TTL，LVDS 更适合用于传输高速变化信号。LVDS 具有低电压、低电流、低功耗等特点，多用于板内信号传输。LVDS 速率最高可到 3.125Gbit/s，对 PCB 布线要求较高，差分线要求严格等长。另外，100Ω 端接电阻离接收端口尽量控制在 300mil(1mil = 25.4×10^{-6} m) 以内。

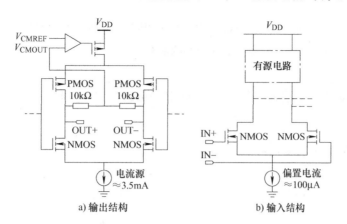

a) 输出结构　　　　　　　　b) 输入结构

图 6-16　LVDS 接口典型电路结构

6.3.2　LVPECL

LVPECL (Low Voltage Positive-Couple Logic, 低压正发射极耦合逻辑)接口典型电路结构如图 6-17 所示，差分输出的发射极通过电流源接地，集电极驱动一对射极跟随器，为 OUT+ 和 OUT-提供电流驱动。50Ω 电阻一端接输出，一端接 V_{DD}-2V。在射极跟随输出的电平为 V_{CC}-1.3V，则 50Ω 电阻两端压差为 0.7V，产生 14mA 的电流。LVPECL 输入端一般通过电阻被拉到 V_{DD}-1.3V，在 V_{DD} 为 3.3V 情况下提供 2V 的共模电压。如果芯片内部不包含此上拉电阻，则需要在尽可能靠近芯片输入端引脚处外置此电阻。

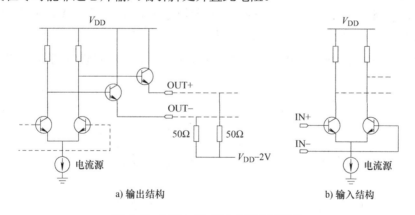

a) 输出结构　　　　　　　　b) 输入结构

图 6-17　LVPECL 接口典型电路结构

LVPECL 接口的输入阻抗高、输出阻抗低(典型值为 4～5Ω)，具有很强的驱动能力，多用于背板传输和长距离传输。LVPECL 传输速度快，很容易达到几百 Mbit/s 的应用，最高可达 10Gbit/s。

263

6.3.3　CML

电流模式逻辑(Current Mode Logic，CML)电路主要靠电流驱动，其典型电路结构如图 6-18 所示。CML 输出端由开漏差分对和 NMOS 压控电流源组成，输出需端接上拉电阻，用于有效驱动后级电路。压控电流源用于改变驱动后级的能量，即改变输出摆幅。CML 输入端一般由电压跟随器和 NMOS 差分对组成，电压跟随器起到隔离和增加驱动能力的作用，上拉的 50Ω 电阻是为了保证与前级输出电路形成阻抗匹配。

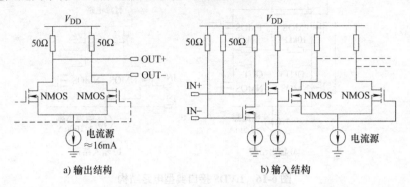

a) 输出结构   b) 输入结构

图 6-18   CML 接口典型电路结构

对于直流耦合，如图 6-19a 所示，16mA 电流源流过每个 NMOS 的电流为 8mA，分到每个 50Ω 电阻上的电流为 4mA，则共模电压为 $V_{DD} - 4\text{mA} \times 50\Omega = V_{DD} - 0.2\text{V}$。当有差模电压输入时，$VT_1$ 和 VT_2 只会导通一个(以 VT_1 导通为例)，16mA 电流由 R_1 和 R_3 一起提供，每个电阻提供 8mA 电流，单端摆幅为 $8\text{mA} \times 50\Omega = 400\text{mV}$，则差分摆幅为 800mV。因此，可以得到图 6-20a 输出波形。

对于交流耦合，如图 6-19b 所示，静态条件下由于电容隔直作用，R_3 和 R_4 不能向 VT_1 和 VT_2 提供直流分量，则 16mA 电流由 R_1 和 R_2 提供，流过每个 50Ω 电阻的电流为 8mA，得到共模电压为 $V_{DD} - 8\text{mA} \times 50\Omega = V_{DD} - 0.4\text{V}$。当有差模电压输入时，同样 VT_1 和 VT_2 只会导通一个(以 VT_1 导通为例)，电容通交流，16mA 电流由 R_1 和 R_3 一起提供，每个电阻提供 8mA 电流，单端摆幅也为 $8\text{mA} \times 50\Omega = 400\text{mV}$，差分摆幅为 800mV。因此，可以得到图 6-20b 输出波形。

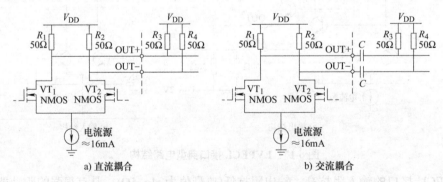

a) 直流耦合   b) 交流耦合

图 6-19   CML 接口共模电压分析

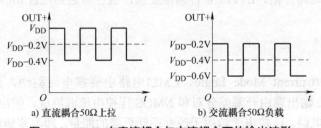

a) 直流耦合 50Ω 上拉   b) 交流耦合 50Ω 负载

图 6-20   CML 在直流耦合与交流耦合下的输出波形

6.3.4　接口对比

下面从以下几个方面对 LVDS、LVPECL 和 CML 三种接口进行对比，如图 6-21 所示。

(1) 驱动模式　三者都输入电流驱动，适用于高速应用。

(2) 耦合方式　三种电平都支持直接耦合或 AC 耦合。

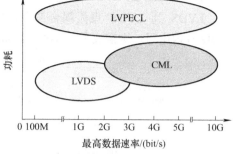

图 6-21　常用时钟接口功耗与速率对比

(3) 功率消耗　LVDS 摆幅只有 350mV，功耗最小；CML 与 LVPECL 摆幅较大，基于结构上的差异，CML 功耗略低于 LVPECL。

(4) 工作速率　CML 与 LVPECL 内部晶体管或 MOS 管工作在非饱和状态，逻辑翻转快，支持极高速率，LVDS 无法支持极高速率。

(5) 标准规范　只有 LVDS 电平在国际上有统一的标准。

6.3.5　匹配方法

保证中频时钟接口的合理匹配是保证时钟设计的关键所在。为了将这些不同的时钟接口连接起来，列出了时钟接口输入/输出典型参数，如图 6-22 所示。表 6-4 为 LVDS、LVPECL、CML 几个常用时钟接口输入/输出典型特性。注意，CML 接口中的 V_{DD} 为(3.3±10%)V。

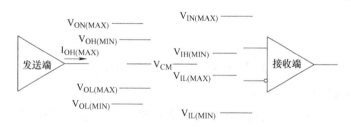

图 6-22　时钟接口输入/输出典型参数

表 6-4　常用时钟接口输入/输出典型特性

方向	参数	LVDS	LVPECL	CML
输出	$V_{OH(MIN)}$	1.249V	2.275V	V_{DD}
输出	$V_{OL(MAX)}$	1.252V	1.68V	$V_{DD}-0.4V$
输出	V_{OD}	350mV	800mV	800mV
输入	$V_{IH(MIN)}$	1.249V	2.135V	V_{DD}
输入	V_{CM}	1.2V	2V	$V_{DD}-0.2V$
输入	$V_{IL(MAX)}$	1.252V	1.825V	$V_{DD}-0.4V$
输入	$V_{ID(MIN)}$	200mV	310mV	400mV

下面分别对各端口间的匹配方法进行介绍。注意：由于 LVDS 输出信号摆幅无法满足 CML 最低输入信号摆幅的要求，所以一般不存在 LVDS 到 CML 的连接。

265

6.3.5.1　LVDS 到 LVDS 的连接

LVDS 到 LVDS 直流耦合典型连接匹配方法如图 6-23 所示，如果接收输入端口没有 100Ω 片内电阻，则需要外接 100Ω 终端电阻，以提供 350 mV 的输出摆幅。

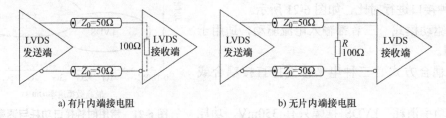

a) 有片内端接电阻　　　　　　　　　　　b) 无片内端接电阻

图 6-23　LVDS 到 LVDS 直流耦合典型连接匹配方法

LVDS 到 LVDS 交流耦合典型连接匹配方法如图 6-24 所示。通常 LVDS 接收输入端具有很宽的输入共模电压，图 6-24a 中两个 10kΩ 电阻分压产生的 1.65V(对于 V_{DD}=3.3V)在 LVDS 输入共模电压范围内。而相比图 6-24a，图 6-24b 中 V_{BB} 由接收输入端提供，到地电容有助于消除共模噪声，补偿差分失配的问题。

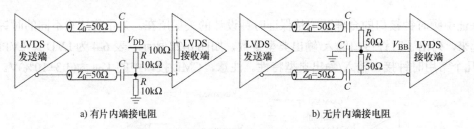

a) 有片内端接电阻　　　　　　　　　　　b) 无片内端接电阻

图 6-24　LVDS 到 LVDS 交流耦合典型连接匹配方法

6.3.5.2　LVDS 到 LVPECL 的连接

LVDS 到 LVPECL 采用直流耦合方式时，需要增加一个电阻分压网络，用于 LVDS 1.2V 共模电压到 LVPECL 2V 共模电压的直流电平转换，如图 6-25a 所示。LVDS 的输出是以地为基准，而 LVPECL 的输入是以电源为基准，这要求考虑电阻网络时应注意 LVDS 的输出电位不应对供电电源敏感，需要采用图 6-25b 的连接方式。另外，需要在功耗和速度方面折中考虑，如果电阻取值较小，可以允许电路在更高的速度下工作，但功耗较大，LVDS 的输出性能容易受电源的波动影响。因此，要完成 LVDS 到 LVPECL 的直流电平转换，需满足如下方程：

$$\begin{cases} V_{A} = \dfrac{V_{DD}}{R_1 + R_2 + R_3} R_1 = 1.2\text{V} \\[2mm] V_{B} = \dfrac{V_{DD}}{R_1 + R_2 + R_3}(R_1 + R_2) = V_{DD} - 1.3\text{V} \\[2mm] R_{IN} = \dfrac{R_1 \times (R_2 + R_3)}{R_1 + R_2 + R_3} /\!/ \dfrac{R}{2} = 50\Omega \\[2mm] \text{Gain} = \dfrac{R_3}{R_2 + R_3} > \dfrac{310\text{mV}}{350\text{mV}} = 0.886 \end{cases} \tag{6-19}$$

266

式中，V_{DD} = 3.3V。解上述方程，发现无法实现 Gain > 0.886，即方程式无解。因此对于 LVDS 到 LVPECL 直流耦合方式，需要进一步提高 LVDS 输出信号摆幅(增大 LVDS 输出结构中的电流源电流)，降低对电阻分压网络衰减限制，满足 LVPECL 最低输入摆幅要求。通过计算，需要将 LVDS 输出信号摆幅增大至 500mV 以上，选取 R = 124Ω，R_1 = 402Ω，R_2 = 270Ω，R_3 = 442Ω，此时 Gain = 0.62。对于 500mV 的 LVDS 输出摆幅，经过上述转换网络后加到 LVPECL 输入端口的信号摆幅衰减刚好为 310mV。

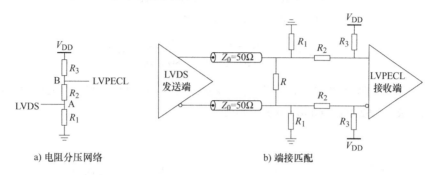

图 6-25　LVDS 到 LVPECL 直流耦合典型连接匹配方法

为满足 LVDS 到 LVPECL 直流电平的转换，以及接口速率的保证，插入的电阻分压网络必然会使 LVDS 输出摆幅具有一定的衰减，从而导致很多应用场景下存在不满足 LVPECL 输入摆幅的风险。因此，对于 LVDS 到 LVPECL 的连接，大多应用都会选择交流耦合方式。

LVDS 到 LVPECL 交流耦合典型连接匹配方法如图 6-26 所示。图 6-26a 中的 100Ω 端接电阻是为 LVDS 端口提供阻抗匹配，产生 350mV 的信号摆幅，2.7kΩ 和 4.3kΩ 电阻分压是为 LVPECL 提供 2V 的输入共模电压，且基本不对 LVDS 输出阻抗匹配产生影响。当然，也可以直接使用共模分压电阻完成 LVDS 输出阻抗匹配，如图 6-26b 所示，82.5Ω 和 127Ω 电阻网络既实现了 2V 共模电压，又完成了 50Ω 传输线阻抗匹配，产生 350mV 信号摆幅。相比图 6-26a，图 6-26b 具有更少的外围器件，但直流功耗会更高。

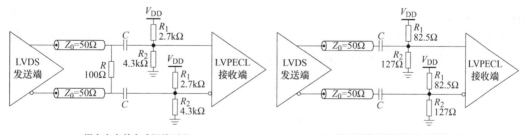

图 6-26　LVDS 到 LVPECL 交流耦合典型连接匹配方法

6.3.5.3　LVPECL 到 LVDS 的连接

LVPECL 到 LVDS 的直流耦合结构需要一个电阻分压网络，如图 6-27a 所示。在设计该网络时，需要注意以下几点：

1) 当 LVPECL 的负载是 50Ω 接到 V_{DD}-2V 时，LVPECL 的输出性能最优。

2) 电阻分压网络引入的衰减应满足 LVDS 最低输入摆幅要求。

267

3) LVDS 输入差分阻抗为 100Ω，或者单端虚拟地 50Ω。这对直流端接阻抗没有影响，但会影响交流端接阻抗，即直流阻抗和交流阻抗不相等。

综上，得到图 6-27b 的连接方式，另外，电阻分压网络需满足如下方程：

$$\begin{cases} V_A = \dfrac{V_{DD}}{R_1 + R_2 + R_3}(R_2 + R_3) = V_{DD} - 2V \\[2mm] R_{AC} = R_1 // \left[R_2 + (R_3 // 50\Omega) \right] = 50\Omega \\[2mm] R_{DC} = R_1 // (R_2 + R_3) \approx 50\Omega \\[2mm] \text{Gain} = \dfrac{R_3 // 50\Omega}{R_2 + (R_3 // 50\Omega)} > \dfrac{200\text{mV}}{800\text{mV}} = 0.25 \end{cases} \tag{6-20}$$

式中，$V_{DD} = 3.3\text{V}$。解上述方程，得到 $R_1 = 182\Omega$，$R_2 = 47.5\Omega$，$R_3 = 47.5\Omega$，$V_A = 1.13\text{V}$，$R_{AC} = 51.5\Omega$，$R_{DC} = 62.4\Omega$，$\text{Gain} = 0.337 > 0.25$。

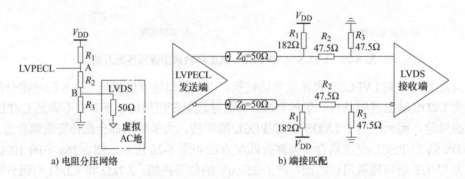

a) 电阻分压网络   b) 端接匹配

图 6-27　LVPECL 到 LVDS 直流耦合典型连接匹配方法

LVPECL 到 LVDS 交流耦合典型连接匹配方法如图 6-28 所示，LVPECL 输出共模电压固定在 $V_{DD}-1.3\text{V}$，选择输出偏置电阻 R_1 时仅需该电阻提供 14mA 到地的直流偏置即可，当 $V_{DD} = 3.3\text{V}$ 时，计算得到 R_1 为 142Ω。但此种方式给出的 LVPECL 输出交流负载阻抗远低于 50Ω，在实际应用中，折中考虑交流阻抗和直流阻抗的需求，偏置电阻 R_1 一般在 142Ω 到 200Ω 之间选取。信号路径上串联 50Ω 电阻，以衰减 LVPECL 输出摆幅，满足 LVDS 输入摆幅要求。LVDS 每个输入端需要一个 $5\text{k}\Omega$ 到地电阻，以提供合适的共模偏置电压。

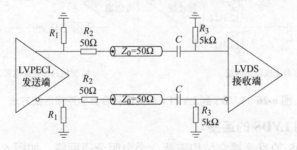

图 6-28　LVPECL 到 LVDS 交流耦合典型连接匹配方法

6.3.5.4　LVPECL 到 LVPECL 的连接

参考 LVPECL 输出结构，其输出设计成驱动 50Ω 负载至 $V_{DD}-2\text{V}$，如图 6-29a 所示。由

于一般情况下无法向终端网络提供 V_{DD}-2V 电源，而是使用并联电阻，得到一个戴维南等效电路，如图 6-29b 所示，50Ω 至 V_{DD}-2V 的终端匹配要求满足：

$$\begin{cases} \dfrac{V_{DD}}{R_1 + R_2} R_2 = V_{DD} - 2V \\ R_1 // R_2 = 50\Omega \end{cases} \tag{6-21}$$

式中，$V_{DD} = 3.3V$，解得 $R_1 = 127\Omega$，$R_2 = 82.5\Omega$。

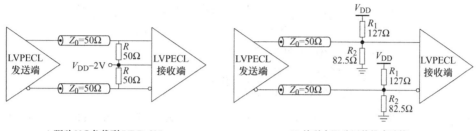

a) 驱动50Ω负载到(VDD–2V)　　　　　　　b) 并联电阻分压戴维南端接

图 6-29　LVPECL 到 LVPECL 直流耦合典型连接匹配方法

　　LVPECL 到 LVPECL 交流耦合典型连接匹配方法如图 6-30 所示，参考 LVPECL 到 LVDS 交流耦合匹配方法，LVPECL 输出端需要连接 142～200Ω 的到地偏置电阻 R_1，以输出 2V 的共模电压。LVPECL 输入端接 R_2 和 R_3 并联分压电阻需要为输入提供 V_{DD}-1.3V 的固定直流偏压，并保证与传输线特性阻抗匹配。基于此，得到图 6-30a 的匹配方式，且 R_2 和 R_3 的选择满足如下方程：

$$\begin{cases} \dfrac{V_{DD}}{R_2 + R_3} R_3 = V_{DD} - 1.3V \\ R_2 // R_3 \approx 50\Omega \end{cases} \tag{6-22}$$

式中，$V_{DD} = 3.3V$，解得 $R_2 = 82.5\Omega$，$R_3 = 127\Omega$。

　　参考 LVDS 到 LVPECL 交流耦合匹配方式，图 6-30a 终端分压网络会引起较大的功耗。如果系统对功耗要求较高，可采用图 6-30b 的匹配方式，通过 100Ω 端接电阻实现传输线阻抗匹配，2.7kΩ 和 4.3kΩ 电阻分压为 LVPECL，提供 2V 的输入共模电压，且基本不对传输线特性阻抗产生影响。

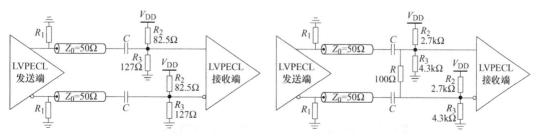

a) 使用共模直流偏置完成阻抗匹配　　　　　　b) 使用单独100Ω电阻完成阻抗匹配

图 6-30　LVPECL 到 LVPECL 交流耦合典型连接匹配方法

6.3.5.5 LVPECL 到 CML 的连接

LVPECL 到 CML 的直流耦合结构需要一个电阻分压网络，以满足 LVPECL 输出与 CML 输入共模电压要求，如图 6-31a 所示。该电阻分压网络引入的衰减要尽可能小，保证 CML 接收输入的信号摆幅大于其接收灵敏度。另外，还要求从 LVPECL 输出端看到的总阻抗近似为 50Ω。基于此，该电阻分压网络需要满足如下方程：

$$\begin{cases} V_A = V_{DD} - 2V = \dfrac{V_{DD}}{R_2 + R_1 // (R_3 + 50\Omega)} \times R_2 \\[2mm] \dfrac{V_{DD} - V_B}{50\Omega} = \dfrac{V_{DD} - (V_{DD} - 0.2V)}{50\Omega} = \dfrac{(V_{DD} - 0.2V) - (V_{DD} - 1.3V)}{R_3} \\[2mm] Z_{in} = R_1 // R_2 // (R_3 + 50\Omega) \approx 50\Omega \\[2mm] \text{Gain} = \dfrac{50\Omega}{R_3 + 50\Omega} > \dfrac{400\text{mV}}{800\text{mV}} = 0.5 \end{cases} \tag{6-23}$$

式中，$V_{DD} = 3.3V$，解得 $R_1 = 208\Omega$，$R_2 = 82.5\Omega$，$R_3 = 275\Omega$，但无法满足 Gain > 0.5，即 CML 接收输入的信号摆幅过小。因此，LVPECL 到 CML 直流耦合只能针对更低的 CML 接收灵敏度或更高的 LVPECL 输出摆幅才适用。

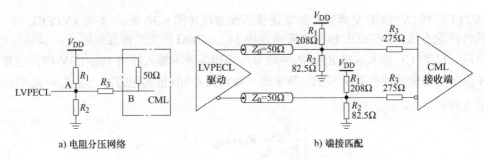

a) 电阻分压网络 b) 端接匹配

图 6-31 LVPECL 到 CML 直流耦合典型连接匹配方法

LVPECL 到 CML 交流耦合典型连接匹配方法如图 6-32 所示，参考 LVPECL 到 LVDS 交流耦合匹配方法，LVPECL 输出端需要连接 142～200Ω 的到地偏置电阻 R_1，以输出 2V 的共模电压。信号通道上串联大约 25Ω 电阻，以提供 67% 的电压衰减，使得 LVPECL 输出摆幅经过衰减后在 CML 输入摆幅可接收范围内。

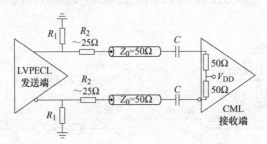

图 6-32 LVPECL 到 CML 交流耦合典型连接匹配方法

6.3.5.6 CML 到 LVDS 的连接

通常，使用 CML 驱动 LVDS 时，建议采用交流耦合方式，如图 6-33a 所示，输出 50Ω

上拉电阻，用于有效驱动后级电路，如果 CML 输出端口已内置上拉，则外部可去掉该 50Ω 电阻。如果 LVDS 输入端没有 100Ω 片内电阻，则可通过偏置引脚经过 50Ω 上拉。当然，也可参考图 6-24a 中两个 10kΩ 电阻分压的方式提供合适的共模电压。如果 LVDS 接收输入端的共模电压范围进一步扩展(共模电压范围接近 V_{DD})，可以接收 CML 输出，则也可采用图 6-33b 的直流耦合方式，终端使用 50Ω 电阻提供偏置以及进行传输线匹配。

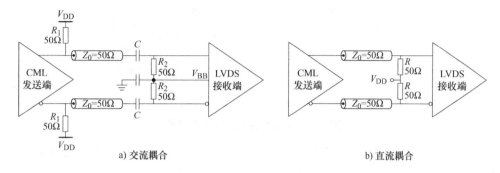

a) 交流耦合　　　　　　　　　　　　　b) 直流耦合

图 6-33　CML 到 LVDS 典型连接匹配方法

6.3.5.7　CML 到 LVPECL 的连接

CML 到 LVPECL 的连接一般采用交流耦合方式，如图 6-34 所示。参考 LVDS 到 LVPECL 交流耦合典型连接匹配方法，CML 到 LVPECL 交流耦合连接也有耦合电容前完成阻抗匹配，以及使用共模直流偏置完成匹配两种方式。另外，如果 LVPECL 输入端带有片内高阻抗偏置电路，则可去掉图 6-34a 中的 R_1 和 R_2。

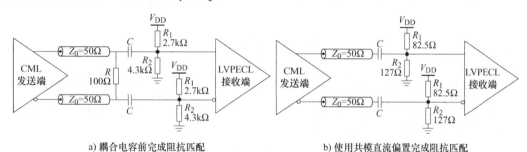

a) 耦合电容前完成阻抗匹配　　　　　　　b) 使用共模直流偏置完成阻抗匹配

图 6-34　CML 到 LVPECL 典型连接匹配方法

6.3.5.8　CML 到 CML 的连接

CML 到 CML 典型连接匹配方法如图 6-35 所示。参考 CML 接口典型电路结构，如果输出端和输入端之间采用相同 V_{DD} 电源，则 CML 输出可直接耦合到 CML 输入，无须额外元件。如果输出端和输入端采用不同电源，则需要采用交流耦合方式。

271

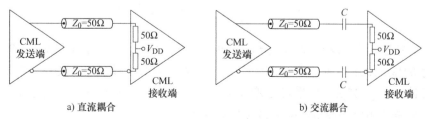

a) 直流耦合　　　　　　　　　　　　　b) 交流耦合

图 6-35　CML 到 CML 典型连接匹配方法

6.3.5.9 交流耦合电容的选择

当时钟接口之间连接采用交流耦合时，耦合电容会与负载一起构成高通滤波结构，非归零的连 0 或连 1 序列出现时，电容会造成接收输入端电压下降，并产生过零点偏移等问题，如图 6-36 所示。

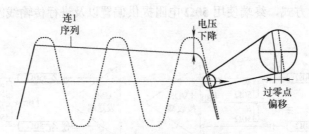

图 6-36 交流耦合造成过零点偏移

为防止连 0 和连 1 序列造成负载电压有较大下降，可以把耦合电容与负载组成的高通网络的 3dB 截止频率适当降低。下面主要从时序对此进行分析，首先，一阶高通 RC 滤波的时域响应为

$$V(t) = V_\infty - \left| V_\infty - V_{0+} \right| \mathrm{e}^{\frac{-t}{RC}} \tag{6-24}$$

数据信号经过电容耦合到 50Ω 负载上，信号摆幅以地作为基准，信号幅度以 V_{PP} 进行归一化处理，电压幅度归一化为 $\pm 0.5 V_{PP}$。假定负载最初充电电压 V_{0+} 为 $0.5 V_{PP}$，最终电压 V_∞ 为 0，τ 为高通滤波器时间常数，经过一段时间 t 后，负载电压下降 ΔV 可表示为

$$\Delta V = 0.5 V_{PP} \left(1 - \mathrm{e}^{\frac{-t}{\tau}} \right) \tag{6-25}$$

如果允许在时间 t 时，信号功率下降 0.25dB，则 $\Delta V / V_{PP} = 6\%$，根据式(6-25)得 $\tau = 7.8t$。

下面定义 T_B 为数据每比特周期，N_{CID} 为最大允许的连 0 或连 1 数目，负载阻抗 R 为 50Ω，C 为耦合电容容值，通过 $t = N_{CID} \times T_B$，$\tau = RC$，可得 C 为

$$C = \frac{7.8 N_{CID} T_B}{R} \tag{6-26}$$

以 2.5Gbit/s 数据速率为例，$T_B = 400\text{ps}$，N_{CID} 设置为 100bit，计算得到 $C = 6.2\text{nF}$。耦合电容造成的过零点偏移 t_{ZCM} 可表示为

$$t_{ZCM} = \frac{\Delta V}{\text{slope}} = \frac{0.5 V_{PP} \left(1 - \mathrm{e}^{\frac{-t}{\tau}} \right)}{0.6 V_{PP} / t_r} = \frac{5}{6} t_r \left(1 - \mathrm{e}^{\frac{-N_{CID} \times T_B}{RC}} \right) \tag{6-27}$$

式中，t_r 为信号幅度从 20% 到 80% 的上升时间，一般可通过 $t_r = 0.2/\text{BW}$ 估算，BW 为系统带宽，通常为 60%~100% 数据速率。对于 2.5Gbit/s 数据速率，可取 t_r 为 100ps，结合 $C = 6.2\text{nF}$，可得过零点偏移 $t_{ZCM} = 13\text{ps}$。如果将 C 增加至 100nF，t_{ZCM} 将小于 1ps，可忽略不计。因此，采用 100nF 的耦合电容一般可适配大多数应用场景。

6.4　时钟设计

6.4.1　时钟架构

时钟处理在 RRU 设备中主要完成与 BBU 提供的时钟建立同步,并为数字处理模块、射频收发模块和中频转换模块等提供工作时钟,保证整个中射频系统满足相关无线指标。

图 6-37 为时钟处理模块在 RRU 设备中的典型架构,相关说明如下:

1) 整个时钟处理模块包括系统时钟和同步时钟两大部分:系统时钟不需要同步,设备上电即工作;同步时钟需要同步,根据设定的同步源进行工作。

2) 系统时钟的时钟源一般来自普通晶体振荡器 XO,对其稳定度要求不高,经过时钟 Buffer 或(和)PLL 为 ASIC、FPGA 等数字部分提供工作时钟。

3) 同步时钟的时钟源根据系统同步要求,可采用 6.1.3 节介绍的 GNSS 同步、SyncE 同步、PTP 同步和空口同步等方式,图 6-37 中支持从 CPRI 链路恢复时钟进行硬锁同步,以及根据 GNSS 或空口调整 OCXO 进行软锁同步。

4) 同步时钟中频 PLL 根据选定的参考时钟产生所需的时钟频率,为保证在较宽输出频率范围内实现超低的抖动性能,一般采用两级 PLL:第一级采用外部 VCXO,第二级采用内部 VCO,相关分析参考前面 2.3.8.3 节。

5) 经过中频 PLL 产生的同步时钟分别送给数字中频部分的 ASIC 和 FPGA,以及模拟射频部分的 RXPLL、TXPLL、FBPLL、RXADC、TXDAC 和 FBADC。如果射频前端采用集成的 RFIC,则送给模拟射频部分的时钟条数可简化至 RFIC 的个数。

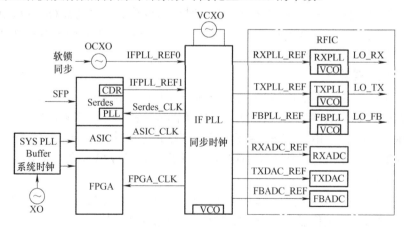

图 6-37　时钟处理模块在 RRU 设备中的典型架构

由于系统时钟的设计相对简单固定,下面主要对同步时钟进行设计分析。

6.4.2　需求分析

时钟设计需求主要来自 CPRI 硬锁、OCXO 软锁和相位噪声三方面。

6.4.2.1　CPRI 硬锁需求

结合 CPRI 协议和《SerDes CDR 芯片数据手册》,一般要求时钟的初始频偏在一定范围内，比如 TI 公司的 SerDes 多速率收发器 TLK10002 要求参考时钟初始频偏在±2×10^{-4} 范围内。对于图 6-37 的两级 PLL 方案，第一级采用外置 VCXO 作为本地时钟域的基准源，时钟初始频偏由 VCXO 的调谐范围指标决定，并且该调谐范围指标需要考虑晶振工作环境温度、受负载波动、老化和电源波动等影响。

CPRI 恢复时钟频率由 CPRI 协议、SerDes 数据速率和编码方式等决定，参考表 6-5，并结合中频 PLL 设计选择合适的恢复时钟频率。

表 6-5 各种 CPRI 数据速率的时钟频率

协议	数据速率/(Gbit/s)	编码方式	PCS	恢复时钟频率/MHz
CPRI 1.4	0.6144	8B/10B	标准 PCS	30.72
CPRI 1.4	1.2288	8B/10B	标准 PCS	61.44
CPRI 1.4	2.4576	8B/10B	标准 PCS	122.88
CPRI 3.0	3.072	8B/10B	标准 PCS	153.6
CPRI 4.1	4.9152	8B/10B	标准 PCS	245.76
CPRI 4.1	6.144	8B/10B	标准 PCS	307.2
CPRI 4.2	9.8304	8B/10B	标准 PCS	491.52
CPRI 6.1	8.11008	64B/66B	增强 PCS	405.504
CPRI 6.0	10.1376	64B/66B	增强 PCS	506.88
CPRI 6.1	12.16512	64B/66B	增强 PCS	608.256

6.4.2.2 OCXO 软锁需求

在软锁过程中，参考图 6-5 中的方案，通过时钟同步算法软件调整 OCXO 压控值实现时钟同步，根据 OCXO 和 VCXO 的短期/长期稳定度数据，并结合卡尔曼滤波和 PID 调整算法，设计合适的锁定控制周期和相关算法参数。

6.4.2.3 相位噪声需求

根据发射通道对调制精度(EVM)分解到发射积分相噪的需求指标，结合图 6-37 的时钟架构方案和图 2-123 PLL 相位噪声贡献曲线，进行各部分性能参数的需求梳理。

对于 CPRI 硬锁方案，由于 CPRI 恢复时钟在环路带宽内的相噪会直接传递给后级时钟输出，因此需要根据发射通道对调制精度(EVM)分解到发射积分相噪的需求指标，考虑 CPRI 链路多级级联场景下的相噪恶化。

对于 OCXO 软锁方案，根据整体相位噪声需求，以及中频 PLL 环路带宽和锁定控制周期等参数，为 OCXO 的相位噪声、稳定度等参数选型提供依据。

另外，在中频 PLL 设计中，需要考虑各种极限情况，比如环路滤波器阻容参数精度、CP 电流变化、VCXO 调谐系数变化等影响，并进行 WCCA (Worst Case Circuit Analysis) 设计。

6.4.3 设计分解

CPRI 硬锁和 OCXO 软锁属于时钟方案架构，最终的射频指标主要体现在相位噪声上，下面根据系统相位噪声的需求，分别对发射 EVM、接收倒易混频、转换器参考时钟、SerDes

参考时钟、时钟电源进行设计分解。

6.4.3.1　发射 EVM

根据 5.6.3.1 节发射 EVM 对本振相位噪声指标分解,本振积分相位噪声控制在 1.4° 以内,这样相位噪声对总的 EVM 的贡献小于 1.3%。在设计过程中,通常将积分相位噪声角度(单位度) 转换为积分相位噪声功率 (单位 dBc),进行本振相位噪声曲线的优化。

6.4.3.2　接收倒易混频

根据 4.4.2.1 节本振倒易混频对接收带内阻塞的分析,偏离载波 7.5～12.5MHz 区域内的平均相位噪声应小于-127.2dBc/Hz。在设计过程中,注意时钟锁相环输出本振的各类杂散满足此平均相位噪声指标。

6.4.3.3　转换器参考时钟

根据 2.2.5 节转换器信噪比的分析,转换器的总噪声主要包括量化噪声、热噪声和时钟抖动。其中,量化噪声和热噪声由器件决定,可从数据手册中获取。时钟抖动由外部采样时钟抖动和内部孔径抖动两部分构成,内部孔径抖动同样可从器件数据手册获取,外部采样时钟抖动则是时钟系统需要仔细设计考虑的参数。假定转换器内部孔径抖动很小,时钟抖动全部由外部采样时钟抖动贡献,根据表 2-7 计算得到不同时钟抖动对 ADC SNR 的影响,如图 6-38 所示。可以看出,随着时钟抖动的增加,即时钟抖动对 ADC 总噪声贡献占比逐渐增大,ADC 总的 SNR 也逐渐下降。

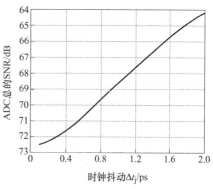

图 6-38　时钟抖动对 ADC SNR 影响分析

在设计中,一般将时钟抖动约束在 0.4ps 以内,除了优化参考时钟整体相位噪声外,还可以添加合适的窄带带通滤波器,可进一步约束频率偏移上限,优化时钟抖动性能。

6.4.3.4　SerDes 参考时钟

SerDes 高速串行接口参考时钟的频率精度和抖动性能达到一定要求才能使 PLL 和时钟提取电路正常工作。根据 SerDes 芯片或功能模块数据手册,一般会对 12kHz 到 20MHz 频率偏移范围内的时钟抖动提出需求。相比转换器参考时钟的高性能需求,SerDes 对参考时钟性能相对比较宽松,与转换器参考时钟使用同一 IF PLL 时钟即可满足要求。

6.4.3.5　时钟电源

电源引入的噪声可能会对 PLL 中各有源部分器件造成影响,进而导致时钟相位噪声的恶化。其中最为敏感的部分为 PLL 芯片的内置 VCO,此处将重点讨论 LDO 输出噪声对 VCO 相噪的影响。

与 VCO 噪声类似,LDO 的相位噪声贡献可看成加性成分 ϕ_{LDO},如图 6-39 所示。根据经典调制系统理论,VCO 由 LDO 噪声引起的超额相位表达式为

$$\phi(f) = \frac{K_{push} v_{LDO}(f)}{f} \tag{6-28}$$

式中,K_{push} 表征 VCO 对电源噪声波动的灵敏度,称为 VCO 推压系数,为 VCO 压控增益 K_{VCO} 的一小部分,单位通常以 MHz/V 表示,数值上通常是 K_{VCO} 的 5%～20%;$v_{LDO}(f)$ 为给定频

275

率偏移下的 LDO 电压噪声频谱密度，以 V/$\sqrt{Hz}$ 表示。

1Hz 带宽内的单边带电源频谱密度 $S(f)$ 为

$$S(f) = \phi^2(f)/2 \tag{6-29}$$

联立式(6-28)和式(6-29)，并以 dB 表示，得到电源噪声引起相位噪声的表达式为

$$L_{LDO} = 20\lg\left[\frac{K_{push}v_{LDO}(f)}{\sqrt{2}f}\right] \tag{6-30}$$

式中，L_{LDO} 为失调频率为 f 时，电源对 VCO 相位噪声的贡献值，以 dBc/Hz 表示。

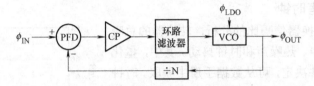

图 6-39　PLL 小信号加性 VCO 电源噪声模型

举个例子，试考虑推压系数为 10MHz/V、在 100kHz 偏移下测得的相位噪声为-116dBc/Hz 的 VCO，要在 100kHz 下基本不降低 VCO 噪声性能，所需要的电源噪声频谱密度应为多少？电源噪声和 VCO 自身噪声作为方和根相加，因此电源噪声应比 VCO 噪声至少低 6dB，用于将电源噪声贡献尽可能压低。因此，L_{LDO} 应小于-122dBc/Hz，根据式(6-30)求解在 100kHz 偏移下的 $v_{LDO}(f)$ 小于11.2nV/$\sqrt{Hz}$。

当 VCO 连接在负反馈 PLL 内时，LDO 噪声以类似于 VCO 噪声的方式通过 PLL 环路滤波器进行滤波。因此，式(6-30)仅适用于大于 PLL 环路带宽的频率偏移情况。在 PLL 环路带宽内，PLL 可成功跟踪并抑制 LDO 噪声，从而降低其对输出信号的噪声贡献。

ADP3334 和 ADP150 在 10Hz 到 100kHz 范围的方均根噪声电压分别为 27μV 和 9μV，ADP150 噪声性能明显好于 ADP3334，得到的相位噪声也就更优。图 6-40 为 ADP3334 和 ADP150 两个不同 LDO 对 ADF4350 PLL 相位噪声影响。

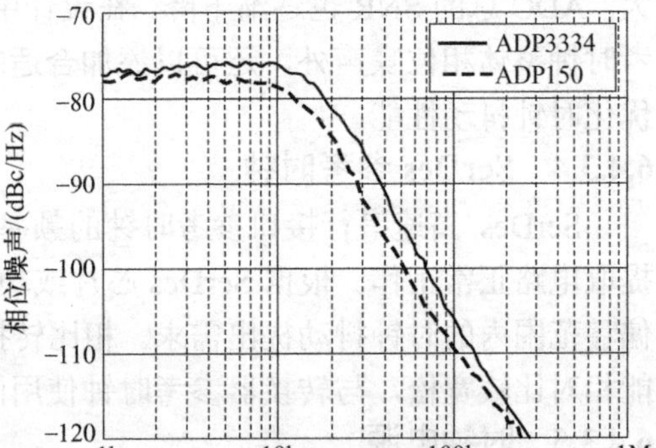

图 6-40　不同 LDO 给 ADF4350 PLL
供电下的相位噪声比较

在设计过程中，根据具体相位噪声需求和 PLL 相关参数，计算需要的电源噪声性能，选用合适的电源稳压方案，并结合适当的滤波和合理的布局布线，进一步优化噪声性能。

参考文献

[1]　刘帅，贾小林，孙大伟. GNSS 星载原子钟性能评估[J]. 武汉大学学报(信息科学版), 2017, 42(2): 277-284.

[2]　丁毅涛, 郭美军. 基于不同机构钟差产品的 GNSS 星载钟性能分析与评估[J]. 时间频率学报, 2020, 43(1): 72-84.

[3]　曾文帝, 何力, 刘娅. 卫星单频近距离共视与双频单向授时站间同步性能分析[J]. 时间频率学报, 2020, 43(2): 101-112.

[4]　张建国, 黄正彬, 周鹏云. 5G NR 下行同步过程研究[J]. 邮电设计技术, 2019(3): 22-26.

[5]　COLIN D. Externally Induced VCO Phase Noise[J]. Microwave Journal, 2002, 45(2): 20-41.

附 录

术 语 表

英文缩写	英文全称	中文释义
3GPP	3rd Generation Partnership Project	第三代伙伴计划协议
AAGC	Analog Automatic Gain Control	模拟自动增益控制
AAU	Active Antenna Unit	有源天线单元
ACLR	Adjacent Channel Leakage Ratio	邻道泄露比
ACPR	Adjacent Channel Power Ratio	邻道功率比
ACS	Adjacent Channel Selectivity	邻道选择性
ADC	Analog-to-Digital Converter	模/数转换器
AGC	Automatic Gain Control	自动增益控制
AI	Artificial Intelligence	人工智能
AMPS	Advanced Mobile Phone Service	(美国)先进移动电话服务
AoP	Antenna on Package	封装上天线
APD	Analog Peak Detector	模拟峰值检波器
AR	Augmented Reality	增强现实
BAW	Bulk Acoustic Wave	体声波
BDS	BeiDou Navigation Satellite System	(中国)北斗卫星导航系统
BPF	Band Pass Filter	带通滤波器
BS	Base Station	基站
BSF	Band Stop Filter	带阻滤波器
CA	Carrier Aggregation	载波聚合
CCDF	Complementary Cumulative Distribution Function	互补累积分布函数
CCFD	Co-frequency Co-time Full Duplex	同时同频全双工
CCK	Complimentary Code Keying	补码键控
CDMA	Code Division Multiple Access	码分多址接入
CDR	Clock and Data Recovery	时钟数据恢复
CF	Crest Factor	波峰因子
CFR	Crest Factor Reduction	削波，又称为削峰
CML	Current Mode Logic	电流模式逻辑

英文缩写	英文全称	中文释义
CNN	Convolutional Neural Network	卷积神经网络
CP	Charge Pump	电荷泵
CPRI	Common Public Radio Interface	通用公共无线接口
CSI	Channel State Information	信道状态信息
CW	Continuous Wave	连续波
DAC	Digital-to-Analog Converter	数/模转换器
DBF	Digital Beam Forming	数字波束成形
DCO	Digital Controlled Oscillator	数字控制振荡器
DDC	Digital Down-Conversion	数字下变频
DDS	Direct Digital Synthesizer	直接数字频率合成器
DFE	Digital Front End	数字前端
DM-RS	Demodulation-Reference Signal	解调参考信号
DPD	Digital Pre-Distortion	数字预失真
DSA	Digital Step Attenuator	数控衰减器
DSB	Double Sile Band	双边带
DSSS	Direct Sequence Spread Spectrum	直接序列扩频
DUC	Digital Up-Conversion	数字上变频
eMBB	Enhanced Mobile Broadband	移动宽带增强
ENOB	Effective Number Of Bits	(转换器)有效位数
EVM	Error Vector Magnitude	误差矢量精度
FBAR	Film Bulk Acoustic Resonator	薄膜体声波谐振器
FCC	Federal Communications Commission	(美国)联邦通信委员会
FDD	Frequency Division Duplex	频分双工
FDMA	Frequency Division Multiple Access	频分多址接入
FEM	Front-End Module	(射频集成)前端模块
FFT	Fast Fourier Transform	快速傅里叶变换
FHSS	Frequency-hopping Spectrum Spread	跳频扩频
FM	Frequency Modulation	频率调制
FR1	Frequency range 1	410~7125MHz
FR2	Frequency range 2	24.25~52.60GHz
GE	Gigabit Ethernet	吉比特以太网, 即千兆网
GFSK	Gauss Frequency Shift Keying	高斯频移键控
GNSS	Global Navigation Satellite System	全球导航卫星系统
GPS	Global Positioning System	(美国)全球导航系统
GSM	Global System for Mobile communication	全球移动通信系统
HBF	Hybrid Beam Forming	混合波束成形
HEMT	High Electron Mobility Transistor	高电子迁移率晶体管
HPBF	Half Power Beam Width	半功率波束宽度

英文缩写	英文全称	中文释义
HPF	High Pass Filter	高通滤波器
IAB	Integration Access & Backhaul	接入回传一体化
IEEE	Institute of Electrical and Electronics Engineers	电气和电子工程师协会
IM3	Third-order Intermodulation	三阶互调
IMT	International Mobile Telecommunications	国际移动通信
IP3	Third-order Intercept Point	三阶截点
ISAC	Integrated Sensing and Communication	通信感知一体化
ITU	International Telecommunication Union	国际电信联盟
LDO	Low Dropout Regulator	低压差线性稳压器
LMS	Least Mean Square	最小均方(算法)
LNA	Low Noise Amplifier	低噪声放大器
LOS	Line of Sight	视距
LPF	Low Pass Filter	低通滤波器
LS	Least Square	最小二乘(算法)
LSTM	Long Short-Term Memory	长短时记忆网络
LTCC	Low Temperature Co-fired Ceramic	低温共烧陶瓷
LTE	Long Term Evolution	长期演进(4G)
LVDS	Low-Voltage Differential Signaling	低电压差分信号
LVPECL	Low Voltage Positive-Couple Logic	低压正发射极耦合逻辑
MIMO	Multiple Input Multiple Output	多输入多输出系统
MMIC	Monolithic Microwave Integrated Circuit	单片微波集成电路
mMTC	Massive Machine Type Communication	海量机器类通信，又称为大规模物联网
MR	Mixed Reality	混合现实
MTC	Machine-Type Communication	机器类通信
M-QAM	Multiple Quadrature Amplitude Modulation	高阶正交幅度调制
NCO	Numerically Controlled Oscillator	数控振荡器
NF	Noise Figure	噪声系数
NLOS	Non Line of Sight	非视距
NMT	Nordic Mobile Telephone	北欧移动电话
NTT	Nippon Telephone and Telegraph	(日本)电信电话株式会社
OBUE	Operating Band Unwanted Emissions	工作频段无用发射
OFDM	Orthogonal Frequency Division Multiplexing	正交频分复用
P1dB	1dB Compression Point	1dB(增益)压缩点
PA	Power Amplifier	功率放大器
PAPR	Peak to Average Power Ratio	峰均比
PBCH	Physical Broadcast Channel	物理广播信道
PFD	Phase Frequency Detector	鉴频鉴相器

英文缩写	英文全称	中文释义
PHY	Physical Layer	物理层
PIM	Passive Intermodulation	无源互调
PLL	Phase-Locked Loop	锁相环
PSRR	Power Supply Rejection Ratio	电源抑制比
PSS	Primary Synchronization Signal	主同步信号
PTP	Precision Time Protocol	精确时间协议
PTRS	Phase-Tracking Reference Signals	相位跟踪参考信号
PUSCH	Physical Uplink Shared Channel	上行物理共享信道
QAM	Quadrature Amplitude Modulation	正交幅度调制
QEC	Quadrature Error Correction	正交误差校正
QMC	Quadrature Modulation Correction	正交调制校正
RB	Resource Block	资源块
RE	Resource Element	资源单元
RF	Radio Frequency	射频
RFIC	Radio Frequency Integrated Circuit	射频集成电路
RFSoC	Radio Frequency System on Chip	片上射频系统
RFU	Radio Frequency Unit	射频处理单元
RLS	Recursive Least Square	最小二乘递归(算法)
RMS	Root Mean Square	方均根
RRU	Remote Radio Unit	射频远端处理单元
RSSI	Received Signal Strength Indication	接收功率指示
RTC	Real Time Clock	实时时钟
SAW	Surface Acoustic Wave	声表面波
SEM	Spectrum Emission Mask	频谱模板
SFDR	Spurious-Free Dynamic Range	无杂散动态范围
SFP	Small Form-factor Pluggables	小型可插拔，即光模块
SHA	Sample-Hold Amplifier	采样保持放大器
SINAD	Signal to Noise And Distortion ratio	信纳比
SiP	System In a Package	系统级封装
SMS	Short Message Service	短消息服务
SNR	Signal to Noise Ratio	信噪比
SR	Slew Rate	(时钟)压摆率
SRS	Sounding Reference Signal	探测参考信号
SSB	Single Side Band	单边带
SSS	Secondary Synchronization Signal	辅同步信号
TACS	Total Access Communicaion System	(英国)全入网通信系统
TDD	Time Division Duplex	时分双工
TDMA	Time Division Multiple Access	时分多址

英文缩写	英文全称	中文释义
TDOA	Time Difference of Arrival	到达时间差
TD-SCDMA	Time Division-Synchronous CDMA	时分复用同步码分多址接入
THD	Total Harmonic Distortion	总谐波失真
TIA	TransImpedance Amplifier	跨阻放大器
TOA	Time of Arrival	到达时间
TRS	Tracking Reference Signal	跟踪参考信号
UE	User Equipment	终端
UMTS	Universal Mobile Telecommunications System	通用移动通信系统
uRLLC	Ultra Reliable & Low Latency Communication	超高可靠低时延通信
UWB	Ultra Wide Band	超宽带(技术)
UWBG	Ultra Wide-Band Gap	超宽禁带(半导体)
VCO	Voltage Control Osillator	压控振荡器
VGA	Variable Gain Amplifier	可变增益放大器
VR	Virtual Reality	虚拟现实
VVA	Voltage Variable Attenuator	压控衰减器
WCCA	Worst Case Circuit Analysis	最坏情况电路分析
WCDMA	Wideband CDMA	宽带码分多址接入
WiMAX	World Interoperability for Microwave Access	全球微波接入互操作性
WLAN	Wireless Local Area Network	无线局域网
WPAN	Wireless Personal Area Network	无线个域网
WWAN	Wireless Wide Area Network	无线广域网